成功需要的修行
Beginning Right

【美】纳撒尼尔·C.小福勒 著
赵 越 译

哈尔滨出版社
HARBIN PUBLISHING HOUSE

图书在版编目（CIP）数据

成功需要的修行/（美）小福勒著；赵越译. —哈尔滨：哈尔滨出版社，2010.11（2025.5重印）

（心灵励志袖珍馆. 第4辑）

ISBN 978-7-5484-0293-0

Ⅰ. ①成… Ⅱ. ①小… ②赵… Ⅲ. ①个人-修养-通俗读物 Ⅳ. ①B825-49

中国版本图书馆CIP数据核字（2010）第166272号

书　　名：成功需要的修行
CHENGGONG XUYAO DE XIUXING

作　　者：【美】纳撒尼尔·C.小福勒 著　赵　越 译
责任编辑：李维娜
版式设计：张文艺
封面设计：田晗工作室

出版发行：哈尔滨出版社（Harbin Publishing House）
社　　址：哈尔滨市香坊区泰山路82-9号　邮编：150090
经　　销：全国新华书店
印　　刷：三河市龙大印装有限公司
网　　址：www.hrbcbs.com
E-mail：hrbcbs@yeah.net
编辑版权热线：（0451）87900271　87900272
销售热线：（0451）87900202　87900203

开　　本：710mm×1000mm　1/32　**印张：**42　**字数：**880千字
版　　次：2010年11月第1版
印　　次：2025年5月第2次印刷
书　　号：ISBN 978-7-5484-0293-0
定　　价：120.00元（全六册）

凡购本社图书发现印装错误，请与本社印制部联系调换。
服务热线：（0451）87900279

目 录
CONTENTS

01. 贵在坚持 1
02. 上帝给你一双眼睛,是为了让你观察 4
03. 志存高远 7
04. 今日事,今日毕 10
05. 勿越雷池半步 13
06. 凡事在自己 15
07. 不要闲着没事 18
08. 开源前,请节流 21
09. 别等了,现在行动吧! 24
10. 开个银行账户 27
11. 闲荡者一无所有 30
12. 读报是高尚生活的始端 33
13. 早起的鸟儿有虫吃 36
14. 保持清明适度的生活 39
15. 不劳而获不可能 42
16. 果敢为人 45

17. 忠于职守 48

18. 活着就要不断地学习 51

19. 业余嗜好须适度 54

20. 老练处世 57

21. 做职责外的事情 60

22. 升薪之道 63

23. 别混淆工作与社交 65

24. 人可以老,但不能服老 68

25. 先做好自己 71

26. 再忙也要轻松一下 74

27. 力争上游 77

28. 创新必须有价值 80

29. 学会馈赠世界 83

30. 充满兴趣地工作 86

31. 善用直觉判断 89

32. 沮丧的山姆 92

33. 真正伟大之人不会觉得自己伟大 95

34. 再忙也要去交际 98

35. 做人不要自以为是 101

36. 成功没有一帆风顺的 104

37. 简淳的艺术 107

38. 尊重自己 110

- 39. 有规律地生活 113
- 40. 一切都取决于你 116
- 41. 图书馆的书，你看过几本 119
- 42. 朋友的档次就是你的档次 122
- 43. 活在当下，思考未来 125
- 44. 贵在专一 128
- 45. 做人不能"刚刚好" 131
- 46. 博采众长 134
- 47. 主动出击 137
- 48. 谦恭有礼 140
- 49. 户外是最好的疗养所 143
- 50. 一个人的价值在于他所能提供的服务 ... 146
- 51. 不要对人说三道四 149
- 52. 做正确的事 152
- 53. 如何运用知识才是最重要的 155
- 54. 常识比金钱更重要 158
- 55. 关键是你，不是"别人" 161
- 56. 不要随波逐流 164
- 57. 善用琐碎的时间 167
- 58. 学习别人的优点 170
- 59. 伟大的人在乎别人的观点 173
- 60. 自己才是命运的终极主人 176

- 61. 经常到户外走走 179
- 62. 不要对小事嗤之以鼻 182
- 63. 踏踏实实是正理 185
- 64. 只履行自己的职责是不够的 188
- 65. 努力工作 191
- 66. 幸福的感觉 194
- 67. 没有完全的自由 197
- 68. 不要担心自己会知道得太多 200
- 69. 何为教养 203
- 70. 拉帮结派的恶果 206
- 71. 盲从者无所为 209
- 72. 怎样才算绅士 212
- 73. 刚愎自用还是独立自主？ 215
- 74. 金钱并非目的 218
- 75. 金钱的魔力 221
- 76. 及时刹车 224
- 77. 社交的度 227
- 78. 竞争不是目的 230

01. 贵在坚持

连贯潜藏着力量。

断续之点必趋脆弱。

自然之伟力源于其延绵连贯之力量。

泅游之鱼必现于急湍中流。

今日之涸溪,下月却成洪流,此等遽变实非明智之举,不比一排水管。洪流之力量与功用,累为间歇之涸所消减。

周一,某人喂饱马匹;周二,不予其进食;周三,瘦马矣;周四,马半死不活;周五,死马矣。

某学童,周一,上课;周二,逃之;周三,尝试忆周一之所学,续之于周三之课;此举譬如穿崎岖之山路,终不能达"教育"之高峰。

若有北方愚者,其居处,冰水随季节消融,却大肆渲染,商业之基础亦应时而转。常有高瞻远瞩之商人,轻牵其手,只想将其流放于阒无人烟之荒地。

世界锤炼人之素养，使其处于变化的洪流之中，何人可幸免？

世之成大业者，似是悖于成功之法则，然其终不失连贯之暗力。时有人跳于高桥，幸免而活。但请记住，保险承保之人定会对此敬而远之。

连贯之步伐可能中途顿滞，却成功依然。事实上，商人常于此景亡羊补牢，然成功之人却竭力避趋之。

打破连贯实为失败之根源也。试问，一天只能铺一块地毯的地毯工人，谁会雇用？

多加停站的火车，总需额外之款项。

怀揣愿景之人，虽其构图仍不明，仍沿既定之路，朝既定之方向，舒其休息与工作。

断续之工作实为人生之苦役，其断裂处，常需额外之光阴去修补。

若志于某事，需有始有终，常怀于心中，直到其圆满之日。

莫想可双管齐下，此实为艰难之事也。常人之力，只可专于一事，若强为之，两者之中，必有其一失败，或二者皆败。

沿同一方向迈步，直抵能力之所限之深度。

莫迷恋沿途之景色,张望、踟蹰、原地打转。

眼睛深锁远方之靶心,若想早日抵达,沿相同的方向。避免岔路,通往成功之康庄大道,花费巨大,却可免于山崩之危险。

莫闲荡,勇直前。明日不都是阴霾密布,狂风骤雨。

结合自己之理想与工作。

若首尾相连之火车,既发散思维,又将其紧紧联系在一起。

02. 上帝给你一双眼睛，是为了让你观察

若干年前，一位年轻人漫步于无垠的海滩上，在阳光和煦的夏日享受其假期。他与灯塔看护人住在一起。他为人勤奋，思虑周到。在风和日丽的闲淡日子里，他常一个人在大树的阴翳下静静地读书。

某天，他无意间注意到低一层楼房的窗户不如其上面的窗户明亮。他尝试去了解其中的原因，但一无所获。某个晚上，他向看护人讲到了这个问题。

"原因啊？"看护人说，"这都怪那些讨厌的沙子，沙随风势，不断地撞击着窗子，每年我都要更换两三次玻璃。"

听到此，年轻人不禁兴趣泛起。在经过一连串的试验之后，他发现，如果以同样的力量来冲击玻璃门的话，亦会产生同样的结果。这位年轻人就是磨砂玻璃、及后来广为闻名的沙玻璃机器的发明者。这种发明在全世界已被广为应用。

大自然向他昭示了这个道理，是大自然制造了第一个磨砂玻璃。

对此现象，看护人已经熟悉了几年了，但除了更换玻璃与咒骂沙子与大风之外，他对此是不加留意的。成千上万的人也许见过沙子吹打窗户的情景，但都没有深究，也没有动一点脑筋想想，眼睛也只是泛泛而又漠然地看着这一切。

许多最伟大的发明的源头在于观察。开始，可能是无意间的观察，但到后来，就变为一种科学有序的研究。

眼睛是心灵的窗户。眼睛把所见之物传达给心灵，这也是眼睛的职责所在。然后，心灵运用眼睛所摄录的影像来有条不紊地进行分析。

看，本身这种行为，只是懒人的行为。若一个人眼睛不瞎，他就必然会睁眼看这个世界，看大千世界的种种，任其在眼前飘过。而一些人却认真研究其中的奥妙。

尽管，世人的能力有其差异性，但在一个大的范畴内，一般人在心智与体格上是殊无异处的。机会之脚不会只走过一条大道、一个城镇，或是一个乡村，而是走遍万水千山。它如一幅巨大的且有无穷卷轴的全景画铺展在我们的眼前。有些人只是漠漠地远观，而一些人则不仅如此，而是走进其中，悟其奥妙。他们所抵达的远方，非一般人之所能及也。而他们的发现则有可能造福于自己与人类。

关于此类的例证，俯拾皆是。我可以讲很多关于那些青年与男人不仅观察生活，而且不断想方设法去创造的实例。

毋庸置疑的一点是，最科学的观察可能出现谬误，而那些奔于实现伟大事务之人可能失蹄于小事。但是，同样不容辩驳的一点是，如果你不向往远景，就永远一无所获。机遇可能会叩开你的大门，运气可能穿越你的大道；但若你不加利用，机遇与运气都将一文不值。

运气是对人平等的，关键取决于你自己。机遇所能做的，最多也只是傻傻地走到你的面前，要把它牢牢抓住、好好利用的关键，还要看你的行动！

机会从不被任何人垄断，贫穷之人与腰缠万贯之人在其面前都是平等的。

03. 志存高远

"我们无法实现所有的理想,却可以把现实理想化。"

翱翔之志,环游天宇。成功总是有理想的紧紧陪伴。

成就之路如爬坡之迂回,虽攀上期望之巅峰之人是凤毛麟角。但是,不思进取之人只能待于山脚,仰望险峰之威严。

胸无大志之人常遭人鄙视,他非一个好公民、好父亲、好丈夫或是有益于世界之人。他却独占着这世界的空间,心中跳动着一颗冰冷的心,流着散着寒气的血液。他只是生存着,却不知生活为何物。

能真正撷取理想之光的人不多,但所有的人却是可以将现实理想化,从沉寂平庸的生活中超越,心中怀揣着这一信念:无论其身份显贵与否、是否获得赏赞,都没关系。因为他们在平凡的生活中过着属于自己的人生。

雄心壮志是由成百上千的"小理想"一环一环地组成的,每个理想跨越一时的心智,最终在不断前行的旅途中,融合成更为高远的人生。

漂泊于人世间,若不理想化一点,那么在每人建造属于自己的"荣誉之殿"时,就会猛然发觉自己收集的材料是远远不够的。

无论你多么落魄,或是处于社会的最底层,我都不会鄙夷你。当你尝试攀爬第一层阶梯,可能暂时还无力抵达;当你到达时,下一个阶梯就是你的目标;然后一步一步往上攀爬。

我的一位年轻朋友,在工作之始,他的第一份工作就是整理文件。他全身心地投入进去,不久就成为办公室有史以来最好的文件整理者。他心中的理想就是让自己因出色的工作而闻名。当他出色地完成这一任务后,公司又有重任赋予他。他一如既往地完成工作,之后,一个更高的职位向他敞开了大门,而他也成功地履行着自己的职责。他心中有两个理想:当前之理想、未来之理想。当其在为前者奋斗之时,心思未来。他把自己的双脚牢牢地固在当前职责之磐石上,在此基础之上,渴盼未来。他心中始终铭记一点,若不完善今日之职责,为明日做铺垫,一切美好的事物都只是空中楼阁而已。他活在当下与未来，专注于自己的职责，为明天做更好的准备。而他的具体理想也是随时势而变，但在前脚未稳之前，绝不莽撞冲动地迈出后脚。他能因袭别人成功的经验，避免失败的歧路，而不像许多毫无理想，罔顾现实与未来的人那样失败的一塌糊涂。

朋友，请于心间铸个理想，时时感受其心跳。先把雄心壮志摆在远方的启明灯那里吧，先把现实理想化。因为，一个没有理想的现实与一个超脱于现实的虚无缥缈的理想，都是一样难以触摸的。

04. 今日事，今日毕

人生有三个季节：昨日、今日、明日。

昨日之所为漫入今日，今日之所为融入明日。

三者之中，孰最重要？

实无答案，其中各方独自都是不圆满的。

昨日职责之事完成，今日工作就趋于简单。

今日勤勉工作，明日的大门将为你敞开，职责也将变得轻松。

每一天都有其重要性——昨日、今日、明日——疏漏任何一方，都将实质性地影响当前的生活与其余两者。

昨日之日不可挽，已永逝于忘川之河。若这是堆满错误的一日，就必须在今明两日去慢慢修复。

若只活在今日，那与动物何异？只是一味地往后看，而从不向前望一点点。

今日之重要性不仅囿于今日,也系着明日。

今日在你手中,明日可能吗?

今日的你,若不忧思明日,明日将变得难以掌控。

成伟业者对此都是一视同仁的。他们做好今日之工作,而是因其会影响明日之进程。

愿意的话,你尽可深埋于昨日之愧疚之中,为自己的失足而捶胸顿足。懊悔之时,今日却已溜走了。若你有不堪的昨日,可在今明两日弥补。明日远比今日更让人希冀,因其绵延至无限的未来;而今日之光阴则在日暮西沉之时,悄悄谢幕。

汝之所为,事无大小,都将深深刻于生活的车辙之上。若不能与明日之车点相吻合,就可能与去往成功的大道失之交臂。

今日事,今日毕,持之以恒。介于今明两日间,莫要留下难以逾越的鸿沟。否则,额外的时间要用来搭建互往之路。播今日之种,盼明日之收获。播下之种,乍看成数不大,却足以捧来一秋之收。

成熟之人或有所成就者,不仅受人尊敬,也同样是心忧今明之人,把以往成就连接起来,待时机成熟,一跃而起。

失败者惯于自满自足，觉得任务完成就可一劳永逸，然后轻轻用笔在记事本上将之划掉。马上，他就另开炉灶，撒手不管，任未竟之事随风飘去。

连贯性实为成功之首要因素。在人生的旅途中，没有哪件事可以独成系统，任何事情的价值源于其相互之间的连接。这种连接应该和谐地融合经验与行为、融合逝去的往昔、飞驰的今日、莫测的明日。

05. 勿越雷池半步

犹记年少时，我曾为学校文艺团的一分子，这与今日甚为不同。当时，我们可以自行组织、参与表演与操练。自律之艺术习得远胜于为奖励之获。

其时，夏日炙烤大地，在灰尘弥漫的操场上行进。当听到长官的"立正！对肩！就位！休息！"命令在纵横的队列之间传荡，着实让人愉悦。

也许，今日之口号有所不同，但其结果仍是如故。每个男孩都可以随己之心，可以坐下、躺下、伸懒腰，但是一只脚一定要驻于线上。这样，当"注意"口号一响起，他们也有一部分人是就位的。

商界无极限，由众多"全副武装"的职员在没有硝烟的战场上厮杀，以纸笔为武器。在这场战斗中，成功者需谨记，切莫让自己身处于雷池之中，而应乖乖地待于安全之处。

情势大好之时，可以适度尝试，冒一下险。

但莫让自己的所有——金钱或财产，一下子离你远去。而要站在一个可以随时调头的方位。不要如一个流浪汉一般，漫无目的地散游或是跨进异域神秘之林。

我绝不认为，人应该永远待在大本营，因为若一个人流连于某处，不思进取，将会坐吃山空。但那些没有退路之人，就如一个在地球表面上的闲荡者，一个没有国度与生计的人。

所以，年轻之男女，我想说，若你们心怀前方，请沿着别人已成功开垦的道路前进吧；多数之时，紧沿其边界；在你们觉得经验已足以指引前方之前，谨守这条道路。即使这没有明确指向前行的路标，但却标注着回程之捷径。

勿为朋辈流星般之成功所纷扰，其成功也需巨大的风险。也许，他们赚的盘满钵满；也许他们会走到你跟前，对你说，若你沿其路径，亦能收获颇丰。在他们眼前成功之兴头上，其言切切。但不可全抛一片心——或是大半片心，投进那些"看上去不错"的东西。这实则有点"华而不实"，日后迟早都是要还的。当你念及少数冒大险而成功者，记住，背后还有千千万万倍之人则是败得一塌糊涂。

勿越雷池半步！

06. 凡事在自己

玛丽·史密斯之前在一家制造公司当一名初级速记员。她的职责限于听写，然后用打印机输出来。当然，她有两只炯炯有神的眼睛，时常细致地观察生活。

公司的总部位于一幢高大的办公楼内，在每一层都有一个邮件槽，其中信件每个小时被收集一次。公司多数的信件在早上被整理好，其中大部分在中午准备投递，只有很少的部分在下班时才发送。

在另一个城市，有一个大型的分公司。如果邮件在中午时投递，就能赶上西铁火车，于翌日下午早些时候就能送到分公司；如果投递晚一点，只能赶上从远道而来的火车，第二天也不能送到目的地。

玛丽女士发现了这一点，在其职责之内，她要求信件在中午之前必须准备投递。

这样做的好处是不言而喻的。

公司老板获悉此事之后，她就一跃成为办公室受人瞩目的员工，而时至今日，她已成为速记部门的主管及经理助理，享受着两千美元的薪水。

几年前，约翰·史密斯还是批发商手下的一位低级职员。他也是一位善于观察，处处留心之人。某天，因工作之需，他在邮局等待。在这期间，他没有呆呆地望着街上熙攘的人群，而是从一个窗户，探出头来，看着对面的邮箱架。他注意到，一般大小的信封被立即投放进了邮箱内，而那位急躁的邮递员则把一些大号的邮件放下，因为这些信件并不能投进邮件接收箱，也不易与一般大小的信件捆在一起。

约翰进一步深入研究，发现这些大号的信封被晚点投递的情况是家常便饭，不如那些一般信件之神速。他把这一情况告知了老板。

这件事看上去不值一提，却让约翰在老板心中留下了深刻的印象。时至今日，他已是员工主管。

老板希望你能准时上班，尽职尽责做好自己的本分工作。为此，他要为你支付一定的工资。他并没有要求你再进一步，而绝大多数的员工也不会再进一步。

但上述的这位员工,在工作之时,充分运用自己的智慧,善于观察,能发现一些对老板有益的东西。这可能是很小的东西,或是重大的改进。但这却使他跃出了平庸之列,踏上了成功之途。

仅做自己需做或是被告知之事,只能勉强过活。主动出击,多做分外之事,这才是升擢与高薪之途。

打趣地用一句在商界流行的俚语:"一切成功不是取决于你的老板,而是你自己。

07. 不要闲着没事

在我参加的某个俱乐部里,有时会举行有二三十人规模的圆桌会议,每到中午,大家一同进餐。每个人都可以畅所欲言,天马行空地发表自己的想法。

一天,坐在我左边的某人一时被悲观之心困住了心灵,这种状况对每个人都是难以避免的。

"我厌倦了工作,"他说,"希望可以有一天是可以没有工作的。"

"喔,"我回答道,"遗憾的是,你将永远也无法达到那样一个不幸的状态。当这个世界已没有你需要做的事情时,那就是你逝去的那一刻。世界是没有为那些甘愿停滞之人或是不愿前行之人留与空间的。甘愿停滞之人并非一个真正的人。"

大多数的职员在其分内工作完成之后,都会有自己的休息时间。有很多人不是利用这些闲暇时间做有意义的事情或是提高自己的专业水平，以使自己成为更具效率的员工。他们慢慢地把这些时间一点一点地消磨掉，且一丝不剩。

精明敏锐之雇主善于观察，虽然他没有时时地观察，却知道员工所做之事及未做之事。他把员工分为两个层次：一层是那些享受工作之人；一层是那些为工作本身而工作之人。第一层的人迟早有升擢之耀，而另外一些人则可能保住饭碗，但鲜有出彩的表现。

我绝非说，人应该时刻奋力地工作。我坚信娱乐与消遣的功用。工作的时候应认真，而不要玩耍，绝不能消磨时间。

偷懒与混日子实为同义之词，失败常与其鬼混。

勿忧过度工作，只要这是维持在适度的时间与有条不紊的状态下，很少有人是会真正过度工作的。在工作之时，过分焦虑与忧愤之人，实在是多不胜数。比起任何伴随着焦虑与担忧的过度的劳累，一步一步地做好手头工作，慢条斯理地进行，更有利于身体与健康。

多工作一小时，然后带着满足之意休息时也会更有滋味，比之提前躺在被窝，放任未竟的工作，更让人舒坦。

永不止步,可能不能抵达自己心中的目标,但如果裹足不前,可能会成为一潭死水。

成功之心总是处于上紧发条状态,需要不断运行。

08. 开源前，请节流

我从没说，那些节约之人总能成功，但我从未知，稍有成就之人、功成名就之人是不节约钱财或是其他物品的。

挥霍无度之人，无论其视金钱如粪土，或是任时光与健康无情地消逝，这些无疑都是通往失败的必经之路。

每个人都应该尽量节省金钱或是其他东西。否则，挥霍将使原本属于他的东西渐行渐远，而其人生旅途也将变得骤短。

可能有些人不能积攒许多钱，尽管这种情况有时是不可避免的，但这并不能阻止人们合理地管理好自己的经济收入。

节约一词，从广义上理解，并不局囿于节省金钱或是合理地管理金钱。这更是代表一种更为高级与完美的东西。这意味着合理与经济地分配与使用财物，无论这是金钱、能力或是机会。

年轻人应积攒多少钱呢？这是众说纷纭的，因为有些人省下一美元比一些人省下一美分更为容易。

但是，每个人每周都应该尽量积攒一些金钱，就是五分钱也好啊。省下五分钱，持之以恒，也比瞧不起此等行为要有益。

节俭的原则是正确的。挥霍之中没有原则可言，这种行为总是站在人生错误的一面，无论你是腰缠万贯之人或是街上的卖报人。

平时储蓄，紧急之时方可稳当，莫待彼时心忧焚。

人无完人，金无足赤，一个人不能总是一味依赖别人。因此，每个人都有必要自律，而人生自律之要义即是节约金钱或是其他物品。

在可节约之时，放纵自己，堪比那些违背法律之人。因为，拒绝自己平时节约，于紧急之时或是耄耋之年，自己就可能成为社会的贫苦之人，而竟甘愿让别人供养，这实为一种罪过。

不做自己需做之事，与怅然为恶毫无二致。不作为之罪过并不弱于罪恶行为本身。

保护自己与那些需要自己照顾的人，此为每个人的责任。若其有能力而不为之，即非一位好公民、好丈夫、好父亲，也难以为人所信赖。

就一个人的责任来说,诚实是至关重要的,正是这种诚实,使一个人在内心中打消了抢劫金钱的念头。

百分之九十九的人,说自己没有能力节俭时,难掩支吾神色。让我坦率地说吧:他们在撒谎。

一帆风顺之时,多加节俭,因为未来是不会顺风顺水的,还有一点,节俭原则是正确的。

雇主会把你的银行存折当成最好的推荐书。如果你不知道如何节约,他也没理由相信你会为他的利益而努力工作。

09. 别等了，现在行动吧！

昨日不可挽，今日犹可追，明日恐难冀。

昨日之种种，皆为汝之过；今日在你的掌心，明日则是仍我行我素，但却是受制于今日之所为。

在各领域独占鳌头之人都习惯于今日事今日毕，从不把今日之事卸于明日，今日从不过度劳累，以求明日之休。他们总是理智而又合理地支配自己的工作与娱乐时间。

若你必须做需投全身心精力，自己却又感到不乐意之事时，在今日仍要尽全力去完成它。若不这样，你就需花两天的时间去做一件事了。

该做之事，不做，实则须做两次。

任何推迟眼前工作之想法、行为，都意味着明日、后日工作更艰难，耗时。

即时行动则有助于心灵减少烦忧与保持平和，获得真正的休息与幸福。

若有什么事会让雇主于内心偏向于你,那就是你需准时或是提前完成任务。

有人曾问一伟人成功之秘诀,出乎意料的是,他脱口而出:"做自己必须做的事,并且要在最方便与容易的时机去做。"

你耳边可能还回响着这句古训:拖沓是偷光阴的贼。其实,不止这样,它堪比高速路上的强盗,掠光你的财物,挡住你的前路,使你总是在低端的成就间挣扎。

即时行动吧。马上就行动吧。不要拖沓,以免造成不必要的损失。

合理安排时间。可能的话,把工作细分到每个小时上。在限定的时间内,做一项工作,时刻记住这一点——尽管有时会过度工作。而有些人则是太着急了,他们把明日之工作挪至今日,他们整天迈着匆促的脚步,好像时刻在赶着什么东西似的。他们毫无必要地把自己给累垮了。可见,判断力还是得在生活的每个角落中时时运用啊!

若你不能完全按照计划去做,那就宁愿多做一点,也不要只做一点就草草收工。

休息应在工作完成之后,而不是在之前。诸君可有这样的经历:在自己休息之时,想着还必须做的事情，这确实恼人，尽管你在树荫下乘凉，在小溪旁静听潺潺的流水，此忧仍难灭。

在工作之时，真正成功之人是很少会休息的。他们首先做好自己的工作，然后再慢慢享受自己应得的消遣。

马上行动吧。今日是你的，而明日机会可能就溜走了。当下，你可以规划，并对可能的结果感到乐观，但明日之事，谁也不敢打保票。不要静坐发呆，将自己交付给"运气"，老实说，这是件保险系数很低的事。当前无疑是属于你的，在拥有之时，尽情把握，莫待逝去空悲叹。

别等了，现在行动吧！

10. 开个银行账户

那个用茶壶来存钱的年代已经一去不返，或是正在如退潮般消失；那种用袜子存钱的方式现在都被认为是一种儿戏了。

几乎没几个大亨或是大商人会真的在口袋里或是家里存放多少钱，除非他们不采用银行支票来发放工资。

百万富翁与那些生意规模庞大的商人每年真正用现金的数目不会超过几百美元。

除非是在发放工资的那天，否则很少有批发商会在抽屉或是保险柜里存放多于几百美元的数额。

国家银行与信托公司俨然成为了普通百姓存放金钱的最佳去处。特别是在今天，商业活动更趋向于用支票和汇票来进行。

钞票在真正的商界应用不广，除了在小规模的交易、零售商业或是支付工资时会使用。即使是在最后一种情形，许多员工宁愿每周或每月以支票的形式来领取工资或薪水。

即便当国家银行与信托公司倒闭了，储户也不会遭受很大的损失，因为他们是优先债权人。

所有的储蓄银行都必须受到美国政府与州政府的监管，这些机构大多数是保守的，很少会让银行参与那些风险系数高的投机活动。无论怎样，存放于银行的钱，比个人携带或是放在保险箱里更为安全。

对于那些数额在三百到五百美元的存款，几乎所有的国家银行与信托公司都会给予储户百分之一点五到百分之二的每日结算余额利息。

我建议，每个工作的年轻男女都在国家银行或是信托公司开个银行账号。如果你对银行的声誉存有疑虑，可以向几位专业人士咨询意见，他们对所在城市所有金融机构的状况应该都会有一个比较全面的了解。

开户存储的好处有以下几点：

1. 你的金钱更为安全。

2. 可以随时提供给你金钱，免除损失之虞。

3. 可以用支票来付账，这实为更好的一种方式，因为支票本身就是一种收据。

4. 有助于建立你个人的信用。

5. 认识银行职员，这始终是有好处的事情，他们也可以给你很多这方面的指导。

一些储蓄银行并不使用支票，即使有，也不能用于支付账单使用。还有些储蓄银行要求提款通知。

储蓄银行是为了存钱，而国家银行与信托公司则为我们的生活提供了很大的便利。

大多数的国家银行与信托公司都会为低至两百到三百美金的金额开户，有些的接受限额甚至低至一百美金。

许多人可通过其在银行事宜上的行为略窥一二。

11. 闲荡者一无所有

码头上的闲荡者永远也难以等来彼岸的船。

我曾问数千人,究其失败之根本缘由,而其答案也是大同小异。而几乎有所成就者都肯定一点:懒惰与闲荡,实为扼杀成功的第一因素。

无疑的一点是,能力是重要的。一个本身没有能力的人,难以成功指引自己穿越人生的层层叠嶂。而让人欣喜的是,每个人都是"天生我材必有用"的。

我承认,在人生赛跑的起步阶段,能力平平之人难以担当大任。平凡之人若强为之,远离本属自己的正常轨道,亦是徒劳无益。但能力本身,即使是气吞山河之伟力,若不能以行动、壮志作为引导者,最终亦是"泯然众人矣"。

认真勤勉于工作但能力一般之人,尽己所能,比之天资聪颖却懒惰无为者,任由自己的才干蒸发,会享有更崇高的地位。

闲荡者与己与世难容，他们注定最终走向灾难的渊薮，成为社会的公害。

亲爱的读者，我不是说，一个人应该无限度地工作，忘记了玩耍，娱乐也是让人全面成熟的重要一环。

闲荡并非休息。闲荡者在其混日子之时，于心智体魄毫无益处。他就譬如一只冬眠的动物，不，连冬眠的动物都不如。冬眠者也在隆冬时节保存体力，为春暖花开之际重返生机养精蓄锐。

大至每个城市，小至乡村，都有成千上万的闲荡者在人行道旁消磨，他们背靠着建筑物，眼睛一片空白，茫然无措。他们一般是在静静发呆，但却占据着这个世界过多的空间。甚至连系马柱都比他们有用，即便后者无生命可言，却对世界也有自己的贡献。

闲荡者一无所有，即使有什么掉下的馅饼，他们也不能捡到。若他们被放逐到一艘破烂不堪的小船上，漂浮于汪洋大海之中，然后与其他垃圾一起投进无底的海洋中，这对他们本人、对世界来说，未尝不是一件幸事。

若某事的参与者，不带着热忱、高昂的兴致投入工作，想方设法去做出贡献，那么所做之事，于当事者毫无价值可言。若某人身心俱疲，他就应该去休息，而不是消磨日子。休息是人生所必需的，于休息中，可体会人生之乐趣。因为他明晰一点：良好的休息有助于更好地工作，更熟练地履行职责。但纯粹的消磨，在休息时无所事事，却是应该避免的；而在将要重新投入工作之际，消磨更是会让人无精打采，这是应受到谴责的。

没人想成为闲荡者。闲荡者不知道如何工作，而当其工作之时，其价值亦是甚微。他实为一个寄生虫，一个废物，也只能与社会最底层的人去厮混。

切莫消磨休息的时间。让休息成为你生活中理所当然的一部分。玩耍时，要尽情投入；工作时，专心致志，让大脑与身体和谐地运行，使其各司其职，相辅相成。

12. 读报是高尚生活的始端

我们必须吃好、喝好、睡好,才能谈得上生活。但若想真正地生活,除此之外,还必须有更高的追求。

动物性的生存与生活之间天差地别。小蝌蚪存活着,但却混混沌沌地过着低级感官的生活。人类若有别于此,就必须摆脱动物的本能束缚。关于哪些是指引着人类生存最基本的元素,很难有一个普世的标准。影响我们智力与道德的因素很多,但最贴近于教育本身的就是我们对当世所发生之事与历史的了解。

一个人可能阅尽人世间的书籍,或是获得可能得到的正规教育,但若不能与生活息息相关的事情或是时代发展的脉搏相连接,其价值亦是不大。

历史在静诉着过往,新闻则以现在进行时的

口吻播报着今日。

我以为，阅读质量上乘报纸的习惯，与接受教育一样迫切，这也仅次于那些维系我们生命的空气与食物。

因有些报纸偶尔误解事实，或因观点局限而谴责报纸的人，我是不敢苟同的。报纸内容岂能做得毫无瑕疵，在读者还没达到完美这一境界之前，报纸又何罪之有？

报纸出版者，与一般的商人无异，守法经营。我想，他们还应该做得更多，因其职位让他们有责任为自己的社区尽一份绵薄之力。

编辑者，亦非圣贤，岂能无错。但他们应该有一颗正直的心，禀赋超乎常人。他们会像普通人一样犯一些错误。有时，他们会过分强调自己的观点，在社论中掺杂了偏见。但整体来看，他们还是值得信赖的、是可靠、正直的人。

尽管报纸有错误之处，但大多数的报纸还是可靠的，只要人们努力这样做。

因报纸的偶尔出错，就一味谴责报纸的人，其愚蠢可比那些因为某些变质面粉的存在，就不吃面包的人。

如果可以的话，我希望报纸能在学校中推广，并聘请一些专家教会学生正确阅读的方法。

这应成为低年级教程中必需的一部分。

我相信，新闻是教育重要的一环。没有新闻的发布，我们就会立刻回到那个封建时代，人人对别人之事无从知晓，熟知的范围也仅限于狭小的环境。

报纸的纂写应该小心翼翼。大多数的报道者都能明辨是非，娴熟的用文字客观地进行叙述。

年轻的男女，多读报纸吧。若你还未打开过报纸，难以称得上是受过教育之浸润之人。否则在与那些思想深邃的男女及有所作为之人交谈时，我们就会显得语无伦次，难免人云亦云。

13. 早起的鸟儿有虫吃

有些读者可能听过世界闻名的哈利·劳德的一些歌曲,特别是这首歌曲,歌曲开头是这样的:"晨曦之时,起床不错;安躺被窝,岂不更妙"。

也许"安躺被窝"的确不错——对那些遗忘昨日、不思今日、放任明日之人,的确不错;对不思进取、消磨工作、混迹于世之人,的确不错;对慵懒、漠然、从鸡蛋里挑骨头、不知世界最重要之人即为自己的人,的确不错;对不知自己可以掌控自己命运、不知自己是独一无二之人,的确不错。

我不是说,每个失败者都是嗜睡之人,但我还不知道,有哪个失败者不嗜睡。

我相信,半数以上的工薪一族,特别是那些需从郊区坐火车或是轮车上班者,不到最后一刻,还是死赖于床上。闹钟一响,他们猝然惊醒，迅速穿衣，虎吞早餐，奔向车站。来到办公之处，不死即伤，心疲力竭。此等行为必然是要遭受惩罚的。与其如此，不如早睡一刻钟，早起一刻钟，岂不快哉？

艰苦的工作不会伤及任何人，身体不能胜任者除外。真正伤人心智体魄者，实为匆促与焦虑也。有序渐进的工作不会伤及人身，匆促则必然会。

若不能在早上有时间沐浴、穿衣，慢悠悠地享受早餐，或是不紧不慢走到车站的话，那么他就难有最佳状态。大多数员工在进入办公场所时，却不能为别人奉献最佳的服务。

当然，你必须要有充足的睡眠，但不要颠倒黑白，不分昼夜。要在正确的时段睡觉，尽量早点睡觉，而不要迟点起床。早上贪婪的那一丁点儿睡眠只能让人整天昏昏恹恹。在潜意识里，你知道自己必须起床上班。这种焦虑无疑打扰了你的清梦。因此，早睡早起才是正道。

在一天之晨，你没有感到疲惫的权利。如果你深陷其中，这是你自己的问题。在迈进办公室的那一刻，你应该是精力充沛，满怀热情地希望工作，而这背后少不了一夜良好的睡眠与丰盛早餐的能量支持。

睡眠充足，给你身体一个放松的机会吧；给你肠胃一个好好消化食物的机会吧。但若你执意虎吞食物，然后冲刺二百五十米赶车，这一切都将成为泡影。

14. 保持清明适度的生活

沉迷酒色之人,眼前之世俗成功并非真实,那些自愿以各种形式的放浪形骸伤害自己身心之人,其生活无疑距正常有序的生活十万八千里。

即便是那些放荡的成功者,都不会把成功归咎于毫无条理的生活。若他们的个人习惯能值得效仿,那么在商业上或是其他方面上,他们应该会有更高的成就。

任何形式的沉迷、放荡,以及大大小小的败俗行为,都将使人付出惨重的代价,让人的心智矮化,使正常的身体机能出现紊乱。

有些人看似能够游走于极端之间,仍能保持一种均衡状态。但请在"看似"一词下面划上重标号。因为,没人能够肆无忌惮地犯错,而免于受罚。这些人迟早都是要被惩罚的。

任何一种过犹不及,无论是犯错还是过于剧烈的运动,都是以身体及大脑一定的损耗为代价的。一位著名的体育教练最近告诉我，大多数的田径运动员都有过度训练的情况存在，这种危害只有在人过中年之后才会慢慢显露出来。当然，沉迷放荡比过度的训练要更具灾难性。

惯于酗酒的雇主对于别人难有尊重可言。在酒醒一刻，他鄙视自己与别人。更有甚者，他眼里容不得有放荡的员工，并进一步要求其员工要洁身自爱。

虚假的商人身边不会留用与他彼此彼此的员工。

对于那些经常嘴叼香烟的员工，身为老烟鬼的雇主会觉得不可思议。然后他制定超出常理的"禁烟"措施，特别是针对香烟。

过犹不及，即便是合法的，也是一种道德上的犯罪。雇主本身有过度行为，却又不准员工有这种行为，这实在是极尽歧视之能事，不论这是否只是限于小事。

午夜时分的晚餐，频繁地出入剧院，一周数个舞会，以及那些充斥着夜晚的种种活动，直让人神经之弦绷得过紧，人生的滑坡也就在不远处了。

在这个问题上，剥离道德的因素，让自己过上清明适度的生活，让自己的身心免受其影响，也不被各种形式的消沉放浪所矮化与伤害，这可是物超所值啊。

良好的个人习惯是工作上的资产，有助于个人的升擢，或是取得最终的成功。

为正确理念本身而正确做事，这应该成为我们行为的重要动机。没有比处心积虑、自愿以各种过度的行为或是违背自然规律的举动伤害自己的身体，继而影响心智的行为更为愚蠢了。

不卫生的食物、缺乏睡眠、空气的不畅与缺乏锻炼等种种行为，与酗酒一样，都将会以迅雷不及掩耳之势，把好好的身体给搞垮。

若你不保重自己，清明生活，你在生活中将会付出代价。

大自然永远也不会原谅、忘记与宽恕那些违背其规律的人。

15. 不劳而获不可能

那些妄想不劳而获之人，与那些企图发现永动机的秘密之人，一样让人觉得可笑愚蠢。

无因不成果，结果取决于原因。假设你真的可以不劳而获，那么，你不劳所获的东西的价值，与你为之付出的东西一样——都是一文不值。

任何有价值的东西都需要付出某种劳动才能获得。若在毫无付出之时，却有所收获——无论是金钱还是某种能力，你都是在盗窃赃物。即便是在盗窃赃物时，你也不是不劳而获，你必须铤而走险，而这种风险可以看做是一种买进价。

或许，地球上有超过一半的人都在希望可以不劳而获，不费吹灰之力就可以取得好的结果。

比如说，你的周薪是十美元，后来你的周薪升至十五美元。若你不配领取周薪十五美元，你就不能赖在这个位置上。不恰当的升擢比不升职更具灾难性。若你身在其位，却不能谋其政，那你还不如退回原来的位置，这样自己会显得更加成熟，成功的概率也会更高。

互惠是生活与商业中的一个根本原则。没有这个基础，就没有恒久的事物的存在，任何事物也只能眨眼流逝。

你必须"履行诺言"，你必须做到物有所值。如果你所奉献的是少于合同要求的，你将被无情地淘汰。

骗子岂可长久。在间或一段被释放出监狱的短暂时光里，他难以有所作为。他自己没有可以在市面上立足的信誉。作为一个小偷，他注定是个失败者。

不要尝试去获得超出自己所付劳动之外的东西。在你自己未能"物超所值"之时，不要整天嚷着要加薪。成功的销售员已意识到，若想取得成功，就必须扪心自问，自己所卖的东西对自己、对买家的价值。如果双方不能就此达成一致，这就不能称为有价值的销售，这种销售也就难以长久。

作为雇主，无论你是在销售货物，或是存储书本，这都是一种产品。你不能妄想可以超值地推销自己的经验、能力，除非你的对象是傻瓜，打趣地说一句,傻瓜能成为你永久的顾客吗?

不要销售不属于自己的东西。不要强求一个超值的价格。

成功有赖于以一个合理的价格销售自己所拥有的东西。如果你获益少于所应有的价格,你就是个差劲的销售员;若你获益过高,你的顾客就是个傻瓜。

16. 果敢为人

若你是对的,并能证明自己的立场,不要妥协,不要磨掉棱角。

世界充斥着模棱两可与漠然袖手之人,他们害怕自己与别人。

我不是说,你固执己见,将自己的观点加诸别人头上。即便你是正确的,也还是要讲究策略的。舍弃自己观点而逢迎别人,这与保持诚恳与果断的独立性之间是有巨大差别的。

当别人问你之时,尽量要有所准备。可以回答"是"或"否",而不要说"我这样认为"云云之类的话语。

一位成功的商人定是一位目标明确且积极向上的人。对于员工过度的干预,他是不会容忍的。而他却赞赏那些富有才华与敢于表达的员工。

当然,你不可能时时保持目标明确,积极向

上的斗志。但在大多数情况下，你可以明确支持或是反对某件事，并可以确定是否该做某事。

雇主让你做某项任务，他可能会问你要花多长时间。如果你相信自己，最好说"我会在下午两点完成"而不要说"我将试着在下午两点完成"。如果不敢确定，可以放宽一点时间，让自己有足够时间去完成。可跟雇主说"在下午四点前完成"。当然，若你在两点钟完成，那是最好不过了。

了解你自己与自己的能力是你的责任。

认识自己愈深刻，塑造自己愈完美。

尽己之能，认识自己的能力与极限，不要随便冲出自己的安全区。

当你确定之时，勇敢地说出来，不要妥协与模棱两可。勇于表明自己的立场，有助于建立起自己的声誉。若你信守承诺，人们就会信赖你。

若你相信自己，别人也会相信你。

对生活、宇宙万物有一个大概而又明确的认识。

切勿犹豫不决，畏惧责任。

若你不是墙头草，而是一个有坚定信仰的人，那就选好自己的立场，然后坚持它。

当你确定之时，不要害怕说出来，不确定之

时，要像一个男人一样承认。

不要让自己成为矫揉造作的人，也不要养成病态的谦虚。

若你知道自己是正确的，那就坚持自己的立场，除非被证明是错误的。

积极向上之人易于成功，尽管其人也时常遭受失败。

你不可能永远站在正确的一面。

不要陷入这样的误区，认为自己若想交朋友，就必须同意所有人，而对差异之处闭口不谈。

真正的朋友应该是有脊梁骨的，并且对别人会予以欣赏的。

让自己驻足于坚固磐石之上，且要远离流沙。

17. 忠于职守

我的鞋子需要修理，于是，我把它带到买鞋的那家商店，其中一位销售员已经卖鞋给我长达十余年了。当时，他忙得不可开交，我在一旁等了一段时间之后，问他："我什么时候可以来拿鞋"。

"大概星期二吧。"他回答道。

那天，我来到这家店铺。那位销售员不在。迎接我的是一位年轻人，他的头发两边对称，青涩的脸预示着他还有很长的一段路要走。

这位销售员很有礼貌，但其表现得近乎谄媚。他在店铺找了一下，无法找到鞋子。然后，他说："很抱歉，我想鞋子还没有从鞋厂送过来。史密斯先生做事并非如想象中的那样有条理，这给我们的工作带来了很大的麻烦。"

看不顺他批评的语调，我回答道："史密斯先生当时很忙，而且他当时也没有明确今天可以修好，只是在情急之中可能认为今天应该可以。"

史密斯先生是一位资深的销售员，因其良好的经营记录而深受欢迎。他谙熟自己的业务，私下里与数百位顾客有来往。许多顾客宁愿多等半个小时，都要接受他的服务。人非圣贤，孰能无过。这位初出茅庐的小职员批评自己的上司，这种做法是不恰当的。其他类似的情况，亦是如此。

忠于自己的雇主是不够的，这应该扩展到每一个员工的心灵。他们应该团结一致，为维护公司的信誉而努力。

做不到这一点，不仅在道德上是错误的，也是在商业上失败的重要原因。

无论在什么情形下，一位职员都不应该当着顾客的面评论自己上级的是非。相反，他应该尽力去掩饰这些错误。他们应该用礼貌与热忱来接待顾客，而不是互相指责，即使有人真的值得指责。

这位年轻职员的批评完全是毫无必要的。无论从何种角度来看，这都是令人难以接受的。他只是"涉世未深"，过于看重自己，这是很愚蠢的表现。

他的言行，虽然很有礼貌，仍旧让我感到很

愤怒。如果这家店铺只有这一位职员,我将另觅新店了。

广大的职员们,团结起来吧。站在正确的一面,抵制错误的倾向。你们需要明白一点:自己的价值与别人是息息相关的。大家应该互助,切莫互相指责。在给别人找错之前,自己先站在镜子前,确定一下自己是否应该被批评。

18. 活着就要不断地学习

教育可以分为三种阶段：第一，学校里教授的读写算这三种能力。这是最基本的，没有这个前提，进一步的教育便无从谈起。第二，宽泛的文科教育，这种教育一般是在高中、大学或其他教育机构开展的，这种教育并不为某一职业做特别的准备。第三，职业教育，就如在医学、法律及技术学校等开展的教育。

在本文中，我将自己的教育研究范围仅限于第二种教育，这是介于基础教育与职业教育之间的一种教育。

对于第二种教育，教育界众说纷纭。一些过分实际的人宣称，这种文化教育完全没有存在的必要。一个男孩应该从基础教育直接跳至与其未来息息相关的职业教育。而也有一些教育学者则强烈推崇在大学教育中推广文科教育，认为这有助于拓展学生的心智，更能为学生的未来做好准备。这些专家并没有反对职业教育，但认为年轻学生应该让自己牢牢地扎根在普通教育的土壤中，之后才接受职业教育。

许多大学现在都是遵循这一教育理念，并据此制定课程。在学生学习一些与其未来职业有关的课程时，可以受到更宽泛的教育。

有人说，一个人不能接受过于宽泛的教育。其实，只有当学生做出巨大牺牲并掌握必要的才能之时，这种说法才具有其合理性。

若一个年轻人初涉工作之时，他不懂得一些经典文学方面的知识或是其他纯学科的知识，非得费九牛二虎之力才能掌握，我建议他放弃大学教育。但若他之前已接受过文科教育，不论其未来的发展方向如何，我建议他接受大学教育。这种教育无疑会让其心智升级，在日后的时光里更好地掌握工作的技艺。

若一个人向着专业发展，这种宽泛教育更是具有直接的价值。尽管不可能完全派上用场，但心智会成为其工作的工具。在这一过程中，心智的锻炼应该沿着最宽广与自由的方向前行。而在商业之上，则没有这么严格的要求。

归根到底的是人，而不是教育。最好的教育应该是有助于一个人成长发展的。

在总结之时,我想说,尽量多接受点教育,无论是文化性的还是其他方面的,只要这对你的健康与未来无害。若你必须要在早年自力更生,不能腾出这个时间,我建议,你可以放弃一些教育。否则,我还是希望大家能够多学一点。

疑窦丛生之时,多接受点教育吧,不要自满自足。这只是一个你是否支付得起的问题。

19. 业余嗜好须适度

大凡成功之人，无论是商业巨擘、专业奇才，或是其他有所成就之人，都有一个特点：他们对工作之外的一些事物有强烈的兴趣，这些兴趣远离了他们平时的生活轨迹，并不需要耗费心智与体力。

这些人都会有某些娱乐与消遣，帮助自己放松身心，忘记工作的责任与烦忧。这种娱乐活动可以是棒球、网球、划船或是其他体育活动。有些人喜欢棋盘的沉静，有些则是对散步有难以割舍的情愫，跑到森林，远离工作的尘嚣。若想更好地应对人生的责任，这种娱乐是必不可少的，无论这是体力还是脑力。

只要这种娱乐是有益的，不让身心劳累，其形式则问题不大。但还有一点很重要，一个人要尽情享受自己的娱乐时光。

如果一个人在工作之余，或是常规的职责之

外没有任何嗜好,他会渐渐生厌,工作会变得困难起来,人也会变得郁闷与无趣。

很少有人可以把自己全身心投入到工作,而不思其他娱乐。若他能更合理地安排时间,应该就会取得更大的成功。

有人说,那些最具智识与勤勉的金融家,却可以放下身段,更像一个男孩那样玩耍。那些平庸之人,却把娱乐看成不必要与没有气概的事情。如果读者能够看到杰出的教育者、著名的银行家或是商业巨擘在野餐之时的表现,会大感吃惊。在玩乐之时,他们好像重返少年,脱下皮鞋,赤脚踏地,到处狂奔。他们漫无边际地开着玩笑。他们在这一过程中,领会到了更高层次的快乐。当他们娱乐时,全身心投入,乐在其中。走进旷野之时,一股年轻的热忱漫溢其中,忘记年龄之所限,工作抛诸脑后,人生烦扰消散无形。他们甚至为无关紧要的胜利斤斤计较,好像这就是人生的全部。

许多人把午餐时间作为一种休息的时间。他们聚在一起,故意免谈工作,只谈一些琐碎的事情,互相逗乐,有时甚至玩乐嬉戏。

但当娱乐消遣超过一定的限度,人就会变得华而不实,失去对工作的乐趣。

如其他所有美好的东西，娱乐消遣也是有其好坏两面性的。

娱乐尽管有益身心，但绝不要过于较劲。娱乐应该让人心智放松。如果娱乐没有达到这种效果，就难以称为真正的娱乐。如果像足球那样耗费体力，或是像下棋那样消耗智力，这可能就得不偿失了。要想真正从娱乐中获得休息，就必须让自己放松起来，忘怀世界的大起大落，回到小时候玩偶与积木的纯真年代。

让我稍稍警告一下，许多人在娱乐的时候，融合了沉迷与放荡，通常是与觥筹杯盏相连接，因此，个中的益处也就流失了。许多人不喜欢户外活动，而是热衷于室内活动。偶尔，这样效果也不错。但相比来说，户外活动更让人心情舒畅。

大多数商业是在室内进行，大多数娱乐是在室外开展的。

20. 老练处世

我并非说，一个人应该收起自己的主见，心中想的"是"憋出来的却是"不"或反之亦然。我并非说，一个人应该对人对事诌媚矫揉。对于那些没有主见，或是怯懦于表达主见的人，我不敢苟同。

在这个世界上，那些没有自己的观点，好像大脑没有安在自己头上的人，是难以立足的。没有人与人之间的相互依赖，个性也就无从谈起。但那些意气用事、睥睨一切的行为与适当的圆滑手段，或人称"老练"之间存在着巨大的差别。

记住，自己的想法，不一定别人也会一样想。别人与你的想法不一致，这是一件幸运的事情啊。

你当然有权利保留自己的想法，但除非这是一个事关诚信、道德、是非等的重大问题，我建议你永远也不要在别人面前炫耀自己的观点，以免激怒自己的朋友、熟人或是工作的同伴。

如果这只是一个普通的观点，你对错的概率对开时，或是别人也是有理由不同于你时，你最好记住一点，自己想的不一定是正确或最好的，别人想的可能是对的，正如你也可能有时站在正确的一面。

你应该老练圆滑一点，不要激怒自己的朋友，大家应该互相交流。当你想让别人觉得他们有错误之时，也要有气度让自己接受错误。

圆滑老练是一种商业资产，正确的使用并非是弄虚作假的表现。

除非你认为自己完全站在正确的一面，并且有足够的证据支持，或是感到别人可以从你的观点中受益。否则绝对不要把自己的观点强加给别人，因为这样做是毫无意义的。

百分之九十九的恼怒情绪，百分之九十九伤人心的言论，都并非因其本身对错与否，而是很多自高自大之人，硬着皮头，不愿意承认一点：用一美元的火药，镇压一分钱的游戏，这是毫无意义的。

其实，每天发生在办公室的都是一些鸡毛蒜皮的小事，无足轻重。你要么圆滑巧妙地绕过，要么激怒同事。

身处江湖之中,圆滑老练,彬彬有礼是基本素质。勇气引领下的圆滑在化解冲突中所向披靡;没有勇气的圆滑、不愿为有价值的事情挺身而出的圆滑,根本不是自主,而是愚昧透顶。

挺起自己的肩膀,不是准备随时与人决斗,而是为有价值的事物抛头颅,洒热血。

21. 做职责外的事情

一位年轻女士最近成为了一家鞋厂董事长的私人秘书。她经常要独自在办公室工作。有时，她用电报或是电话都找不到董事长。她住在郊区，某天早上，在车厢里，她听到途经鞋厂所在地的一列火车发生了重大事故。

在抵达办公室之后，她马上查看装货单，发现一车的鞋子已经从工厂运往一家大型零售商那儿，而这些鞋子可能正是在那列失事的火车上。她马上打电话给货运处，但无法确定那列出事的火车是否装载着货物。确切的消息在下午四点就可知晓。她马上打电话给零售商告知其事情的发展状况。此时，她知道有些做推销的鞋子第二天必须要运到，她告诉零售商自己对一些事故的细节也不敢确定，但可以让鞋厂把一些型号相同的鞋子先用快递的方式寄出，在第二天早上就可以运送到。

这位年轻女士在自己的职权范围内尽职尽责，她本该向董事长或是其他上级报告，但当时他们都不在。后来，董事长对她的表现极为满意，大加赞赏。

在紧急时刻，她没有袖手旁观，而是信守了自己的工作信条。

当然，要想具体明确一位下属职责的精确程度，这是很难的一件事。这是一个判断力的问题。一些雇主紧握权力，一点都不下放。但大多数雇主还是赞赏员工为公司所带来的实在利益而采取的额外行动，只要员工运用自己的判断力且没有牵涉到重大的利益问题。

你或许听过许多良言忠告，说安分守己就是自己所有的职责所在。无疑，一位员工不能越俎代庖，超越自己的职限之外。事实上，那些中规中矩，一成不变地做着别人指定的工作的员工，是很难逃脱出现状的束缚而有所突破的。他们可能仍然是一位好职员，偶尔或有一点工资的上涨或是升职，但很难独当一面或是身居高位。

发挥判断力的机会总是有的，主动出击之人会有所收获，擢升与获得赞赏都是顺理成章的事情。

对于百分之九十九的员工来说，他们最大的

问题就是过于拘泥于自己既定的职责。对于自己必须所做之事,他们毫无兴趣。他们让自己机械地工作着,因此自然地,他们也是很容易被替换的。

无论自己职位多么卑微,总会有自己发挥能力的时刻,做一些"合同之外"的事情,只要是建立在良好的判断之上,这将成为自己有价值的资产。

紧急时刻无从预测,随时都可能降临。这既可能是命悬一线也可能是虚惊一场,但这些情况都必须要手麻脚利地去应对。迎接紧急情况刻不容缓,必须得到有效的应变。而在此时,判断力扮演着至关重要的作用。

22. 升薪之道

期望升薪,人之常情。工资代表着每个人辛勤工作的回报。如果你物有所值,也应该获得更多的报酬。

影响加薪的因素有很多:第一,你必须物有所值;第二,你必须让雇主相信这一点;第三,雇主必须有能力支付更多的薪酬,企业必须有盈利的保证。如果这几点不能保证,那么即使你有要求加薪的这一愿望,雇主也是会不予理会的。

如何才能获得加薪呢?在多数情况下,责任在于你。如果你物有所值,多数雇主是愿意给你加薪的。若你对公司的盈利状况估计充分,可以自己好好地分析一下,细述自己的优势,就大致可以确定自己是否符合加薪的条件。除非你对自己十分肯定,否则就不要随便提出加薪。宁缓勿急,当自己没有这个能力或是企业不允许之时,静心等待。

若条件允许，一位正直的雇主不用你说，他都会帮你加薪。当然，偶尔他也会没有注意到你的表现。在这种情况下，你可以把自己的情形客观地讲一下，征求他的意见而不要一味要求加薪。态度要像对朋友一样。若他是公正之人，在公司允许之时定会给你加薪的。

记住，忠于职守是不够的，这很难让你有加薪的机会。要想获得升职或是加薪，你就有必要做些工作之外的事情，以此来证明自己有思想、有能力，并且渴望为公司作进一步的贡献。

一位只是履行职责的员工将难有升迁的机会，或许偶尔薪酬会有一点上调。而那些永远勤奋，挣脱自己固定工作的束缚，做一些额外事情之人，或是那些精心研究工作，一点一滴积累的人，才是升迁的对象。在一些时候，一些事情看起来微不足道，很难让你去注意到，自己的雇主可能也没有注意到。但是，还是要做好这些事情。这将会让你更好地应对更重大的事情，其实，当你认为一位雇主眼睛闭着的时候，他大多数情况是明察秋毫的。

不仅要做好自己的本分工作，还要做一些除此之外的事情，这才是不断进步的正道。

23. 别混淆工作与社交

你可能是一位记账人、速记员或是一位普普通通的职员,在办公室或是会计室工作。雇主可能是一位通情达理之人,没有对员工的自由有过多的限制,只是希望你能履行自己的职责。在你不影响工作前提下,他是不会干预你与同事的交谈或是偶尔的娱乐。

也许,你有很多亲戚朋友,他们的社交性"很强",经常在你工作之时拜访你或是在工作行将结束之时找你。而更为常见的是,他们会经常在你工作之时打电话给你。

在一定的限度之内,一般雇主都是不会予以干涉的。你不是身处于监狱,并不受一些僵硬的规矩的束缚。在不影响自己与别人工作效率的前提下,你有自由活动的权利。

成功者在工作之时,都是害怕被人打断的,他们会尽量避免这种情况的发生。

在你忙活之时，一个社交性的电话，不仅对你的工作产生影响，对于雇主而言，亦是如此。要想重回原先的状态并非易事。

我知道一个例子，一位年轻的职员得不到升职，完全是因为他的妻子每天都要打电话给他，并且通话时间总是在一个小时以上。

当你正在数字的"群山"中跋涉，欲登顶峰之时，"叮叮叮……"的声音由远而近，你不得不从紧张的"爬坡"中抽出来，去接这个电话。整个工作被打断了，此等损失，只有你与公司才深有体会。

你在做某件重要的工作，且必须要限时完成。正在紧张工作之际，亲戚或朋友却来个电话，你不得不抽离出来，然后匆匆忙忙地赶工，以求交差。

我犹记有一次，一位求职者的申请被拒绝，完全是因为他那健谈的亲戚在旁喋喋不休，怎不让人生厌？

若你怯弱，情感深沉，不善外露，或是过度谦虚，站在雇主面前，你就难以双脚不发抖，若是身边没有亲戚朋友的陪伴，你定会落荒而逃。此种人的确不是雇主所需的。

雇主要的是你，不是你的亲戚，或者朋友。

在工作之时，让你的亲戚朋友远离一点，当然偶尔的紧急情况除外。

若你有爱管闲事的朋友，不懂得尊重你的工作，你可以柔和而坚定地告诉他，自己在朝九晚五这段时间并非可以随心所欲。

当然，父母、朋友对你很关心，但在你工作期间，他们也没有权利打扰你。除非有紧急的情况，否则频繁的拜访只会打扰与影响你的工作。

如果你与朋友约好一道回家，一定要在工作之后。当你忙活之时，朋友却在接待室烦躁不安地等你，这会让你如何专心工作呢？

社交生活为一码事，工作为另一码事，不要将其混淆。它们的构成元素是不一样的。两者很难交融，并期望产生好的结果。即使有，也不是属于你的。

24. 人可以老，但不能服老

年龄是相对的。许多六旬之人，在心智与体魄上，优于不少二八少年。

俗语有云：人之所老，窥之动脉。此言正是。但豆蔻之心，却是岁月所不能剥夺的。

谁又能阻挡时间脚步的前进？但只要愿意，在咽下最后一口气之前，我们却还是可以葆有一颗年轻的心。

历史往往在昭示一个事实：超凡伟业完成之人的年龄介乎五十与六十岁之间；第二个发展期在六十与古稀之间；第三个阶段则是在四十至五十岁之间。智力之高峰，似乎皆于半百之刻骤然而至。人过中年，心智愈发成熟，思想愈发活跃，情感愈发丰富，这似乎是一个显而易见的事实。

人生之初的三十年、四十年、五十年似乎皆

为训练之期。俟后，开花结果，名声、幸福、顺意则接踵而来。此等收获，非一初涉世的乳臭孩童所能撷也。

于体表，五旬之人或不长于长途之竞，横跨江河。但倘其心智自律，其亦更具弹性、其精力更为充沛。其力实不输于少年。

身体机能，非人所能控制。心智之所属，则在人毂中。个性、幸福之情，皆储于大脑之中，而非驻足于四肢或是远处的枝丫。汝之所想，汝之所为，当年岁如冰冷的雨雪无情地拂过身体时，内心却仍可犹如炉火冉冉，烧得通红。

智力上乘者、成伟业者，内心俨然一孩童也。其与孙子玩弹珠之游戏，怡然自得。虽体魄不宜劲舞一曲，心智之乐，亦是痛快。于旷野之间、深林之僻，常见其身影出没。肩背鱼线，鱼饵系之。静坐于老旧而苍白的茅舍，静忆半生光阴潺潺流晃。其忧者，竟为挤羊奶、晾干草。其喜于负桶出门，归来之时，腰酸背疼，却得满桶浆果。此景之所获，非华尔街呼风唤雨之乐所能及也。

其喜于漫步于年久的老渔村，与不期而至的水手漫无边际地交谈；或于粼粼波光的水面，轻棹扁舟，静观水破浪涛。心惊骇，城廓闹市之热闹,怎可与比?其童真之心,熠熠生辉,一如潋滟的波光。

葆怀童心之人,有福者也。虽逾古稀之年,仍是一老顽童也。

廉颇老矣,尚能饭否?答曰:能,只要你愿意。

25. 先做好自己

世上可有两种划分：其一可分为大众，其二则是个人。后者远比前者来的重要，没有它，前者也无从谈起。

许多立法者，以及许多不切实际与能力平庸之人，已往一直在瞎忙活，现在亦是如此。他们妄想，只要有法律的存在，正义就会回来，善良就可以在人民大众心中扎下根，而忽视了地球上最伟大的一股力量——大众舆论。这并非法律条框所能限制。

所谓的"改革者"苦心孤诣地在推广，而"慈善家"则是眼盯着金钱不放。还有一群伪善之人以为：只要政府负起责任，人们就可以悠闲地坐着跷起二郎腿，让执法者去实施，希望凭此就可以激浊扬清，扭转乱世之乾坤。

无疑，法律与立法者有其重要性，但若没有大众舆论的支持，还是徒然无益。

鱼龙混杂的政客，灌输给人们这样的思想：人们该依靠他们，放弃自己应负的责任。这样，人们只需安躺于温床，不管风月。

个人的个性被剥夺，自己被强制为一整个大群体的一部分，无奈地接受自己制定的法律，然后依靠自己选出的人去执行。赋予他们履责之时，自己的那部分也被担当了。

竞争激烈的商界，看重结果，其结构是自下而上的，没有一个磐石般的基础，何谈顶部？这需要每个人各尽其力，好像自己是独立与任何人之外一样。闲荡者没有存在的空间，懒惰者不能获得怜悯的眼光。此两者皆需受劳役之所炼。

如果个人不先做好自己，时时完善自己，那么我们作为一个国家、民族、社区，都将会停滞不前。

上帝赋予每个人以独特的良心，大自然让我们有属于自己的容身之处。这种良心首先是对其本身负责。原本属于我们的位置不应被别人取代。

尝试把善良用法律条框固定起来，无疑是徒劳的，这就好比想让河流溯流而上，或是让海洋停止流动。

无论是真诚的还是伪善的"改革家"，若他

们能把能量释放于帮助个人实现自己的潜力，个人才会支持良政、好的工作与高尚的行为。

立法者，以及那些执法者，若不是根据其品行，而是被机械地选举出来，那么这些人就难以做到诚信与高效行事。

一位有才干的工程师不会只注意引擎，他会注意每个部件的重要性，如果每个轮子与嵌齿未处于良好的状态，那么其效率就难以保证。

世界是由许多独立的小世界组成的，正如世界上每个人都是各自存在的。所以，对于那些所谓的"改革者"，我想说，先扫干净自己的房子，然后再谈其他的吧。不要尝试让浩渺的天际纯净，然后再慢慢地消毒。要做，就从自己的那一部分开始吧。

纯洁的天际源于每个人善良的熏陶。

我们要感谢上帝，幸亏我们不是一个混沌善良的整体，否则，我们比那些由无神的自然一条线控制的傀儡也好不了多少。

26. 再忙也要轻松一下

商场无父子，竞争激烈。其在很大程度上只是注重本身的结果。

初涉职场之人或是职员，正在人生的十字路口，其中一条是工作方向的发展；另一条是自己的个人生活与权利。不能顾此失彼，每条道路都有其重要性，那些不能妥善处理二者之人是难以抵达成功彼岸的。

那种长久的成功，或是让你成为一位好公民的成就，并非来自对职业之路的过分追求，亦非源于对个人生活的过分留恋。

成功取决于对这两者正确的认识，一种在勤勉工作与随心所欲地生活之间的妥协。

我并不欣赏那些无法尽情享受一场球赛乐趣的人，也不喜欢那些一心埋于工作，好像自己被胶水牢牢粘在桌子上一样的人。

任何人若是过于偏向于某一方面，其间没有

娱乐消遣，就难以达到最佳状态。一场轻松愉悦的高尔夫球赛，有助于天文学家发现新的星星。在乡村待上一天或半天，困扰商人多天的问题说不定就迎刃而解了。本身已感疲乏的老师，仍然在课间时痴痴地看着书，忘记了在空气混浊的教室里很难有真正发人深省的教育。其实这于学生、老师都是无益的。

在你手上工作渐渐变得棘手之时，在你感到厌倦时，并非由于你自己懒惰，并非球场的比赛吸引着你，而是你疲惫不堪，不想把自己该做的事情蒙混过去，强迫自己机械地完成任务。娱乐就如清新的空气一样沁人心脾被人所需要。没有这娱乐，你会觉得窒息，失去往日的活力，这样的状态，如何能应对工作的挑战呢？

我时常会听到一些年轻人说："如果我想着其他事情，或是做其他事，我就无法专心做事"。这种说法是错误的，他们是在自欺欺人，他们剥夺了自己生存的权利。

那些发挥自己潜能的人，成就伟业之人，在发现与科学上取得成就之人，都在工作时一丝不苟，但他们也知道何时休息。有时甚至强制自己换个环境，他们像工作一样努力地休息，充分利用休息时间。他们深知一点，无论是人类还是机器，若持续不断朝一个方向运转，迟早会酿成灾难。

睫毛一弹，开心一下！

27. 力争上游

波澜不惊的池水是有害的,实为对人健康的一种威胁,其水不适饮用,其死气沉沉难以转动水轮。这面临着两种命运:要么被风干,要么成为茫茫大地的一个污点。

一味安于现状之人,从未想过力争上游,这与那个波澜不惊的池水有什么区别?除非他自己制造一道洪流,否则就只有被晒干或是成为社会不受欢迎的人物。

但值得深思的是,急功近利与安于现状一样都是极为危险的。

滚滚而来的洪流,尽管势不可当,但其本身并没有实用的价值。

无论你眼前的位置多么优越,你还是有理由不断向前努力,寻求上进。但若你这种前进之心过于迫切,越过了常规的谨慎而横冲直撞,你很有可能粉身碎骨,这无疑比你乖乖地待在原来一成不变的位置惨多了。

对自己命运的不满,不能上升至让自己觉得可悲的状态。对现状的不满应该让人向前不断努力,利用自己的常识获得更好的位置。

在自己还不能确定前路之时,不要轻举妄动,更不要冒过大的风险。

若你需养家糊口,你就不能因为自己投机取巧的行为,而让他们的利益受到损害。

把自己的双脚牢牢地踏在今日的磐石之上,然后伸出双手,攀登未知的境域。当你认为时机成熟时,果断抓住时机。同时,对机会本身也不要全抛一片心,因为有一半所谓的机遇,实际是蒙着面具的虚影,其实却是与那些空穴传来的风声一样,来去无踪。

世界上一半的失败源于停滞、不思进取,在机会送上门时,他们腰都不想伸一下;另一半的失败则是源于那些永不满足、野心过于膨胀之人,他们一看到一条绳子抛过来时,不由分说地立马抓住,却不去想一下细绳的另一端是否牢固。

许多人放弃眼前的职位,因为在他们心中还有更高的追求。他们知道如果自己一味维持现状,情况会多么糟糕。但他们若对未来没有详细的规划,没有分析是否存在真正的机会,只是一往无前,离开原先稳固的基础,最终只能困于流沙,垂死挣扎。

把自己的双脚牢牢地踏在今日磐石之上,力争上游。静待时机,这个过程可能持续一周、一年、或是几年之久。在自己觉得有足够成功机会之前,切莫轻举妄动。

一只船上若只有破烂的索具,其危险程度并不亚于一只没有锚的船。

28. 创新必须有价值

数据常常会误导人。顺便提一点，至今已有数百万个发明获得专利，而且每年正以数以千计的速度增长。

专利局在授予专利权时，只是根据其本身的新颖程度，而不理会其商业价值或是其他价值，有的甚至忽视其发明物本身的价值。

古往今来，男女皆有发明，各个年龄段皆有之，甚至包括一些未成年者。其中一些发明者已经因此获得了财富，但绝大多数的专利却几乎一文不值。许多很有创意的发明，由于缺乏进一步的研发或是利用，给其发明者也没有带来什么。

一项成功的发明有赖于两个因素：一是其商业价值或是其他价值；二是适当的研发。

很少有发明者或是科学家兼具商业能力。多数的发明者并不晓得如何将自己的创意转化为市场流通的产品。他们是发明了，但不能利用；他们发现了，却不懂如何推广。

虽然有一些伟大的发明是由于机缘巧合诞生的，但绝大多数有价值的专利发明还是由于教育与训练，辅之以不懈的研究。单纯的聪慧与独创是不够的。我认为，若是一位发明者只是依赖自己的天资，将很难有所作为。

若你天资聪颖，原创性十足，你就有发明的潜力。首先，必须沿着自己制定的路线前进；第二，不要天马行空、漫无边际地创作。仔细研究，发现缺陷，哪里可以做出改进。然后尝试弥补这一缺陷。

当这个点子冒出之时，搜索专利记录，因为之前可能已有同样的专利存在。

低调地查询，看自己的发明是否具有市场前景，然后向一位有声望的专利律师请教。若你不认识这方面的人，可以向法官咨询，让他推荐一位。你可以把自己的想法向律师和盘托出，不用担心他们的职业操守，任何一位值得信赖的专利律师都是不会出卖自己的顾客的。

在获得专利之后，可以联系一些与自己发明相关的制造公司，你可以出售自己的专利权或是申请获得版权。这样的工作，你应该是没有问题的。

记住一点：若你的创新不能用于商业或是对社会有作用，这就是没有价值的。要想获得经济上丰厚的回报，就必须能制造出适销的产品。

你可能对自己的发明很有自信，但若你不能让公众意识到其中的功用，你也是难以从中获得名与利的。首先，确信自己发明了世界需要的东西；然后，尽力向别人展示这种发明是具有价值的，并把它交由可以信赖之人，让那些有资金、有能力的人去开发。若你自己没有金钱或是敏锐的商业嗅觉，尽量不要一个人去做。

29. 学会馈赠世界

最近发表的一篇关于对一位女商人的采访让我充满兴趣。这位女商人在很年轻时就已经功成名就了。她的成功让其处于镁光灯之下。我对她以下这些话感触颇深：我总是尽力去帮助别人，我们唯一能留下的东西就是我们赠与的东西。

每个人都有生存的权利，享受自己劳动的果实，存储足够的钱财来使自己在耄耋之年免处危难之境。但金钱与财富本身只有短暂的价值。在眼前有其价值，但在未来则难以通用。当一人跨越河流之时，他不能携带财富与世间名声。进入永恒幸福的通行证是身外之物，这并非依赖于他所拥有的东西，而在于其所赠与的东西，在于让世界变得更美好一点，而不是自己的苦心囤积之物。

只需仔细分析伟人的传记，那里有功成名就之人、被人爱戴之人、名垂千古之人。你会发现，世人所称道的，并非源于他们所拥有的金钱，而是他们如何处理金钱，或是为公益事业贡献自己的金钱。

金钱并不能让一个人变得伟大，金钱本身如未被开采的矿物一样毫无价值。

今日，在美国这个国度，他们之所以伟大，盛名漂洋过海，并非由于他们的金钱——因为他们之中，为数不少的人拥有的金钱不多甚至很少。但他们具有慷慨之度量，愿意通过帮助别人来让世界变得更加美好与灿烂。他们因自己的馈赠而不是其所存储的财富而闻名。他们实为富有之人，因为他们把自己的东西存储在永恒银行之上，其价值永不贬值，其利息也是绵绵不绝的。

我并非说，一个人应该在商业交易时，变得懒散而不愿赢利。我是说，商业本身，金钱本身，实为没有价值的东西。它们没有持久的价值，也不会带来名声。这种价值与名声来自那些帮助别人的人，他们的幸福不是因为享受奢侈，而是源于内心的情感，一种帮助世界变得更好的决心，在让别人得到幸福之时，感受到自己真正的幸福。

自私自利的商人，或许他们能控制一个城市的人们或是拥有连锁的银行，但相比于那些把钱用于益己益人的人而言,他们却穷得可怜。这种有益于世界的人不会被人遗忘。他们不是把自己的财产传给后代,而是留下一份永不贬值的遗产,比那些易碎的纸质钱财更有价值。这样的人才是真正的富人,他们的财富不受市场的动荡而波动。

你苦心囤积之物终将离你远去,你所赠与之物将永不消失。

30. 充满兴趣地工作

若一个人对所做之事没有兴趣，觉得工作沉闷呆板而愁眉苦脸，无论其多么努力尝试，亦是徒劳无益。

所做之工作可分两种：其一，我们兴之所至的工作，自己也乐在其中；其二，无聊呆滞，活像一大累赘的工作。

但若我们意识到，即便最低下的工作，抑或最恼人的累活，只是通往更美好的明日的一条必经之路而已，彼时，一切累赘烦忧之感将烟消云散。我们对自己不感冒之事产生兴趣，因其有助于我们去做自己喜欢的事情。

缺乏兴趣，这是难以自圆其说的。若一个人处于工作之时，其没有理由感到不开心，不享受工作的这一过程。若其不能有开心之感，则难成大器。这种劳动只会让其身心疲惫，自己的状态也将江河日下。

若眼前之工作不能为明日更好的前程打下基

础，这一工作则是没有意义的。这可能听起来有点偏激。当掘土者说自己只能为生存而生存之时，其言可信。因为他的工作只是糊口而已，他机械地工作，就好比消化他所吃的食物一样。尽管他可能永远也难以脱离这一工作，但假若他不缺乏一般的能力，他是有可能放下手上的铁铲的。他可以爱上挖掘这一工作，在心中默想，自己每一铲都是在慢慢地将自己铲离这种低级的体力劳动，让自己变得越来越好。若他心中没有一个要上进的信念，他的工作将继续成为负担，而他也只能永远背着这个负担。

某些人认为自己所处的境况将一成不变，他们永远不会抬头仰望一下头上的星星，尽管他们不能双脚腾空，却从未在心灵上梦想过遨游天空。对于这些人，我无话可说。

那些功成名就之人之所以有今日之地位，盖归于在落魄之时，尽管身处低位，他们仍然能在工作之中找到乐趣。若他们于泥泞滂沱的道路之上，乌云密布之时，在心中不能升起一丝曙光，那他们实难成功。

其实，很多时候，关键的不是我们做的有多少，而是我们怎样做。我们可以让自己像一个机器人那样工作，也可以让自己的大脑全线启动，手脑并用。

我不相信，世上存在纯机械的工作，虽然有些人看起来的确在机械地工作。人类的大脑不时地在转动，不时地在指引着方向。但令人遗憾的是，真正意识到这一点的人不多。

我承认，环境很重要。若我们沿着一个方向，或是在某个地方，的确是会比在其他地方工作得更为出色。

年轻的男女，尽管你们不总能在一开始就选好人生道路。但至少，在你们所走的道路上，你可以时常思考、分析，充分发掘大脑的潜力。做一些自己感兴趣的事情，这比你一直走在自己不感兴趣的道路上要好得多。

把自己初始的工作作为未来工作或是希望的一个预演。无论你是否喜欢，请尽量对此感兴趣吧，这并非完全因为工作本身，而是因为这会引领你走向更好的明天。

我想对大家说，在有史以来所有的文字中，有一点特别值得强调，那就是，若你对必须要做的事情不感兴趣，那么当自己真正感兴趣的事情来临之时，你也是会觉得自己对此并不感冒。

没有兴趣伴随的工作是累人的，带着兴致工作，则是人生一大乐事。

31. 善用直觉判断

莎翁曾说过：我唯一的理智就是一个女人的理智。我想这是对的，因为我的确这样认为。

也许，这位艾芬河的吟游诗人的这句话，点出了一个流行而又普通的谬误观点，即好像女人没有理智一样，完全凭借她们的直觉。

很明显的事实是，从比例上看，大多数的女人比男人拥有更为敏锐的直觉，她们瞬间的判断，有时甚至比那些平常精于此道的人的准确分析还要精准。

无论这正确与否，我相信，任何一个思维健全的人都不会让自己完全依赖本能的判断或是直觉，除非之前自己已深思熟虑过。

判断发端于以下三种条件：第一种可称为本能，这就有点类似于猜估的意思，大多没有根据；第二种是直觉，这是比本能高出许多档次的，它通常是以经验为基础的，有时甚至是一些潜意识的变化，第三种是完全基于事实与经验的一种认识。

对于纯粹本能判断的价值，我是完全持反对态度的，因为只有低级动物才存在这种情况。由于它们的推理能力极为有限，只能靠本能指引，但人类却不止拥有这些功能。他们有心智可以思考，本能的价值就不大了。

直觉则完全是另一回事。这并非源于本能，而是源于一种潜意识的经验所获得的。

我可以举一个具体的例子。一艘航海船的船长，对于航向了如指掌，见惯了海上的大风大浪。在一夜酣睡之后，他走到桥边，立即感到有些不对劲。在此时，某些不动脑子的人可能说，这种反应完全出于本能，事实并非如此。这是建立在直觉之上的，而这种直觉则是源于其多年的经验。在他还是一名学徒之时，他就不断思考了。在其潜意识里，这种反应的表现可以说是即时的，反应之快，他甚至自己都忘记了自己是否曾想过。他立即为感受到的即将到来的危险做准备。实践已经让他学会如何更好地思考与推理。相比于多年前，他要一个小时才能在脑海弹出某个念头，而现在只要瞬间就行了。

另一个例子：一位初级的合伙者向上级提交

一份建议，上级马上就做出决定了。看起来好像这些人是在以某种超自然的力量在行动，事实并非如此。在一秒之内，甚至是在半秒之内，在他脑海中就已把多年的经验迅速地回顾，并组织起来。他做出的决定看似是瞬间的，只是在潜意识里有所掠过而已。但在他的心里，却早已把事情的各方面都予以权衡了。

因为直觉是长期经验积累的一种高级的表现，这有时比那些完全基于一个明确事实下所做出的理所当然的判断更为准确。说到这一点，我并不是说，每个人都应完全依赖于直觉。我是说，每个人不应该只是把自己的判断完全建立在一些浅显的事实上。

安全的"人生之道"是由判断与直觉铺成的。一个人能冷静地分析出可能的结果，预感到这是否有益于自己。他不仅可以指引自己穿越眼睛所能见到的表象，或是一些看起来正确的东西，也能感受到什么是正确的。这种感觉并非源于本能，而是直觉，并非纯粹的直觉，而是一种与事实、经验在潜意识里相互连接的直觉。

32. 沮丧的山姆

"山姆，你没事吧？"朋友威尔关切地问道。

"我觉得很沮丧。"山姆回答道。"一年以来，我都没有迟到过。我工作上也是尽职尽责，但老板好像对我并不感冒。就在昨天，他就为一位在这里工作时间没有我一半长的职员涨了工资。"

"这的确有点让人难受，"威尔安慰道，"怎么会这样呢？你说那个家伙加薪了，其中必有原因吧。"

"我能想到的唯一理由就是老板对他特别偏爱。老板好像总是特别喜欢他，一直都很看重他。"

"我们好好谈一下吧。也许老板是有点偏心。但是否这种偏心是因为那个家伙做了什么事啊？好好想一下啊！"威尔说。

"没有什么啊！"山姆狠狠地说道。"沃尔特看上去总是那么充满活力，在老板面前展现自己,使老板时常注意到自己,而我则是专心于自己的工作。"

威尔说:"山姆,公正点说吧,你说沃尔特总是尝试让老板注意到他,那他到底做了什么啊?"

"让我想想,他在工作之余,总是做很多额外的事情,而做那些事是没有报酬的。"山姆说。

"比如呢?"

"他有空就帮老板整理办公桌,把墨水瓶装满,还会准备几张纸来抹去墨渍,摆好文件,还有很多没人要求他去做的事情。"

"山姆,"威尔平静地说,"你说到点子上了。你看重自己的事情,而沃尔特不仅做了你做的事情,还做了额外的事情。你获得自己应得的。沃尔特没有懈怠本分的工作吧?"

"没有。"山姆抿着嘴说。

"我的老友啊,现在你可以看清楚一点了,沃尔特跟你一样做好了本分工作,并且不止于此,他还做了许多让老板欣赏的小事情。"

"那家伙在整天忙碌时,在做好自己工作之外,怎么还有精力做其他工作呢?"

"沃尔特不是也终日忙碌吗?但他找到了一个方法来做到这一点,那么你也可以啊。沃尔特对自己所做之事乐在其中,他也知道自己的责任所在。你对自己的责任不特别感兴趣,也就很难完全履行它。你只是见好就收,而沃尔特则更进一步。某天,我的老板跟我们说,他是如何成为公司的一分子的。当他周薪只有五美元时,他仍然把自己融入公司,为公司的利益着想,就好像公司就是他的。山姆,我想对你说,今时今日,一个人要想有所作为,就必须不走寻常路,要另辟蹊径。谨守自己的责任是不够的,老板希望你这样做,但他只会为那些既做好自己日常工作,又做一些额外事情的员工加薪。"

山姆有没有受到启发呢?我不这样认为。因为在年末之际,他就被解雇了。那沃尔特呢?他不再只是个普通的员工了,也许永远也不会了。现在他是一个大部门的主管。他做了一些自己不一定要做的事情,然后就成功到达"彼岸"了。

33. 真正伟大之人不会觉得自己伟大

有三类自命不凡者：其一，那种认为自己比自己优秀的人；其二，那种认为自己比别人优秀的人；其三，那种认为比别人与自己都更优秀的人。事实上，每种情形都并非如此。

某天，一辆外表高档的汽车驶到了乡村的旅馆门前，这里有许多名流，他们在这里共度欢乐时光。根据一般惯例，旅馆主人站在门口欢迎客人，不时鞠躬表示欢迎。

"我们可以吃点什么吗？"一位财大气粗的人嚷道。

"当然可以，很乐意为您服务。"旅店员工很热情地回答。

"喂，喂，"这位自命不凡者说道，"在吃饭时，可以安排不让司机与我们坐在同一张饭桌吗？"

"这很容易处理啊。"店主回答道。

这位自命不凡者与他的同伴进入了一间办公室，洗一下手。

"店主，记住不要让司机坐在我们旁边啊。"

"我会注意的。"店主有点不耐烦了。

这位汽车业巨头写了一封信，身边也是簇拥着一群自命不凡的男女，走进了晚餐厅。

"记住啊，不要让司机与我们坐同一张桌。"

店主忍无可忍了。

"嘿，"店主叫道，"你的司机到底有什么毛病啊？他为什么不能与你同桌吃饭？"

另一个例子：在一场社会学研讨会上，许多在美国所谓的专家都来参加。在一个下午，讨论的专题是关于女仆的问题。一位著名的教育家称：今日不能获得良好服务的一个重要障碍就是许多女仆没有受到正规的教育。此语表明好像一般的女仆就是低人一等的。还有一位著名的记者也出席了研讨会。在大家"冷静"探讨之后，他说道："尽管我这个人很民主，但我还是不会完全把女仆看成是家里的一分子。当多人聚在一起时，我不愿意让她站在一旁。我这样说，其实也是为她着想。因为在大家口无遮拦地谈论之时，我也不想让她只成为一个听众，因此，我觉得让她在一旁听着，这样做是不公平的。"

我无意讨论关于主人与仆人的问题，也不想就这个问题发表自己对社会学的一些观点。只是想说明一点，有些仆人比他们的主人更为优秀与富有智慧。

那些由低处爬上来的社会名人，有相当一部分人是智力平平的。

许多商业巨头都是从职员一步一步爬升的，渐渐地脱颖而出的。

真正伟大之人不会炫耀自己的伟大之处，也不会认为自己比与其交往的人有什么特别之处。他们仍能在工作中紧紧地遵守自律原则。他们有权选择一些与自己共事的员工，他们不会故意俯就，也不会以高人一等的态度趾高气扬。他们深深明白一个道理：如果位置倒转，他们自己可能就是一位仆人。这些人不会是一位自命不凡者，也不会故意炫耀自己。

自命不凡者没有朋友，即便在其同类之中，亦是如此。他们的立场时常变化，而且永远在变。

自命不凡这一毛病并不拘囿于富人或是那些富二代。若他们的祖先今日仍活在世上，都会为他们的后代感到羞耻。

真正伟大之人不会觉得自己伟大，小人则刚好相反。公道自在人心。

34. 再忙也要去交际

"这个冬季,我不会到外面去交际",一位年轻的女士说,"因为我很忙。"

到底什么才是"交际"呢?上面所提到的交际到底包含什么意思?说实话,我自己也有点迷糊。手头上最权威的词典都没能给我最明确的回答。那好,我就猜一下吧。我觉得上面那位年轻女士所说的"交际"之意,就是她们去参加舞会、派对或是其他的邀请之类的活动时一群人聚在一起,这不一定就是她们私人的见面。也许,这些人"不幸地"属于那些"贵族"阶层或是一群自高自大之人的集合,她们没有自己的见解,自己一无所知,还装得好像学富五车一样。

数以千计的年轻人,因为不断地参与所谓的"交际"而让自己的现在与未来蒙受损失。有些人甚至在"交际"这个祭台上将自己的灵魂也作为了牺牲品。

年轻人应该有自己的朋友，他们不应该与那些书呆子或是遁世者为伍。他们应该聚在一起相互交流各自的经验，在谈话中增长彼此的见识。但这些行为都并不是所谓的"走进交际"，因为，"交际"一词现在普遍被认为是沉迷放荡的意思，多少与酒杯沾上关系。

一个发人深省的事实是，许多商业巨擘或是智慧超群之人、杰出的发明者或是科学家，乃至于各个领域的拔尖之人，他们更关注的是"社交"而非"交际"。他们极少去"交际"，而是过着自然平淡的生活，与自己趣味相投之人结为朋友。无论是托恩先生邀请他们参加高级舞会，或是海布劳先生把他们列为一般晚会嘉宾，他们都看得很淡。

许多富人与更多身价一般的人，在"交际"之中把自己生命的活力都给消磨殆尽了，他们还必须花许多时间去维持这些"关系"。当他们老了，阅世更广了，他们就会喜欢户外活动，呼吸新鲜的空气，在心智上，有时可能在身体上，让自己驱除当年那些傻乎乎与不切实际的"壮志"。不要为找寻自己所谓的"交际"层次而感到烦忧，你迟早自然会找到属于自己的层次。若你总是尝试达到自己的层次，无论这是高于或低于自己所属的范围,都只能造成灾难。

年轻的男女,记住一点,金钱本身,或是会跳几曲的探戈,及拥有窃窃私语的能力,此上种种,都并非打开真正"社交"大门的钥匙。

若你的祖先当年乘着拥挤不堪的"五月花"号来到这个国度,或是你上溯的几代祖先曾在荒芜之地驱逐过印第安人,记住一点,你并不比那些在人们依稀记忆中的人好上多少。因为人活于世,啖一样的肉,睡大同小异的床,穿同样的衣服,仅此而已。

当今"社交"风靡,就像空穴的来风,最终也只能在空濛缥缈中消散。

35. 做人不要自以为是

"我想让你认识一下乔治·路易斯",我的朋友说,"他是那种一旦觉得自己正确,就绝不会改变的人。"

"我也很想见他一面",我回答道,"我知道他享有声誉,并在社区内拥有较高的地位。他是一位极为正直之人。约翰,但我并不觉得你给了他一个很好的评价。"

"什么意思啊?"

"你说当他知道自己正确之时,就再没有什么能够改变或是影响他的想法。"

"是的,我就是这个意思。"朋友回答道。

"不,你并非这个意思,若你真的这样认为,你对乔治·路易斯的尊重将烟消云散。"

"解释一下。"

"约翰,真正杰出之人是绝不敢妄称自己的见解一定是正确的,或别人的见解一定是错误的。最高尚之人在这方面其实是很脆弱的，他们也深深地意识到了这一点。他们分辨是非的能力并不完全局限于自己，而是通过与那些具有高尚情操但持相反意见之人的交往，进而对事情获得更深的了解。他们吸取了公众的观点，让自己的观点变得更加全面，而非一味局限于自己。"

"你不会是说，公众舆论一定是正确的吧？"约翰打断说。

"当然不是，多数人常常是站住错误的位置，少数人则处于正确的位置，反之亦然。"我回答道。

"那我们如何辨认是与非？"

"若我们怀揣做正确之事的动机，就会不断地抵抗诱惑。我们的行为就会自然地表露出来。但若我们让个人判断完全占据自己的心智，即使我们动机正确，仍可能走在错误的道路上。在这方面，我们不能单靠自己，否则我们比那些仅依赖本能而没有良知的动物好不了多少。若一个人仅凭自己的思想，他就对错半开，但若他将自己的观点与别人的观点相融合，站在更加全面的观点之上指引自己，他就不会铸下大错。

"别人的观点可能是错的哦。"约翰打断道。

"这个是肯定的。但一个有敏锐良知与高尚

情操之人能很清楚地分辨出来。他不会盲目地听凭一个流氓的观点,即使这是属于主流的观点。他会与一些有思想及诚实的人商量,共同应对问题。若他自己的经验比那些他咨询的人更为丰富,他就会让自己的判断发挥更重要的作用。但在另一情景,当他确信别人知道的比他多,他至少也会把自己的观点先放在一边。比如,也许会有部分职场人士对政府的一些商业政策感到不满,但假若这些政策被正直与诚实的商人所接受,那么若他继续让自己质疑,他就是傻子一个。"

"真正有能力、诚实、正直之人,很少是自以为是的,他们会细细思量,让自己的想法变得更为全面。"

36. 成功没有一帆风顺的

成功没有一帆风顺的，这是大家都知道的真理。每个成功人士，都是通过自己的艰辛努力而得到的最后胜利。但现在的书，却经常告诉大家成功可以走捷径，其实这是极度不负责任的行为——特别是对年轻人伤害最大，会让他们终日沉湎于所谓的"不劳而获"之中，而对"一分耕耘，一分收获"的真理嗤之以鼻。

这让我回忆起以前的一件事：我有一个朋友开了一家店，他刚一经营就大赚特赚。记得刚开张之时，大家都来捧场，一时间他的店每天都是门庭若市，以至于几天之间，生意如同滚雪球一样增长。可是，不久之后，他却业务低落，利润渐少。虽然他四处求救，设法提高利润，但是仍旧无法挽救，一年后，终于以倒闭告终。因此说，每一个高峰其实都不难攀登，但必须要拥有坚韧不拔的意志和能力，才能脱离险境，成就事业。这样的例子是很多的。

能一直赢利的人少之又少，因为从商的道路就像布满荆棘的险途，歧路丛生。成功之道，不在于你的资本、金钱和能力，最重要的是要靠你对未知的东西如何快速地认知。

虽然今天交易成功，但明天这种好运不一定还能再次出现。尽管货物很优良，但如果遇到断货，照样没法获得更高的利润。

商场如战场，风云变幻，没有一帆风顺。

所有成功的道路，都会有阻隔。就算你小心规避，也可能会有暴风雨降临的那一天。

如果只看眼前的路，可能到处是挫折；如果放眼未来，那么就是鹏程万里。

台风到来的时候，它会绕过石头。只要不打无准备之仗，你就可以面对各种艰难险阻。俗话说得好："欲速则不达。"只要时常注意锚是否稳妥，缆绳是否坚固，那么就不用害怕随时到来的风浪。虽然风暴不一定降临到你的头上，但你必须时刻准备，这样才能保住自己的退路。

你不一定能看到面前的障碍，但它也是存在的，这不容置疑。遇到这种情况，千万不要着急，也不要怨天尤人。我们应该用势不可挡的决心冲破一切束缚，一路苦战到底，战胜眼前能够战胜的困难。当眼前的困难消除之时,再向下一个困难进攻。这个时候,你的心智就会愈发成熟,而前面的困难也可以一一攻破。

没有经历过挫折,没有在前进的路上摔倒过,这样的人生还有什么意义?不经历风雨,怎么见彩虹,单调沉闷的人生不是我们应该去面对的!

为了自己的理想,勇敢地向前冲吧!

37. 简淳的艺术

简淳是一种艺术，无知之人随声附和，智识之人深得其妙。

伟人无不为简朴之人，其品位也是极为简单的。他们穿朴素之衣，绝不戴金光闪闪的表链，即使有表链，也不会显得耀眼突兀。偶尔他们也会戴一只戒指，但也只是一只而已。他们天然的口味只青睐于简单的食物，而不是山珍海味、美味佳肴。这些食物只是满足那些嗜食之人的味觉而已，他们生而为吃，而非吃而为生。

真正杰出之作家，那些写下了流芳千古文字的作家，都是以一种不加修饰的文字来书写的，语言只是作为一个表达的工具，而非炫耀之物。

许多年前，一位名叫丹尼尔·笛福的人，根据海难之后一个存活的水手的经历写成了一个故事，故事的主人公名叫鲁滨孙·克鲁索，他的纪实故事被一代的年轻人所传诵，该书曾被视为儿童读物。时至今日,这本书已经不止局限于青少年的范畴,而被公认为纯粹而简朴的英文写作的典范,在世界每个图书馆都有一席之地。

林肯并非在葛底斯堡发表演说的唯一一人,与他一道发表演说的人都是当时美国最著名的演说家。但林肯简短的演讲却成为英文中的经典,时至今日,数不清的人都能随口靠记忆背诵全篇。但其他演说家的言论却被遗忘得七零八碎。时至今日,真正能知道他们这些人说过什么的人凤毛麟角,事实上,很多人甚至都不知道他们曾经发表过演说这回事。

简淳经过时光的筛选,绵延至今。其反面却湮没无闻。各领域的鳌头之人都是很简单的,他们的名声也建立于此。他们说的话,不仅自己懂,也让别人能轻易明白。

教育本身并不能造就有教养的人。教育只是让一个人全面,成为一个好公民,取得更高成就的一个元素而已。从学术的角度而言,教育本身并不简单,多少有点复杂。因此,于世有益之人,在学习中让自己变得亦简亦繁,处于一个有助于吸收知识的状态。

真正重要的,不是我们所知道的东西,而是我们如何运用所知道的东西。若我们不能运用自己的知识、经验来应对时势的紧急,那么这些知识、经验又何用之有?

世上最伟大之人,为世界创造有益之物之人,都是在常识之中融入了平常的简朴。简淳与简朴两者实为同义之词,互为关系。若没有它们,世上一切的知识、可能获得的经验,就如埋在地下难以挖掘的金矿一样,毫无用处。

为人简单,语言清晰。不要一下子吞下字典,然后囫囵吞枣,语无伦次。这就像泥尘,遮掩眼睛,闭塞耳朵。

38. 尊重自己

人应该自重，这其中有很多具有说服力的原因，第一个原因就是你不可能成为别人。

我不是说，你不能提高自己或是改善自己，抑或不能发展自己的性格或是提升自己的能力。

你不能改变自己的根本。

若你做到最好，你就与那些同样做到最好的人一样，无论他是你的雇主，或是地位相反的人。

尊重自己。否则，没人会尊重你。

调试自己节奏的人，不是世界，是你自己！

只要你自重、自尊、自爱，你就会成为拥有这样品质的人。

我知道，有很多人过分尊重自己，或是让自己的自大蒙蔽了心灵。但我要说的是，大多数人都能够成为自己想成为的那类人。

自我尊重催生自信。

没有自信，缺乏对能力正确的认识，你的能力在市场上就将大打折扣。

若你本身有能力去做一件事，却在心里自认不行，那你也很可能做不了。若你认为自己可以做一件事，你成功的机会也会激增。

我不是说，每个人应该变得过分自信或是过度自尊。我所说的是，没有自我尊重，你将会自动矮一截，不能发挥自己应有的水平。

比起那些自轻自贱、谦虚的类似变态之人，我更喜欢那些自大一点的人，假如他们的自大是有基础的。

那些成功到达"彼岸"，并能牢牢待在那里的人，几乎都是那些能够保持适度的自我尊重的人。他们充满自信、坚韧不拔，以自己的能力给别人留下深刻的印象。

若你有一种能力，先深深感受它、触摸它，然后，尽量展现它。

许多失败者并非源于能力的缺失，而是由于没有足够的自尊与自信，不去发掘大自然赋予他们的才智或是自己所锻炼的能力。压垮他们的正是他们的能力，他们不知道如何释放自己的能力，也不会适当地去运用它。

认识自己能力之重要性仅次于能力本身。

若你爱发牢骚，怨气不断，那就不要到处宣扬，不要去挑衅别人。若这种"毛病"属于你，你就该独自承受。

穿好自己的靴子，大步迈进，因为别人的靴子未必适合你。

不要畏惧自己，否则，你将会畏惧所有人，反过来，没人会畏惧你。

你是自己的主人，你可以充分施展自己的才华。若你为自己感到羞愧，就只能招致批评、肆虐与失败。

若你要尊重什么人的话，先尊重你自己吧。

39. 有规律地生活

在我所住地方旁边的街道，有一位进入知天命年纪的男人在散步。他的脚步稳健、身材挺拔，眼睛炯炯有神。究其原因，他回答道："我只是过着有规律的生活。我从不暴饮暴食，睡眠充足，也没有过分劳累或是闲荡过日。每天早上，我几乎在相同的钟点起床，吃一顿清淡的早餐，做自己的工作；下午履行自己的职责，晚餐也是清淡的一顿。在适宜的时候上床睡觉。有时，我也会有些烦忧，正如大家都一样，但我没有耿耿于怀。我发现，自己所担忧的许多事情都是不会发生的。"

问一些成功商人、专业巨擘，他们取得成功的首要原因是什么？他们会告诉你，他们不是机械地工作着，没有被时钟分秒地牵引着，他们过着正常的生活，既不闲荡也不心血来潮。他们只是今日事，今日毕，从不在今日做明日之工作，或是在明日做今日之工作。

不少人把我们的弱处归咎于先天性原因。其实，若一个人能正常地生活，吃好、睡好，有序地工作、锻炼身体，不过度工作或是消极停滞，那么许多的身体或心理问题都是可以避免的。

其实，更多人不是累坏了，而是生锈坏了。

那些时常润滑与保养的机器，工作寿命当然比那些长期裸露于雨水之中，时开时断的机器更长。

有人曾说，那些先天身体素质一般的人，若能认真地保养自己，可以活得比那些先天健硕却又纵欲之人更长。因为后者毫不节制，让自己身心的机能达到极限。事实上，缺乏工作与锻炼比那些工作过度对身体更具伤害性。

人到中年，一半的身体毛病都是源于年轻时放荡纵欲，使身体的机能达到极限。在年轻气盛之时，这一切看起来都是没有大碍的。但这样确实会让身体的功能下降，其正常活动的寿命也将缩减。

若你想让它们能正常运作，并发挥百分百的功率，那么就像养护机器一样对待自己的身体与心智吧。你可能一时纵欲，而身体对你过度的要求看似还能满足。但由于缺乏养护，弹簧、螺栓迟早会变得发紧,整个机器的功能都会受到影响,这就无法正常有序地工作了,乃至最后无法启动。

在工作之时,不要妄想自己今天过度工作,就可以换得明日的休息。两天的工作就应该两天完成,不要把它挤在一天里完成。一个小时绷紧神经的工作比一天有序的工作还要有害。适度与规有律才是成功细水长流的原因啊!

40. 一切都取决于你

他约莫是位十六岁的少年，误差可能也就在一岁上下吧。他来自农村，阅历就像其父亲农场上长的青草一样青嫩。但在其脑海里，好像有某种东西在生长，变得越来越有价值，那是一种成功的气质在生长。一次，他去申请某个职位，商人见其面目清秀，就开始问一些问题。他首先问道："你对薪酬（compensation）的期望值是多少啊？"

但碰巧的是，"compensation"一词之前从未出现在这位小伙子脑海的词典中。他约略可以猜出这个词的意思，但又不是十分确定。在此时，他急中生智，回过神来，语气冷静地说："先生，如果您不介意，我想考虑一个小时左右。我下午可以再来吗？"

商人对此当然表示同意。这个少年马上去图书馆，查阅字典，发现"compensation"一词的意思就是"工资"或是"薪水"的意思。带着刚刚领会到的知识,他信心满怀地来到商人面前,语气镇定地说:"在详细考虑了薪酬这一问题(他重复了薪酬一词)之后,我愿意把这个问题留予您来决定。"

"那好,"商人说道,"我将给你周薪七美元。"

第二天早上,这个少年就上班了。十年后,他已是这家公司的财务主管,每年掌管三百万的资金。

正是当初在面试时的那种主动性,在日后的工作中发挥了巨大的作用。他每在一个岗位工作时,仿佛这个职位就是天底下唯一的工作。他不断钻研、分析、总结,不断尝试能否将工作有条理与系统地做,使之更为高效。

很自然地,雇主注意到了他。因为他不是机械地工作,也不局限于自己固定的工作量,他还把自己的工作方法推广到其他同事中去。

上面所记述的事情是朋友告诉我的一个真实故事。其实,这样的例子是普遍存在的。

起决定作用的不是工作本身,而是人。成功真正取决于我们,而非周围的环境,尽管环境的作用不容忽视。

没人能仅凭运气或是天上掉下来的机遇,抑

或外在帮助取得成功。虽然所有的这些都是很重要的。

环境越好，一般来说，对我们的发展也会越有帮助。但若我们不在内心奋发图强，勇于面对现实，而是坐等环境来适应我们，那么再好的环境、天大的馅饼、再多的帮助，亦是枉费一场。

我亲爱的读者，一切的一切都取决于你，而不是环境、不是运气、不是机遇。总之，一切的关键还是在于你自己。

身处康庄大道，天空万里无云，若你做到最好，你当然会取得成功。但若你不尽全力，即使你周围围绕着机遇与运气，亦是难以成功的。在这个世界上，能掌控你命运的人，也只有你自己了。

41. 图书馆的书，你看过几本

虽然在城市中生活在图书馆周边的居民不占少数，但能真正认识到图书馆所蕴涵的巨大价值的人却少之又少。他们把图书馆看成是一栋装着很多书的建筑，认为里面的书也基本上是一些小说、娱乐杂志，而不是具有信息的书籍。

即便是规模很小的图书馆，都会存储有字典或是一套以上的百科全书。而在大型图书馆的书架上，摆放着数以千计的各类可索引并且用现代文字印刷的书籍。

几乎所有的图书馆都会有卡片标志，卡片一面是作者的名字，另一面则是书本的名称。许多图书馆都会有关于联邦政府、州政府、市镇的报告或是数据统计。而规模更大一点的图书馆则包含了文学、艺术、科学与工业等范畴的图书。

我们假设一下，你想获得关于墨水行业的知

识。在每个规模大一点的图书馆，都会有一到五十本关于墨水行业的书籍。这些书籍涉及行业的行规、术语与其他重要的内容。这类书在索引的时候，通常是在"墨水"这个大范围下寻找的。

也许，你在造纸工厂工作。我不知道在图书馆里有多少书是关于这个行业的，也许大概会有一百卷。在这些卷宗里，你可以找到这个行业的贸易发展的全过程，还有一些政府的相关资料。

许多图书馆都会有一个"普尔索引"的制度，就是把一些书的索引按照其出版的时间排序。一些不同类型的杂志被编排，其名称、卷数及出版日期都一一详细记录。凭借这一方法，关于图书的最重要的信息都被囊括在内了。

作家与演说家不时会利用图书馆的资源，因为没有比图书馆更容易获得富有价值且具有权威的数据与资料的地方了。

一般的图书管理员不一定都是全职的，但却很专业，能够做到有问必答。他们可以轻易地找到任何馆藏的书籍，向读者提供建议与信息，这是他们很乐意承担的一个职责。

我的一个朋友最近被邀请在一个商业组织上发表演讲，他并不熟悉演讲的主题。他走进图书馆，向管理员咨询，再通过卡片索引。在二十分钟内，他就找到了二十五卷的书籍与小册子。在接下来的几个小时，他有足够的时间准备一篇内容翔实富有价值的演讲。

不久前，一位朋友拜访我。我被邀请在牙医学会上发表演讲。我的朋友是位出色的演说家，我告知学会会长这一点，他也被邀请坐到主席台上。他只有一个小时的准备时间，而在这段时间里，他待在图书馆里研究资料。当晚他发表了一次精彩的演说，听上去他对牙医业很是了解。

其实，不需花费很大的劲，你就可以掌握如何让图书馆为你自己、为你雇主服务的途径。因为你可以把很有价值的数据呈现在其面前。

图书馆是人类信息的储存室，但令人遗憾的是，它没有得到应有的利用。

42. 朋友的档次就是你的档次

无论新旧谚语，或是我们时常在卡片上找到的格言，其精髓都是值得去遵循的。但偶尔有一些所谓的"至理名言"就并非如此，下面这句格言就是我在一份主流报纸上看到的：

"与那些胜于己的人交朋友。"

可以的话，照做，但实际上你却难以做到。

这种剥离了人与人之间相互吸引与共同爱好思想的说法，在我看来，完全是一派胡言。

我们与那些趣味相投的人在一起，或至少是这样。我不是说，一位大学教授不能与制鞋者成为朋友，仅仅因为后者比前者就某个问题知道得更多。若他们在很多方面没有共同之处，他们是难以成为朋友的。

正义之人是不会与邪恶之人亲密接触的。他们会努力去帮助这些不幸的人。但只要有一人死性不改，他们就难以有正直善良之人作为朋友。只有当他们洗心革面之时，或是真诚地这样尝试，他们就与那些正义之人一样了，就能与那些善良与正义的人成为朋友。但只要他们在心灵与行动上仍是邪恶不改，正义之人就将远离他们。

无论人人是否生而平等，明显的一点是，每个人在世上得到机会的权利是不平等的。其实，环境造就犯罪的概率比遗传更大。

近朱者赤，近墨者黑。在自己树立起良好的品行之前，我们是难以逃脱邪恶的魔爪的。

民主的平台对每个人发出了善意，这有助于让人们积极拯救世界。但是，让一个迷恋于古典文学的人不能与这方面的学者交朋友，这是毫无道理的；或是要求一些兴趣、志向各异的人一定要成为亲密的朋友，这同样是毫无道理与滑稽的。这并不是说某个工作优于另一个工作，而单纯是一个优先选择的问题。我们与那些志趣相投的人友好相处，这是基于双方共同的爱好，而不是其反面。

若你想拥有优秀的朋友，首先让自己变得优秀起来。若你不这样努力，你就很难与那些能力更强、道德更高尚之人为伍。

我希望读者不要有所误解，认为我好像是偏

向上层阶级而否定大众。我绝没这个意思。我只是从广义上讲明一点——物以类聚，人以群分这个道理而已，通俗一点就是，好与好的一堆，坏与坏的一摞。

若你的品行还没达到自己想要的标准，那就不断改进吧；在你改进的过程中，善良正义之人会向你伸出友善之手。

只要立志于成为道德高尚之人，你就有机会成为这样的人，即使你还不能完全做到。

人活于世，必须要有可以引起共鸣的朋友的相伴。

上帝与自然给了我们选择各自道路的权利。

你就是自己的主人！

43. 活在当下，思考未来

真正伟大之人，活在当下，思考未来。今日，他们尽己所能，绝不懈怠今日之职责；同时，不忘憧憬未来。

我们所做之事有两个重要价值：第一，可能带来即时回报；第二，可能在日后慢慢带来回报。

若我们所做之事，只是满足当下之需求，只能勉强维持当下。若我们为明日可能的紧急之事未雨绸缪，就可以更好地应对。这种准备有其累积的价值，无论在当下还是未来，都是极有价值的。

那些著名的商人，或是一些商业巨擘，他们都是工作于当下，着眼于未来。

任何有智慧的商人都不会在一开始就期望创新能马上带来回报。真正着眼的应该是未来，而不是眼前的一瞬。在今日投资，希冀明日之回报。

目光低下之人是不会对明日有所希冀的。只要他们口袋里有一美元,就满足的不得了。他们对未来毫不关心,并希望未来能对自己"友好"一点,事实当然不会这样啦!若困难没有击倒他们,他们就会吹嘘自己有多牛,不可一世。但事实是,我们每个人都可以肯定一点:不是我们撞上"麻烦",就是"麻烦"撞上我们。若我们不作最坏的打算,并为之作好准备。当风暴袭来之时,我们就难以招架,更别说去战胜它了。

抬起头,望一望远方,预估一下可能的明天。因为明日说不定电闪雷鸣,稍微做一些准备有助于更好地迎接,也可以让眼前的商业价值增值。这可以让一个人更好地应对现状与展望未来。这样,今日可以舒适地生活,有条不紊地为明日做准备。

对那些觉得未来毫无引人入胜之处之人、对于那些不希冀明日之人、那些在心中没有宏伟蓝图之人、那些过一天算一天之人并不比那些在今日出生,即日死亡的昆虫强上多少。

前景值得我们细细思酌,其重要性不亚于当前之事。思考明日是必需的,正如我们每天必须找寻食物一样。

将脚牢牢地踏在今日之磐石之上,伸出双手

去触摸未来,但不要让自己完全脱离现实的磐石。也不要永远停泊一处,不愿张帆远航。当你生活的海平面趋于平静与缓和时,缓缓驶离港湾,在一定的范围内出海探险遨游一番吧。

若想在未来先得一步,心中必须要有一个愿景。做一个脚踏实地又不失愿景的人。

专注于今日之人不会挨饿,活在当下,思考未来的人才是生活真正的主人。

为人谨慎,但不要畏首畏尾。不要忘记当下的职责,也不要丢下未来。活在当下,思索未来。

不要只是盯着当前,站着不动,抬起迈向明日的脚步吧。

44. 贵在专一

那些自认为自己无所不能之人实则是愚弄自己，但难以愚人。

一个人分心于两件事，其结果难敌专心于一事。成功的力量源于专一。观之任何成功之书籍、戏剧，皆有一个主角，若主次不分，则难以称为成功。

战场上，只能有一位最高指挥官。

猛锤钉头，比之几十锤的旁敲侧击，更能将钉头深深扎进木板里。没有两个铁榔头能够同时锤击钉头。

步枪的子弹命中靶心，而流弹只能射到一些小的猎物。那些知识广博之人，甚是不错（若可能的话），但这并不能阻击生活中的枪林弹雨。成功之人皆是那些了解很多事情、但对某个领域造诣甚深之人。

那些没有专一目标的青年、那些没有至高理

想之人、那些对任何事情都不分次序之人，此上种种之人，只能混口饭吃，很难说是真正地在生活。

成功之人，不会对一些普遍之事缺乏了解，但更重要的一点是，他们对某一个方向或领域有着为人称道的造诣。眼科医生可能不是一位优秀的主治医生，而一位优秀的外科医生则不一定是位好的家庭医生。

不要误以为，我提到的一些生活的基本，包括通识教育，就要忽略迈向专业的要求。一位电学专家每年享受着几千元美金的薪酬，而其专业则基本上限于电学方面的知识，但他对基础科学也是有着深厚的了解。若他没有受过这样的训练，其心智就难以充分发挥，使其成为一位优秀的电学专家。

为了穿越成功的老路，取得辉煌的成就，我们必须对世界本身有一个大体的了解，对艺术、科学、文学、商业等学科都要有所了解。但若一个人不精于某门学科的话，那么此人就难于在专业、艺术或是商业上大有作为。

那些掌握学科知识多而不精之人会成为很好的同伴，他们能圆满地办好一个派对，或是能做跨越乡村的徒步旅行。但其难以在希望的原野上，播种任何值得收获的种子。

年轻的男女，加深对这个世界的认识吧。对那些关于生活与自己之事，不要马虎对待。你们会发现很多让自己感兴趣的事物，这些都是有助于你们专注某点的，会给你们一个更宽阔的视野，让你们成为更友善的人。当你们对通识有所了解，对时势有所掌握之时，你们就该踏上专业之路了。选好自己真正的兴趣点所在，然后尽可能地了解并获得尽量多的经验。

人活于世，总该有一项拔尖之技能。为人要有所作为、有所拔尖。

45. 做人不能"刚刚好"

我很遗憾地说，在校学生、大学毕业生、或是职场上的员工，他们中不少人看似都有这么一个念头：如果他们能"刚刚好"，具体点说，就是考试刚好及格、工作不会被埋怨，他们就算是做好了自己的工作，尽管别人经常对他们不满。有人说，这个比例竟高达百分之九十，我真希望这不是真的。

这些"刚刚好"的人，基本上就是一台自动机器人。他们只做自己必须做的，通常是面露苦色，难有兴趣的伴随，其价值与薪酬一致，但鲜有惊艳之作。在校读书，他们可能不是倒数第一，但也绝不是名列前茅；他们自己只是芸芸众生之中的一员，没有什么善行，也很少作恶。在人生之河里，除非是紧急情况，否则他们很少游泳，只是一直漂浮在河上，随波逐流。

他们并不了解自己，因为他们实在太懒了，

腾不出时间去认识真正的自己；也没人知晓他们，因为他们自己也没有尝试去接触别人。

事实上，他们做什么，只求"刚刚好"。在学校或是大学，与其他数千个学生一样，他们照样领取自己的学位或是证书。他们自己只是名册上的一个名字，与自己的同学一道接受毕业文凭。之后，他们走进社会，混着一份中等的工资，但提拔与加薪之事也不会降临到他们头上。

他也许有能力养活一个家庭，但他却不是一个好公民。他被人熟知的只是"史密斯镇史密斯一号大街的那个名叫约翰·史密斯的家伙"，他的邻居知道他是自己的邻居，仅此而已。收税人寄给他一张年票，通常只是人头税的税单而已。他是众多员工中不起眼的那位，只有在他迟到的时候才被人注意；在犯错误的时候，才被雇主"责骂一顿"。在年终，其薪酬可能只是升上一两美元，而通常的结果是没有变化。

他也许是值得尊敬的，因其没有什么大的恶行。他也许安分守己，名字也不会出现在警察局里。他们就这样"刚刚好"地生活着，仅此而已。

我们知道，大多数人都是很平凡的。我们的能力其实不会相差太多，当然能独当一面的人只是占少数的；但即便是一位能力平平之人，如果能以其坚韧不拔的品质，吸引雇主的注意，应该不是难事吧？若逐步实现自己的理想，闻名于社区，脱颖而出应该不是难事吧？

那些时刻争取成功、尽己所能之人，无论其目标的大小，他们总是不断地望着前方，利用手中的资源，进行投资（这里，我不是指金钱），以期获得最大的回报。这类人最终才是成功的宠儿，因为他们全力以赴，勇往直前。

若一个人只是满足于"刚刚好"的状态，不思进取，那么成功将是遥不可及的事。更为重要的一点是，没有人应该对自己感到心满意足。

成功源于做最好的自己，发挥自己潜在的天赋，不论你是试用雇员或是主管，做不到最好的自己就是失败的。

只要是在不牺牲健康或是其他更重要事情的前提下，若你有在班级名列前茅的能力，却不能做到，这就是有点让自己蒙羞了。

若你有能力成为一位图书员的主管，却做不到，你就是一位失败者，除非面前有难以逾越的困难与挫折。

"比上不足，比下有余"的人啊，你们还应该更进一步啊！

46. 博采众长

无论你是拥有或是管理着铁路公司、工业界的翘楚之人、煤车的司机或是掘土者，我都不是很在意。就个人而言，他们都是很渺小的。在人生之中，无论你的成就大或小，当然，这首先归功于你自己的努力，其次，源于你从别人那里获得的。

我不是说，你盗窃了别人的知识，你只是把自己所知的与别人交换，融合别人的观点，互相切磋，教学相长。

博采众长的过程推动着人类一切的进步。遁世者于己没用，更是让文明蒙羞。这些人只是一味地索取，却不回报。他们囤积着自己获得的所有，却一毛不拔。这些人空有大脑，占据着人世间许多空间，若他们能有自知之明，就应登上无桨的扁舟，随波逐流，安葬于恬静的大海，这个世界将会变得更为美好啊。

任何行业、工作或是专业，都会有其组织。这些组织的成员可以聚在一起，相互讨论，都能从中受益。大家是人人为我，我为人人。每个人有所奉献，又有所索取。

孤立割裂之人并非真正之人，博采众长之人方能得其精髓。

外科医生的完美手术操作、抗毒素与挽救生命的血清的发现，这些都不是某个具体个人所做的，而是归功于一种综合的知识、实验与长久以来得出的经验。医生们互相学习，每人将自己的经验与别人分享。病人并不是限于某个具体的医生，医生的经验也是归功于世上所有的医学经验。病人不是被某个具体的家庭医生治愈，而是被他身后所代表的整个医生群体医好的。

一位杰出的律师赢了一单案子，他在法官面前的陈述无懈可击，看上去这位律师把所有的法律与过往、现在的先例都装在他的脑子里了。但这并非事实。在这之前，这位律师必须要浏览相关的法律书籍，向他的同行咨询；走进法庭之时，他知道如何利用别人所知的。他吸收了别人的知识，这种吸收造就了他的成功。

一位商人的成功，并不完全依赖于其个人能力，而是因为其有足够的智慧去吸收别人具有的知识；他的工厂或是办公室的业务蒸蒸日上，并非因为其个人的指导，而是由一种集体的智慧与经验所指引。

伟大的发明者可能认为自己发现了全新的事物，事实并非如此。他自己有个原创的视野，在他个人视野的背后，我们也可发现前任的多种视野的交合。

若想有所作为，博采众长吧。

47. 主动出击

蒂莫西·E. 伯恩斯，新英格兰地区最著名的律师之一，最近成为纽约纽黑文河哈特福特铁路公司的副董事长。他在我班上所作的一篇振奋人心的演讲中提到："主动出击，将想象付诸行动，让梦想融于工作之中。"

所有的职员可以分为两个区别明显的范畴：其一是那些主动出击之人，其二是那些不愿出击之人。

这两种人可能都忠于职守，觉得自己做到了最好的自己。他们都是雄心勃勃，想在世上出人头地。但只有那些主动出击、深思熟虑之人，自愿承担责任，脱颖于那些不愿主动出击之人，尽管后者拥有更强的能力，有着更丰富的学术与技术知识。

在人生的竞技场上，重要的不是能力与经验，而是我们如何对待自己的天赋、发掘自己的潜能，为自己与别人服务。

两位年轻人处于相同的位置，这两人都胸怀壮志且忠于职守。他们都是勤奋的员工，但其中一人只是机械地做着自己必须做的，但另一人在做自己的工作时，加进了主动性。在工作时，他不时思考，手脑并用。

工作本身，尽管很重要，但若缺乏主动性的支持，最多也是只能完成常规的职责。正是这种主动性把人调动起来，使其用眼去观察、用脑去思考、分析、辨别，让自己每个"零件"和谐地工作，推动着"机器"完美地工作。

不是每个人采取的主动性都能达到相同的程度，一些人虽然有能力，但却没有使用他们的能力，这实在让人觉得遗憾。

撇去环境因素，若我们立志，大多数人都可以把握自己人生的航向，获得丰厚的回报，迈向自己人生的高峰，至少可以离其很近。

根据我的经验，我倾向于这样的观点：只要愿意，大多数人都是可以采取主动的。他们之所以不这样做，是因为他们懒惰，不愿意狠下心来，虽然他们还是一如既往地如机器般工作。

世上有两种懒惰：身体上与心理上的懒惰。其中任何一种懒惰都只能通往失败。

那些身体懒惰的人永远也不可能有所作为。而那些身体活跃，但心智迟钝之人，亦是难有优势可言。

行动之人，若没有壮志，从一开始就举步维艰，沿途更是如此。而那些空有壮志，没有行动之人，则只能是黄粱一梦。

成功有赖于把让人遐想的壮志以及让梦想化为现实的行动。若梦想者没有行动之力，那么，即使其梦想是在其心智范围之内的伟大创举，亦是竹篮打水一场空。

许多人只顾仰望着苍穹，却忘记了原来自己的脚还是要踏着实地的；而另外许多人低头对地，从不抬望眼，看看机会的曙光的破晓。

48. 谦恭有礼

浩淼的大海之中，层见迭出的巨浪，谁能驯服？汹涌的海浪在暴风疾雨中肆无忌惮地翻滚。但人类的智慧却发现一点：在翻滚不停的海浪中，把油倒入其中，虽不能控制其翻腾，却可阻止其破裂。

当你面对顾客时，在这一时刻，他就是你的上级。你急于想与他达成交易，而他则漫不经心，有条不紊。在社会上，你的地位可能比他高，他可能没有接受过多少教育，也不是一位有绅士风度之人。但如果你想与其达成交易，就必须迎合他，因为他不可能迎合你。

我不是说，为人应该放弃自尊或是卑躬屈膝。我想说的是，作为销售员，不论老少，若你想有所收获，就必须要认识到顾客的重要性，把他们当做绅士来看待，尽管他们可能不是。

在笑容满面、态度和蔼的销售员面前，即便

脾气最暴躁的顾客，都很少会有不绅士的行为。

谦恭有礼的态度可以浇灭熊熊燃烧的怒火。

礼貌则是人见人爱的重要资产。

伟大的销售员，具体来说，每个领域伟大的"销售员"基本上对人都是谦恭有礼的，这甚至包括他的下属。他从低位做起，听从上级的命令，尊重上级，逐步由"士兵升为将军"，处于一个领导的地位。

当办公室只有你一个人，或是面对顾客的时候，你，就是你，就代表着这个公司。这个时刻，你就是公司的所有者。你的言行将对公司起到正面或是负面的作用。

其实，许多顾客都不能见到一个部门的所有者或是主管。你夹在顾客与自己上级之间，顾客就是凭你的工作来评价整个公司的。

无论你的职位多么卑微，即便你只是一位搬运工人或是办公室的小职员，总会有机会让你独自展现自己。若你对来电者或是顾客真诚、耐心，你的态度将使他们对你的服务以及公司产生好感。但另一方面，若你粗鲁、唐突或是态度冷漠，顾客无疑会十分恼怒。而这种愤懑之情将越过你，直抵你的雇主。

当你一个人在办公室之时，一位古怪且脾气

暴躁的顾客或来访者走进来,他蛮不讲理且粗鲁。那你该怎么办?笑容满面地迎接他,让他觉得自己是位绅士,这是你的职责所在。

也许你没有异乎常人的能力,落在常人之下也在情理之中。但不论自己的天资如何,你却可以将谦恭之油倒进商海的汹涌的巨浪之中,让其平复。

倒油者,不论是在船上的甲板、办公室或是柜台,都应将其作为道路上的摩擦润滑,然后舒缓地前行。

49. 户外是最好的疗养所

常处于户外之人，遭受"与生俱来的疾病"的概率最小。那些住在极地的人们很少会得感冒。像警察、邮递员、货车司机抑或机工，他们都是在户外工作，很少局限于室内，他们的身体也比较健康。

各种疾病及身体上的毛病易于袭击那些不爱活动的人，以及那些在办公室及室内待较长时间的人，很多时候这些地方的通风都是有问题的。

不久前，在一个清晨，我穿过一些富人居住的街道，那儿大部分的窗子是紧闭的，即使有很少打开的，也只是打开几英寸左右。

一些人认为，夜晚的空气是不适于呼吸的。我们在夜晚呼吸的不是夜晚的空气、就是室内残留的白天的空气，即使夜间空气不如白天那样新鲜，但这种新鲜流动的气体总比那些在屋内发酵了一整天的空气更清新吧。

肺结核，又或"大白病"，这种病会比其他疾病造成更多的死亡，现在这种疾病在很大程度上得到了控制，其途径就是通过清新的空气与适当的食物的治疗。疗养者要尽可能待在室外。即使在室内，也要打开窗户，让空气流通。

许多商店、办公室以及工厂的通风都是很差的，这也是许多商人、操作员或是其他职员易于患病的原因。

许多人出于节省时间或是金钱的缘故，在办公室或是工厂吃午餐。若你必须要在办公场所吃午餐，那么在午餐前后，可以走到户外，呼吸一下流动的空气。

百分之九十九的上班一族与那些乘车者，在晚上走到最近的车站搭车，搭上了密不透风的车厢，而不愿多走几步、多绕几个街区，或是走走大道。

没有什么比在户外清新的空气之中散步，对人的健康更有益的了。若你住的地方离办公地点较远，也不要全程走路，可以在早晚适当地散散步。在一天的某个时段，暂时离开办公室或是工厂，置身于户外的空气之中。打开窗户，不要整天埋头于案台前，忙于工作之中。

如果脚湿了，在到达办公场所之后，换掉鞋

子与袜子；若不能这样，至少要用暖气或是炉子烘干。

不要穿过厚或过薄的衣服，这都是不利于健康的。穿结实一点的鞋子，当前流行的薄底凉鞋是应该反对的。

尽量待在户外，必要的话，强迫自己这样。

绝不要在封闭的房间里睡觉，尽量让办公室或是工作的地方通风透气，只要你愿意，你就一定能办到。

户外其实就是大自然提供的设备最为齐全的疗养所了。

50. 一个人的价值在于他所能提供的服务

以前，人们谈论最多的话题是，一个人能做多少、一个人真正所能承担的实际劳动或是工作的时间，而时至今日，重要的不是工作，而是一个人所能够提供的服务。

一位杰出的医学专家与普通医师的区别，并不在于他们陪伴病人的时间，而在于他们所能够提供的服务，尽自己的全力诊断病情。

工业巨擘在一分钟做出的决定，一位平庸者要一小时也许还不够。

真正的商人是致力于提供服务的，他们知道如何使用资源运用自己的经验，果敢地做出决定。在一天之内，他们不会在自己办公室里待上十到十二个小时，你可以在高尔夫球场、游艇上看到他们的身影，于这些娱乐中，他们重新焕发活力，心灵得到平静，能以更好的状态去应对紧急情况。

不要误认为我是在提倡闲荡,绝对不是。闲荡并非休息。一个人必须努力工作,至少在一开始必须这样。正常的办公时间要保证,维持自律。但如果你只是依赖于工作,仅此而已,从没有想到要提供自己的服务,你的工作成果将与那些每天挖走几立方英尺污泥的工人无异,价值不大。他们就如一台会工作的机器,时时受到老板的监管。

雇主希望你能提供的不仅是工作本身,还有服务。你在工作中取得成就,这对他而言才是重要的,而不是你的工作时间。你工作的结果是什么?你为公司带来了什么好处?你为雇主做了什么?自己的工作是否只是机械性的?自己是否在工作中,如一台机器,或是在工作之中,认真思考,认识到工作结果的质量比工作本身重要千百倍。

许多初涉商场的年轻小伙子,一开始会抱着这样的念头:若他们每天工作八个小时,他们就是做好了属于自己分内的事情了,这一切就已经足够了。无论你工作的时间是长是短,你都应该填充好每一分钟,做一些有意义的事情。但如果你认为,只要做好自己八个小时的工作或是忙活一整天，你就会取得成功，那你就大错特错了。

真正重要的问题是，自己的工作有什么收获？自己的工作取得了什么成效？

你是愿意继续埋头像一台机器一样，只是不断润滑自己，使自己处于良好的状态，还是走出这一"机械"工作的怪圈，于工作之中，认真思考，试图找到通往成功"更好"的途径而非"捷径"。

每人都有两个不同的工作机制：一个是身体的自己，一个是心理的自己。前者是必需的，因为，没有勇往直前的行动的思想与没有思想的行动一样，都是毫无价值的。我们应该把两者联系在一起。每次当你在整理信件或是处理差事之时，让大脑通过神经连接手脚，让自己活跃起来。

千万不要成为一个工作机器人。

你的身体可以让你艰难维生，但让身体与大脑结合起来，你就可以翱翔天宇了。

51. 不要对人说三道四

那些出言不逊或是习惯于含沙射影之人，在空穴来风的情形之下，大肆影射别人，这给不少的男女造成了一时或终生的伤害。

某天，在与一位朋友吃午餐的时候，一位熟人加了进来。我的朋友转身对我说：

"我正在寻找一位助理记账员。你认识哪位正直、可信的年轻人可以填补这个位置吗？"

"知道"，我马上回答，"我知道一位你需要的小伙子。"

"他现在失业吗？"朋友问道。

"是的，但不是他的过错，是公司倒闭了。"

"他叫什么名字？"

"约翰·史密斯。"

"就是那个为布兰克制造公司记账的小伙子啊？"熟人突然插嘴。

"是的，正是他。"

这位熟人转过身，对我的朋友说："我不认为你会需要他这样的人，在大学时期，他与我儿子是同学，我从来都没怎么看重他。"

听他这样一说，我自然就火起来了。我转身对着这位熟人，大声地说："琼斯先生，我认识约翰·史密斯。我知道他的为人记录是他这个年龄段很少年轻人可以做到的。他为人善良正直，有很多值得尊敬的地方。若你知道他的什么坏事，不妨说出来听听。"

这个熟人犹豫了，最后不得不承认自己从来没有见过约翰·史密斯本人，只是通过自己儿子知道有这个人，而且这还是几年前的事了。

我还可以举出许多类似的例子，很多比这严重多了。几年前，我的一位朋友不被一个为人尊敬的团体接纳，原因是会员资格审查委员会没能够进行详细地调查，没有发现有两个相同名字的人从事相同的行业，其中一个人情操高尚，为人正直；另一个人则是骗子。

不论是在大街上奔跑的车子里面、酒店、宾馆大厅、俱乐部、办公室、或是各种社交场所，你都会发现许多男女对朋友的一些含沙射影的言论，而且这些言论通常都是无凭无据，空穴来风。

一个明显的事实是，我们不可能看每个人都

很顺眼，对人的某些偏见也是难以避免的。但我们在内心对某人有偏见是一回事，公开发表这种偏见则是另外一回事了。

除非我们有足够的证据或是当嫌疑接近事实的情况之下，否则我们绝对不能影射别人。在后面一种情况下，我们要坦白地承认，我们并不清楚，只是我们猜想或是听到有这样一回事，并举出所有的细节。这样有疑问之人就可以得到比较明确的信息了。

许多中伤别人的言论都是语意模糊的，虽然只是在黑暗中挥舞着匕首乱刺，还是会给别人造成严重的伤害。让人遗憾的是，关于惩治诽谤的法律仍不能触及这些含沙射影者，因此看上去对他们还是无可奈何。但这些人难有耿直的朋友，也不会被人信赖。

做人，不要发表含沙射影的言论，不要说一些空穴来风的事情，不要对人说三道四，除非自己有充足的证据可以做为依据，自己所言不虚。谣言是经不起戳破的。

若一个人不被人非议，那他就简直没有生存过。除非他是一个无足轻重者，可以对流言免疫。

许多优秀杰出之人因其朋友与敌人的档次而著称。

52. 做正确的事

做正确之事是一件很难很难的工作,除非你立志于此,否则就难以成功。当心中有此志向时,无论事情有多难,都会显得相对容易。

若你只是机械地往正确方向前进或是机械式的诚实,那你只是一台机器,一台没有了心智与兴趣的机器,难以完成精确的工作。

科学,冷冰冰的科学可以把一座山搬走,但加进爱的成分,山自然就会崩碎。

热爱做正确之事,热爱自己的工作,让奋斗成为一种乐趣,抚平前路的棱角,幸福之情则油然而生。

没有人可以在单调乏味、内心毫无激情的机械式的工作中取得伟大的成就。每个伟大的成就源于一颗激越的心灵,一种对成就无与伦比的渴望。

也许你有很好的理由垂头丧气,也许一直尽

忠职守却还是不能有所提拔，但这就是世界之常道啊。真正中彩票大奖的人是很少的，许多人都是空手而归。那我们该怎么办呢？我们可以换一下思路，如果你所做的一切都能成功，那么成功也就太平常了，无法激起任何值得赞赏的感叹。失败是通往成功所必需的，其重要性与成功本身相等。

若没有人生的负面，那世界也就不会有正面的存在；若没有暴雨倾盆，我们也不会静静地享受阳光的美好，也没有秋天沉甸甸的丰收。

做正确之事不仅拘囿于正确做事本身，更是源于一种对正确行为的向往，对诚实取得成就的热盼。

正确的行为并不局限于自己。如你心中向善，你自然就会这样，尽管有时你的努力会结出错误的果子。不要担心这一点，人非圣贤，孰能无过。你应该关注的一点是，自己的出发点是否想做正确之事。若你本意善良，运用自己的判断，最后却得到灾难，罪不在你。此次失败，可看做是通往更美好明天的垫脚石。

无论是在商场或是其他领域，没有人总是能取得好的结果，尽管他们的出发点是好的。

你平常的行为如何？若是值得赞扬，那么你

终将取得成功,即便这个过程,遭遇不少失败。但要谨记一点,一个人不能犯两次相同的错误,因为这是毫无必要的。值得犯的错误更有助于取得成功。

在内心做好自己,外面的事物自然有其发展进程。若你因此犯错,也并非道德上的过错。这只是一个错误,仅此而已。你是不会犯许多这样的错误的,因为正确引导的良知指引正确的航向。在经历了失败与成功之后,你就会豁然开朗,明白怎样才能取得成功,避免失败。

养成正确做事的习惯,迟早你就自然会养成做正确之事的习惯,扬弃恶习。正确的观念会在你的潜意识里不断浮现,你所犯的错误也会降到最低限度。

正确为人,才能与人和睦共处。

53. 如何运用知识才是最重要的

普通学校有两个重要的职责：一是教会学生最基本的读、写、算三种技能，让人不至于成为文盲；第二，传授一些基础之外的知识，让他们更好地应对眼前与未来的人生。

专家与一些不带偏见的教育者对第一种教育没有什么争议，但对教育的第二个目的则是始终不能统一意见。

一个人应该接受多少教育，才能更好地应对生活的挑战呢？

对此，众说纷纭。但一般来说，一个人是不可能被过度教育的，尽管当前许多学校与大学的课程科目繁多，其中也是精华与糟糠并存。

只有当我们明白应该教什么，不该教什么时，大部分的无益的糟糠才能被扬弃。

高级的教育无疑会让心智自律，让人更好地

适应环境，在各个方面游刃有余。

若教育不能让一个人变得于己于人更为高效，其价值是值得商榷的。

单纯记忆的方法简直是荒废时间，让人遗憾的是，这种学习方法却是大行其道，几乎遍及每个教育机构。学生按照记忆能力的强弱来划分，而不是其对知识真实的了解。

无论学校教育为每个人作了多么充分的准备，它们都不能代替经验的位置。

"社会大学"或是"经验学校"，这些毕业之后的"学府"，从不偏袒任何人，也没有华而不实的课程。

真正的教育并不随学校教育的完成而终结，而是始于其终结。

无论多少的书本知识、记忆背诵或是学术的训练，即使这些都达到最佳状态，都还是不能替代经验的位置。

在毕业之后就不再学习之人，实际上是终止了生活前进的脚步。若他们还有些许良知，就应自沉大海，于他们自己、社区都是一大幸事。

许多大学毕业生步入社会之时，怀着这么一个错误的观念：大学所教给他们的知识是可以在任何市场都通用的，而且还能卖个好价钱呢。

正确使用接受的教育,是人的一笔资产,但所接受的教育本身则是一个累赘。

教育本身的价值不大。教育的价值源于其可以让人们发挥自己的天赋,实现自我。

在大学校园里,展示的礼帽与礼服并非意味着学生真正的毕业了,从此不需要再学习了,每顶礼帽与每件礼服并不代表着毕业,而是一个进入"社会大学"的徽章而已。

知识本身用处不大,知道如何运用知识才是最重要的。

54. 常识比金钱更重要

商店着火了，消防局有一张卡片，上面标着最近报警信号箱的位置。但有人误认为这只是废纸一张，将之丢进了废纸篓。没人知道最近的报警信号箱的位置，就这样，十五分钟宝贵的救火时间就浪费在寻找最近的报警箱上。

十点钟传来的电报，要求公司老板明天到达另外一个城市。在十点三十分的时候，有一班车从该市出发，在明天下午两点可以到达目的地，而下一班车则要在第二天营业结束之时才能到达。电话出现了故障，办公室也没有一个准确的时间表。当得知这个消息的时候，十点三十分的火车已经开走了。

客厅上铺着十几张小的地毯，附近也没有水源。某次，妻子因点火柴烧着了衣服，她的丈夫不是用地毯把妻子卷起来来灭火，而是跑去找水，而留下妻子一个人吓个半死。这位丈夫与很多人一样，都不知道该如何是好。

一位办公室的女职员突然昏了过去，同事把她从地上扶起来，抬高她的头，而不是把她放下，并将她的脚微微抬高。一段时间之后，这位女士方才苏醒过来。由此可见，在类似的紧急情况下，真正懂得该如何处理的人是多么少啊。

约翰尼的喉咙很痛，母亲认为这很严重，但祖母却不这样认为。他们在他身上搽一些药油，用一些家庭备药，没有去叫医生。实际上，约翰尼得的却是白喉症，几个小时之后，约翰尼就一命呜呼了。

许多人都因为忽视自己身体的征兆而招来疾病。错过了去看望医生的时机。

身体抱恙之时，就去看医生，自己不要有侥幸心理。

斯密斯女士是位速记员。有时，她不知道一些单词如何拼写，时常去问自己的同事，他们也是一无所知。但字典就在她伸臂可得的位置。实际上，只有百分之十的人真正认识到了我们日常生活中百分之九十的问题都可以通过查字典解决，其他人都对此却不屑一顾。

若一个人像对待自己的胃那样对待一台机器，那么这台机器在多数情况下将出现故障。他走进酒店,点上一道菜,却并不喜欢这味道,认为菜可能不是很新鲜,但还是将其吃进了肚子。食物中的毒物可能让他数月都不得不躺在病床上。他不会这样对待机器,虽然机器不是人,但也必须要认真保养。

有多少个思维周到之人,会在办公室里多备一双袜子、鞋子,以防突如其来的暴风雪?

若你的常识不够,自己就去多寻找一点,即使你要为此付出代价。常识比金钱还要重要,在任何场合都更受欢迎。

55. 关键是你，不是"别人"

百分之九十九的失败者都有意无意地忘记了自己，而过分关注别人。

若"别人"被提拔，他们就妒忌得不得了，认为老板不分青红皂白，不公平，觉得正是这种偏心与运气让别人平步青云。

若犯了错误，他们不是去改进自己，而是忙于去找"别人"犯的错误。然后，以别人粗心犯的错误来为自己开脱。

许多年轻职员没能获得加薪，他们不是分析自己的不足，而是径直走到雇主身旁，理直气壮地说："你为史密斯加薪了，我想你也应该为我加薪。"

看来，还是有相当一部分人不知道该如何运用这一脆弱无力与能效不高的言论。

他们忘记了，这一切都是取决于"他们"而不是取决于"别人"，他们自己所做的才是最重要的,而"别人"的其实并不是那么重要。

让"别人"自己忙活去吧,除了与他们友善相处和相互交流。当他升擢之时,恭喜他;若他是个好老师,向他学习。不要因此而妒忌别人。即使自己不能像"别人"那样获得提拔,这至少也表明一点:若你物有所值,公司是愿意提拔你的。

"别人"被提拔应该激发你的斗志,更加努力。这样别人的提拔就会让你变得更为出色。若你完成自己的工作,履行自己的诺言,下一个就是你了。

心中不要始终认为,自己的雇主不愿意给自己加薪。其实,这样的雇主是很少的,一般而言,雇主都会把你视为其商业活动的一部分。充分调动职员的优势,这是于他有利的,若于你没利,他的目标也是不可能达成的。若你物有所值,他是会给你周薪二十美元而不是十美元。若你展现的能力可以提供与报酬等值的服务,那么这额外的十美元,他是很乐意给你的。

那些想大展拳脚的商人都不会想要没效率的职员,因为这不利于企业与他们自己。

现代的商人需要的是效率,在大多数情况下,他们是愿意多付一点钱来获得这样的服务的。

百分之九十九的年轻职员之所以没有成就，那是因为他们自己看低自己，没有意识到无论自己的地位多么卑微，他们却始终是自己命运的掌舵者。

关键的是你，而不是"别人"。

56. 不要随波逐流

做一个顶天立地之人，切莫人云亦云。铸就属于自己的个性，发展自己的特性。

世上没有人想成为芸芸众生中平庸的一员。每个人都应该做个顶天立地的人。

你可能只是一个低微的职员，但只要你身处那个职位，这份工作就应该成为这个世界上最重要的工作。你应该为工作与自己感到自豪。在尽力完成的比别人优秀之时，感到由衷的幸福之情。

从一开始就要立下大志，而不要心如墙头草。记住，链条的力量系于最脆弱的一环。在商业之环中，你对整体的作用也是重要的。若你自身不够坚固，整个链条将是易碎的。

若你不能忠诚地履行自己的职责，无论多么庞大的商业大厦，都是岌岌可危的。

若你主要的职责就是把信件投送到邮局。记

住,若这些信件不能及时投递、或是有所丢失,整个商业营运就会遭受巨大的损失。

你手上可能握着一封信,迅速的投递意味着为公司带来数十万资金的周转。即使是作为一个投送员,你的任务也是极为重要的。

若你身处低位之时,没有鸿鹄之志,那么即便身在高位,亦是难成气候。

那些在商界或是思想领域有所成就之人,在他们地位卑微之时,其忠诚程度并不亚于其现在掌管自己企业的态度。

燕雀焉知鸿鹄之志?

世上没有一个职位是不能让你发光发热的。人人皆可能成为顶天立地之人,而不是耽于平庸之列。

若你是一匹千里马,迟早会有伯乐相中你的。你可能要等上好几年的时间才能被人赏识,但如果你热爱自己的工作,真切地感受自己的职责,那么无论这是多么卑微的工作,这都是你最重要的工作。这样,迟早会有更重要的任务让你承担。到时,你就可以享受到属于自己的"甜点"了。

失败基本上是那些胸无大志之人的"专利品",而对抱有壮志之人则有几分畏惧。那些没有远志之人，他们机械地工作或是整天想着闲荡。他们没有意识到自己的重要性，自我感觉失望与不满。他们看上去不明白一点：那就是他们的上级之所以成为他们的上级，就是因为这些人比他们更为优秀，至少暂时是这样。获得晋升的唯一途径就是，在自己身处低位之时，让自己变得更加优秀。

　　我知道，人生不如意之事十有八九。我知道，人生之路并非一帆风顺，途中布满荆棘。那该如何是好？没办法，只能默默承受，因为人的一生都将伴随着这些艰难困苦。

　　勇往直前，不要停滞不前。你翻越过每一座山峰，就意味着人生之路更易攀爬。若人生一切都舒畅平坦、没有挫折障碍，那么人生活得也没什么意思。到那时，我们也只不过是牲畜一头，在辽阔肥沃的田野上闲荡，一心只想着该吃的草料，只是活在今天，从不想着明天。

57. 善用琐碎的时间

成功之人以及那些想在未来大展拳脚之人，都极为重视琐碎时间的价值。

许多人之所以脱颖而出，担当大任，源于其适当地利用时间。这可以是一个小时、半个小时、几分钟。

无论一个人在职场或是学校有多忙，总有时间是空闲的。而这些时间不是被浪费挥霍掉就是被利用。

在学校或是商业上的成功，取决工作、玩耍与休息的适度平衡。

任何的浪费挥霍都是不能原谅的，不论是时间是物质。

那些成功之人都是很忙碌的——忙于学习、忙于工作、忙于娱乐、忙于休息。所有的这些时间都被填满了。每一分钟都有其价值。在这些时间里，蕴藏着未来更大的成就。

每天，我们通常都有足够的时间用于工作。每段零星的时间都在取得成就的过程中发挥着作用。成功之人从不闲荡，他们从不舍得浪费一秒钟。无论在做什么，是在工作还是娱乐，他们都是早有规划，尽在掌握之中。当他们休息之时，尽情明智地享受。

在琐碎时间里，我们休息，在自己的兴趣范围内尽情徜徉，而受制于生理的一时冲动。这些时刻完全是属于每个人自己的掌控。在此时，没有特别的责任牵绊。因此，人是比较自由的。这比在重压之下更能有所作为。

工薪一族以及那些在校学生，他们受到监管。在定期的工作或是学习中，他们不能完全自由。但幸运的是，他们掌握着属于自己的琐碎时间，在这些时间的所作所为影响着整个过程。若他们不珍惜，实际上是浪费了许多宝贵的时间。若他们明智、认真、持久地工作，最终定能取得成功。

这些琐碎时间实际蕴含着丰厚的宝藏。许多人是在林荫大道漫步或是树上吊床上悠闲的摇晃之际，解决难题，盈利颇丰。许多年轻人在休闲之时，就开始解决人生的问题。

我不想一再重复之前说过多次的话——闲荡

并非休息。一个人不应像个动物一样昏昏冬眠。作为人类,只有在睡眠之时,才会进入意识不清的状态。而他的清醒时间比沉睡时间长得多。

每个小时,每个时刻都有其自身的价值。这些时间要么被浪费,要么被利用。

58. 学习别人的优点

有些人，确切一点，是很多人都沉迷于这样的观点：他们比周围的人优秀很多，或至少优秀一点，也比与他们接触的人优越许多。他们为自己的血统感到自豪，甚至达到了一种病态的地步。尽管他们也是在吃同样的肉，但就是有某种原因（这种原因是什么，他们自己也不能解释），好像除了自己的一些小集团之外，他们不同于所有人。他们总是把头颅抬得老高，鼻子直插天宇（若人体允许的话）。他们不愿意把双脚踏在实地上，好像于半空中能够飞翔一般。

还有些稍有点钱的阶级，或是其中的成员，他们的虚荣是建立在其物质财富之上的，这也是他们所能骄傲的全部。他们时而故意俯尊，时而趾高气扬，傲慢无礼。他们自认比别人要高级，然后抓住每个机会恬不知耻地展现一下虚假的优越感。他们把这个世界分为许多不同的阶级、等级或是小派系，而将自己置于金字塔的塔顶。在那个自我感觉良好营造的幻觉中，俯视脚下的芸芸众生，忘记了那些被他看扁的人，可能正是他的上司。

他们是那些华而不实之人，他们古怪的行径也通常指向他们不能拥有或是不熟悉的领域。他们对文学知识有一定的了解，尽管他们只是把阅读范围拘囿在故事杂志上，这些实际上还不能称得上真正的文学杂志。他们喜欢艺术，看上去精于此道。他们把很多精力浪费在表面功夫上，而人生真正需要的，他们却忽略了。他们睥睨眼中的一切，或是屈尊地与别人说话。他们没有朋友，即便是在他们这一类人中，也没有。一个傲慢之人，对自己也没有正确的定位，他只想与上级混熟，而上级对他也是毫无益处的。

有人说，那些傲慢之举大多数是新富或是暴富之人之所为，也非尽然。我也曾见过不少的文化人士、那些当年乘坐"五月花"号到这个国度的日渐昌隆的后代，甚至大学教授、继承财产或是辛苦赚钱之人，此上种种之人，都有不少照样是傲慢横行，与那些无知之人比拼傲慢。

真正的人，无论他钱财多寡，无论是否接受过文科教育、在"小红学舍"里获得知识，抑或是"社会大学"的毕业生,他都不会傲慢对人,也不会让自己成为这样的人。他尊重一切值得尊重的人,不会觉得自己比任何人优越许多,不会假惺惺地俯就。他总是具有绅士风度、为人周到与随和。

有些人新近获得提拔,就立马看低那些在原来自己职位工作的人,千万不要让自己成为这样的人。你可以为自己的成就感到自豪,为自己感到骄傲,但应以自尊表现出来,愿与别人交往,学习别人的优点,无论这些人是有点钱或是其他的资产。

59. 伟大的人在乎别人的观点

富兰克林·S.霍伊特先生，休顿·米夫林公司教育部门的主管，美国最伟大的出版者之一。他曾在我的课上说，在很多优点中，"你必须把自己置身于别人的位置之上，了解他的观点。"

你有权对自己感兴趣，因为你才是自己命运真正的掌舵者。当然，别人也有他们的权利，若你不尊重他们，你就自挡其路，影响自己前进的脚步。

个性应该得到张扬，但过度地运用则会导致失败。若不能在一定程度上站在别人的位置，用他的眼睛来看耳朵来听，我们就不能去评判一个人。你不可能完全这样做，但你可以对别人的观点有适当的了解。

大多数的求职者对自己过于关注，而忽视了雇主。他们强调自己的愿望，幻想着让一切条件顺应自己的想法。他们过于频繁地使用"我"这个词,就像政治说客一样,在开始演讲之时,喜欢用"我"开头,最后以"我"结尾。

几年前,一位主流报纸的编辑语带讽刺地说,他不能出版一些演讲者的文稿,因为他们没有使用足够"我"这个词。

你是否有留意过日常的对话,在三言两语的对话之中,"我"这个词就会不由自主地弹出喉咙。诸如"我认为""我知道""我感觉",这些话语使用的频率是非常之高的。当然,你有权利去思考、了解、感知。但你所想、所思、所感若不能与别人的所想、所思、所感达到和谐,其价值亦是不大。

一个人的想法不保险,集思广益才是正道。

在这个世上,独创是不多见的。许多伟大的成就都是经验的结果,这其中也包含着别人的成果,吸收别人的观点与知识。

伟大之人运用自己所掌握的知识,把大众的知识融入自己的能力之中,创造出于大众有益的事情。

没有任何一位商业巨头能够独自成功。在他周围,环绕着许多能干的顾问,尽管他作出最后的决定,投下关键的一票。但他所说与所做的也并非纯粹是他自己的观点,他综合了别人的意见,并有能力去运用别人所知道的,与自己的见解相融合。

我并非说,你应该将自己的个性束之高阁,不主动去思考与行动。我说的是,特别是当你初涉商界,你在别人手下工作、或是在别人的帮助之下时,这样做会更为保险,比起你独来独往,只是依靠自己的经验支持自己更为可靠。

若你想成功地走向成就之路,最好还是学学尾随别人的脚步。

60. 自己才是命运的终极主人

比利时著名作家莫里斯·梅特林克曾说过:"让我们牢牢记住一点:降临在我们身上的一切皆缘于我们的天性,我们所谓的奇想不过是我们日常思想形状的表现而已,所有这些都是你在命运的高速路上必须面对的。任何的事情皆是缘于内心心灵之帆的扬起。"

尽管环境与境况非我们所能控制,尽管有时我们不得不违背自己的意愿,尽管一些叫"运气"的难以名状的东西在人生的舞台上扮演着重要的作用,尽管有时我们并不配获得我们所应得的,或是为我们的失败背负责任。但在很大程度上,我们都是自己的主人,应该对我们面对的一切负全责。

在脱颖而出的人之中,只有少数人能够做到一分耕耘,一分收获。他们的成就源于内心的奋进，而不是靠什么外在力量。他们自己掌握的东西，不论多少，都会充分利用，将自己的能力发挥到极致。他们没有将自己交付给运气，没有坐等机遇的光临，他们不会强做一些自己不擅长的事情。他们追溯内心的一种天赋，仔细培养、呵护，让它生根发芽。

世上最可鄙的事情就是，那些身强体壮与心智健全之人却不能充分发掘自己的潜能，不能让天赋淋漓尽致地发挥。

其实，很大部分的失败并非缘于缺乏能力与坚韧，而是由于自己想做一些与自己天赋相悖的事情，而不是将自己潜藏的能量发挥起来。

无论多么努力，我们都不能改变自己的本质，但我们却可以将自己小小的潜能爆发出来。

那些五音不全的人很难让台下的听众如痴如醉，而那些天生拥有一副好嗓子的人，若是不能发展、培养、充分发掘，也是难成大气候。

类似的情形是很普遍的。

尝试将原不属于自己的东西融入内心，这是毫无意义且是挥霍自身原有才智的表现。

成功有赖于心智的成长，有赖于发挥自己的天赋，不去将不属于自己的东西内化。

做好自己，因为你不能成为别人。

发挥自己的天赋，不要让自己变得自己都认不出来。

不要对命运怨天尤人、指指点点。那些懒惰、不劳而获之人才会把命运当成替罪羊，将自己的缺陷归咎于命运。

你怎能了解命运？还是把命运放在一边，不要去想它了。若命运之神降临，你也要勇于面对。在需要的时候，为有牺牲多壮志。但还是把这个词忘了吧，从你心灵的词典中删去吧。

记住，你是自己"灵魂的掌舵者"，也是"自己命运的终极主人"。

61. 经常到户外走走

大自然，人类最原始的守护者与医生，虽然并没有为人类提供衣服与宿所，但它却给予人类一个大大的旷野，然后对人类说"户外是属于你们的。"

大自然无法与室内之人沟通，因为在它的怀里，没有任何东西室内可以提供，它没有创造任何室内的物品。

大自然没有为人类提供衣服与宿所，这不能成为人类就应该赤身裸体在雪地或是大雨中睡觉的理由。

自然为我们提供了制造衣服的原材料，但它没有为我们编织；它为我们提供了建造木屋的木材，但它没有替我们劈好；人类可以肆意地接受大自然慷慨的捐赠。

自然没有为人类提供外在的庇护，没有提供宿所居住。从这些可以看出，自然的本来意图可能就是不想人类完全拘囿于室内，让身体不舒服地闲荡着，让过多的衣饰让人消磨。

几年前，在我们这一即将逝去的一代的记忆中，那些肺病患者被置于一间封闭的房间内，只是通过一条管道来呼吸。夜晚的空气被认为是有毒的，而肺结核常常是索命的。数以百万计的男女之所以死亡，并非因为肺病，而是因为肺病大行其道之时，人们在心理上屈服了，在病情之下臣服。

时至今天，百分之九十的肺病患者都可以生存下去，并且可以活得生机勃勃。若在患病早期，他们去呼吸大自然的清新空气与食用丰饶的食物，不带那些调味料与酱汁的沾染，保持原生态。在美国，许多室外学校如雨后春笋般出现，而其治疗效果也是好得出奇。

那些昨夜在污浊的空气中睡觉的许多人，在今日都在室外睡觉。那些有常识的男女，尽管他们属于少数，也把卧室的窗户打开，注重房间的通风，避免房间温度过高。

商界注意到这种注重健康的价值观，在确保利益的前提下，在工厂或是办公楼里提供通风设备。

尽管有许多的知识，但不少人还是在封闭的

房间里睡觉，在空气不流通的建筑里工作，结果这给几百万人带来了各种疾病，而外面的空气是免费的，不受任何人的垄断。

有时，一些身心出现疾病之人在受到教育之后，认识到清新的空气是廉价的预防与治愈的药物。他们不会故意在封闭与拥挤的房间里滋养有毒细菌，对那些想要找一个空气适宜的休息之地的来访者而言，这种房间将使他们感到难以接受与备受折磨。

人们应在空气充足的地方睡觉，在空气充足的地方工作，尽量多呼吸点清新的空气。

空气越流通，越好，因为这是免费的。

62. 不要对小事嗤之以鼻

约翰是个送冰人。他驾着四轮马车沿着波士顿林荫大道前行，穿过一些穷街陋巷，这一工作持续了几年。他是个身体强壮的家伙，深受老板与顾客的欢迎。他和蔼可亲，每天早上一句"早上好"的问候总是让人心情舒畅。他有抱负，但自己没怎么意识到。他感到满足，因为在他的视野之内，只有马车与冰车的影子。

他的顾客中有一位百万富翁，是一个银行的行长，也是这个城市最大工厂的所有者。地下室的门口在图书馆的下面，每个清晨，这个商人坐在敞开的窗户前，或是在热气腾腾的火炉旁边看着晨报。尽管他年事已高，还是一贯的忙碌，眼睛仍有鹰一般的穿透力，而且拥有灵敏的耳朵。他实际听到的与见到的比常人还多。那个杂货店的男孩、商场职员，以及其他送货之人在他的窗下来回穿梭。每个人在进出的时候，习惯性地让门发出"砰"的一声,只有那个送冰者除外,他总是轻轻把门关上。

某天,约翰送完货之后,即将离开,那位富翁从窗口上探出头,大声说:"嘿,小伙子,你为什么不像其他人那样大力'轰门'呢?"

约翰一时觉得困惑,不过马上回过神来,他回答道:

"当你不需要这样做的时候,为什么要给别人带来不爽呢?"

"有空吗?"富翁问道。

"是的。"约翰答道。

"那上楼吧。"

约翰脚着长筒靴,身穿长罩衣,手上拿着一顶帽子,站在图书馆门口。

"坐下吧。"富翁说。

约翰只是稍稍坐在椅子的一端上。

"坐在椅子上吧,让自己舒服点。"

约翰听后立刻坐了下来。

"来抽根雪茄。"富翁把一个烟盒递给他。

约翰在手上夹着雪茄,不敢点上。

"先生,点上吧。在你抽烟的时候,我想跟你说些事。你喜欢自己的工作吗?"

"为什么不,当然喜欢了。"约翰有点惊讶地回答。

"有没有想过做一些更好的工作？"

"我想我不适合其他工作。"

"我不同意你这个说法，"富翁断然地说。"在所有到我这里送货的人之中，你是唯一一个心细、周密的绅士，在工作时能够不断地思考。我不会介意你来自何方或是什么人。我想要一个工厂办公室的守门人。这份工作是你的了。"

一个星期之后，约翰就在这个新岗位上了。一年之后，他就获得提升了。时至今日，他已成为工厂的主管。他现在年薪有两万美元，是在这个阶层备受欢迎的人。

轻手关门不是件很微小的事吗？但正是这些看上去不起眼的小事情让一个人脱颖而出。

在人生的算术里，大数重要，而小数也是很重要的。

不要对小事情嗤之以鼻，它们常常比在远方地平面赫然耸立的"大"事物更为重要。

63. 踏踏实实是正理

山顶是很狭窄的,那里的空间只够少数达到顶峰的人站立。若你没有一个稳固的立足之地,就可能被推下高山,跌个粉碎。

攀登山顶的路是陡峭、崎岖的,且岩石滑溜,一路上山崩不绝。而山谷则既宽广,土地又肥沃,那里有足够的空间来种植、收获。

平凡之人可在山谷之上过着自己的生活,而超凡之人可能就心系山顶的风景。

我并非说,年轻人不应该往上爬;我也不是建议,一个人应该永远待在平原。我想描绘的是攀爬顶峰的危险画面,以及在山顶上可能找不到立足之地的无奈。

其实,在青葱的山谷里做一位好的掘土者,比在山顶的岩石上挨饿要好上几百倍呢。

在这个商业竞争激烈、文科教育普遍、充满机会的时代,那句"在山顶上总有位置站脚"的这句老格言在今日已并不那么适用。即便在山顶上有足够的空间，一个人在攀爬过程中必须小心翼翼，沿途上对手凶悍，每个人都想获得胜利，他们不是想着超越别人，而是靠推倒别人。

想要跃出自己能力范围之外，占据让自己觉得不自然且难以坚持的位置，这是造成失败的重要原因。这让许多本来在山谷成功的人遭到毁灭。倘若他们留在山谷，加上一贯的勤劳，那么似锦的前程是可以预期的。

野心这匹马应该受到缰绳的束缚，防止让它把人带出安全领域，走进未知；或注意不要让它把自己驶到过高的地方，没有立足之地。即使它能站住，也不能长久保持。

做最好的自己，将自己的潜力发挥得淋漓尽致，这是我们的职责。我们应该让壮志腾飞，而不是一味地压制，然后再用常识来打造自己。良好的常识会让你不低于自己的水平，也防止你跃出自己的极限。

很多人离开自己原来的地方，因为他们感到不满与抱怨，然后就进入了一个陌生的境地。若他们待在原来的地方，利用所得机会，他们会让自己更有成就，于世界也更有价值。

你所在的地方，除非是在海平面之下，这可

能就是你工作与生活最好的地方了。当然,在你确定自己所在的地方不适合自己之前,不要贸然离开自己的"大本营",这一切要确定在你能力范围内可以找到其他的地方,才慢慢出发。

小心山顶,除非有通往那里安全的路,否则还是要三思而后行啊。

64. 只履行自己的职责是不够的

约翰与汤姆是同班同学。他们共同学习与玩耍好几年了。这两人都很认真，安分守己，为人诚实，能力上相差无几。毕业之后，他们进入了干货批发商场工作，刚开始在最底层工作，都有学习业务的机会。

在他们工作的第一年，两人都还没有什么明显的不同之处，两人工资的升幅也一致。在第二年的年末，约翰就被提拔了，位置高过汤姆很多。原因何在？是不是约翰的能力更强一点？是否他工作更为专心？这些都不是原因。他做了一件事，这件事的重要性汤姆好像没有意识到。约翰不仅对与自己业务相关的事情了如指掌，而且不满足于此。他去别的干货商场参观，研究别人的方法。他与别的企业同职位处于这一位置的员工进行交谈。他大量阅读干货贸易的书籍，搜集关于这个主题所能获得的信息。他把自己牢牢扎在这个领域，知晓其发展历史，还了解相关动向与政策。他不仅限于自己商场的干货，而且涉及干货市场的整体发展。他紧随市场的动向渐渐熟悉了赊购这一行为。五年后，他是一个大型商场的主管；十年后，他是公司的成员之一，虽然他的兴趣范围不广。

我知道这么快速的升迁是非比寻常的。许多诚实善良之人，尽管野心勃勃、认真敬业、充满主动性，却在十年之内都当不了合伙人，甚至在二十年、三十年都成不了。但另一个事实是，如果不像约翰那样工作，他们确实难以摆脱低下位置，担当大任。

汤姆与约翰一样忠诚、诚实与努力。汤姆在工作之时，就对自己的职责感到满意。约翰在完成工作之后，还做了一些额外的事情。他做了汤姆所做的一切，还有所超越。汤姆热爱工作，就工作；约翰亦是如此，但他加进了自己的大脑，让工作成为自己的一部分，因此，工作也就摆脱了累赘之苦。

上面所说的，不过是重申我之前一再强调的话，即只履行自己的职责是不够的。要想成功，摆脱低位，不仅需要努力地工作，还需对工作激越的爱，最后，更需采取主动，做些没人逼自己做的事情，勇于担当责任，把自己定位为公司的一部分，而非仅仅一个小职员。

你自愿背负的重量比你被迫负起的担子要轻上许多。

65. 努力工作

詹姆斯·霍斯堡二世在南太平洋铁路公司工作，是该领域美国最著名的官员之一，我曾问过他是如何获得第一次加薪的，他回答道：

"我想说的一个词就是——'工作'。我没有想其他的，而只是默默工作，向前看。然后，我就被升职了，加薪也就顺其自然了。这里没有什么特别的事情，而只是坚持把手头上的工作完成，时刻等待机遇的来临，跨步向前。"

我向许许多多的商界代表、专业人士以及有所成就之人提出类似的问题，他们的答案都有类似之处，他们在一开始做的几乎与霍斯堡先生很相似，一样强调工作；或是把工作放在很重要的位置。

我不会因此就断然认为，持续不断的工作，无需娱乐的调剂，就是避免失败的"万能药"以及成功的秘密所在。我相信，娱乐的重要性仅次于工作，而出色的工作在很大程度上取决于好的娱乐。那些一直埋头苦干之人的成就不会高于那些劳逸结合之人，后者在工作之时，努力工作，娱乐之时，尽情娱乐。我想着重强调一点，那些在工作之时，偷工减料、没有章法、时断时续之人，永远也难当一面，或在任何领域有所成就。

我曾与数以千计的人进行过交谈。我发现，那些有所成就之人，在同行、俱乐部、教堂或是其他地方受人尊重之人，没有一个不是诚实、有规律地工作的。

那些善于社交却不工作之人根本上就是十足的傻瓜。若字典里有措辞更加强硬的词语，我就会用来形容这种人。这种人也不受同类人的尊重。

除了道德的懦夫，还有什么比一个身强力壮、满怀潜力之人，在蹉跎着岁月、漫无目的地闲游、没有理想的行为更让人觉得可鄙的？他甚至比不上一只蝴蝶，因为后者也为这个世界带来了美的享受。

懒闲之人于世无益，其实他没有存活的理由。他一味索取，但却毫无回报。他享受着别人辛辛苦苦的劳动成果，却不怀感恩之心。他不过是这个社会的寄生虫，活在别人的劳动之上。

努力工作，你可能会获得成功——你只是可能会。但不去工作，却是铁定会失败。

真正诚实的劳动会结出沉甸甸的果实，带来成功的喜悦，以及物质的收获。

一个人还是应该努力工作，因为这是有意义的。

66. 幸福的感觉

伊拉兹马斯·威尔逊，著名的记者、美国最大童子军组织的负责人。他在我的班上发表过演讲，他说：

"在这个世上，没人能给我们带来幸福，幸福只能靠自己去争取，幸福源于对我们所做的事的一种反馈。"

幸福之感是一种自然的天性，我们有需要、获得与享受它的权利，正如我们有权利欣赏壮丽的山河，或是沐浴在灿烂的阳光之中。

没有幸福之感的存在，个人的愉悦之情也就无从生发。我还可以进一步这样说，不带幸福感的牺牲对于接受方与牺牲方都是毫无益处的。为了让我们自身与别人更加完善而做的牺牲，我们的所为会带来幸福之感。甚至烈士也是幸福的，尽管他们遭受身体上的折磨。在他们最后呻吟痛楚之时，他们能够清晰地看到天际的轮廓，以及未来丰厚的回报。

那些老于世故、社会上的游戏者以及那些挥霍放荡之人,他们并不能真正享受到幸福,尽管他们感觉自己是在"体验生活",这不过是一些感官的刺激罢了。这其中没有真正的幸福之感与真正的满足,这丝毫无助于我们的上进,也不会让我们有善行。

幸福之源可以追溯到我们对别人的帮助,有时,我甚至会认为,行善者实则是受善者。因为前者获得了心灵的满足与幸福之感,而这是不会从其他途径获得的。

金钱、地位并不能让世人铭记我们,真正为人所牢记的是我们对别人所做的善行。

善行永不消逝。在此,我对艾芬河游吟诗人(即莎士比亚)的一句话稍有微词。他曾说:"恶行臭名昭著,为人铭记;善行埋没随百草,随风飘荡。"

我想要说的是,恶人被人遗忘,善人则流芳传世。他们在世上的善行永不褪色。

商界竞争激烈,有时甚为残酷。商业巨擘与工业的领航人都认识到,诚实是最佳的商业守则,慷慨是一笔商业资产。真正持久的盈利只有那些对待顾客就如对待自己一样的商人才能做到，他们在贸易结束之际，深切意识到，若交易不能双赢，这就难有盈利可言。

幸福之感现已成为商业的一部分。最优秀的商人在工作之时感到快乐。快乐，因为他们正在赚钱；快乐，因为在赚钱之时，他们也在帮助别人获得成功。

那些受雇主尊重、同时受同事所爱戴的职员，他们像关爱自己一样想着别人。他们的升职，不是靠推倒别人，而是靠帮助别人与他一起进步。

在慷慨与甚至充满爱意之中，诚实与获利的竞争从未消失。优秀的商人不再总是试图打垮对手，而是愿与别人联手取得成功，人人为我，我为人人。

行业工会与商会在世界各地如雨后春笋般出现。昔日竞争惨烈的对手，在交易中无情、乃至残酷的竞争者，今日，在商会的舞会上，他们互相交流经验，共同促进彼此的利益，也促进了个人的获利。

合作之风就是我们需要呼吸的空气，合作有助于这种幸福之感的生发。

若你在工作之际感受不到幸福，你就有失败的危险。

67. 没有完全的自由

因为我们不清楚别人的工作，因为我们对别人所处的环境不熟悉，因为我们不能真切地感受别人肩负的责任与困惑，因此，我们会想，别人看似有小孩子常说的"神通广大"的本领，可以随心所欲，对他们羡慕不已。

我见到过或认识数以千计在各行业有所作为的人。根据我的实际经验，我可以斗胆说一句，无论一个人身处高位还是低位，抑或夹在中间，没有人可以随心所欲、肆无忌惮地做自己想要做的事情。

拥有数千员工规模的巨大商业的所有者，表面上可以呼风唤雨。那些不熟悉他的人，不在他手下工作的人，就会认为他是可以只依靠自己，毫无阻碍地做事情。事实上，他也并非完全掌握着整个企业，尽管这在法律上是属于他的。虽然他可以让手下做这做那，虽然他可以决定是否建造一座新工厂,在市场上投放新的产品,或者改变商业政策。

若身处商海,他是身不由己的,必须时刻听着顾客的诉求。若他对此不理不睬,就会失去生意。

商海中真正的"老板"并非那些拥有企业的人,而是顾客。因为没有顾客,就没有生意存在。

军队的将军,可让士兵向左或向右前进,待在壕沟里,或是改变阵形。但他不能随心所欲,他必须要尊重兵法,不能忽视过去的战例,避免招致溃败。因此,他不仅应该敛起自己的主观意见,还必须实行别人告诉他的最好方案。他向自己的下属咨询,虽然自己作最后的定夺,但他也不过是集思广义,别人的意见甚于自己的。

办公室的小职员必须要早到,负责扫清灰尘。下午,没有上级的批准,他们不能随意早退。他们可能感到自己时刻受到束缚,而雇主则可以到处闲逛,做自己喜欢的事情,看似处于完全的自由状态。看上去,雇主的确是比雇员拥有更高的自由度,也可以随自己的意愿去做一些事。但事实上,他时时都处于自律之中,深受规章制度的管束,其程度并不亚于那些最底层的员工。若他不能专心于工作，顾客将离他远去。

在一切繁华的商业背后都是顾客在支撑着。在商界或是其他领域，公众舆论、定则、先例、正误，这一切造就了一个全面的决策者。在这个过程中，每个人都尽其一份力，不论他是共和国主席、一个伟大国家的国王抑或是电车的机工，皆是如此。

完全可以随心所欲是不存在的。那些有价值的自由，能在日常生活中有所作用的自由，基本上都是相互联系的，这种自由认识到别人的权利，从不趾高气扬，睥睨他人，过分强调自己的权利，却不许别人稍微挑战一下。

68. 不要担心自己会知道得太多

每个人都不可能知道所有的事情。大多数人都是只能知道一些事情,他们也只愿意谈论自己知道的事情。

那些不善言辞的商人,那些只顾唯唯诺诺的家伙,他们都是敏于思考之人,只是不愿表达出来。若是能加以鼓励,他们也可以就其感兴趣的领域谈上几个小时。他们的大脑中存储着许多信息,尽管他们表达出来的渠道不多,但若有人能打开其大脑中紧闭的闸门,他们是很健谈的。

我有个朋友,尽管他没有接受过理科教育,但对立方英寸与立方英尺的转换却比百分之九十九的受教育者有着更为全面的了解,两者之间的换算比例是,1立方英尺=1728立方英寸。这一知识的获得很大程度上是因为他是个很优秀的倾听者,有一种让别人开口讲话的能力。在他乘火车之际，他会在乘客之中挑选一些他认为是聪明、大脑装着许多知识的人。他以一种富有策略的手段，发现陌生人的职业或是专业，以及其最感兴趣的话题。然后，他就会把话题转向这一方向，不时问几个有深度的问题。就这样，他屡试不爽，都可以达到自己想要的结果。他与各种人接触，从学习古典文学的学生到肉菜市场的售货员，从每个人身上，他都可以获得信息。当然，其中不少是毫无用处的。他明白一点，那就是不能期望所有的信息都是有价值的，他必须容忍杂草与麦子并存，这其中还是有一定的收获的，包括精华的留下，糟粕的抛弃。

我认为，对话是获取信息的最好方式。每个人都有自己为之自豪、并且乐意与人分享的东西。

但要记住，倾听者只是做到了一半而已。若想有所收获，就必须要有所付出。因此，人不仅要做一个优秀的倾听者，也要做一个优秀的分享者。将自己所知的东西与别人交流分享。在对话中实现双赢，分享自己的所有，也从别人的分享中增长自己的知识。

社交与商业生活是基于互相交流的。

教育并不是只涵盖索取而不囊括分享。

若你敞开胸怀与别人分享,别人也是会这样做的。

正确指引的对话,对彼此都是有益的。

虽然你应该时刻留意自己想要获得的信息,但不要将自己的心思全部集中于那里。对一般事物有个综合的了解,尽管这并没有直接的益处,但这却可以拓展人的心智,更好地发挥自己的潜能,全力向前。

不要担心自己会知道得太多。

69. 何为教养

教养一词在字典上的定义是"一种通过教育、自律等行为来不断提高自己；一种具有教养的状态；在行为与品味上的高贵优雅的状态。"

教养，就如所有其他美好的事物，可能被过度发展或是强调；或是占据着一个原不属于自己的位置。更有甚者，有些人甚至将其发展到令人觉得滑稽荒唐的地步。

许多所谓处于有教养阶级的人都过分的高贵与不自然。他们自喜于教养的神圣，忘记教养本身是毫无价值的。真正的教养是体现在性格上，而非亮丽的衣物。

不少一味啃书之人与接受肤浅教育之人，过分注重自己的优雅，而牺牲自己的性格与优点。活在尘世，就要有点世俗气，他们想把自己置离地面，俯视着比自己优秀的人与物，粉饰着自己的瑕疵。

任何一种教养,或是教育的各种体现,无论是真是幻,若不能切合自己的内在品行与代表真正的成就,都是毫无价值的。我们不能只是单纯地记忆或是堆积书本上的知识。

真正的人是自然的,不会蛮横或是肤浅地成为绅士。他们有着天然的教养,尽管他们不知道所谓的高级教养为何物。

杰出之人,无论是否接受过教育,他们首先是自然的,然后才变得有教养。他们的优雅是品行的自然流露,而不是涂在表面的清漆。实际上,我可以说,真正有教养的人从不会自认为有教养,也不会炫耀自己的教养,他们彰显的是自己刚毅果敢的气质。他们运用自己的知识服务社会。无论他们是老师、商人或是掘土者,都是如此。他们并非住在封建的高墙大屋。他们与世界融合,形成一体,虽然他们从不完全融入世俗,却清楚地认识到自己所处的环境。

像服药治病或是如穿上一件礼服这般看待教养,这只是遮住真实的一个虚假的外表而已。真正的教养与修养是源于内、形于外。他们在人生中不断把握机会,对别人怀着永恒的尊重,心怀造福人类的情感且永不消失。

教育与良好的环境有助于让人变得有教养,

但两者本身却都不能让人增添教养。

也许,在今日约有一半所谓的有教养之人,其教养是死气沉沉的。他们自命不凡,却对何为教养一无所知。表面上,他们是翩翩君子,但却把教养放在一个没有坚实基础、难以触及的塔顶上。

不要徒然地让自己变得有教养,不要刻意让自己变得文质彬彬。不论你是大学教授、杂货店销售员抑或是擦鞋者,都不要时时念着教养。只要不断让自己做到最好,不断提升自己,教养就会不期而至。

70. 拉帮结派的恶果

等级制度是野蛮时代的遗留物，是由我们祖先在早期的奴隶制中遗留下的且正在逐渐消亡的污点。这种制度很大程度上是缺乏合作的结果，也是黄金法则一直不能践行的一个障碍。它存在于社会的每个阶层，即便是在商界，它也渗透进去了。

虽然人类有权利选择自己的同伴，虽然文化与种族并没有要求人们与那些和自己趣味不投的人结为朋友，但等级制度的确是错误的，它根本没有存在的任何理由。

甚至，在教育机构中，这种令人反感的等级制度仍然存在，学生被人为地分成几个等级，或是所谓的"尖子班学生"（快班的学生）与"普通班学生"（慢班的学生），每个等级上的学生都不愿与彼此交流，这对他们的身心实在是巨大的伤害。

在商业活动中，有时，上级或是主管有必要在商店、办公室暂时与职员拉开一定的距离，若商人要想取得成功，就必须要有一定的自律性。但这种情形并不能为等级制度找开脱的借口，也不能因为别人在智力或是经济上稍逊一筹就看低别人。

在职员之中形成小派别或是分成各个等级，这对每个职员与整体的商业都是有害无益的，这只会滋生妒忌、难以消弭的误解，以及产生各种恶性竞争。

纵观历史，真正在才智或是成就上有杰出表现之人，都是最有民主作风的，他们对那些自命不凡与不择手段向上爬的小人是极度鄙视的。

优秀的商人通常对员工是富于礼貌与关怀的。而有一些狂妄、不可一世的商人认为，自己是不同的，若是与他自认为是低级的人在一起，自己就会受到污染，变得不纯洁。这种人难以取得成功，在一个崇尚道德的社会，这种人甚至没有立足之地。

这种自高自大的情况并不限于雇主，各级的雇员也常常这样。那些周薪十美元的职员看不起周薪六美元的职员，全然忘记就在不久前，自己也曾刚刚在那个低位待过。

我并非说，人们在选择密友时不需优先考虑，漠视双方共同的兴趣爱好。无论是站在道德或是商业的角度，我都强烈反对组成什么派别或是自认比别人高级多少的行为。

互相交流是社会的"活水"，也是商业存活的"救命绳"。人为的结党或是组成派别是极为错误的，只会招致灾难。若一个人身在其位谋其政，那么他就可以像那些商业巨擘一样受到我们同等的尊重。

若你在自己的岗位做到最好，那么你与所有做到最好的人一样棒，不论你交易时是用美元还是以美分为单位。

71. 盲从者无所为

成功人士与平庸人士的一个重要区别就是,前者有自己的判断力与辨别力,而后者则是机械地采取行动,做着自己被告知的事情,就像时钟一样自动地转动。

一个大企业的老板,在一怒之下要求一个部门的主管,向那些不能履行义务的顾客发去催促函。老板一时没有分辨,也没有具体说是哪个,他说,所有的。

而主管则完全照做。

结果是,超过五十个经常往来的顾客表示强烈抗议,其中一些与公司永远地断绝了商业往来。

公司至少损失了二十万美元的生意。

主管只是做了自己被要求做的事情。从理论上来讲,他作为一个忠诚的员工是应该受到表扬的。但他没有停下来想一下,没有稍微运用一下自己的判断力，没有分辨一下具体的情况。他没有意识到老板的这个命令是在气头上下的；他没有与公司的其他员工进行商量；他没有在老板恢复正常之后再次询问此事。他只是义无反顾地执行了。当然，老板不能责怪主管，因为整件事是他的错。但若这是出现在人生重要的事情上——如果主管有自己的分辨能力，如果他仔细想过，如果他真切地感受到自己肩上的责任，他就不会盲从了。他会稍缓一下，但不会违背命令。他可能把所有的信函都写好，然后在老板怒气平息、恢复理智之时，再次询问。

这位主管仍在原位，工资和原来一样，也没有什么升职的机会。他是值得信赖的，也是难以被信赖的。用今天的眼光，他就是一台自动活动的机器，只要一按键，就会活动起来，这个过程没有经过大脑、没有经过判断，只是做着自己被要求做的事情，仅此而已。

盲从的听命者，从不自己思考，对别人言听计从。这些人是难以在商界有所成就的，在人生的大舞台上，亦是难有作为。

对命令服从且忠诚是值得赞扬的，但那些不加思考就领命，然后机械地执行的行为，实际上比标刻时间却又对时间无所作为的钟表还要逊色。

那些处于领先地位之人皆为主动出击之人。他们愿意与自己的朋友商量，愿意获得别人的建议；在别人经验的帮助下，他们独立思考，解决自己的问题。他们是自己的终极"法官"，运用自己的判断来指引人生的航向。在与周围的人的交往中，他们不断发展自己的心智，让自己的判断成为自己前进道路上安全的指引。

72. 怎样才算绅士

厚厚的字典里是这样定义"绅士"一词的:"良好出身之人;一个好的家庭,虽不一定是名门望族;有佩戴盾徽的权利;社会阶层高于自耕农;一个品德修养高尚之人;一个富有情趣之人,特别是有良好的品行与社会威望;仆人,特别是作为那些有地位之人的男仆,而不论男仆的地位。"

若字典的解释无误的话,绅士可以既是绅士本人,也可以是为绅士服务的仆人。若一个人能安分守己,基本上所有人都是绅士。

但是,整个社会却以更为肤浅的方式来定义绅士,只要某些人在表面上像绅士,就把他当成绅士。只要一个人的穿着或是外在的形态达到一定的标准,那么他就是绅士。

"绅士"一词已被严重滥用、误用。时至今日,其意义所起的作用不大。现在不少的重要铁路与机构都已经弃用这个词了。他们把候车间称为"男士间"或是"女士间"。今日,一家美国权威的报纸甚至不准"淑女"与"绅士"出现在其专栏上。

现在很少著名的女演员被称为"女主人公",而是被称为"女主角"。

现在的大学毕业生也不被称为"绅士",而是称为"大学生"。

有趣的一点是,"Lady"一词原本是指出身高贵的女管家,却被认为是"面包的管理者"或是"家庭主妇"。

一个坚毅果敢的男人自然是个绅士,而绅士则不尽然是坚毅果敢之人。

当然,我不反对展现一个绅士的本来特质:对人礼貌关怀;言行优雅得体。这些优点有助于抚平人生道路的棱角,远胜于那些表面上的功夫。我想强调一点,在人生道路上,若没有性格与刚毅做后盾,那么这些"小优点"的作用其实也不大。

那些世上的伟人、那些值得我们缅怀之人、那些推动世界发展之人,很少会去关心自己在世人眼里是否为绅士。他们只是一个本色之人,他们尽力为同胞做事,在人们的内心里,他们是绅士，不追求表面的花样。他们的行为是源于性格的指引，而不是受制于社会的条条框框。

只是想成为一个名义上的绅士，这是毫无意义的。要做绅士，就要有自己的性格、对同胞的热爱、一种不断追求"卓越"的激情，而不管环境如何变迁。首先，你要做好自己，然后才去慢慢做个绅士。

做好自己，活出本色，自然而然，想不做绅士都难啊。

73. 刚愎自用还是独立自主?

我不愿对每个人的个性用显微镜进行仔细检查。我看不起那些惯于屈膝谄媚之人,他们总爱躲在自己的阴影之下,与人讲话时总爱窃窃私语。

这个世界崇尚的是那些有着坚强性格与特质之人,崇尚那些能够顶天立地、获取自己应得的成功之人。对于那些没有主见,因为懒惰而不愿去独立思考之人,这个世界是不会给予他们尊重的。

独立自主是值得赞许的,但也可能是人的一大祸根。就如所有美好的事物,一定要正确地运用。在其纯状态之中,没有圆滑技巧的辅助及对别人权利的认同,这堪比致命的毒药,就好像一把锋利的剑,伤人手啊!

那些自大自负之人总是过于迷恋自己,这可

以说是刚愎自用。他们文饰自己的缺点，夸大自己的优点。他们睥睨他人，到处逞能，藐视着世人。

刚愎自用之人必定遭遇失败。

每个人的能力是有限的。若一个人有能力以一己之力调动众人之伟力，他就可以带领军队或是治理一个国家。若一个人刚愎自用，不愿承认别人的能力，他就会发现自己的刚愎自用就是压在脖子上的重担，自己迟早都会坠落深渊。

在相互依赖之下的自主，才能有所收获。

刚愎自用，看不到与别人的相互联系，只能通往失败。

伟人认识到，若没有别人的帮助，他们是很难出人头地的。他们的自主让其可以去认识别人的能力，但从不卑躬屈膝，而是不卑不亢。他们尊重别人的权利，合理地利用别人的能力，合理地分配各自的报酬。

常胜将军依赖于他的部下与士兵。除非是紧急情况，他发出转移的命令前基本上要与部下进行商量，部下们在某一方面比他知道得多。他独立思考，认真研究，但还是要充分考虑军事专家的建议。

当别人比我们了解得更多时，我们应依靠别

人，互相交流经验，互通有无，这样才是真正有价值的自主。而刚愎自用的各种所谓的"自主"都是真实的虚假表象，也是极为危险的仿效。

　　刚愎自用者，傻瓜也；全然依赖他人者，愚痴者也；既自主又相互依赖之人才能取得成功。

74. 金钱并非目的

很久以前,有人曾把《圣经》的一句话修改成"若要有所得,得钱吧。"

这一相当危险的建议历经多世,许多人将其视为座右铭。为此,许多人获得了成功,而不少人则只能在墓碑上感叹良心的抹杀。

那些乐观与富有思想的心灵,用他们炯炯有神的眼睛,看到历史道路的演化一直通往没有金钱的文明。在那个时候,将会出现比毫无生气的黄金与易腐烂的纸币更完善的交换媒介。

在《圣经》里提到的所有罪恶(亚当的失足与其他少数罪恶之外)或多或少、直接或间接都是源于对金钱的喜爱。而当今,我们法庭上的记录更是可以为此提供不容辩驳的证据:金钱是滋生罪行的首要推动者,几乎是当今所有罪恶的主犯或是同谋。

为了金钱,一个人可以伤害自己的身体,出

卖自己的灵魂；为了金钱，在历史上不断上演父劫子、子弑父的丑剧；为了金钱，人们被迫去开垦贫瘠的土地；在金钱的力量之下，权贵之人不时成为政府的主人，掌握人类的生杀大权。

大凡有能力解决一般问题的人都会相信，或是感知到，在人类漫长的进化过程中，正义必将取胜，未来的文明之人与始终文明的上帝，终将建立起公正、合理、平等、有爱心的秩序与法律。若不能彻底消灭邪恶与大力弘扬善行，这是难以达到与维持的。那么，只有当人人都站在上帝的审判席与人类的正义法庭之上，金钱的邪恶才将接受其惩罚。

但这种情况还要在未来久远的日子里才会出现。现代社会的金钱，有其好处与弊端，但仍将成为我们生活与商业所必需的一个要素。

那些真正成功之人都有各自的成就，无论这是体现在赚取金钱或是其他方面，他们既为自己，也为别人带来益处。这种人是富有的，不论他们的口袋是有一美元或是一百万美元；这种人是富有的，不论他们是制鞋匠或是铁路主席；这种人是富有的，不论他们是职员或是大商贾；这种人是富有的，因为他们尽己所能，为自己、为世界奉献着自己的力量。

那些眼里只有金钱的人实为金钱之奴隶,除了是一大捆一大捆现金的保管者、管理者、花费者之外,他们没有自己的个性。他们只是一个守财奴,囤积着易腐败的物品。其成功也是最低等的一种。

任何事物的价值都取决于其流通与有效地利用。

杰出之人、真正成功之人拥有那些真心爱他们的朋友,拥有在人生的风雨中可以紧握其手的朋友,在他们坟墓前可以留下真切而悲痛的眼泪。这些人与他们交往,并不是由于他们的金钱;尊重他们,并非觊觎着其银行的账户数额;在他们的田地里,他们竭己所能。就如同绘织成功的千万条网格中的一条,做到最好的自己,承受生活的重压。他们不可能是生活的失败者,必然会走向成功。他们在尘世所存储的抵押品在天堂的存库里永不贬值。在凡世播下的种子,在永恒的肥沃之土结出硕果。

75. 金钱的魔力

某天,约翰·格拉汉姆·布鲁克斯博士在我的班上讲演,他的演讲内容带出了本篇的基本观点。

两位职员离开工厂,带着空空的饭盒,回家去。两人在工厂的同一张板凳上坐着工作,所获工资也相差无几。他们都有妻儿子女,也都住在相同的街道。他们所获得的机遇大抵相同。第一个职员在酒吧的门前停下,买了几杯酒喝。第二个职员在经过商店橱窗的时候,一幅小图画吸引了他的眼球。他走进商店,发现画的价格也不高,总之不比买酒的价格高。这位职员就买下了,并带回了家。

第一个人所花的金钱对他毫无益处,反而会对身体造成伤害。这不利于其家庭,乃至整个社区。酒精批发商将迅速补足被这位职员喝掉的酒,这无疑是扩展了酒类贸易。

第二位职员的消费则有长久的价值,这幅画可以让整个客厅为之一亮,让整个家变得更加温馨。这样,经营者将用另一幅画来替代原来的这一幅,这实际上是有益于艺术的传播。

每次,我们花费一美元,不是带来好处就是带来坏处。若我们错误地使用,不仅会伤害到自己,也会殃及我们居住的社区,因为我们的消费促进并传播了不良的事物。但若我们正确地使用,就能刺激正当的贸易,让好的事物加快流通。

只要金钱的作用仅停留在一种交易媒介之时,金钱的魔力就不能被过分渲染夸大。

金钱本身不会造成什么伤害,对金钱的使用才既会产生好的结果,又会产生难以估量的罪恶。

金钱是清白无辜的。

使用金钱之人可能是恶棍;也可能是道德高尚之人,要让金钱为自己与社区服务。

世上没有任何事情本身是有害的,包括金钱与其他事物。造成好坏的区别在于如何使用它们。

你花的每一分钱都可以为善,亦可为恶;让你变得更好或是更坏;有益你与别人或是造成伤害。

你不能推卸这一责任。

你所拥有的，不能肆意使用，你有责任让其为你与别人服务。若你正确地使用，你就是个好公民；若错误地使用，你就是社会的一大祸害者。

若因为你自己的欲望，错误地使用金钱，你就好比偷窃另外一个人的钱财。

你是自己财物的掌管者，但并非其主人。最后，你还要为你所做的一切接受上帝与人类的审判。你所拥有的并非是你的，这只不过让你在使用之时，让你自己与社区都可以获益。

76. 及时刹车

制造功率强大的火车头的工程师必须知道如何启动与刹车。若不知道如何刹车，或是在紧急时候无法这样做，那么其所有的工程知识实际上也是没有价值的。没有人会想坐他设计的车。

成功之人知道如何开始、继续、停止。

在人生的高速路上，可见数以千计的年轻人、老人，他们曾经都是怀揣着远大的志向，在出发之时兴高采烈，其快速的跃升博得了朋友的赞誉。他们在彼时是聪明、身手敏捷与富于原创性的，时刻想着主动出击。他们拥有成功的一切特质。但却缺乏一个重要因素：他们知道如何开始，而不知道该何时停止。他们可以把蒸汽压在气泵里，却不能将其关闭。在阳光普照的日子里，他们一帆风顺；但当雾气缭绕，夜静黢黑之时，他们却不能顺着灯的指引，绕过岩石暗礁。他们在阳光之下，平平安安；在暴风雨之时，却是危机四伏。

某天晚上，我去参加一个讲座。演讲者魅力四射，演讲的内容完全基于事实。在一开始，他的演讲让台下的观众如痴如醉，随着他所讲的内容时笑时哭。他的开场白十分出色，但他不知道如何结束。演讲持续了一个多小时，却不断地在重复。而台下的观众早已疲惫不堪，陆续地退出演讲大厅，所记得的东西甚少。这一切归咎于他不知道如何适可而止。

成千上万之人在初涉商界之时，前程无比光明。有时，他们的事业在一开始就有丰厚的回报。在胜利的喜悦之中，他们忘记了如何应对未来的风云变幻。他们就像那些在天晴之时不去修补屋顶的人，觉得下雨好像是件遥不可及的事情。

好的开始是远远不够的。

单纯的熟练不足以建立起长久的成功。

你无法总能正确地预测未来或是看清前路的每个障碍。但若你不未雨绸缪，当风暴来袭时，你将惊慌失措，难以抵挡。

许多原本成功的人之所以失败，是因为他们不知道何时应该减少开支；因为一间工厂赚了二万五千美元，他们就多建两三间工厂。他们知道如何开始,就是不知道何时该停止。

许多销售员之所以失去顾客,不是因为他们不能很好地推销商品,也不是因为对贸易一无所知,而是因为他们说得太多了——先把顾客说进了购买的思维框架里,然后又把他们给说出来了。

当你不知道该如何说之时,那就沉默是金。

学着如何刹车。

既要懂得如何开始,也要知道怎样结束。

在学习口若悬河之时,也要明白何时应该缄默不语。

77. 社交的度

世上有三种人。其一,他们异常地喜欢社交,不时让自己出现在别人面前,觉得好像在地球上没有一个男女、孩子不想认识自己似的,别人也会因为与自己相识或是结为朋友而感到高兴与荣耀;其二,那些遁世者,除了自己之外,就不与别人交往,因此其社交状况很萧条;其三,那些既能与自己,又能与别人和谐共处之人,在独处之时,他们也能快乐,甚至更能感到快乐之味道;在与人交往时,他们不求社会的认可,这种人的身边常多良师益友,在生活中游刃有余,既索取又奉献。

我不相信,那些没有社交生活、没有朋友与同事之人能够真正享受生活的乐趣或是活得有声有色。我们与别人相互依赖,彼此获得欢乐与各种帮助。若是孤身寡人,我们是很容易停滞不前的。

书本与重要的文书有其重要的位置。必须清楚的一点是，那些一直口若悬河之人、那些不能忍耐寂寞之人是很难学到真正有价值的知识的，也难以对自己与世界有所贡献。那些只注重俱乐部生活的男人，那些除了去剧院、戏剧、舞厅之外别无所好的女人，皆为自私、愚痴之人，失败是其必然的结果。

若要成功，若要活出人生的精彩，一个人要过两种截然不同的生活：一种是独处的生活；一种是与别人在一起的生活，要把两者和谐地统一起来，互相促进。一个人可以在几天的时间里埋头研究，在办公室里不见任何人，让自己的专注力集中于书本与工作。但如果他总是这样，就会发现自己迟早要"生锈"，尽管他积累了不少的知识与金钱。

仅仅是知识本身，仅仅是吸收，若不能在积累之时有所分享、交流，就如一潭死水，毫无活力可言。譬如金钱，一味地囤积，却不在市面上流通，就毫无意义。

还是那句老话，重要的不是你拥有什么，而是你如何运用自己所拥有的。

全方位地完善自己，无论自己多么值得赞美。在完善自己的过程中，我们不要让自己与外界隔离，而应该与之交融。只要不处于沉迷的状态，这可以让我们的工作做得更为全面与认真，因为我们可以充分了解所做之事，激起生机与活力我们也可以利用别人的经验积累。

在积累之时，我们必须要与人分享。两者割裂只能让人心智日趋贫瘠。

过多的交往和社交，只会让人没有时间去思考与工作。而另一方面，过分劳累地学习与工作，忽视与人交往，其积累也是难有结果的，因为我们不让自己所得的知识与人分享。不论从事什么行业，我们都需要与人交往，获得别人的帮助。

集思广益之人总是在不断超越自己，看似没有极限。遁世者局囿于自己，在自己最小的圈子里环游，胸中装着一座火药库，却不能引爆，甚为遗憾。

正确地结合内心之所得与外在的分享，势必让人生更为璀璨夺目。

78. 竞争不是目的

竞争既让商业欣欣向荣,也使其枯萎凋败。

竞争可让人不断超越,也可能摧毁一个人。

每个人都应该将自己最大化,淋漓尽致地发挥自己的能力。在自己能力可及的范围内,尽可能不断攀越。但若是你通过牺牲别人、不择手段地达到自己的目的,或是踩着别人身体作为通往成功的垫脚石,即便你能攀到成功的顶峰,手握数百万生灵的命运,但你必定还是个失败者——臭名昭著的失败者。

我们知道,弄虚作假、残酷的竞争让某些人成为了一时的商业巨子,他们让货物充斥市场,让竞争对手被迫退出。这些人,尽管他们有着强大的金钱爪力,但他们却不是优秀之人。人人皆恨之,同行皆鄙之。人们只是恐惧他们,而绝无爱戴之意。在其从事的行业,他们不能占据让人羡慕的职位。他们是社交与商界的弃儿,难成大器。当其终了，则被人遗忘。

真正良性持久的商业不仅建立在竞争之上，而且还需建立在公平的基础之上。人们取得成功，并不是靠相互倾轧，而是让自己做得更好。

成绩名列前茅者，若是只为排名在同学之上，却不理会其真正接受的教育，他可能一时独占鳌头，但最终难以成为真正的有学识之人。

任何位置的真正价值在于其获得的方式。若这是虚假、残忍、不公的竞争的产物，可能会带来金钱的价值，但除此别无其他。而其拥有者实比那些兢兢业业劳动之人更为贫穷，后者虽成就不大，但他们不是与别人竞争，而是不断与自己较劲。

认真阅读一本真实的传记，你就会在书页上发现，那些百分之九十九的有所成就之人并非那些热衷于与人竞争之徒，而是不断地超越自己。竞争与超越之间有着天渊之别。竞争并不能酿造伟大。而拥有一颗渴求超越激越之心，超越自己，让自己不断完善、进步，这才是你在这个世界上真正取得成就的正道。

只热衷于竞争之人只有一个欲望，那就是踩过白骨累累的尸堆，不择手段地找寻其想要的结果。但这是很难获得长久的声誉的，人们将忘记其自身所有的优点。即便他出门乘坐豪华轿车,出海则有远洋游艇泊在夏日避暑的海边,但他仍是个失败者。他难有几个知己,当其终了之时,人们莫不拍手相庆,喜形于色。

硅谷禁书

Mental Chemistry

【美】查尔斯·哈奈尔 著
黄晓艳 译

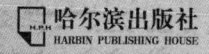

哈尔滨出版社

图书在版编目（CIP）数据

硅谷禁书／（美）哈奈尔著；黄晓艳译．—哈尔滨：哈尔滨出版社，2010.11（2025.5重印）

（心灵励志袖珍馆．第4辑）

ISBN 978-7-5484-0293-0

Ⅰ.①硅… Ⅱ.①哈… ②黄… Ⅲ.①成功心理学–通俗读物 Ⅳ.①B848.4-49

中国版本图书馆CIP数据核字（2010）第166273号

书　　名：	硅谷禁书
	GUIGU JINSHU

作　　者：	【美】查尔斯·哈奈尔 著　黄晓艳 译
责任编辑：	李维娜
版式设计：	张文艺
封面设计：	田晗工作室

出版发行：	哈尔滨出版社（Harbin Publishing House）
社　　址：	哈尔滨市香坊区泰山路82-9号　邮编：150090
经　　销：	全国新华书店
印　　刷：	三河市龙大印装有限公司
网　　址：	www.hrbcbs.com
E-mail：	hrbcbs@yeah.net

编辑版权热线：（0451）87900271　87900272

销售热线：（0451）87900202　87900203

开　　本：	710mm×1000mm　1/32　**印张**：42　**字数**：880千字
版　　次：	2010年11月第1版
印　　次：	2025年5月第2次印刷
书　　号：	ISBN 978-7-5484-0293-0
定　　价：	120.00元（全六册）

凡购本社图书发现印装错误，请与本社印制部联系调换。

服务热线：（0451）87900279

亚马逊网荐语

对于任何一个难题,
这儿都有一个解决方案;
对于任何一个人,
这儿都有一种寓意;
对于任何的成功,
这儿都有一条公式。

"我们生活在一个可塑的、深不可测的精神物质海洋之中。这些物质一直处于生命和运动之中,并且,达到了高度敏感的程度。它按照精神的要求构造思想的形式。而这些思想形式的模式或者矩阵,是按照这些物质所表达的形式展现的。我们的理想由这个模具所塑造,并浮现出我们的将来。"

哈奈尔先生在《硅谷禁书》中写下了这些词句,从中,你可以精确地发现,你以及你的思想和感受是如何地形成你周遭的世界,同时,你也能够发现自己能够运用精神的能力控制生活中所发生的事情。从这儿,你能够得到如下的秘密:

1. 掌握一种神奇的方法,让疾病和痛苦从此远离你的生活;

2. 学会对自己的运气、命运和机遇施加强有力的影响;

3. 只有2%的人促成了世界的进步,而本书的观念和方法将使你成为其中的一员;

4. 找到一种途径,使自己实现梦想,超越希望,过上自己所能想象到的最幸福、最圆满的生活;

……

亚马逊网编辑

编者的话

20世纪初,查尔斯·哈奈尔因一本小书《The Master Key System》(即《硅谷禁书》)而声名鹊起,受到各界人士,特别是政商两界精英人物的广泛重视。该书因其极具前沿性的思想、睿智的洞察力和非常简单实用的可操作性,成为当时人人争而阅之的畅销图书。

在《硅谷禁书》成功的基础上,哈奈尔在其后续著作中进一步延伸和发展了其思想,如精神的作用、引力法则等,并于1922年推出了《Mental Chemistry》(《精神化学》)一书。这本书的出版同样引起了人们的巨大兴趣,并被给予了很高的评价:对于每一个难题,这儿都有一种解决方案;对于每一个人,这儿都有一种寓意;对于每一种成功,这儿都有一条公式。这本书运用了心理学和精神科学的方法,对如何发挥人的主观能动性,如何运用心灵的力量实现人与环境的和谐,人自身内在心理世界的和谐,都提出了独到的见解。

在本书的编辑过程中,考虑到从它最初出版至今已过百年,书中的部分内容,随着近现代科学的发展,已经有了不同程度的认知差距。对此,我们根据时代的要求,对相关内容作了合并、删节和修改。同时，按照哈奈尔出版《*The Master Key System*》一书时的想法，他认为该书之后的其他著作，仍然是Master Key System的组成部分，他所有的著作都是围绕着Master Key System这一思想框架进行阐述、解释和应用的。因此，我们在编辑出版哈奈尔这一著作的中文版时，试图将其按照同样的方式组成一个系列，即《世界上最神奇的24堂课》系列，这也是本书取名为《硅谷禁书》的缘由。对此，相信本书的读者能够理解。

最伟大的财富

你大概熟悉很多大人物挣大钱的故事吧,从卡耐基、洛克菲勒、特朗普到比尔·盖茨,他们都有许多相似之处。

---

1. 他们几乎都是从一无所有开始的。
2. 他们不得不利用他们的想象、他们的心智去详细领会他们的生意。
3. 然后他们不得不承认富裕法则和引力法则,这些为他们提供了把自己的观念加以具体化的方法和手段。
4. 之后,随着计划的就绪,他们不得不付诸行动。

他们中的任何一个人,如果不利用他们的头脑,如果不认识到正在为他们工作的身边的人的力量,那么他肯定会失败,就像太阳肯定会落山一样。

你会注意到,许多成功了的人并不是最聪明的,也不是最有天赋的。

大多数成功人士之所以实现了他们的抱负,并非因为智力或天才,而是利用了他们内心的潜在力量,驱使他们走向顶峰。

选择一目了然:要想实现你的健康、财富和幸福的梦想,你就必须学会利用你所拥有的、任由你处置的潜在力量。……你需要《硅谷禁书》。

决定一生命运的
三种选择

你怎样才能利用在你阅读这本书的时候所出现的所有机会呢?

第一种方式是守株待兔——希望并梦想着某件事情发生,期待把你带向你所渴望的东西。大多数人都是这么干的,你可以看看他们的结果。日复一日,他们希望得到某件更好的东西,但这件东西从未出现过。就这样,他们挣扎了一辈子,斩获不大,得到的常常更少。

兴许你不是那种人,否则你不会读到这么远。那么就把这一种方式从我们的清单上勾除吧。

第二种为自己争取幸福的方式就是刻苦工作——非常刻苦。当然,刻苦工作是高尚的,也是成功和幸福的本质因素,但它并不是一切成就的全部和目的。你大概也知道,很多年复一年工作的人,都在加班加点地干活,有的人可能还有第二份工作,但他们从生活中所得到的东西，甚至还不如那些无所事事、白日做梦的人。这真悲哀，但却是真的。

你每天都能听到这样的故事或新闻：有人一辈子为一家公司干活，到了退休的前几年，所得到的只不过是"裁员"的结果；或者，有人干活太卖命，以至于让自己过早地走进了坟墓。

不，这第二种方式并不比第一种好多少。

你能获得自己所渴望的东西、实现自己既定目标的**第三种方式，就是学会如何利用自己的头脑去恰当地思考**。你可以学会如何利用那笔任由你处置的"最伟大的财富"。

当你明白了如何把自己的思想集中并把它们彰显为事实的时候，你也就认识到了你所渴望的东西离你并不远。实际上，你所要做的一切，就是伸出手，抓住它们。

学习这些课程的人都会发现，它们的价值是无法估量的。他们所发现的是：富足是宇宙的自然规律——学会利用这一规律，就是带领他们从失败走向成功所需要的一切。

目录
CONTENTS

亚马逊网荐语 1

编者的话 2

最伟大的财富 4

决定一生命运的三种选择 5

🕐 第 1 课　学会思考，才能学会创造 1

🕐 第 2 课　仅仅因为思想，一切都将不同 15

🕐 第 3 课　完美人生的伟大规律——引力法则 30

🕐 第 4 课　心智：一切行动赖以产生的中心 42

🕐 第 5 课　内在的富足引来外在财富 60

🕐 第 6 课　成功需要一种追求成功的动机 77

🕐 第 7 课　互惠使财富得到增长 89

🕐 第 8 课　你真的会思考吗？ 103

🕐 第 9 课　内在信念是健康的保证 118

- 🕐 第 10 课　健康要有平常心 131
- 🕐 第 11 课　你必须发自内心地相信自己 141
- 🕐 第 12 课　人人都是自己的心理医生 156
- 🕐 第 13 课　设想美好的精神图景 170
- 🕐 第 14 课　你所期望的，就是你将得到的 180
- 🕐 第 15 课　心灵因思考而丰富 190
- 🕐 第 16 课　以祈祷培养希望 197

从《硅谷禁书》体系中能得到什么 207

第 1 课
LESSON ONE

学会思考，才能学会创造

1 复杂都是由简单组成的。任何能想到的数字,都可以用阿拉伯数字1、2、3、4、5、6、7、8、9、0组成。任何能想到的思想,都可以用字母表中的26个字母来表达。任何能想到的事物,都可以用若干元素来构成。

2 但这并不是说我们的世界是简单的。0和1是简单的,但它们可以构建一个丰富多彩的、开放性的互联网空间。

3 当两个或两个以上的元素组合在一起的时候,一种新的物质就被创造出来了,这个被创造出来的个体所拥有的特征是那些构成它的元素所不曾拥有的。因此,一个钠原子和一个氯原子给我们带来了盐,这是一种完全不同于钠或者氯的物质。而且,也只有这种化合能给我们盐,其他任何元素的化合都不能做到。

4 在无机界中正确的东西,在有机界也同样正确。某些有意识的过程会产生某些结果,而且这种结果总是一样的。某种想法总是会紧跟着特定的结果,任何别的想法都无法服务于这个结果的产生。

5 在这里我们要插入一个很重要的概念,那就是精神化学。化学是处理物质在各种不同的影响下原子或分子之间发生内在变化的科学。精神被定义为"要么关乎心智(包括智力、感觉和意志),要么属于纯粹理性"。

6 而科学是通过精确的观察和正确的思考,并加以检验的知识。因此,精神化学就是处理物质环境在心智的作用下所发生的变化,并通过精确观察和正确思考来加以检验的科学。

7 正如应用化学中所发生的变化是物质有序化合的结果一样,精神化学中所发生的变化也遵循同样的方式。这是毋庸置疑的,因为原理的存在不依赖于它们借以发挥作用的条件,它们是独立且恒定的。光必定存在,否则就用不着眼睛;声音必定存在,否则就用不着耳朵;心智也必定存在,否则就用不着大脑。然而,个体的无穷性使力量得以彰显,正如思想的化合有无穷多种可能一样,其结果也可以在无穷多种境遇和经历当中看到。

8 因此,精神作用是个体与那些普遍适用的理念的交互作用。正如普遍适用的理念是遍布于所有空间、赋予所有生物以智能一样,这种我们可以称之为

"万能化学家"精神的作用与反作用就是因果法则。因果法则不是在个体心智而是在普遍适用的理念中获得的,与其说它是一种客观能力,倒不如说它是一个主观过程。它放之四海而皆准。

9　利用精神化学能够改变动物和人身上的有机结构。原生质细胞渴望光,这促使它放送出它的推动力。这种推动力逐渐构造了眼睛。有一种鹿,其所觅食的地方树叶都长在高枝上,由于持续不断地伸颈够向它们喜爱的食物,于是便一个细胞接一个细胞地构造出了长颈鹿的脖子。两栖爬行动物渴望在水面上自由飞翔,于是它们发展出了翅膀,便成了鸟。

10　对栖生于植物身上的寄生虫所做的实验表明,即便是最低等的生命也会利用精神化学。洛克菲勒学会了雅克·罗卜博士作过的这个实验:为了获得材料,将一些盆栽玫瑰放置在一扇关闭的窗户前。如果听任植物干枯的话,先前没有翅膀的蚜虫就会变成有翅昆虫。经过蜕变,这些虫子离开了植物,飞向窗户,并沿着玻璃向上爬。很明显,当这些小虫子发现它们曾经赖以生息繁衍的植物,再也无法提供它们食物来源时,它们自我拯救的唯一办法,就是长出临时的翅膀远走高飞。结果,它们如愿以偿了。

11 赤身裸体、凶残野蛮的原始人，蹲坐在阴森的洞穴里啃着骨头，在一个充满敌意的世界里生老病死。无知，造就了他的敌意和他的不幸。"憎恨"和"恐惧"与他形影相随，手中的棍棒是他唯一愿意信赖的。他敌视野兽、森林、湍流、海洋、乌云甚至他的同类伙伴，看到的只有敌人，看不到它们互相之间或者它们跟自己之间存在的任何联结纽带。

12 现代人天生就奢侈得多。爱，轻摇他的摇篮，萦绕他的青春。当他起身要去拼搏，手里挥舞着的，是铅笔，而不是棍棒。他依赖的，是他的大脑，如今还有他的肌肉。他深深懂得，肉体只是一个有用的仆人，既当不了主人也不能成为平辈。他的同伴和大自然的力量也都绝非他的敌人，而是能赐予他力量的朋友。

13 从敌意到爱，从恐惧到自信，从物质的争斗到精神的控制——这一系列的巨变，都得益于"理解"的缓慢呈现，得益于他对下面这个问题理解的逐步加深："宇宙法则"，究竟是值得羡慕的思想，还是恰恰相反？

14 精神图景直接作用影响脑细胞，反过来，脑细胞又作用于整个生命，这一点早已被华盛顿史密斯学会的埃尔默·盖茨教授证实。实验选择了在某几种色彩占支配地位的畜栏里圈养的一群几内亚猪。解剖结果表明，猪大脑的色彩区域比圈养在其他畜栏里的同类几内亚猪的色彩区域要大。有人对人在不同情绪下的汗水盐分进行过实验分析。一个处在愤怒状态的人所排出的汗，虽然颜色与平时无异，但尝试放一点点在狗的舌头上，狗就会发生中毒现象。

15 心智还会改变血液的运行，这一点在哈佛大学对躺在跷跷板上的学生所做的实验中得以证实：当让学生想象自己正在竞走时，跷跷板会朝脚的一头下沉，而让他做一道数学题时，平衡板就会朝头的一端下沉。这一系列的实验都充分表明，想法不仅仅能以远超过电流的高强度和高速度在脑间持续不断地闪现，而且，还构建了它借以发挥作用的身体。

16 显意识的心智活动，让我们了解到自己作为个体的存在，并借以认识我们周边的世界。而潜意识的心智活动，则是储存过往思想的仓库。

17 注意观察孩子学习弹钢琴的过程，我们可以理解显意识和潜意识的作用。老师教他如何控制自己的手指、如何击键，但练习的最初，控制手指的动作实行起来有些困难。他必须每天反复练习，全神贯注于他的手指，逐渐做出合乎规范的动作。最终，贯注的全部精神成为下意识，手指被潜意识所控制。在他练习的第一个月，很可能是第一年，他只有把自己的显意识集中在手指上才能演奏；但到了后来渐入佳境，他就能一边与人交谈，一边轻松自如地演奏了。正是因为正确动作的观念已经彻底渗透到潜意识中了，潜意识完全可以指挥它们，显意识的作用彰显已经无关大碍。

18 潜意识非主动型，只是忠实地执行显意识所暗示的东西。这样一种密切的关系，使得显意识的思考尤为重要。

19 人的血液循环、呼吸、消化、吸收全部都受潜意识控制。潜意识只从显意识那里获得刺激，因此，我们只需改变我们的显意识思考，就能在潜意识中获得相应改变。

20 我们生活的环境，如同一个深不可测的、可塑的精神物质海洋。这种精神物质永远是活跃、积极的，敏感得无以复加。它能根据精神需求而随物赋形。思想，便是这种物质赖以表达的土壤或母体。

21 宇宙一直是活跃的。必须要有精神，才能表达生命；没有精神，一切都不复存在。每一个事物的存在，都是这一基本物质的彰显证明，它创造万物，并持续不断地再创造。人的能力，就在于想要让自己成为一个创造者，而绝非被造物。

22 思考的结果，成就了万物。人能完成看似不可能的任务，正是因为在心底他不承认这件事是不可能的。人们凭借专心致志，遨游在有穷与无穷、有限与无限、有形与无形、有我与无我的空间，并为它们建立起了联系，提供了互相转化的可能。

23 伟大的音乐家创造出让全世界都为之颤抖的、神圣的狂想曲，伟大的发明家同样通过令世界震惊的创造建立了世界的联系。伟大的作家、伟大的哲学家、伟大的科学家，都获得了这样的和谐，并运用得如此宽广，感动世界。他们数百年前的创作，我们却才开始认识它们所蕴藏的真理。热爱音乐，热爱事业，热爱创造，让他们倾注全力，也促成他们稳妥地探索到了把自己的理想具体化的途径和方法。

24 因果法则，无处不在，遍及整个宇宙，不停歇地发挥着作用，拥有着至高无上的地位；此为因，彼为果，互为补充，决不能独立运转。大自然一直致力于建立一个完美的平衡。这就是所谓的宇宙法则，是永远活跃的。万物努力奋斗，就是为了求得宇宙的和谐。这一规律贯穿整个宇宙运动的始终。太阳、月亮、星星，和谐地守候着它们各自的位置，在自己的轨道上运行，在某时某地出现，天文学家正是借助这一精确的规律，才能够告诉我们：在千年那么漫长的时间里，星星会在哪个不同的位置出现。因果法则，正是科学家预测和探讨的前提和基础。这个法则，同样贯通于人的领域。当人们说到幸运、机遇、偶然和灾祸，想一想，其中任何一种情况难道不都是可能的吗？宇宙是不是一个单位？科学推论：如果是，而且，如果在其中一个部分存在规律和秩序的话，那么，它必定要扩展到其他所有的部分。

25 相像导致存在的每一层面上的相像，当人们带着暧昧的倾向相信这一点时，他们拒绝在他们所牵涉到的地方对之给予任何考量。追根溯源于以下这个事实：迄今为止，人并没有认识到如何让跟他不同的经历相关联的某些"因"动起来。

26 这种工作假说在几年前才被提出，应用在人的身上，我们不难归结出，宇宙的目标就是和谐，意味着万物之间平衡所能达到的完美状态。

27 我们有一个思想层面——是让动物做出响应的作用与反作用的所谓的动物层面，但人对此一无所知。我们还有几乎是无限的显意识的思想层面，人可以对之做出响应。在这一层面上，我们拥有了诸如无知、聪明、贫穷、富有、病弱、健康等众多足够丰富的想法。思想层面的数量是不胜枚举的，关键在于，当我们停留在某个明确的层面上思考时，我们就是立足于这个层面对思想做出响应，而反作用的效果在我们的环境中是显而易见的。

28 以一个正在财富的思想层面上思考的人为例吧。他被一种观念激发的结果就是成功，不可能有别的结果。他正在成功的层面上思考，他只接收跟成功相协调的思想，任何别的信息都无法抵达他的意识，因此，他对这些信息一无所知；事实上，他的触角伸入了宇宙精神，并与他的计划和雄心赖以实现的观念建立起了联系。

29 此刻，你不妨就地坐下，耳边放一只扩音器，听最美妙的音乐，或是一篇演讲，或是最新的市场报告。除了来自音乐的愉悦和从演讲或市场报告中所撷取到的信息之外，还显示了些什么呢？

30 它首先显示，必定存在某种充分净化了的物质把这些振动携带到世界的每个角落。这种物质必定充分净化了,足以穿透人类所知的每一种其他物质。这些振动必定穿透了各种树木、砖块或石头,穿越了江河、山脉、地上、地下,纵横天地万物,在纵横的时空里,时间和空间早已失去意义。在匹兹堡或任何其他别的地方的广播里,正在播放的一支转瞬即逝的乐曲,只要有了设备,你都能亲耳听到它,如同在同一间屋子里听到的一样清晰。这表明,这些振动的传播是向四面八方,不论你身在何处,只要有耳朵,就能听到。

31 如果真的存在这样一种纯净的物质,能够携带人的声音向四面八方发送,那么,同一种物质也将会同样能够确凿无疑地携带思想,这绝对可能!我们该如何确信呢?实验!这是检验想法、确认真理的唯一方式。你不妨按照程序,亲手一试。

32 首先,就地坐下。选择一个自己非常熟悉的题目进行思考,沉静下来,一连串的想法就会接踵而至。一个想法会暗示另一个想法。你很快会觉得不可思议:自己只是这些想法彼此彰显贯通的通道。你难以置信,自己对于这个题目的认知居然会这么多,绝对超乎想象!你不知道,自己可以为它们捡拾出这样美丽的言辞,想法的诞生根本不费吹灰之力。

你质疑：它们究竟自何而来？所有智慧、所有力量、所有理解的源泉，在哪里？你！你就是所有知识的源泉。因为每个曾经诞生过的想法不会消失，依然存在，准备并等待着某个契机，让它得以表达。正因为如此，你能够触碰到从前每位圣贤、每位艺术家、每位金融家、每位产业领袖的思想，因为思想是不会消失的。

33 如果你的实验不幸失败，那就再尝试一次吧。大多数人在做事的时候都难以一次性成功。就在我们第一次要站起来行走时，也并不成功。如果要再次尝试，不要忘记，大脑是客观心智的器官，它通过神经系统跟客观世界相联系，这一神经系统通过某种感官与客观世界联系起来。这就是视觉、听觉、触觉、味觉和嗅觉。思想这种东西，我们既看不到也听不到，不能尝也不能嗅，无法触摸。当然，我们尝试接收思想时，这五种感觉都会失去意义。因为，思想属于精神范畴，无法凭借任何物质到达我们身上。那么，我们要同时放松精神和身体，发出求助信号，并等待结果。实验能否成功完全取决于我们的接受能力。

34 在谈到这种物质的时候，东方的科学家们倾向于用"气"这个词。"我们在其中生活、运动，并表现出我们的行为举止。"它渗透万物，无处不在，是一切活动之源。科学家们喜欢使用"气"这个字，因为它意味着能够被测量，对于机械的科学家而言，无法被测量的事物都无法存在。但谁又能测量电子呢？

35 相对于原子的直径来说，电子的直径，打个比方来说，就像我们的地球直径相对于其环绕太阳运行的轨道直径一样。确切地说，经科学测定，一个电子是一个氢原子质量的一万八千分之一。由此看来，物质能够精细的程度，远远超出人脑所能计算的范围。电子等微粒构造物质的过程，是一个具体化智力能量的无意识过程。

36 众所周知，食物、水和空气这几个基本元素是维持生命所必需的。但确实还存在某种更基本的东西。我们的每一次呼吸，让空气充满了我们的肺部，还让"气场能量"填充我们的身体。即使最简单的生命呼吸，也充满了心智和灵魂所需要的每一种必需品。这种赋予灵魂的生命，比空气、食物和水更加必不可少。没有食物，一个人也可以生存40天；没有水，能生存3天；即使没有空气也能坚持几分钟。古老的东方学说认为，一旦失去人体赖以运行的"气"，是一秒钟也坚持不了的。"气"是生命的主要本质，包括所有的生命本质。呼吸的过程不仅为身体的构建提供了食物，而且也为心智和灵魂提供了养分。

因和果在思想的领域如同在肉眼所能见到的物质世界中一样，关系稳定，绝不偏移。精神是一位高明的织女，同时编织出内在性格和外部环境的衣袍。

——詹姆斯·艾伦

第 2 课
LESSON TWO

仅仅因为思想，一切都将不同

1. 有源就有流，源远才能流长。而普遍的理念一旦离开它的源头，就以物质的形式呈现，变得具体化了；它反过来又以这种物质形式作为载体回到它的源头。被电磁所激活的无机生命，是智能自下向上朝着它的普遍源头回归的第一步。普遍能量是具有智能的，物质正是在这一不由自主的过程中逐步形成的，这是大自然的智能过程，是大自然为了其特殊目的而把自己的智能个体化的结果。

2. 生命与意识的基础就潜藏在原子的后面，可以在普遍存在的"气"中找到它。"气"中的心智，跟血肉之躯中的心智一样自然。它可以被理解为一种超物质，没有物质形态，充斥于一切空间，把那些聚合了动力的、被称做"世界"的微粒携带在它无际无涯、悸动颤栗的胸膛里。它赋予终极精神原则以形体，联合力量与能量的作为源头，人类所感知的一切现象——物质的、精神的和属灵的，都源于这些力量与能量。除了能量与运动的功能，"气"还有一些与生俱来的属性，环境合适的话，能浮现出其他现象，包括生命、心智，或者可能存在于实体中的其他任何东西。

3 那些极其微小的会变成人的物质微粒——细胞,其中就不乏心智的征兆和萌芽。我们可以推论:也许心智的元素就存在于那些在细胞中找到的化学元素之中。

4 矿物质原子彼此互相吸引,形成聚合或团块。这种彼此吸引的力量被称做"化学亲合性"。正原子总是吸引负原子,它们彼此间的磁力关系导致原子的化合。一旦没有更大的正极力量使它们分离,化合就不会终止。两个或两个以上的原子化合形成分子,因此,原子被定义为"能维持其自身特性的物质的最小粒子"。一个水分子就是一个氢原子与两个氧原子的化合(H_2O)。

5 大自然在构造一棵植物的时候,与之合作的不是原子,而是胶质细胞,因为大自然构造作为实体的细胞,正如同它构造赖以形成矿物质的、作为实体的原子和分子一样。植物细胞(胶质)有力量从土壤、空气和水中汲取它生长所需要的能量。因此,它汲取矿物生命并支配它。

6 当植物物质精炼到能够接受更多普遍智力能量时,动物生命就出现了。如今,植物细胞变得如此可塑,以至于它们有了个体意识的能力,还拥有了那妙不可言的磁力。它从矿物生命和植物生命中汲取生命力,并加以支配。

7   身体是细胞的聚合,倾向于把这些细胞组织成细胞群落的精神上的磁力赋予它以生命活力,协同组成身体的细胞群,操纵身体这个有意识的实体,使之能够把自己从一个地方带到另一个地方。

8   原子与分子以及它们的能量,如今都服从于细胞的利益。每个细胞都是一个活生生的、有意识的实体,能够选择自己的食物、抵抗进攻、繁殖后代。

9   一个普通人的身体,大约有26万亿个细胞,组成大脑与脊髓的细胞大约就有20亿个。每个细胞其实都拥有其个体意识、直觉和意志,每一个联合起来的细胞群也都有其集体意识、直觉和意志,推及到每一组协同工作的细胞群也是如此,直至整个身体有一个中枢大脑,所有细胞群之间的大协作就发生于此。

10 生物起源规律证明:每种脊椎动物,跟其他动物一样,都是由一个单细胞进化而来。人这个生物体,最初也是由一个受精卵构成。母亲和父亲通过卵子和精子分别把个人特征遗传给下一代。就像身体特征的遗传一样,这种遗传渗透到了最精细的精神特征。遗传物质究竟是什么呢?这种我们随处能找到的、作为生命奇迹的物质基础的神秘物质到底是什么呢?生物学家证实,有机生命的物质基础就是遗传物质。确切地说,它是一种化合物,能独立完成各种生命过程。就其最简单的形态而言,活细胞只是一个柔软的遗传物质球,内含一个稳定的核子。一旦受精,就会进行分裂繁殖,形成一个具有多个特殊细胞的群落或群体。

11 这些细胞群不断分化,通过特定过程,发展出那些组成不同器官的生物组织。那些已经得到发展的多细胞组成的生物体,包括人以及所有高等动物,都无异于一个社会或公民群体,其内在的众多单个个体的发展方向均不同,但最初都不过是拥有共同结构的简单细胞。

12 巴特勒博士在《如何实施精神治疗》一文中指出,以细胞的形式开始,诞生了地球上的所有生命,细胞组成躯体,心智赋予它生命。在开始以及后来很长的时间里,这种赋予生命的心智被我们称做"潜意识"。但随着形态越来越复杂,并产生了感官,心智便分化出了一个附加物,形成另一部分,我们称之为"显意识"。所有生物在最初都只有一个引导者，在所有事情上它们都必须遵循这个引导者。然而，后来成为心智附加物的那种东西给生物提供了新的选择。这就形成了所谓的"自由意志"。

13 智能被赋予到每个细胞，帮助自己完成复杂的劳动，如同一个奇迹。在涉及精神化学的奇迹时，我们必须在心底牢记这个事实：细胞是人的基础。

14 众多活生生的个人组成了一个民族，众多活生生的细胞组成了我们的身体。同在一个国家，公民在田野、森林、矿山和工厂从事不同的生产；一样从事流通，有人在运输线上，有人在仓库里，也有人在商店或者是银行里；在立法院里，有人在法官席上或行政长官的职位上从事管理；有人从事保护工作，职业分别是军人、水手、医生、教师和传教士。身体构造亦然：有些细胞从事生产，譬如嘴、胃、肠、肺，给身体提供食物、水和空气；有些细胞从事供应分发和废物排除，譬如心脏、血液、淋巴、肺、肝、肾、皮肤；有些细胞从事公共管理，譬如大脑、脊髓、神经；有些细胞则忙于保护，譬如白血球、皮肤、骨头、肌肉；还有些细胞则担负着物种繁殖的功能。

15 一个国家的活力和福祉，归根结底要依赖于其公民的活力、效率与协作，身体的健康与生命力，也依赖于其无数细胞的活力、效率与协作。

16 我们已经知道，细胞为了实现特殊的功能而被聚合成系统和群组，对于身体的生命与表达，这些功能都是不可或缺的，正如器官与组织所发挥的功能。只有几个部分为着生物体的总目标，和谐共处、互相尊重、统一行动，才会有健康与效率。当因为任何原因而发生不和谐时，疾病便会接踵而至，让安逸与和谐消失得无影无踪。

17 在大脑和神经系统中，细胞根据它们需要实现的特殊功能而聚合起来共同行动。我们的视觉、味觉、嗅觉、触觉和听觉正是以这种方式发挥作用。也正是以这样的方式，我们才得以回忆过去，拥有记忆力，以及其他种种。

18 假如精神和身体的状态都很好，就在于这些不同的神经细胞群彼此之间完美配合、通力协作，情况与病态时迥异。在正常状态下，正如我们作为细胞系统一样，自我控制所有这些个体细胞和细胞群，协调合作、统一行动。

19 疾病预兆了器官的分散行动。某些系统或群组由数量巨大的微小细胞组成，一旦开始特立独行，就会变得彼此间不和谐，由此颠覆整个生物体的步调。单个器官或系统也因此放弃跟身体其他部分的同调合拍，给身体造成严重损害。疾病由此产生。

20 在任何联合中，行动的效率与和谐都取决于其中枢管理机构所具备的力量和信心；一旦维持这些的条件失败，那么，随之而来的将是冲突与混乱。

21 在《细胞智能》一文中，内尔斯·奎里清楚地表达了这样一种观点："人的智能就是他的大脑细胞所拥有的智能。如果说人是有智力的，他依靠自己的聪明才智，结合并安排物质和力量，以完成像房屋与铁路这样的建筑。那么，当细胞指挥大自然的力量实现了我们在植物和动物中所看到的那些建筑时，为什么不能说细胞也是有智力的呢？细胞并不是在任何化学或机械的外力下被迫行动的，它根据自己的意志和判断而采取行动，是一个独立的、活生生的动物。"柏格森在他的《创造进化论》一文中从物质和生命中似乎看到了一种创造性的能量。如果我们站在远处注视一幢摩天大楼逐渐升起，我们就会说，在它的背后必定有某种创造性的能量在推动这幢建筑，而且，如果我们没有近到足以看见正在干活的建筑工人的话，我们一定会认为是某种创造性的能量催生了这幢摩天大楼，除此之外不会有别的想法。

22 细胞其实就是一种动物，是高度组织化和专门化的动物。就以一种被称为"阿米巴"的单细胞动物为例，它没有组织器官可以制造淀粉，遇到紧急情况时，总是携带一种建筑材料给自己裹上一层盔甲以保命。还有一些细胞则携带一种被称做"色素胞"的组织，借助日光从泥土、空气和水里的天然物质中制造养分。从这些事实里，我们可以知道：细胞属于一种高度组织化、专门化的个体，以生命的观点来看，生命物质和力的原理都一样，一块石头从山上滚下跟一辆汽车在平坦的公路上移动也一样。一个是在地心引力下被迫运动，一个则是依靠引导它的智能在运动。生命（像植物和动物）的建筑，建造的物质取自泥土、空气和水，正如人类所建造的建筑（像铁路和摩天大楼）一样，这个事实让我们清楚地看到，细胞也是一种有智力的生命。

23 如果说细胞也像人一样经历过社会组织与进化的过程，那么，它其实就是像人一样有智力的生命。你是否想过：当身体表面有损伤或被擦伤时会发生什么呢？白细胞或者所谓的白血球就会成千上万地牺牲自己，以保住身体，这是必需的。它们在身体中完全自由地生活。不跟随血液随波逐流（除非是在忙乱中被带到某个地方），而是作为独立生命到处走动，留心仔细不出错。一旦发生擦伤或割破身体表皮的事情，它们立刻就会得到信息，前赴后继赶赴现场，指挥修复工作，如有必要，它们还会改变自己的职业，以承担不同的工作，为把组织凝固在一起而制造结缔组织。几乎在每一个裂口上（无论是擦破的还是被割开的），都有不计其数的白血球在修复和愈合伤口的工作中英勇献身。一本生理学的教科书曾简明扼要地提及这种情形："当表皮受伤时，白细胞会在表皮上形成新的组织，同时，上皮细胞则从伤口边缘开始蔓延，停止生长，直到完成愈合。"

24 原来，身体中并不存在什么特殊中心进行智力活动。每个细胞几乎都相当于一个智力中心，不论它在什么地方，也不论我们在哪里找到它，它都清楚自己的职责。在细胞这个国度里的每个公民，都是一个独立的智力存在，全体细胞公民为了全民福祉共同工作。个体可以为大家的普遍福祉而牺牲性命，这样的结果，我们在其他任何地方都无法找到，也不可能以任何其他方式来获得，更不可能以代价更小的个人牺牲来获得，它对于社会生存是必不可少的。个体可以为了共同利益而作出牺牲，这样的原则被普遍认定，无可撼动，是属于大家的共同责任，赋予给每一个个体，在这种默认下，它们置自己的个人安危于一旁，尽心履行属于自己的工作职责。

爱迪生先生说：

  我相信，我们的身体是由无数个生命单位组成的。我们的身体，本身并不是生命体或某个生命单位。我们用轮船"毛里塔尼亚"号做个例子吧。

  毛里塔尼亚号本身并不是个有生命的东西，船上的人才是活的。比方说，如果它在岸边沉没了，人都逃走了，当人们离开这艘船的时候，只不过意味着"生命单位"离开了船。同样，一个人并不因为他的身体被埋葬了就死掉了，而只是生命的本原，换句话说，就是"生命单位"，离开了他的身体。

  属于生命的每一样东西依然活着，不可能被消灭。属于生命的每一样东西依然服从于动物生命的规律。我们有无数的细胞，正是这些细胞中的栖息者，那些其自身已经超出了显微镜所能看见的范围的栖息者，赋予了我们的身体以生命。

  换一种方式说吧，我相信，我所说的这些生命单位，为了造出一个人，而把它们自己数百万数百万地组合在一起。我们太过轻率地得出这样的假设：我们每一个人本身都是一个单位。因为这一点（我深信这是错的），所以我们假定：这个单位就是人（这是我们能看到的），并忽视了真正的生命单位的存在。而真正的生命单位是我们看不见的，哪怕通过高倍显微镜。

今天，没有人能为"生命"的开始和结束设定界线。即使在晶体的构造中，我们也能看到明确有序的工作流程。某些分解总会形成一种特殊的没有变异的结晶。在矿物与植物中发挥作用的这些生命实体，并非不可能在我们所谓的"动物"世界里一样发挥作用。

25 由此，我们应该已经对化学家们的实验室，以及他们的交流体系多少有几分认识了。

26 那么，他们的产品究竟如何呢？这是一个很现实的时代，甚至可以说是一个商业主义时代。一旦化学家们生产出的产品不具备任何价值，无法产生经济效益，对于我们来说，根本就不值一提。值得庆幸的是，在这个例子中化学家们所生产出的商品是人类迄今为止所有的商品中经济价值最高的。

27 这是一种全世界都梦寐以求的东西，在任何地方和任何时间都能实现；绝非一笔呆滞资产，恰恰相反,它的价值举世认可。

28 它就是思想。统辖整个世界,统辖每个政府、每家银行、每项产业、每个人以及每样东西。一切都因为思想而变得大为不同。人,因为思考问题而走到现在;人与人之间、民族与民族之间,之所以不同,说到底,也是因为他们思考问题的方式不同,如此而已。

29 那么,思想到底是什么呢?它是每个思想个体所拥有的化学实验室的产品,是盛开的繁花,是复合的智能,是之前所有思考过程的结果,是饱满的硕果,包含着个体奉献的所有果实中最好的结晶。

30 没有任何一种物质,也不会有人愿意为了世界上最名贵的黄金而放弃自己的思想。因为思想的价值无可企及。它不是物质的,属于精神范畴。

31 这就说明了思想具有令人叹为观止的价值的真正原因。思想是精神活动,也是精神所拥有的唯一活动。精神,是宇宙的创造性法则,因为,部分与整体的差别只在程度上,种类与品质上是一样的,所以,思想必定也是创造性的。

32 如同其他自然现象一样，振动是思想赖以保存的普遍原理。每一个想法导致振动，以这种形式一个接一个地扩张并减弱，好比一颗石头扔进水池所激起的波浪一般。来自其他想法的振动波有时会阻遏它，或者在逐渐虚弱中消失。

33 神经系统就是人体中思想的联络器官。脑脊髓神经系统是显意识心智的电话系统，是从大脑到每个身体部位（尤其是终端）的非常完善的线路系统，好比一个情报局。

34 交感神经系统则是潜意识心智的系统。其功能是：充当摆轮的角色，维持身体的平衡，防止脑脊髓神经系统过头或不足的行为。它直接受情绪的影响，恐惧、愤怒、嫉妒或憎恨，诸如此类的情绪很容易让身体的自动调节功能运转失调，从而颠覆一些身体功能，比如：消化、血液循环、一般营养供给等等。

35 以上所提及的恐惧、愤怒、憎恨等负面情绪会引起"神经质"以及身体不适、健康状况不佳等令人不快的体验。

36 因此，要充分发挥交感神经系统的功能，以此来维护身体正常、健康的运转状态,补偿由于自然耗损(包括情绪和身体)所带来的损耗。所以,我们的情绪状态如何至关重要:正面情绪富有建设性,而负面情绪则带有破坏性。那么,你还愿意为了一些小事而耿耿于怀、斤斤计较吗?那对我们的身体、我们的生活、我们的工作不但于事无补,还会带来负面效果。

第 3 课
LESSON THREE

完美人生的伟大规律——引力法则

1 宇宙广袤无垠，所包含的物质千般万种。其中有一种力量能够扫荡无穷时空、穿越来世今生，这股神奇的力量就是精神化学。它是由我们看不到却能感觉得到的意识、精神等汇成的不息川流；它拥抱过去，并把过去和无限扩展的未来联系起来；它是一种相关的作用、原因和结果携手并进的运动。在这里，规律与规律相榫接，所有的规律都是服侍于这一伟大创造的永远顺从的婢女。

2 这种力量是永恒的，没有始点，也没有终点，向前追溯，它的历史超过了最远的行星；往后展望，再经历几个世纪它也依旧存在。它见证着万事万物的产生、发展与灭亡，并把它的记忆告诉我们。它使繁花结出果实，它赋予蜂蜜以香甜，它度量天体的无穷；它潜藏在火花中、钻石中，潜藏在紫晶中、葡萄中；它无踪可寻，却又无处不在，它的足迹遍布每一个角落。

3 它是完美的公正、完美的联合、完美的和谐以及完美的真理的源头；而它坚持不懈的努力则带来完美的平衡、完美的成长及完美的理解。完美的公正，因为它给予付出以平等的回报。完美的联合，因为它的目标始终如一。完美的和谐，因为它让所有的规律和睦相处。完美的真理，因为它是天地万物的真理之母。完美的平衡，因为它度量准确。完美的成长，因为它就是一种自然成长。完美的理解，因为它解答了生活中的所有难题。

4　世界是运动的，这是永恒的规律，运动的真谛也潜藏在这一规律之中。因为只有通过运动，以及不断的变化，这一规律才能得以实现；只有当它不运动的时候，它才不再是规律。但是，运动是绝对的，静止是相对的，没有绝对的静止，所以这一规律也不可能停止。

5　无论在黑暗的寂静中和光明的喧嚣中，还是在作用的动乱中与反作用的痛苦中，这一规律的唯一目标是不可改变的。它一往无前，永不停止，去实现它的伟大目标——完美的和谐。

6　当把目光投向那些在溪谷中奋发向上，竭尽全力挣脱黑暗伸向光明的植物的时候，我们看到了、感受到了它的强烈渴望。尽管沐浴着同样的雨水，呼吸着同样的空气，然而所有的物种都在维护它们自己的特性：玫瑰永远是玫瑰，永远不同于紫罗兰，而紫罗兰也永远不会变成玫瑰；把橡子埋进土地，春暖花开时会有橡树的幼苗破土而出,而决不会是柳树或任何别的树,这是它们的特性使然。所有植物都扎根于同样的土壤,却有的纤弱,有的强壮;所有花蕾绽放在同样的阳光下,它们结出的果实却有的苦,有的甜;有些植物张牙舞爪令人厌恶,另一些植物却芳香扑鼻、美丽动人。由此可见,所有植物都是通过它们自己的根,从同样的土壤中,汲取那些让它们保持自己独特性的元素。植物中的这一伟大的生命法则,这种历久弥坚的强烈愿望,这种使它们不惜一切去彰显、去成长、去实现自己特性的隐秘力量,就是隐藏在至高权威中的"引力法则",它没有发布任何指令,却无形中让每一个个体忠实于自己的特殊天性。或许有的个体试图改变这一法则,然而这些愿望的本性,并没有阻止这一法则发挥作用的力量,因为它的功能就是给成熟的果实带来苦,带来甜。

7 在矿物世界里,它就是岩石、沙粒和黏土中的内聚力。它是花岗岩中的力,是大理石中的美,是蓝宝石中的火花,是红宝石中的鲜血。当它在我们身边的事物中发挥作用时,我们很容易发现它;当它在我们的心智中发挥作用时,它那看不见的力量却更强大。

8 "引力法则"既非善，亦非恶，它超越道德的范畴，无法用道德的标准去衡量。它是一个中立的法则，它的结果总是与个体的愿望密切相关。引力法则的中立及其作用，我们可以在植物嫁接中找到例证。把苹果树胚芽嫁接到桑橙树上，等到结出果实的时候我们就会发现，同一棵树上一起生长着能吃的和不能吃的果实（译注：桑橙是一种不可食用的水果）；换句话说，健康的和不健康的果实都被同样的树液所滋养并使之成熟。

9 倘若把这个例证应用于我们自己身上，我们会发现，苹果与桑橙代表我们不同的愿望，而树液代表这一"成长法则"。正如树液使不同种类的果实成熟一样，这一法则也使我们的不同愿望得以实现。不管它们健康也好，不健康也罢，对这一法则来说都无区别，因为它在生命中的位置，就是遵循我们所拥有的愿望，以及这些愿望的特性、作用和目的，让我们的心智实现一个显意识的结果。我们每个人都选择适合于自己的成长线，有多少个体，就有多少成长线；而且，尽管没有两条完全相同的成长线，但我们当中的许多人却是沿着相似的轨迹运动。这些成长线由过去的、现在的和未来的愿望连接而成，并在不断形成的"现在"中彰显。它指明了我们生命的路线，我们将沿着它前进。

10 当这一法则作用于我们自身，我们则看到了它更为复杂、更为宏观的一面，简单心智对此完全无法理解。它在一个更大的领域中唤醒我们全新的力量，换句话说，就是更多的诚实、更强的理解力，以及更深刻的洞察力。

11 一个更真实的真理正向我们逼近，因此我们要懂得：真实就潜藏在行动之中，而不是行动之外。要生存，就要意识到这些规则在我们身上所发挥的作用。正如植物的真实，就是植物中隐藏的强烈渴望，而不是我们所看到的外部形态。

12 我们自身的知识，我们通过自己的活动加以灵活运用；外来的知识，我们一样可以通过他人的行动来获取；二者一起使我们的智力得以发展。慢慢地，我们就成为一个被赋予个性的单位，形成了独一无二的自我。

13 当我们摆脱蒙昧，获得促使我们生长发育的智性力量，进入不断变迁的自觉意识中时，我们就开始学着去探寻事物的来龙去脉。在探索过程中，我们认为自己是有独创见解的，而事实上，此时的我们只是过去历代部落生活和国家生活所积聚起来的信仰、观念和事实的学生。

14 我们经常被一种恐惧而无常的状态包围着,而战胜它的唯一武器是贯穿所有规律的不变一致性,这是我们必须认识的事实核心。在我们成为自己的主人(或环境的主人)之前,我们必须利用这一事实。成长法则是集体成熟的结果,因为它的一项最主要的功能就是"作用于那些我们让它对之发挥作用的东西"。

15 正如因果相循,先有"因"后有"果"一样,思想也先于行动,并预先决定了行动。每个人都必须有意识地、自觉地利用这一法则,我们不能不利用它,只能选择如何利用它。

16 在我们从原始人进化成为有意识的人的过程中,从表面上看经历了三个阶段。首先,我们的成长,经历了野蛮的或无意识的状态;其次,我们的成长,经历了意识发育的智性状态;最后,我们的成长,进入了认知意识的有意识状态。

17 众所周知,植物球茎在长出新芽之前必须先长出根,而它在阳光下绽放花苞之前必须先长出新芽。这一规律在我们人类的身上也同样起作用,在我们能够从原始状态(或类似球茎的动物状态)向意识发育的智性状态进化之前,我们也必须先长出根

（我们的根就是我们的思想）；同样在我们能够从意识发育的纯智性状态进化到认知意识的有意识状态之前，我们必须长出根（此时我们的根就是包含理性因素的思维）。如果违背这一规则，我们将永远只是规律的创造物，而不是规律的主人。

18 像植物必须繁花盛开一样，我们也必须个性化。换言之，我们必须释放出一个完整生命所具有的、不断向四周辐射的美，必须坚持向自己、向他人表明：我们是一个力量单位，是独立的个体，是那些支配并控制我们成长的规律的主人。每个人体内都蕴藏着这种规律作用的力量，这一力量通过我们自己而付诸行动。正是通过这种方式，我们开始掌握规律，并通过我们对其作用的有意认知而产生结果。

19 生命严格服从于规律，我们是自己生命的有意识或无意识的化学家。当我们感受到生命真谛的时候，我们就会发现，它是由一系列化学作用所组成的。当我们吸入氧气的时候，化学作用就发生在我们的血液里；当我们摄入食物和水的时候，化学作用就发生在我们的消化器官内；当我们思考的时候，化学作用既发生在我们的心智中，也发生在我们的身体内；即使被宣布"死亡"的变化中，化学作用也同样发生，并开始分解人的肌体。所以，我们发现，生老病死、运动、思考都是化学作用。生命是符合规律的，我们的一切活动都必须遵循规律。

20 生命是一个井然有序的进步过程，受到"引力法则"的控制。我们的成长同样也要经历三个表面上看起来不同的阶段。在第一阶段，我们是规律的创造物；在第二阶段，我们是无意识的规律的利用者；在第三阶段，我们是显意识的意识力量的利用者。如果我们坚持仅仅利用第一阶段的规律，那我们就会成为这些规律的奴隶；如果我们只满足于第二阶段的规律和成长，我们就决不会意识到更大的进步。在第三阶段，我们唤醒了自己对第一和第二阶段的规律的意识能力，完全意识到了第三阶段的规律。

21 当我们抱有负面思想的时候，便引发了破坏性的有害化学反应，使我们的感受力变得迟钝，使我们的神经作用减弱，导致心智和身体都变得消极，容易受很多疾病的侵袭。另一方面，如果我们抱有正面的思想，便引发了建设性的、健康的化学反应，促使心智和身体变得可以抵御不和谐思想所带来的很多疾病的侵袭。如果我们思考痛苦，我们就会得到痛苦；如果我们思考成功，我们就会得到成功。当我们抱有破坏性思想的时候，我们就引发了阻止消化的化学作用，它反过来又刺激身体的其他器官，并作用于心智，导致疾病和不适。当我们烦恼的时候，我们就搅动了痛苦的化学作用的污水池，给心智和身体带来可怕的破坏。反之，如果我们抱有建设性的思想，就会给我们带来健康。

22 这些分析足以向我们证明：生命，主要是化学作用，而心智，则是思想的化学实验室，我们都是精神实验室里的化学家，那里的一切都是为我们而准备的，其产生的结果将取决于我们所使用的物质。换句话说，我们所抱有的思想的性质决定了我们所遭遇的境遇。我们在生命中播种什么，我们就会从生命中收获什么，既不会多，也不会少。

23 当我们真正理解生命力的时候，就会发现，生命力不是机遇问题，不是信念问题，不是国籍问题，不是社会地位问题，不是财富问题，不是权力问题，在个体成长的过程中，所有这些问题都将占有一席之地，但不起决定作用。我们最后必定会认识到：作为服从自然规律的结果，我们得到的只有"和谐"。

24 规律的这种严格的精确性和稳定性，是我们最大的资产，当我们意识到这一有效力量，并明智地加以利用的时候，就是我们发现能让我们获得自由的真理的时候。

25 近年来，在科学上取得了如此巨大的发现，展现了如此浩瀚的资源，揭示了如此巨大的可能性以及如此不为人知的力量，致使科学家们越来越不敢断言某些已经确立的理论颠扑不破，永远正确，也不敢声称某些理论荒诞不经、绝无可能。一种新的文明正在诞生。陈规陋习、僵化教条、冷酷残暴已经成为过去；取而代之的是开阔的视野、坚定的信念、服务的意识。人类正逐步从传统的镣铐中挣脱出来，军国主义与唯心主义的渣滓渐次涤净，思想获得了解放，真理以它的全貌展现在惊讶不已的人们面前。

26 尽管在人类历史上已经创造了无数奇迹，对于心智法则（它意味着精神的法则）所带来的惊喜，我们还仅仅是惊鸿一瞥。这种新发现的力量对我们来说至关重要，我们刚刚在一个微不足道的程度上开始认识到它的存在。它能给遵从它的人带来成功，这一点开始被数以千计的人所理解，所践行。更多的奇迹正在诞生。

27 现在,整个世界正处于觉醒的前夜,将迎来焕然一新的力量和意识,这是一种来自于我们内心的全新力量,是对我们内心的全新认识。上个世纪见证了人类历史上最辉煌的物质进步,而这个世纪,将给人类的精神和心灵带来更为伟大的进步。

> 思想比所有的言辞更深刻,
> 感受比所有的思想更深刻,
> 一个人决不可能把自己
> 尚未学会的东西教给别人。
>
> ——哈奈尔

第4课
LESSON FOUR

心智:一切行动赖以产生的中心

1. 历史、环境、和谐、机遇、成功以及任何别的东西都是被行动创造出来的；而无论是有意识的行为还是无意识的行动，都是由思想产生的；而思想又不是凭空产生的，思想是心智的产物。因此有一点就变得很明显了，这就是：心智是一切行动赖以产生的创造性中心。

2. 我们当前的世界是一个商业世界，这个商业世界刚被构建出来就受到了许多内在规律的控制，这些规律不可能被与它旗鼓相当的任何力量所中止或废除。但有一点是不证自明的：高层面上的规律可以压倒低层面上的规律。就如同树的生命力导致树液上升，地心引力规律并不能将它下降，而是被它所战胜。

3. 博物学家耗费了大量时间用来观察可视现象，在他的大脑中负责观察的那一部分不断积累着相关知识。结果，在认识自己所看见的事物上，他就变得比未观察过这一现象的朋友内行得多、熟练得多。他只要随便扫上一眼，就能掌握大量的细节。他有意识地在观察方面扩大自己的脑力，通过训练他的大脑才达到了这样的程度。由此，我们得出了这样的结论：一个人从观察中所学到的知识远远多于未进行观察的同伴。反过来，一个人如果不行动、不工作，就会使他原本精细的思维变得越来越迟钝、越来越僵化，直到他的整个生命变得贫瘠而荒芜。

4　我们的愿望是思想的种子，在合适的条件下能够发芽生长、开花结果。我们每天都在播撒这样的种子，收获的又是什么呢？每一个今天，都是过去思考的结果，将来又会是现在思考的结果。我们通过自己创立或抱持的思想，创造着我们自己的品格、个性和环境。"引力法则"也同样存在于精神世界，跟原子引力并无二致。我们的思想也在找寻它自己的同伴，吸引着与自己相协调的精神流。每一种思想都可以变得很具体，精神流像电流、磁流和热流一样真实。

5　心智的巨大潜力，是通过持续不断的练习开发出来的。其活动的每一种形式，都通过实践而变得更完美。为发展心智而进行的练习，显示出各种各样的动机。它们包括理解力的发展、情操的培养、想象力的活跃、直觉力的舒展（对于直觉力，无需进行激励或禁止，只需让它自由发挥）。

6　此外，心智的力量，还需要通过道德品质的培养来发展。塞涅卡说："最伟大的人，是以坚定的决心作出正确选择的人。"那么，伟大的心智力量，取决于它的道德践行，因此需要让每一次有意识的精神努力都能达到相应的道德目标。一种发展了的道德意识，都能够增强行动的力量及其连续性。因此，均衡发展的品格，需要以良好的身体健康、精神健康和道德健康为基础，这些因素联合起来形成了强大的力量并最终通向成功。

7 我们发现，大自然不断在万物之中寻求和谐，不断试图在每一种冲突、每一种创伤、每一种困境之间创造出和谐的环境。思想的和谐是大自然开始创造物质条件的和谐环境必不可少的条件。

8 如果我们理解了心智是伟大的创造性力量，那么一切就皆有可能。恰恰由于愿望是一种如此强大的创造性能量，因此我们要在生活和命运中培养、控制、引导我们的愿望，使它为我所用。拥有强大精神力量的人们，支配着他们身边的那些人；他们的影响力，不论远近都能感觉到，甚至能够支配那些与他们相距遥远的人。那些支配他人的强者，都是拥有伟大心智这种超强力量的人。他们让别人"想要"与他们保持一致，从而确保了他们的领导地位，也保证了他们的愿望得以实现。就这样，强者的愿望可以对其他人的心智发挥强有力的影响，引导这些人按照强者所制定的路线行动。

9 如果不发掘自身的内在力量，任何人都是软弱无力的。只有充分发挥自身的智力和道德征服力的人，才会表现出过人的权威。这一真理正是当今这个极度匮乏的世界所渴望的。每个人的身上都有一种与生俱来的神圣潜力，每个人都拥有智力，也拥有道德，只不过有的明显可察，有的正在沉睡。

10 我们每天都要经历一次日出、一次日落，尽管我们知道这只是运动的表象。虽然我们感觉自己脚下的地球是静止不动的，但我们清楚地知道它在飞速地旋转。因而我们说，世上不存在静止，静止存在于我们的心智。我们总把钟说成是"发声体"，然而我们都知道，所有的钟之所以能发声是因为空气中产生了振动。当这些振动达到了每秒20次的频率时，就产生了我们通过听觉能感知到的声音，直到频率为每秒20000次的振动，我们都能听得到。当频率超过这个数字的时候，一切复归于寂静。由此我们得出这样的推断：发出声音的并不是钟，声音就在我们的心智里。

11 我们感到阳光刺目，看到太阳"发光"，然而我们知道，它只是放射出能量，这种能量可以在宇宙中产生频率为每秒 390 万亿次的振动，引起人们所说的"光波"。当振动的频率减少到每秒 390 万亿次以下的时候，它让我们感觉不到光了，我们只能感受到热。于是我们知道，我们所说的光，只不过是一种运动方式，唯一存在的"光"，是这些波在我们的心智中所引发的感觉。当振动的频率改变的时候，光的颜色就产生了变化，颜色的每一次改变，都是由于振动的频率或速度的改变所引起的。所以，尽管我们说玫瑰是红色的，草是绿色的，天空是蓝色的，但我们知道，这些颜色仅仅存在于我们的心智里，是光波的振动导致了我们视觉的变化。于是我们知道，阳光是没有颜色的，颜色只不过存在于我们的心智。对我们来说，表象仅仅存在于我们的意识中，甚至连时间和空间都不存在了，时间只是连续的参照物，只是作为现在的思考参照，并不存在过去和未来。

12 现代科学已经教会我们懂得：光与声音只是强度不同的运动，这引发了对人的内在力量的发现，在作出这些揭示之前，人们从未设想过这样的力量。"心智是一种普遍存在的物质，是万物的基础。"许多人如今都在努力对这一令人惊奇的事实给出明确的言说，然而这一至关重要的事实，此前从未渗透到人们的普遍意识中。

13 每个原子无论是分是合,都不可避免被某个地方所接受。它不可毁灭,它只为使用而存在,并且只存在于它该存在的地方。归根结底,有一个法则支配并控制着所有的存在。支配我们生活的规律如果运用得当,能够为我们带来利益。这些规律不可改变,我们也无法摆脱它们,这些伟大的永恒力量,在寂静中发挥着作用。我们虽然无法消除规律,但是却可以使它们为我所用。让自己与规律和谐相处,度过和平而幸福的一生,是我们力所能及的事。

14 困境、冲突、障碍都向我们证明:成长是通过以旧换新、以次换好来实现的,要么是拒绝给予我们不再需要的,要么是拒绝接受我们所需要的。我们只能接受我们所给予的东西,我们也只能给予我们所接受的东西;它之所以属于我们,是为了表达我们成长的速度与和谐的程度。这是一种有条件的、互惠的行为,因为我们每个人都是一个完整的思想实体,这种完整,使得我们只有在自己给予的时候才有可能接受。如果我们死守自己所拥有的,我们就不能获得自己所缺乏的。

15 因为"引力法则"的作用就是只带给我们有利的东西，因此只要我们明确地知道自己想要什么、需要什么，我们就能够有意识地控制我们的环境，能够从我们的每一次经历中汲取我们进一步成长所需要的东西。我们所能达到的和谐与幸福的程度就取决于我们所拥有的获得成长所需的东西的能力。

16 当我们达到更高的层面、获得更宽广的视野的时候，我们获取并利用成长所需要的东西的能力也随之增长。我们越了解自己需要什么样的能力，我们辨别它、吸引它、吸收它的可能性就越大。除了我们成长所需要的，我们不需要别的东西。我们创造的所有条件和作出的所有努力都是为了我们的利益服务的。困难与障碍源源不断而来，我们可以从这些困难与障碍中汲取智慧，收集我们进一步成长不可或缺的东西。种瓜得瓜，种豆得豆，所予所取，不失毫厘。我们获得的力量的大小，取决于我们战胜困难时付出努力的多少。

17 生命成长中永恒不变的需求，要求我们尽最大的努力，去获取那些能够为我所用的东西。通过领悟自然法则并有意识地与之合作，我们才能获取最大程度的幸福。像其他规律一样，这一规律也对所有人一视同仁，而且处于持续不断的运转中，分毫不差

地把行为的结果带给你。换言之,"人种的是什么,收的也是什么。"(《新约·加拉太书》第6章第7节)

18 心智的力量,常常受到一些麻痹的束缚,这些束缚来自人类原始质朴的思想,长期以来被人们所认可并对人们发挥着作用。恐惧、烦恼、无力和自卑的感想,每天都在侵袭着我们。这些因素就是我们得到的东西如此之少,生命如此贫瘠的根源。当然,心智创造负面境遇就像创造有利境遇一样轻而易举,当我们有意或无意地设想匮乏、局限与冲突时,我们就是在创造这些负面境遇;这正是许多人在无意之中所做的事情。但每个人都有无穷的潜力,只需释放欣赏触觉和健康的野心,使之扩展为真正的伟大,我们就可以挣脱束缚,摆脱负面因素的困扰。

19 因为女人拥有更为细腻的敏感性,使得她们更容易接受来自他人心智的思想振动,因此女人多半比男人更易受到负面因素的支配,因为负面的、压抑的思想洪流对女人的杀伤力更为强大。

20 但这种局限不是不可战胜的。有数不清的女性歌唱家、慈善家、作家和演员,都突破了这种局限,证明了她们有能力实现文学的、戏剧的、艺术的、社会学的最高成就。当弗洛伦斯·南丁格尔在克里米亚半岛付出前所未有的同情心的时候，她就战胜了这种局限性；当红十字会领袖克拉拉·巴顿在联邦军队中从事类似的工作时，她也战胜了这种局限性；当詹妮·林德在音乐艺术中为实现自己充满热情的渴望辛勤付出，最终达到那个时代最高的艺术成就并同时赢得巨额的经济回报，从而显示出非凡能力的时候，她也战胜了这种局限性。

21 思想的影响与潜力，受到了前所未有的追捧和重视，人们开始对其进行独具慧眼的研究。男人和女人都开始独立思考，他们对自己身上存在的可能性已经有了一些认识。他们迫切要求，如果生命中还有什么秘密的话，就应该把它们揭示出来。

22 如今，新的世纪已经破晓，站在熹微的晨光中，人们看到了某种巨大的庄严的东西，这就是生命无穷的潜力之源。站在这样的光明中，人们发现自己能够从生命无穷的能量中汲取新的力量（他自己也是这一无穷能量的一部分）。这种力量使人确信，人所能达到的成就是不可估量的，人向前行进的边界线是无法限定的。

23 有的人，似乎是轻而易举地攫取了财富、权力，毫不费力地实现了自己的雄心壮志，功成名就；有的人虽然也成功了，但却付出百倍的艰辛，成功来之不易；还有的人，他们所有的雄心、梦想和抱负，全部付之东流，一败涂地。何以会这样呢？其原因显然不在于人的体魄，否则，那些伟人一定是体格最健壮的人了。因此，差异必定是精神上的，即人的心智。创造力全在于人的内心，人的心智构成了人与人之间的唯一差异。在人生旅途中，正是心智使我们超越环境、战胜困难。

24 如果我们深刻理解了思想的创造力，就可以体会到它惊人的功效。如果没有适当的勤奋和专注，思想是不会独自产生这样的效果的。读者会发现，无形中有各种规律一直在控制着我们的道德世界和精神世界，如同物质世界中的万物都是严格依照明确的规律运转一样，毫厘不爽。要获得理想的结果，就必须了解并遵循这些规律。恪守规律，就会得到准确的结果。

25 思想由规律控制。思想的规律，就像数学规律、电学规律、地心引力规律一样明确。我们之所以没有显示坚强的信念，乃是因为我们对规律缺乏理解。如果我们理解了幸福、健康、成功、繁荣以及其他每一种境遇或环境都是有意识或无意识的思想的结果，那么，我们就会认识到，掌握统治思想的规律是多么重要。

26 科学家告诉我们，我们生活在物质的世界中。其中大多数物质本身是无形的，但却时时处处对我们产生影响，作用于我们的思想和言辞，围绕在我们的身边，充斥于我们的内心。我们根据自己的所思所想主动地、有意识地利用它们，我们所想的和所说的便是在客观上显示的结果。

27 那些有意识地去实现思想力量的人往往能够享受最好的生活，将那些高等级的实物变成了他们日常生活切实有形的组成部分。这是因为他们发现了一个更高力量的世界，并持续保持这种力量不断地运转。利用这种力量使那些看上去似乎不可战胜的障碍被战胜，困难被克服，困境被改变，命运被征服，甚至连敌人也被改变成了朋友。这种力量是无穷无尽的、不受限制的，因此可以不断向前推进，从一个胜利走向另一个胜利。

28 供应是取之不尽的，需求顺应我们所希望的路线。这就是需求与供应的精神法则。

29 我们的境遇与环境多半是由我们无意识的思想创造

的，因此它们常常不尽如人意。要改善我们的境遇，补救的措施首先必须改进我们自己，有意识地改变我们的精神状态，努力使自己更加适合生存的环境，我们的想法和愿望会最先显示出改进。关于这一点，没什么可奇怪的，也不是超自然的，它只不过是"存在的规律"而已。

30 不懂心智规律就如同不懂得化学品的特性和关系而操作化学品一样，就像孩子玩火一样危险。这一点放之四海而皆准，因为心智是产生我们生活中所有境遇的主要根源。扎根于心智中的思想，肯定会结出其相应的果实。最伟大的谋士也不能"从荆棘上摘葡萄，从蒺藜里摘无花果"。

31 亚瑟·布里斯班说："思想及其成果包括了我们所有的成就。"精神与思想，可以比做音乐家的天才与他的乐器中发出的声音。乐器之于音乐家，就像人的大脑之于激发思想的精神。不管多么伟大的音乐家，其天分都要依靠乐器来表达，乐器通过振动在空气中产生声波，声波把音乐带进大脑的神经，美妙动听的音乐才能被人所感知和认同。

32 如果给帕德雷夫斯基一架五音不全的钢琴，他演奏出的音乐也只能是嘈杂与混乱。或者给最伟大的小提琴家帕格尼尼一把走调的小提琴，哪怕他再有天赋，你听到的也只能是刺耳的、令人厌恶的声音。音乐的精神必须用正确的乐器来表达。同样，思想的精神，必须用清醒理智的头脑来表达。

33 精神与思想是等同的，正如音乐家的天才与他的音乐被人演奏时的声音也是等同的。在音乐中，声音表现并解释着音乐家的精神。这种解释及其精确性取决于乐队、小提琴或钢琴。当乐器变音走调的时候，你所听到的就不是音乐家的天才，而是曲解。同样，一颗高度发达的头脑，哪怕再聪明，如果处于混乱状态的话（比如，一个像尼采那样的有着巨大的天才和崩溃的心智的人的疯言疯语）要远比心智相对比较无力、比较简单的人更令人痛苦、更叫人厌恶。

34 由于我们始终生活在物质的世界里，我们的心智也不习惯处理抽象的问题。虽然精神是宇宙中唯一真实的东西，而我们把大部分思想和精力都投放到那些没有生命的物体上了，以至于许多人根本就没有想到精神便浑浑噩噩地在这个世界上走了一遭。大多数人仅仅只能表达真正精神生活的最轻微、最微弱的反映，到目前为止很少有和谐。只有不断完善的人类大脑，普遍适应的理念才会清晰地表达出来。然后，这颗地球就会真正变得和谐，由得到清晰表达的精神所控制。

35 想想尼亚加拉瀑布吧，不停运转的大型机械、被点亮的城市、灯火通明的大街、急速行驶的汽车，表面上看似乎全都可以同尼亚加拉瀑布所蕴藏的力量联系起来，然而，事实上这些都要归功于人的思想所表达的精神。正是精神，利用了尼亚加拉瀑布做动力；正是精神，把瀑布的力量传输到了遥远的城市。认真想想精神的特性和神秘力量吧。没有比思想更振奋人心、更令人痴迷、更叫人困惑的了。

36 但是精神却是看不到摸不着的，精神既没有形状也没有重量，既没有大小也没有颜色，既没有声音也没有气味。你问一个人"精神是什么"，他必定会回答：精神什么也不是，因为它不占有空间，也不占有时间。然而我们感觉得到，精神是存在的，正是精神赋予我们生命活力，在我们跌倒时伸出手将我们扶起，在成功时鼓舞我们，在失败与不幸时安慰我们，如果没有这种精神，生命里就根本什么都没有，就跟地里的一块石头并无不同，跟裁缝放在店门口的人体模型没有任何区别。

37 不管承认与否，精神无处不在，精神就是一切。视神经抓住了一幅画，把它送到大脑里，精神便看见了这幅画。世界只有被我们用精神的眼睛看到的时候才存在。精神正是通过越来越高度发达的大脑所进行的思考来发挥作用，并以此来表达自己。是精神逐步把人从原先野蛮未开化的境遇带到了如今比较文明的状态。同样是精神，通过比我们现在所能想象的更为高级的大脑在未来发挥作用，从而在这个星球上建立了真正的和谐。

38 不妨把精神与你所看到的物质世界，跟伟大画家头脑中的天才与他所创作的作品作一下比较。米开朗琪罗所创作的每尊雕塑、每幅绘画，都已经存在于他的精神中。但精神并不满足于这样的存在。它必须把自己形象化，它必须把自己展现在人们的面前。恰恰如同所有的母爱都存在于女人的精神里，但只有当母亲怀抱着自己的孩子，实实在在地看着这个有血有肉的、她所深爱、所创造的生命时，母爱才得以完整存在。精神只有被反映在物质世界中的时候，才真正有了生命。

39 最杰出的伟人，他们的成就最初也都是封存在他们的内心里，但只有当他们的精神通过大脑产生作用，通过想法表达自己，从而创造出作品的时候，他们的精神才会完全被人们所认识。正是作用于哥伦布的精神，欧洲人才第一次来到了美洲。

40 我们知道，一切有用的工作都是合理思考的结果。思想是精神的表达，是通过多少有些缺陷的大脑来运转的。倘若我们认识到思想本身是精神的表达，那么我们就会在责任感的驱使下，竭力给予我们所拥有的精神以最完美的表达，给予它以最好的机会，让它栖息在我们并不完美的躯体中，通过我们所拥有的并不完美的心智表达出来。

41 栖息于地球上的人类正在逐步完善自己，我们的种族在十万年前还是动物模样的人，有着巨大而突出的下颌、大牙齿、小额头，以及外形丑陋的躯体。千百年来，他们逐渐在改变，随着时间的推移，他们根除了自己身上残留的动物性，残忍的兽性慢慢地消失了，获得了更多的精神性。他们不断发展自己的身体，掌握必要的手段，下巴突出的脸蛋变得更饱满丰腴。下颌缩进去了，前额凸起来了，在前额的后面逐渐发展出了最终能够对精神给出恰当而充分的表达的头脑，以便能够恰当地解释赋予自己以生命活力的精神。

42 我们知道，我们每个人无一例外地受到某种看不见的力量的牵引或推动，始终在一代接一代地改进自身。这种力量，常常是已经从人世间消失很久的力量，父亲或母亲的活力与感召常常在儿子的生命中持续存在，并不断发挥作用，使得他能够从事仅凭个人的意愿决不可能完成的工作。认识到这一点确实是一件鼓舞人心的事。

43 这种改进要归功于父母们彼此之间的爱，以及他们对孩子的爱。它通常看不见，可能是家里树立着良好榜样的某个女人，给予那个正在干活的男人以其他任何人都不能给予的感召和力量。它可能是父爱，让一个男人能够替一个或许不能自理的孩子干活。

第 5 课
LESSON FIVE

内在的富足引来外在财富

1 蓝天白云、日月星辰、风霜雨雪，大自然总是慷慨的、浪费的、奢侈的。在任何被造物中，丰富都被发挥得淋漓尽致，没有哪个地方能够体现出节约。丰富，是宇宙的自然法则。这一法则的证据是确凿的，毫不费力就能列举几项：不计其数的绿树繁花、植物动物，以及创造与再创造的循环过程赖以永恒延续的庞大的繁殖系统，所有这一切都显示出了大自然为人类准备环境时的浪费。大自然为每个人准备了丰富的供应，这一点很明显；同样明显的是，许多人却从来都没有享受到大自然的这种慷慨，他们至今没有认识到一切物质的普遍性，没有认识到心智是引发动因的有效要素，而正是凭借这种运动，我们才能获得自己渴求的东西。

2 思想是借助引力法则运行的一种能量，它的最终体现，便是人们生活中的丰裕富足。丰裕富足的思想只会对类似的思想产生共鸣，人的财富与他的内在相一致。内在的富足是实现外在富足的前提，它吸引着外在财富来到你身边。生产能力是个体真正的财富之源。因此，一个人如果对他所设定的目标全力以赴，全身心投入，那么他就已经非常接近成功的彼岸了。他的付出和收获成正比，他会不断地付出、给予。他付出的越多，收获的也就越多。

3 我们生活在自然的和社会的环境之中，并受环境的影响，如果我们想要成为环境的主人，就需要了解心智作用的相关科学法则。这样的知识是最有价值的资产，它可以逐步获得，一旦掌握就可以付诸实践。这使得我们跟环境建立起了一种全新的关系，揭示出了我们此前做梦也想不到的各种可能，这些是借助一系列井然有序的规律而引发的，而这些规律，必然与我们新的精神姿态有着密切的关系。而控制环境的力量，就是它的果实之一；健康、和谐与繁荣，是它的资产负债表上的进项。而它所需要的代价，仅仅是收获其庞大资源时所付出的劳动。

4 力量是财富的源泉，一切财富都是力量的产物；只有当财富能够赋予力量的时候，拥有财富才是有价值的。一切事物都代表着某种形态、某种程度的力量；只有当事物能产生力量的时候，它们才是有意义的。找到开启这种力量的钥匙，发现统治这种力量使之服务于一切人类努力的规律，是人类进步的一个重要标志。它排除了人的生命中反复无常的因素，而代之以绝对的、不可改变的普遍法则。

5 古人看到蒸汽、电流、化学亲合力与地心引力等现象时一度惊恐万状，以为是魔鬼在惩罚人类。随着科学的进步和社会的发展，人们知道了这些不过是自然界的因果规律，人们将这些规律称为"自然法则"。这一发现使得人们能够大胆地、勇敢地控制着物理世界，明白了是自然法则而非什么神的旨意在起作用，就认清了迷信与智慧的分界线。

6 自然界中还存在着一种力量，它比物理力量更加强大，这就是人类精神的力量、道德的力量和灵魂的力量。思想，是至关重要的力量，但却埋藏得很深，在最近半个世纪里才得以揭示。思想的力量刚一获得解放就显示出了惊人的效果，它所创造的世界，对于50年前（甚或25年前）的人来说是绝对不可想象的。我们的精神发电厂在创始的短短50年的时间里便获得了如此喜人的成果，因此可以预见，在下一个50年里，将会有更大的惊喜等待着我们。

7 或许会有人提出异议：如果这些法则是真的，那我们为什么不能加以论证呢？如果这些基本法则是正确的，那我们为什么没有得到正确的结果呢？其实我们正是这样做的，我们得到的结果完全符合我们理解规律、应用规律的能力。在有人总结出控制电流的规律并将结论公之于众之前，我们不懂得如何应用这些规律,也就达不到预期的效果。

8 一切力量,正如一切软弱一样,皆源于内在;一切成功,正如一切失败一样,其秘密也同样来自人的内心。一切成长都是内心的展开。万物皆然,显而易见。每一株植物、每一只动物、每一个人,都为这一伟大法则提供了活生生的证据。往昔的错误,就在于人们总是从外在世界中寻找力量或能量,却不知道这力量恰恰存在于我们的内心。

9 智慧、能量、勇气与和谐的环境,全都是力量的结果,而我们已经看到,一切力量皆来自内心;同样,每一种匮乏、局限或不利的环境,都是软弱的结果,而软弱只不过是无力而已。它来自乌有之乡,它本身什么也不是,打败软弱的制胜法宝就是开发我们内心的力量。

10 这一伟大法则遍及宇宙的各个角落,透彻理解这一法则会让我们获得开发并拓展创造性思维的心智力量,而这种创造性思维,将给我们的生活带来神奇的改变。正确利用这些机会的能力和悟性,绝好的机会就将铺平你的人生之路,力量将从你的内心中涌出,乐于帮助的朋友将不请自来,环境为适应你的需要而作出改变;你会找到真正的"无价之宝"。

这就是许多人变失为得、变惧为勇、变绝望为喜悦、变希望为实现的关键所在。

11 让我们看看大自然中最强大的力量是什么吧。在矿物世界里，每一样东西都是固体的、不易挥发的；在动物与植物的王国里，一切都处于变动不居、不断变化、始终被创造与再创造的状态。在大气中，我们发现了热、光与能量。当我们从有形转到无形、从粗糙转到精细、从低潜力转向高潜力的时候，各门各类都变得更加精细，更加具有精神性。当我们踏进微观世界的门槛时，我们便找到了最纯粹的、最活跃的能量。

12 正如大自然中最强大的力量是看不见的无形力量一样，人身上最强大的力量也是看不见的无形力量。就在几年之内，通过触动一个按钮或撬动一根操纵杆，科学就已经把几乎取之不尽的资源置于人类的控制之下。这强大力量的根源就是无形的精神力量，而彰显精神力量的唯一方式就是思考。思考是精神所拥有的唯一活动，思想是思考的唯一产物，但是这唯一的产物却足以让人成为最富有者。

13 自然界的万事万物都与精神有着千丝万缕的联系。推理，乃是精神的过程；观念，乃是精神的孕育；

问题，乃是精神的探照灯和逻辑学；而论辩与哲学，乃是精神的组织机体。增减盈亏，都不过是精神事务而已。

14 但凡想法定会招致大脑、神经、肌肉等生命机体的物质反应，这就会引发机体组织结构中客观物质的改变。所以，要想使人的身体组织发生彻底的改变，需要我们做的不过是改变自己的思维方式，针对特定主题进行思考而已。

15 思想的改变就是失败转化为成功的不二法门，勇气、力量、灵感、和谐，这些想法取代了原先的失败、绝望、匮乏、限制与嘈杂的声音，慢慢在心中生根，身体组织也随之发生改变，个体的生命将被新的亮光所照耀，旧事已经消亡，万物焕然一新，你因此获得新生。这是一次精神的重生，生命因而有了新的意义，生命得以重塑，充满了欢乐、信心、希望与活力。你将看到成功的曙光，而此前你一直是在黑暗中横冲直撞。你将发现新的机遇，你的头脑中充满了成功的想法，并辐射到你周围的人，他们受你精神的感染会帮助你前进与攀升；他们会和你并肩作战，成为你通向成功的合作伙伴；与此同时，你所处的外部环境也会发生改变。所以，通过发挥思想的作用，你不仅改变了自身，同时也改变了你的环境、际遇和外部条件，使一切为迎接成功作好准备。

16 不管你意识到与否，我们正处在崭新一天的破晓时分。即将到来的各种可能，是如此美妙神奇，如此令人痴醉，如此广阔无边，这样的情景几乎令人目眩神迷。一个世纪以前，不要说有飞机了，一个人哪怕只有一挺格林机关枪，也足以歼灭整整一支用当时的武器装备起来的大军。现在，只要有人认识到了思想的重要性，那么他就像拥有机关枪的威力一样获得了难以想象的优势，从而卓冠群伦，傲视苍生，成为万人景仰的领袖。

17 心智是富有创造性的魔术师，而引力法则就是它的神奇魔力棒。每个个体都有充分的自主权，都有权自己作出选择，任何人都无权也不应该进行干涉。然而有人却执意破坏这一规则，用"强力法则"去与"引力法则"相抗衡，就其本性而言这是破坏性的。使用强力，比如地震和灾变，只不过是破坏和灾难，除了废墟之外，不会实现什么好的结果。要想成功，就必须始终把注意力放在创造的层面上，而不是破坏的层面上。

18 心智不仅仅是创造者，而且是唯一的创造者。毫无疑问，对于任何事物，我们只有充分地认识它们，了解它们的特性，才能有效地利用它们。"电"这种东西亘古以来一直存在着，只不过是100年前才走入人们的视线。当有人发现了电的规律，并使之服务于人以后，我们才从中受益。如今，人们了解了电的规律，全世界都被电照亮了。"富裕规律"也是如此，只有那些认识它、遵循它的人，才能分享它所带来的好处。

19 富裕的获得，正是依赖于对"富裕规律"的认知。它一定不能是竞争性的，不是靠掠夺他人来满足自己。你应该为自己创造所需要的东西，而不是从别人那里拿走任何东西。大自然为所有人提供了丰富的供应，大自然的财富仓库是无穷无尽的，如果有某个地方看上去似乎缺乏供应，那仅仅是因为通道尚有缺陷。

20 人们对富裕规律的认知，激发和体现了人类的精神品质和道德品质，其中就包括勇气、忠诚、机敏、睿智、个性与建设性。这些全都是思想的倾向，而所有思想都是创造性的，它们存在于与精神环境相一致的客观环境中。每一个想法都是因，而每一种境遇都是果。这是符合因果规律的，因为个体的思维能力是产生"普遍适应的理念"这个结果的诱因。

21 在人类看上去柔弱无比的身躯内，蕴藏着很多不可思议的可能性。其中有一种可能性，就是通过机遇的创造与再创造来掌控自己的境遇。创造这种机遇的主要力量来自于思想，思想导致了对决定未来事件的力量的认知。正是这种内在的心智将成功变成现实，这种对内在力量的认知，组成了能够做出相应的和谐行动，这种力量在我们与我们所寻求的对象和目标之间搭建了桥梁，使我们通向理想的彼岸。这就是行动中的引力法则，这一法则是所有人的共同财产，任何一个对其运转拥有足够知识的人都可以加以运用。

22 勇气是人类与生俱来的一种庄严而高贵的情操，是对精神冲突的热爱中所彰显出来的心智力量；无论是像将军般发号施令，还是同士兵一样服从执行，二者都需要勇气。但在大多数情况下勇气都是潜藏着的，不露锋芒。真正的勇气，是冷静、沉着和镇定，决不是有勇无谋、争强好胜、脾气暴躁或好辩喜讼。有一些并不起眼的人，表面上总是只做让别人高兴的事，但是，当时机出现的时候，潜藏的东西就会显露出来，我们惊奇地在柔软的手套下发现了铁腕。

23 积累，是把我们收获的东西储备和保存下来的能力，这样我们就能够拥有更大的机会。而一旦我们作好了准备，成功的机会就会出现。所有成功的商人都有这样的品质，而且得到了很好的发展。詹姆斯·J.希尔留下了超过5200万美元的财产，他说："如果你想知道自己在生活中是注定成功还是注定失败，你可以轻而易举地得到答案。测试方法简单易行，准确无误。你能存钱吗？如果答案是肯定的，那么你就具备了成功的一项重要素质；反之，你就注定会失败，因为成功的种子不在你的身上。你或许会想，这不可能。但是事实会向你证明，缺少积累的能力，成功就像海市蜃楼一样可望而不可即。"

24 读过詹姆斯·J.希尔的传记的人都知道，他是通过下面的方法才挣到他的5000万美元的。首先，他从一张白纸开始，充分开发和利用自己的想象力，把打算穿越西部大草原的庞大铁路计划予以具体化。此外，富裕的规律十分重要，这个规律能为他实现这一计划提供方法和手段。不过起决定作用的还是执行这一环，如果只限于纸上谈兵，詹姆斯·J.希尔决不会有任何东西积存下来。

25 愿望是积累的动力，二者相互促进，你积累的越多，你的愿望就越多；你的愿望越多，你积累的就越多。就这样，只需要很短的时间，作用与反作用就获得了不可阻止的动力。然而，千万不要把积累跟自私、贪婪或吝啬混为一谈；这些全都是旁门左道，它会把你引入歧途，会让真正的进步成为泡影。

26 构建，是心智的创造性本能。在商业界，它通常被称作"创新精神"。创新精神表现在构建、设计、规划、发明、发现和改进中。创新精神是最有价值的品质，必须不断得到鼓励和发展。每一个成功的商人都必定有计划、发展或构建的能力。沿着别人的老路走是远远不够的，必须发展新的观念、新的做事方式。每一个个体在某种程度上都拥有创新精神，因为在那无限而永恒的能量中，他是一个意识中心，而万物皆源于这种能量。

27 水可以呈现出三种不同的形态：固态、液态和气态，但它们全都是同一种化合物，唯一不同的是温度。但谁也不会试图用冰去驱动引擎，把它变成蒸汽，它就很容易完成这个任务。你的能量也是如此，如果你想作用于创造性层面，你首先就要用想象的火焰把冰融化，你的能量之火越猛烈，融化的冰就越多，你的思想就变得越有力，而你实现自己的愿望也就越容易。

28 睿智，就是感知自然法则并与之协作的能力。真正的睿智可以毫不费力地避开欺诈与瞒骗的陷阱；它是深刻洞察力的产物，而这样的洞察力，让你能够深入事物的核心，洞悉创造成功条件的内在规律。

29 机敏跟直觉颇为类似，是商业成功中一个非常微妙、也非常重要的因素。要想拥有机敏，你必须有精细的感觉，必须有明确知道该说什么、做什么的直觉。要想拥有机敏，你必须拥有同情心和理解力。拥有非凡的理解力至关重要，因为所有人都能看、听、感觉，但真正能够"理解"的人却少得可怜。机敏是预知即将发生的事情的晴雨表，并能精确地计算出行动的后果。机敏让我们保持身体上、精神上和道德上的纯洁，因为在今天，这些都是成功所必须具备的素质。

30 忠诚，是把有力量、有品格的人联结在一起的最强大的纽带。任何人扯断这样的纽带都将受到严厉的惩罚。宁愿断臂也不肯卖友的人，朋友决不会舍他而去。那些默默地坚守忠诚、甚至付出生命的代价也在所不惜的人，除了获得进入信任与友谊的神殿准许之外，体内还会注入一股令人羡慕的宇宙力量，而只有这种力量才能吸引值得渴望的境遇。

31 个性，是展开我们所拥有的潜在可能性的力量，要特立独行，要关注比赛的过程而不是比赛的结果。强者对那些自鸣得意地跑在自己身后的大批模仿者毫不在乎。他们不会仅仅满足于成为一大群人的领导，或者得到乌合之众的欢呼喝彩。这些只能取悦于胸襟狭小之辈。有个性的人更自豪于内在力量的开掘，而不是弱者的奴颜婢膝。个性是真正的内在力量，这一力量的发展及其作为结果的表达，使一个人能够承担起指引自己前进步伐的责任，而不是跟在某个我行我素的领头人之后亦步亦趋。

32 灵感，是海纳百川的吸收艺术，是自我认识的艺术，是调整个体心智以适应普遍理念的艺术，是给万力之源加上输出装置的艺术，是区分无形与有形的艺术，是成为无穷智慧流动渠道的艺术，是使完美形象化的艺术，是认识全能力量的艺术。

33 真诚，是一切幸福的必要条件。可以肯定，认识真诚，并自信地坚持真诚，是一种满足，并且是其他任何东西都难以媲美的境界。真诚是最根本的真实，是所有成功的商业关系或社会关系的先决条件。不管是出于无知还是故意，每一次跟真诚相左的行为，都会削弱我们立足的根基，导致不和谐，以及不可避免的失败与混乱。因为，每一次正确的行动，连最卑微的心智也能准确地预知它的结果；而如果违反正确的原则，对于其所带来的结果，就连最伟大、最深刻、最敏锐的心智，也会晕头转向，迷失方向。

34 上述这些因素就是通向成功的阶梯，那些在内心确立了真正成功的必备因素的人，也就确立了自信，奠定了胜利的基础，有了这些保障，就不会与成功失之交臂。

35 在我们的精神过程中，有意识的不到百分之十；另外百分之九十都是下意识的和无意识的。所以，仅仅依靠有意识的思想来产生结果的人，其有效性也不到百分之十。重大的真实，正是隐藏在下意识心智的辽阔领地里，也正是在这里，思想找到了它的创造性力量，它与目标相联系的力量，使无形的力量变成有形的力量。而那些成功的伟人，都是找到开启更大的精神财富仓库的金钥匙的人。

36 如同水往低处流一样，电流必定总是从高潜能流向低潜能，熟悉电学规律的人都懂得这样的原理，因此能够让这种力量为自己所用。那些不熟悉这一规律的人，便无法驾驭这一强大的力量。统治精神世界的规律也是如此。有的人懂得心智渗透万物，无所不在，反应迅速；他们能够利用这一规律，控制条件、境况与环境。对此一无所知的人就没法利用它，只是临渊羡鱼罢了。

37 这种知识所带来的结果，原本就是上帝的恩赐；正是这一"真理"让人解除了束缚，不仅是免于匮乏和局限，而且还免于悲痛、烦恼和忧虑。这一法则并不因人而异，不管你过去的思维习惯如何、你曾走过的路怎样，它都会一视同仁，毫无歧视。

38 冥冥之中，我们总感觉有一股强大的力量在牵引我们，我们也自觉不自觉地追随着它，这就是精神的力量。精神的力量控制并引导着已经存在的每一种其他力量，它可以培养、可以发展，没有任何限制能够置于它的活动之上。精神力量是世界上最伟大的事实，是治疗一切疾病的灵丹妙药，是解决一切困难的不二法门，是满足一切愿望的必由之路；事实上，它就是造物主为人类的解放而准备的慷慨供应。

心想事成

我坚信,心想事成,
想法被赋予了躯体、呼吸和翅膀;
我们放飞自己的想法,让它们
用结果去填充世界,或好或坏。
我们召唤我们隐秘的想法,
让它飞向地球上最遥远的地方,
一路留下它的祝福,或者哀伤,
就像它身后留下的足迹一行行。

我们构建自己的未来,
一个想法接一个想法,
我们并不知道,结果是好还是坏。
然而,宇宙就是这样形成的。
想法,是命运的另一个名字;
选择吧,然后等待命运的安排,
因为恨会产生恨,爱会带来爱。

——亨利·范·代克

第 6 课
LESSON SIX

成功需要一种追求成功的动机

1. 人体内的两大系统——脑脊髓神经系统与交感神经系统，分享着类似的神经能量控制系统，脑脊髓神经系统的器官是大脑，交感神经系统的器官是腹腔神经丛。前者是自觉的或有意识的，后者是不自觉的或下意识的。这两个系统互相交织，对任何一个系统的刺激都会传递给另一方。

2. 从功能上看，可以把神经系统比做电报系统，神经元对应电池，神经纤维对应电报线路。电池里产生的是电。然而，神经元却并不产生神经能量。它们转化能量，神经纤维则输送能量。身体的每一活动，神经系统的每一刺激，我们的每一个想法，都要消耗神经能量。这种能量并不是像电流、光或声音那样的物理波，而是"心智"。

3. 我们以脑脊髓神经系统和大脑为媒介才意识到了自己所拥有的，因此，一切拥有皆源于意识。这种精神环境（即意识）随着我们所获取知识的增加而不断改善。知识是通过观察、经验和反思而获得的。而小孩子未曾发育的意识，或者是傻瓜与生俱来的意识，都不能算是真正的意识。

4 拥有是建立在意识的基础之上的,我们把这种意识叫做"内在世界"。我们所获得的那些有形的拥有,则属于"外部世界"。拥有内在世界的就是心智。让我们能够在外部世界获得拥有的,也是心智。心智通过思想、精神图景和行动来彰显自己。每一种成功的商业关系或社会地位,奠定其基础的基本原则,都是要认识到内在世界与外在世界的差别,客观世界与主观世界的差别。

5 神经系统是主人,它是通过心智来执行自己的权力的。因此心智是宇宙精神实现的手段,它是物质与精神之间的纽带,是我们的意识与"宇宙意识"之间的纽带。心智是"无穷力量"的门户。神经系统跟心智的关系,就像钢琴跟它的演奏者的关系一样。心智只有当它赖以发挥作用的工具正确的时候才能完成表达。

6 思想是天生的喜新厌旧者,它是富有创造性的,总是不断地创新。我们利用思想去创造条件、环境及其他生活经历的能力,取决于我们的思维习惯。我们做什么,取决于我们是什么;而我们是什么,则取决于我们习惯性地想什么。因此,我们必须控制并引导内在的思考力量,使它更高效地运转。

7 浩瀚的宇宙看起来纷繁复杂，归根结底却只有两样东西：力量与形态。思想就是力量，当我们认识到我们拥有这种"创造力"，还能控制和引导它，并通过它作用于客观世界的力量与形态的时候，我们也就完成了精神化学中的第一项实验。

8 普遍适应的理念是无所不知、无所不能、无所不在的。普遍适应的理念是一切力量、一切形态之源，是作为万物之基础的"本体"。与固定的规律相一致，"万物"源于自身，并被自身所创造和维持。这就是得到完美表达的创造性的思想力量。在它出现的每一个地方，本质上都是一样的，所有心智都是同一个心智，这解释了宇宙的秩序与和谐。深刻领悟这一道理，生活中所有问题就都迎刃而解了。

9 普遍适应的理念在我们身上得到充分的体现，因此，在我们的内心，有着无限的力量、无限的可能，它们全都受到我们自己思想的控制。因为我们拥有这些力量，因为我们与普遍适应的理念息息相通，所以我们有能力把逆境变为顺境，把歧途变为坦途。

10 没有任何限制能够约束普遍适应的理念，因此，我们对自己跟普遍适应的理念合而为一这一点认识得越充分，我们所意识到的限制或匮乏就越少，所意识到的力量也就越多。

11 不管是出现在宏观世界，还是出现在微观世界，普遍适应的理念都是一样的，其彰显出来的力量的不同，是由不同的表达能力决定的。一块黏土和一块相同重量的炸药，包含了同样多的能量。但后者身上的能量很容易被释放，而前者身上的能量，我们至今尚没有学会如何释放。

12 人类的心智有两件外衣——显意识的（或客观的）与潜意识的（或主观的）。我们一面通过客观心智与外部世界建立联系，一面通过主观心智与内在世界建立联系，二者缺一不可。在精神生活的所有层面上，心智都呈现出不可分割的统一与完整。虽然我们努力地想把显意识心智与潜意识心智区别开来，但都徒劳无功，因为这种区分事实上并不存在，这样处理只不过是为了方便而已。

13 潜意识心智是联系我们与普遍适应的理念的纽带，我们通过潜意识跟所有力量建立起了直接的关系。潜意识是一个记忆的仓库，它储存了我们通过显意识心智所得到的对生活的观察和体验。潜意识心智是培育思想的巨大温床，无论是有意栽花还是无心插柳，潜意识都为这些种子提供养料。然后，思想开花结果后又带着自己成长的果实再一次作用于我们的意识。意识是内在的，而思想则是力量的外在表达。二者是不可分割的，没有脱离思想的意识，意识始终是以思想为前提的。

14 凭借思想的力量，我们把水变为蒸汽让它承载重负，把劳动产品变为商品让它流通世界。我们已经捕获了闪电，并将它命名为"电流"。我们已经驯服了江河，并让无情的洪水成为我们的奴仆。我们创造了流动的宫殿，让它们在深谷中开辟出坦途。我们胜利地征服了空气。尽管我们依然停泊在银河里的银色群岛之中，但我们已经征服了时空。

15 如果两根电线靠得很近，而且第一根电线携带的电负荷比第二根电线更大，那么，第二根电线就会通过感应而从第一根电线接受部分电流。这一现象可以形象地说明人类对普遍适应的理念的姿态。他们并没有有意识地跟这一力量之源建立联系，但是潜意识中却已经受到了影响。

16 如果让第二根电线接触第一根电线，它就会尽其所能地负载更多的电流。当我们意识到力量的时候，我们就成了一根"生命的电线"，因为意识让我们跟力量建立起了联系。随着我们利用力量的能力的增长，我们应对生活中各种境遇的能力也在增强。

17 外在的生活条件和环境条件，只不过是我们的主导思想的反映。我们通过意识领会、思想彰显所渴望的条件。为了表达，我们必须在我们的意识里创造相应的条件。要么是悄无声息地，要么是通过重复，我们把这一条件印刻在潜意识里。所以，正确思考的重要性远远超出了你的想象。视而不见，充耳不闻，都让我们不能去理解。换句话说，没有意识，就无法理解。

18 建设性的思想会在潜意识中创造出一些倾向，这些倾向又把自己彰显为性格。对于"性格"这个名词，最通俗的解释是：由天性或习惯在一个人身上留下的特殊品质，它把一个拥有这种性格的人跟其他人区别开来。性格有外向表达和内向表达。内向表达是意图，外向表达是能力，二者分担着性格的作用。根据"引力法则"，我们的经历取决于我们的精神姿态。精神姿态是性格的结果，而性格也同样是精神姿态的结果，二者互为作用与反作用。

19 意图赋予思想以品质，把心智引向要实现的理想，要完成的目标，或者是要实现的愿望。意图和能力，决定了我们的生活经历。能力，就是不知不觉地与全能力量协作的本领。值得我们注意的是，意图和能力必须保持平衡：当意图大于能力时，脱离实际的"梦想家"就诞生了；能力大于意图的结果是急躁，会产生很多徒劳无益的行动。

20 从表面上看，似乎是"机遇""厄运""幸运"与"天命"等因素在盲目地指挥着我们的每一次经历。事实并不是这样，每次经历都由永恒不变的规律所控制。当我们发现规律并利用规律时，我们就把命运的指挥棒拿在自己手中了。

21 物质往往是通过一定的外观展示自己的，我们把这种外观称之为"形态"。由物质所组成的形态都是具体的、可见的、有形的。宇宙中的形态可以分为几个等级类别：始终保持唯一的形态，或无机形态，比如铁、大理石等等；有生命的形态，或有机形态，它有感觉，可以随意运动，比如动物；还有一种形态，除了上述特征之外，还能意识到自己的存在以及自己拥有的东西，那就是我们独一无二的人类。

22 外部世界以个体的人为中心旋转，有组织的生命、思想、声音、光及其他振动，以及包罗万象的宇宙本身，都向我们发出振动，光、声音与触觉的振动，喧嚣与柔和的振动、爱与恨的振动、思想的振动、好与坏的振动、智与不智的振动、真与不真的振动。这些振动都指个体的人，无论是外在的还是内在的，也不管是显意识还是潜意识。它们很少能抵达你的内心世界，大多匆匆而过，蓦然回首，踪迹已杳。

23 尽管有些振动对我们的健康、力量、成功、幸福是极其有益的，我们却无法抓住它们，不能把它们接收进内在世界里。内在世界很敏感，这是一种捕捉外部世界的振动并把它们传送到内在世界的能力。敏感性，是意识的形态表现。

24 如果把意识界定为一个通用的概念，那么意识就是外部世界作用于内在世界的结果。不管我们是清醒还是酣睡，意识都是感觉或知觉的结果。如此我们很容易认识到意识的三个层面，它们互相之间存在着巨大的差异。

25 首先是"简单意识"，这是所有动物共同拥有的。它就是存在感，通过这种意识，我们认识到"我是谁"，以及"我在什么地方"；通过这种意识，我们感知形形色色的对象，以及五花八门的场景和状况。这属于意识的低级形态。

26 其次是"自我意识",这是所有人类(除了婴儿及智力残障者)共同拥有的。它赋予了我们自省的能力,亦即外部世界对我们内部世界所发挥的作用。作为人类思想交流工具的语言就是自省的结果,每个单词都是代表一种思想或观念的符号,都能传达特定的信息。

27 最后是"宇宙意识",这是意识的最高层次。它超越了时空的概念,它也不受自身和物质世界的限制。宇宙意识是意识的最高形态,它同前两种意识有着根本的区别,就像视觉不同于听觉和触觉一样。宇宙意识跟前两者都不一样,其差别甚至超过视觉与听觉的差别。一个盲人不可能对色彩有什么真正的概念,然而,他的听觉会很敏锐,或者触觉很敏感。但是一个人既不能凭借简单意识、也不能凭借自我意识得到关于宇宙意识的任何概念。

28 不可改变的意识法则是:意识发展到了什么样的程度,主观力量也就发展到了什么样的程度,其结果彰显在客观对象中。

29 直觉是把真理作为意识的事实呈现出来的普遍适应

的理念的另外一种状态。心智通过直觉认识真理，把知识转变为智慧，把经验转变为成功，把外部世界的事物带入我们的内在世界，并且能够立即判定两种想法是否一致。

自我承诺

要坚强到没有任何东西能扰乱你内心的平静。

要对你遇到的每个人谈论健康、幸福和成功。

要让你所有的朋友都感觉到：他们是有价值的。

要对每件事情都抱乐观态度，并让你的乐观变成现实。

只想最好的，只为最好的结果而努力，只期待最好的。

对别人的成功要像对自己的成功一样充满热情。

忘掉过去的失误，去追求未来更大的成功。

要一直面带笑容，时刻准备对你遇到的任何事物微笑。

要拿出足够多的时间来改进自己，使得你没有时间去批评别人。

要大度得没有忧愁，要高贵得没有愤怒，要强大得没有恐惧,要快乐得不允许烦恼存在。

要相信自己很棒,并向世界宣布这个事实,不是用响亮的言辞,而是用伟大的行为。

要活在这样的信念里:只要你真的相信自己是最棒的,全世界都会站在你一边。

——克里森·D. 拉

第 7 课
LESSON SEVEN

互惠使财富得到增长

1 墨西哥丢掉的所有矿藏，从印度群岛驶出的所有大商船，传说中所有满载金银财宝的西班牙船队，跟现代商业理念每 8 小时所创造的财富比起来，还不如一个乞丐得到的施舍有价值。

2 金字塔的基座又大又稳固，但是高高在上的塔尖不过仅仅能站一只鸟，然而它还是吸引了所有人的目光。世界上 80% 的财富掌握在 20% 的人手里。世界就是这么不公平，贫富的差距还在扩大，财富正在向更少数的精英分子集中。美国的进步要归功于它 2% 的人口。换句话说，美国所有的铁路、所有的电话、所有的汽车、所有的图书馆、所有的报纸，以及数不清的其他便利、舒适和必需品，都要归功于其 2% 的人，美国的百万富翁也是这些人。

3 谁是站在金字塔尖的人，谁是世界的主宰，谁能拥有财富呢？我们从文明中所享受到的所有好处，又要归功于谁？当然是那些创造性天才，那些有能力、有活力的人。不要以为他们是衔着金汤勺出生，靠继承获得了财富。这些精英当中有 30% 的人是穷牧师的儿子，他们的父亲每年挣的钱绝不会超过 1,500 美元；25% 的人是教师、医生与乡村律师的儿子；只有 5% 的人是银行家的儿子。

4 那么，究竟是什么原因使他们和普通人之间产生了如此大的差距，为什么那 2% 的人成功地获得了生活中最好的一切，而剩下 98% 的人却依然挣扎在温饱线上？可以肯定的是，这并不是机遇的问题，因为正如我们所知道的那样，宇宙是由规律控制的。规律控制着太阳系的所有行星以及太阳系之外的整个宇宙；规律控制着每一种形态的光、热、声音和能量；规律控制着物质的东西和非物质的思想。规律给地球蒙上了迷人的面纱，让它充满了慷慨的施舍。它不只是对某一部分人慷慨，任何人都可以从它那里得到丰富的赠予。

5 金钱财富，恰如健康、成长、和谐及其他任何生活条件一样必然、一样肯定、一样明确地受到规律的控制，这个规律是任何人都必须遵从的。许多人已经在不知不觉中遵从了这个规律，而另一些人则试图更加充分合理地利用这一规律。

6 如果不想被历史的车轮落在后面，如果想成为那个 2% 中的一员，你就必然要服从这一规律；事实上，新纪元、黄金时代、产业解放，都意味着那个 2% 将要扩张，直至优势状况逆转过来——2% 很快会变成98%。

7 人类不再是拉线木偶，被动地受自然和命运的摆布。人已经变得十分强大，可以不费力气地控制劫数、命运和运气，就像船长控制他的船、火车司机控制他的火车一样容易。

8 万物最终都可以分解为同样的元素，并且可以相互转化。由此可以看出事物之间的关系是互为关联，而不是彼此对立的。

9 一切事物都有颜色、形状、大小、两端。有北极，也有南极；有内，也有外；有肉眼能够看到的，也有看不到的。所有这些，表面上似乎是对立的，其实都不过是对这些对立面的一种表达方式而已。同一件事物的两个不同的方面也有它们各自的名称。然而，这正反两面是相互关联的，它们不是独立的实体，而是事物整体的两个部分或两个方面。

10 这一规律的身影同样也出现在我们的精神世界中，当我们说到"知识"和"无知"的时候，也不是强调它们的对立性，无知不过就是知识的匮乏，因而仅仅是表达"缺少知识"的一个词而已，其本身并没有任何准则。

11 "善"与"恶"是我们最常谈论的道德世界的核心词汇。"善"是有意义的,是可以触摸感知的,而"恶"不过是一种反面的状态,是"善"的缺席。尽管有时候"恶"也是一种非常真实的存在,但它没有法则可循,没有生命,没有活力。我们知道这是因为它总是被"善"所摧毁。恰如真理摧毁谬误、光明赶走黑暗一样,当"善"出现的时候,"恶"就会自动让路。因此在道德世界中只有一个法则,就是善的法则。

12 在产业的世界里,我们总是说到"劳动"与"资本"这一对词语,就好像存在两个截然不同的类别似的。但是,资本是财富,而财富是劳动的产物。因此我们发现,在产业的世界里也只有一个法则,这就是劳动的法则,或产业法则。

13 正如上个世纪末世界倡导竞争一样,这个世纪则是在人对和谐的呼唤声中开始的。人们越来越清楚地认识到,和谐是一种隐约出现的新观念,但是它的现身却预示着新时代的黎明即将到来,人类历史上的新纪元将要来临,这样的思想正迅速在人们的心里传播,正在改变着人与产业之间的关系。

14 因果相循,每一个原因都会产生相应的结果,每一种境遇都是某个原因的结果，同样的原因总是产生同样的结果。那么，是什么给人类的思想带来了类似的变化呢（比如文艺复兴、宗教改革和产业革命）？始终是新知识的发现与讨论。类似的事件似乎总在各个时代重复地出现，这一点我们不得不注意。

15 仔细研究人类进步的历程，我们发现：产业集中化使公司和企业形成托拉斯，从而消除了竞争和随之而来的经济后果，这使得人们开始思考。因为竞争是进步的动力，而产业世界里所发生的这一进展，后果又会是什么呢，进步会不会也随之停止了呢？由此引发的思想开始逐步呈现出来，它迅速发芽，在所有地方所有人的心智中喷发，把每一种自私的观念排挤出去，这种思想认为：产业世界的解放即将到来。

16 正是这种思想，才唤起人类前所未有的狂热；正是这种思想，集中了力与能量，它一脚踢开所有阻挡它前进的绊脚石，现在几乎没有什么力量能使它停止或后退了。

17 创造的本能在我们每个个体身上都有生动的体现，人类生来就喜欢打破常规，不爱循规蹈矩，创造是人类的精神天性；普遍创造原则已经与我们的日常生活结合为一体。因此人类的创造活动是本能的、与生俱来的;它不能被根除,只会被盲目地滥用。如果这一伟大的力量被滥用了,被转变为破坏性的通道,变成了嫉妒,这会使他总是企图毁灭那些依然拥有创造权力的同伴的劳动成果,如此就陷入了可怕的恶性循环。

18 由于产业世界中所发生的变化,这种创造本能就失去了生命的活力,往日的威风不再。一个人再也不能建造自己的房子,再也不能修造自己的花园,也不指挥自己的劳动;他因此被剥夺了个体所能获得的最大的快乐——创造的快乐、成就的快乐。

19 思想是行动的领导,行动要听从思想的指挥。如果我们希望改变行动的特性,我们就必须改变思想,而改变思想的唯一方式,就是用新的精神替换旧的过时的精神,用健康的精神姿态取代现有的混乱的精神状况。

20 思想的力量虽然产生于人类娇嫩的大脑中,但它却是迄今为止现存的最强大力量,它甚至可以无坚不摧,战无不胜;它使其他所有的力量臣服于自己,按自己的意愿去运行。拥有了思想的力量就等于拥有了一个取之不尽、用之不竭的宝库的钥匙。而这一知识直到最近才被少数人所拥有，它将成为这些人在人群中脱颖而出的宝贵优势。那些富有想象力、富有远见的人将会把这一思想引向建设性的、创造性的通道；他们会鼓励、培养冒险的精神；他们会唤醒、发展、引导创造性本能。在这样的情形下，世界此前从未经历过的产业复兴将在不久的将来展示于世人的面前。

21 亨利·福特在《迪尔波恩独立报》中形象地描绘了新时代的临近。他说："人类如今正处于两个时期的分界线上，一个是'使用便是失去'的时期，另一个是'不用便是浪费'的时期。人类已经意识到，无需承担责任的童年时代已经永远地结束了，人类之父再也不无私地提供慷慨的给养。这使人们产生一种感觉：我们使用的越多，留下的就越少。有一句谚语表达的就是这种感觉：'你不能吃掉蛋糕的同时又拥有它。'两全齐美的事情很少发生。"

22 在环境的考验和锻炼下，人们变得越来越智慧与现实，人们已经有了足够的知识，懂得栽种与收割，学会了自给自足，懂得用不断再生的农作物做自己的补给，而不是缓慢消耗天然资源的原始储藏。这样一个时代在不知不觉中已经到来。我们并不担心因为使用资源而造成浪费，而是担心因为不使用而造成浪费。供应流是如此丰富而持续,使人们烦恼的不是"拥有不够",真正使人烦恼的恰恰是"使用不够"。

23 你可以运用丰富的想象力在头脑中为我们所处的世界画这样一幅画:在其中,供应是如此丰富,日夜困扰人们的心病不是用得太多而是用得不够。这不仅仅是一幅画,这是很快就会出现的现实。亘古以来,人类一直依赖于大自然在很久之前储存起来的资源维持自己的生存和发展,这些资源虽然丰富但是终究有耗尽的一天。而如今,这一令人担忧的情况改变了,因为人类找到了解决困难的方法。人类有能力创造出这样的资源,它们能够不断再生,以至于唯一的损失就是不使用它们。有如此丰富的热、光与力的供应,我们如果不充分加以利用就是一种浪费,一种罪过。这个时代如今正在到来,它的脚步已经很近了。

24 燃料问题解决了,光的问题解决了,热的问题解决了,力的问题解决了,就这些方面而言,实际上就是把整个世界从这四种千钧重负下解放出来。整个人类也似乎卸下了背负多年的重担,松了一口气,好像一个新的春天已经为人类而降临。但是又出现了另一个问题:燃料、光、热与力的整体状况得到了如此大的改观,那么人们将如何防止浪费而对这一切充分利用。

25 我们的下一个时期就在我们的面前,这是毫无疑义的。我们正在接近的时代不是鲁莽浪费的第一个时期,也不是精打细算的第二个时期,而是丰富充裕的第三个时期,它迫使我们利用、利用、再利用,以实现我们的每一种需求。当然,照例会有"自私自利"与"服务他人"之间的最初冲突,但"服务他人"会处于绝对的上风。个人地产上的煤矿,其所有权很容易得到承认,但江河的所有权呢?大自然自身就会叱责那个声称对一条江河拥有所有权的人。

26 心智是精神的活动,想法是运转中的心智,是人类内在心智的外部表现形式;心智是精神上的人所拥有的唯一活动,而这唯一的活动却足以承担宇宙的创造性法则的全部职责。

27 当我们思考的时候,我们便启动了一系列的"因";而当我们的想法发布出来,并与其他类似的想法汇合在一起时,形成了观念,这便是"果"。如今,观念独立于思考者而存在,它们是看不见的种子,存在于每一个地方,发芽生长,开花结果,带来千百倍的收获。

28 从古到今，各行各业的人都在追逐财富。"财富"是某种非常具体、非常切实的东西，我们可以获得它、拥有它，为我们所专用、所独享。不知何故，我们忘记了世界上所有的黄金，按人均计算，每人只有很少的几美元。如果我们完全依赖于黄金的供应，一天的时间就可以把它耗尽。如果以此为基础，我们就可以每天花掉成千上万，甚至是数亿美元，而最初的黄金供应并没有改变。

29 其实黄金和一根刻度尺一样，无外乎是一个量度标准，一个准则；有了一根尺子，我们就可以度量成千上万英尺；同样，有了一张 5 美元的钞票，数以亿计的人就可以使用它，办法只不过是从一个人的手里传到另一个人手里。

30 因此，我们只要用一件物品作为财富的符号代替黄金保持流通，每个人就能拥有他所想要的一切，任何需要都会得到满足。如此一来，匮乏的感觉就会离我们远去，不再对我们产生任何负面的影响。

31 很明显，我们要想从财富中得到什么好处，唯一的办法就是使用它，让它处于流通状态，这样其他人就会从中受益；然后，我们为了互惠互利而互相合作，将富裕的法则逐步推广。

32 许多人以为把金钱紧紧地握在手里就是拥有了财富，这是过时的、典型的守财奴的思想。其实获得财富的唯一方式就是让它保持流转；而一旦有任何协同行动使这一交易媒介的流通有阻断的危险，那么就会出现停滞、后退，甚至产业的死亡。

33 财富是一个狡猾的精灵，它很难被抓住，更难以安于一处，财富这种不可捉摸的特性，使它特别容易受到思想力量的影响，使许多人能够在一两年的时间里获得其他人努力一辈子也无法获得的财富。归根结底，这还要归功于心智的创造性力量。

34 海伦·威尔曼斯在《征服贫困》(The Conquest of Poverty)一书中对这一法则的实际运转给出了一段有趣的描述：

人们几乎普遍都在追求金钱。这种追求仅仅来自贪婪的天赋，它的运作被局限在商界的竞争领域。它是一种纯粹的外部行动，其行为方式并不源自于对内在生命的认知，而内在生命有其更美好、更正义、更精神化的渴望。它只是兽性在人的领域的延伸，任何力量都不可能把它提升到人类如今正在接近的神性层面。

因为这一层面上的所有提升都是精神成长的结果，这种提升，其正在做的，恰好就是基督所说的我们为了富有而必须做的。它首先寻求的是内心的天国，它只存在于这里。在这个天国被发现之后，所有这些东西（外在的财富）都会接踵而至。

一个人的内心中，什么可以称之为天国呢？当我回答这个问题时，10个读者当中没有一个会相信我——绝大多数人对他们自己的内在财富完全缺乏认知。尽管如此，我还是要回答这个问题，真心实意地回答。

我们内心里的天国，就存在于人类大脑里的潜能当中，这种潜能的极大丰富是任何人做梦也想不到的。软弱无力的人，其肌体之内也潜藏着上帝的力量；这些力量一直封闭着，直到他学会了相信它们的存在，然后试图展开它们。人们通常不喜欢反省，这就是他们为什么不富有的原因。在他们对自己以及自己力量的看法中，他们被贫穷所困；对自己所接触到的每一事物，他们都要留下自己信仰的印记。即使是一个打短工的人，如果用足够长的时间来审视自己的内心，他就能够认识到：他所拥有的才智，完全可以被造就得跟他所效力的那个人一样强大，一样深远；如果他认识到了这一点，并赋予它应得的意义，仅仅这样，就足以解开他的镣铐，让他迎来更好的境遇。

通过认识自我，他应该知道：他跟自己的老板在智力上是平等的，或者可以变得平等，但需要的并不只是这样的认识。他还需要认识法则，并服从它的规定，换句话说，要想让自己攀上更高的位置，还需要更高的认识。他必须认识到这一点，并信任它，因为正是忠实而信赖地持守这一真理，他的生命才从身体上得以提升。雇员如果不是纯粹的机器，任何地方的老板都会为得到这样的雇员而欢天喜地，他们希望有头脑的人参与他们的经营，并乐意支付报酬。廉价的希望常常是最昂贵的，就本质而言也是利润最少的。随着雇员智力的不断增长或者思考能力的不断发展，对老板来说，他的价值也就不断增加；当雇员的能力发展到能够独立做事的时候，就会有尚没有发展到这种程度的人来取代他的位置。

一个人对自己内在潜力的逐步认识，就是内心的天国，它将被彰显在外部世界里，并建立在那些与之相关的环境中。

一个精神陋室的设计方案，其本身就来自一桩看得见的陋室的精神，这种精神就表现在与其特征相关的、看得见的外部环境中。

一座精神宫殿以与之相关的结果发送出一座看得见的宫殿的精神。同样可以依此论说疾病与恶、健康与善。

第 8 课
LESSON EIGHT

你真的会思考吗?

1. 美国参议员沃兹沃斯曾经说过:"我祈愿这一时刻的到来,美国的公众舆论开始认识到,对社会进步来说,有机化学意味着什么,科学研究意味着什么。我们一直对推进物质资源的发展很感兴趣,从地底下挖出铁和煤,让地面上长出农作物,积极从事运输以及其他商业努力。作为一个民族,我们对科学研究所给予的关注和鼓励都很少,但是,总统先生及各位参议员,未来的进步却依赖于科学研究。正是那些在化学实验室里工作的人,为人类的进步铺平了道路。"

2. 他接着说:"我相信,有机化学中就潜藏着解开过去和未来的秘密方法。我相信,它在我国的奠立和维护,也意味着人民的幸福、进步和安全。"

3. 美国参议员弗里林海森说:"当我们认识到正是德国化学家的智慧,以及德国的化学工业在科学上所取得的进步,使德国几乎能够在河道港口畅通无阻的时候,当我们认识到下一场战争将要用化学品来打的时候,我认为,尽最大可能给予这一产业以最高保护是我们的爱国职责。"

4 德国的科学家似乎偏爱化学,他们在化学领域取得的成就举世瞩目,化学上许多重要的发现都要归功于德国化学家。如果不幸被弗里林海森言中,如果真有这么一场战争的话,的的确确将要用化学品来打,但是,未来的所有战争的胜利都要通过对精神化学的理解来赢得,而极少通过使用杀伤性武器而获得。

5 想象一下,倘若你是一位叱咤风云的将军,站在主席台上,正在检阅一支庞大的军队。军人迈着整齐划一的步伐大步走来,他们四个人一排,全都是风华正茂的好男儿,他们来自德国、来自法国、来自英国,来自比利时,来自奥地利,来自俄罗斯,来自波兰,来自罗马尼亚,来自保加利亚,来自塞尔维亚,来自土耳其,当然还有人来自中国和日本,来自印度、新西兰、澳大利亚、埃及和美国,他们整天不停地向前行进,日复一日,年复一年,这支千万人所组成的大军源源不断地从你面前经过,走向战场。壮士一去不复还,仅仅是因为身居高位的少数人更加关注有机化学而不是精神化学,这些战士都战死沙场,献出了宝贵的生命,这是多么令人叹息的事!

6 这些战士至死也不明白,武力总是会遇到同等的,甚至是更高的武力；他们不明白，低级的法则总是受控于高级的法则。富于聪明才智的男男女女却不能做自己的主人，身居高位的少数人控制他们的思考过程。就像欠了永远也还不清的债务一样，他们终日被深深的悲痛折磨，因为他们发现：为了支付他们所承担的债务的利息，他们必须工作一辈子。并且这些债务是世袭的，他们反过来将把这笔债务作为遗产传给他们的孩子们，然后再传给他们的孙子们，根本看不到穷尽的一天。

7 密歇根大学的校长马里恩·勒鲁瓦·伯顿说：

或许，如今我们能够向一个人提出的最严肃的问题就是："你会思考吗？"检验一个人对社会是否有功效、是否有益，将集中在他使用心智的能力上。爱默生所发出的危险信号，最引人注目的莫过于他的呼喊："当伟大的上帝把一个思想者释放到这个星球上来的时候，可千万要当心。"只要我们能利用今日美国的精神力量，我们就能解决世界上的巨大难题。不是通过迎合偏见和阶级利益，不是通过乱喊绰号诨名，不是通过欣然接受半真半假的事实，也不是通过肤浅的思考，而是通过细致的、苦心的、精深的科学思考，结合明智而及时的行动，人类的文明才能得以拯救，人类的自由才能得以确保。民主的未来依赖于教育，因此，每一位忠诚的公民，每一个有自尊的个人，都必须抓住机会，掌握知识，激发心智。真理总是让人自由，真理也只对善于思考的人才有用。

8 人民已经觉醒，开始进行积极的思考。如今情况已经完全改变了，情形已经大为不同，人们把过去用于喝酒闲聊的时间花在阅读、研究和思考上，他们对自己的现状思考得越多，他们所满意的东西就越少。

9 而在此之前，每当人们不满或不快的时候，就会聚集到附近的一家酒馆里，喝点小酒，让酒精麻醉自己痛苦的神经，暂时忘掉那些烦恼。因为这个原因，英格兰有了麦芽酒，苏格兰有了威士忌，法国有了苦艾酒，德国有了啤酒，而美国，由于是一个复杂的移民国家，也就有了各种各样的酒。酒是让人民保持"幸福而满足"的最容易的方法，身居要位的领导们对此都了如指掌。如果能让一个人得到一杯比例合理的酒精的话，他就已经得到了最大的满足，而不会再去深究什么了。

10 幸福、繁荣和满足是清晰思考和正确行动的结果，清醒的头脑能够保证一个人明确地知道自己在做什么，能够理智地做出决定。而酒精则反其道而行之，醉人的酒精的目的就在于给人带来一点小小的人工刺激，让理性暂时停滞，从而扰乱人的行为和思维，阻碍人们作出正确的判断。

11 有人认为啤酒比较温和，不那么容易使人麻木，对人的身体是非常有益的。但是，虽然啤酒可能不会那么快地导致酗酒的习惯，但是它就像蚕食桑叶一般，开始的时候往往被人忽略，但是当它引起人们注意的时候，就已经发展到了无法控制的地步。它并没有用那么锋利的锉刀去锉磨我们身体的器官，而是通过一个稍稍缓慢的过程让受害者走进他的坟墓。这当中更多的是傻瓜的愚蠢，较少的是疯子的魔狂。

12 还有人把葡萄酒当做诱使酒鬼离开死亡之路的灵丹妙药。但这样并不能哄骗贪婪的欲望降低到符合冷静和节制的要求。有人认为，葡萄酒会让酒鬼得到恢复，或者能延缓疾病的发展，但却是治标不治本，不能解决根本问题。必须有足够的酒精使人振作到快乐的状态，否则他就会以不可抗拒的强硬要求大声呼喊："给我！"葡萄酒没法产生足够的刺激以唤醒委靡不振的精神，或者让已经衰弱的胃变酸，这时候就会求助于威士忌和白兰地来完成慢性自杀工作。所以，即使没有人因为葡萄酒而变成酒鬼，那也仅仅是因为老天爷准备缓期报复他而已，这种报复更凶残、更可怕。

13 鸦片贸易给英国人带来了数百万的利润，却有数百万中国人因此被牺牲掉。同样，虽然酒的销售和流通为大银行和信托公司提供了数百万美元的进账，为公司代理人提供了几十万美元的酬金，但从另一个角度来看，它促使大批群众去投票支持那些在道德上和政治上都已经破产的政党。可见，酒的销售和流通对于少数人来说是牟利的好机会，而对于大多数国民而言却是一场致命的灾祸。

14 伍兹医生的调查研究资料表明：最近三年，美国的死亡率从 14.2‰ 下降到了 12.3‰。这意味着自从酿酒商的生意被禁止以来，每年可以挽救 20 多万人的生命。来自公立学校的老师、学校和乡村的巡回护士、穷人当中的福利工作者、知识分子、警察首脑以及慈善组织的领袖们的报告几乎一致表明：最近两年里，学校学生们的饮食、衣着、舒适度和福利待遇有了前所未有的显著改进。

15 正确的判断、宽阔的视野、丰富的知识和实践的主动性对于民族和个人的福祉来说是必不可少的。最高品质的政治才能和领导能力对于一个国家的进步和繁荣是不可或缺的。然而令人费解的是,依然有人支持修改禁酒法案。难道他们不懂得这正如当一扇门部分被打开的时候,只需小拇指轻轻一推就足以让它完全敞开一样,所谓的"修改"只不过是"废除"的另一种说法而已。这样的法案如果通过无异于将人民曾经受过的身体的、心理的、道德的、精神的退化和灾难,以及所有的悲痛、苦难、丑行、耻辱和恐怖等巨大的灾祸,再一次降临到受苦受难的人民身上。

16 下面是发表在《圣路易环球民主报》上的一篇题为《我们向何处去》的社论:

这是谁的错?当我们的需求如此之大的时候,我们的资源却如此之少。这个事实主要应归咎于谁?对此不可能有其他的答案:是美国人民。是那些被人民挑选出来为立法和行政负责的人。唯一的选举权利就掌握在人民的手上,这就是我国政府的基本原则。当我们的事情被管理得很糟糕的时候,如果我们不采取行动以得到更优秀的管理者的话,那么我们就没有权力去抱怨。但是,在这种危险的情形中我们又看到了什么呢?人民是不是在寻求那些智力、判断力、知识及品格都符合改进政府状况这一期望的人呢?显然没有。相反,他们转而求助于那些主要以妨碍和破坏的能力而著称的人。

作为世界上最伟大的国家，其政府怎么能用这样一些材料来行使它的职能、维护它的伟大呢？他们不懂得如何建造，也不想去建造，他们的建议都是混乱无序的。一幢建筑物怎么能靠这些人去完成呢？！我们认为，毫无疑问，人民所发出的声音，就是对当前形势的大抗议，是民众对许多扰乱并激怒公众的事情感到不满的大发泄。有很多原因令人不满，这一点毋庸置疑，但不满并不能为这些问题提供补救之道，人民所采取的方针不可避免地让情况变得更糟。我们所面临的问题，必须在我们重新开始前进之前设法解决，而解决的办法，只能来自建设性的头脑。关于这一点，不可能有什么争论。然而，受托管理我们事务的人，其政治才能却不是建设性的，而是破坏性的，其结果会怎样呢？

17 国家作为一种社会存在，是由许许多多的最小单位——个人组成的，政府只代表组成国家的所有个体的平均智力。当个人的想法发生改变的时候，集体的想法也会相应的做出调整。而我们却试图把这个过程反过来，试图改变政府而不是个人。这样违反规律而行事，收效往往是事倍功半。但只要在智力上做很小的努力，就能够轻而易举地把当前的破坏性想法转变为建设性的想法，在这样的情形下，环境就会很快改变。

18 医药在治疗人类的病痛的同时,也会对其他器官造成或大或小的损伤;经济学和力学中的每一次作用都必然带来反作用。人类关系中的每一次作用也会带来同等的反作用,因此,我们需要懂得:物的价值取决于人对物的价值的认识。任何时候,只要"物比人更有价值"的信条泛滥起来,那么,把财富的利益置于人的利益之上的错位现象就随之出现了,其产生的作用必然是人们不愿看到的反作用。

19 10年之前,德国大城市的市政债券以4%的利率在伦敦、巴黎和纽约销售。那时马克像美元和英镑一样稳定,德国公司的有价证券跟英国的和美国的有价债券并排放在一起卖,三者价格相当,同样的坚挺。但是谁也料想不到它们并不是绝对安全的。如今,一个德国马克的价值,大约相当于百分之一美分。在1922年11月的这一个星期里,一共发行了616.44亿马克,只有上一个星期的发行额超过了这个数字,是675.79亿马克。如此巨大的落差着实令人瞠目结舌,无言以对。

20 这些德国有价证券利息照付,本金到期归还,但是,用来支付的钞票,其价值几乎抵不上印钞票的纸。因此,那些保守的德国投资者,那些只做"安全"投资的人,那些只购买利息不超过4%或5%

的优先抵押债券的人，实际上一贫如洗。但作为补偿，他们可以这样反思：一个自由主义政府，允许人民拥有大量的啤酒，而当他们有大量啤酒的时候，他们就会兴高采烈地让别人替他们思考。因为利用这些啤酒的目的并不在于产生深刻、清晰、持久而合理的思考。

21 成千上万的美国公民节衣缩食地创立了一笔基金，指望在将来的日子里这笔基金能够保证他们晚年的日子衣食无忧。现在一切都成了泡影，所有的心血都付诸东流。从今往后的十年里，他们将靠什么来维持生活呢？

22 所有人都必须牢牢记住：生活这宗大买卖，不应该按照经济的方法来经营，因为投机和钻营这一套在生活中是行不通的。任何试图欺骗生活的人，最终只是欺骗了他自己。

23 为了造福人类，产生能够给最多的人带来最大利益的精神化学反应，应该把什么东西跟思想进行化合呢？首先我们应该知道，思想拥有无比强大的力量，抱有良好的愿望和理智的分析对它加以应用，会改善我们的生活，推动社会的发展和全人类的进步。但是如果思想被无节制地加以滥用，将产生可怕的后果，会给整个人类带来灾难性的破坏。

24 人类历史上许多次战争就是滥用思想的力量而造成的，这也是培养不满、无秩序和社会动荡的精神所带来的后果。1922年的意大利就是活生生的实例：一些人出于某种目的鼓励无政府的精神和不满的精神，把政府交给那些只对个人的飞黄腾达感兴趣的人。那时的意大利，只有墨索里尼一个权威，没有下院，没有上院，没有国王，他的权力是绝对的。他可以废除财政方面的所有法律而应用自己炮制的新法律，他已经表示要对领取高工资的工人征税"更多的是因为政治和道德的原因，而不是财政原因"。

25 欧洲一位著名的政治家这样描述当前的情形：

不幸的是，一场像1914—1918年的世界大战这样的战争，其所带来的破坏是很难修复的。即使拿出全部的善意来对待被征服者，如果他凭借诚实的劳动，真诚地渴望帮助世界摆脱血腥的梦魇，世界也依旧会长时间地继续它绝望的漂泊，四顾茫然。我们今天依然处在战争的延续阶段，除非是和平时期的活力有了一个新的方向，否则这一阶段很可能没有尽头。财政陷入了混乱——预算被人为地摆平了，汇率是65法郎兑1英镑、14法郎兑1美元，可怕地扭曲了纸币的流通；不断上涨的生活费用，罢工，股票市场的瞬息万变，使得贸易和产业都无法开展；股票的积聚，这些都是4年战争的赎金。无论是对征服者还是对被征服者，这场世界性的大灾难所带来的都只能是全面的混乱。数以百万的人并没有因为52个月的死亡与毁灭的工作而被奉为神圣，因为在和平到来的第二天，世界就要重建。这样的速度，其所需要的平静远远超出了人类力所能及的范围。

26 我们应该还记得，在《圣经》中也有过类似的表述：

因为那时必有灾难，从世界的起点，直到如今，没有这样的灾难，后来也必没有。若不减少那日子，凡有血气的，总没有一个得救的。只是为选民，那日子必减少了。

27 我们的胃就像一个大容器，它有极强的应变能力：对血液它是加速的循环，对活力它是弹性，对神经它是快乐或痛苦的振动，对愉快的灵魂之爱它是丰富饱满。它是生活的银索，是甘泉边的金碗，是水塔旁的滑轮。当这些在履行它们各自的职责的时候，肌肉、精神和道德的力量也在和谐地发挥着作用，让整个生命系统充满了活力和欢乐。但是，当它出了故障而无法正常工作的时候，心智和身体的力量就会下降，疲乏、消沉、忧郁和叹息就会随着健康的溃败和生命之光的暗弱接踵而来。

28 经验告诉我们，任何刺激都会作用于胃，胃部的肌肉紧张会超出食物和睡眠所能维持的程度。当它过了这个点的时候，就会产生虚弱——劳累过度的器官，它的放松，跟它所受到的异常刺激成正比。胃是有生命力的，生命的活力确保它正常地工作，它可能被不明智地上升到快乐和健康的音调之上，当然也会下降到这些音调之下，如果经常重复这样的实验，它就会产生一种不自然的胃音。自然的胃音对于快乐和肌肉活力是必不可少的，这完全超出了常规自然食物的力量所能维持的限度，并创造出一片真空，其中除了充满造成这种胃音的破坏力之外，起不到任何积极的作用。如果持续人为地扩大自然音与这种异常音之间的差别，习惯就把它变成了第二天性。就像反复地拉抻一根橡皮筋，最终的结果就是使它失去弹性。

29 作为一般法则，对于强大心智的行动来说，强健的体格是必不可少的。像重武器一样，心智在它发力的时候也会对身体造成反冲，并且会让虚弱无力的身体摇摇晃晃。因此只有将自己的身体变强壮，才不至于在心智发挥作用的时候伤了自己。

30 人类历史亦是如此。曾经走在各国前列的埃及，在自己的重压之下，最终灰飞烟灭；希腊的胜利让它陷入了东方的奢华，也让时代的黑夜笼罩了它的光荣；而罗马，它的铁蹄曾踩躏列国，撼动地球，却无法改变它后来的岁月——心脏变得越来越衰弱，强者的盾牌被弃之如敝屣。

第9课
LESSON NINE

内在信念是健康的保证

1. 一直以来,精神化学在医学界受到的评价总是最广泛的,其积极意义已经被某些医学从业者所重视和肯定。奥斯勒医生曾经说过:"在治疗学中,精神方法自始至终都扮演着非常重要的角色。当然,这在很大程度上未必被承认。大部分病痛的痊愈,其实都是信念在发挥作用,它让精神振作,加快血液流动,而神经则不受打扰地扮演它们的角色。如果失去或者缺乏信念,即使最强壮的体格也会变得衰弱,甚至走向死亡。当最好的药也被绝望地放弃时,即使是一块面包或一匙清水,信念也能够创造康复的奇迹。对医生以及他的药物和方法的信任,是整个医学专业的基础。"

2. 正如人们普遍承认的那样,烦恼或连续的负面情绪刺激会打破消化系统的正常运行,使之发生紊乱。当消化功能正常时,饥饿感会在我们吃饱时得到抑制,在我们实际需要进食之前我们不会感到饥饿。在这种情况下,抑制中心会恰如其分地发挥作用。一旦我们患上了胃病,这个抑制中心就会停止发挥作用,所以我们会经常感到饥饿,最终导致已经受损的消化器官的过度劳累。类似的小麻烦,人类一直不曾避免。这种麻烦完全是局部的,不会引起大中心很多注意。但如果不适是源自一个根深蒂固的、无法轻易消除的原因,更为可怕的疾病就会不期而至。这时,它的严重影响一旦长期持续,麻烦就会遍及生物体的每一个部分,甚至危及到生命。当发展到这种程度,只有大中心的管理有力、坚决而明智,紊乱才不会得以持续。一旦大中心出现软弱无力的状况,整个系统就随时都有可能彻底坍塌,后果不堪设想。

3 林达医生有这样一种说法:"'自然疗法'介绍了一种恶的理性观念。认为恶是由于违背自然规律而引起的,就其目的而言它是矫正的,只有遵循自然规律才能克服。如果不是有人在某个地方违反了自然规律,就不会出现所谓的痛苦、疾病和恶了。"

4 违反自然规律的原因可能是无知、漠视、任性或恶意。"果"和"因"总是互为关联的。

5 自然生活和自然康复的科学表明,人类的疾病,主要是大自然在努力消除身体的病态物质、使身体恢复常态的经历。与大自然中任何其他事物一样,疾病的过程在方式上也称得上是井然有序,所以,我们一定不能阻止或抑制疾病,而是应该积极配合。由此,我们艰难而缓慢地记住了这样一个至关重要的教训：防止疾病的唯一手段就是"服从规律"，这也是治疗疾病的唯一手段。

6 "自然疗法"揭示了治疗的基本规律、作用与反作用，以及病情急转的规律，让我们铭记了这样一个真理：在健康、疾病和治疗过程中，没有所谓意外或反复无常的事情发生，身体状态的每一次变化要么是与我们的生命规律相和谐，要么是相冲突，我们只有完全听任并服从规律，才有望掌握规律，维持身体健康。

7 我们在研究疾病的原因和特性时，必须坚持从生命本身开始。切记：我们所谓的生命和活力的表现，造就了健康、疾病和治疗的过程。

8 关于生命或生命力，流行着两种差别很大的观念：身体观和生机观。前者把生命或生命力连同它所有的精神和物质现象都看做是组成人的身体的物质元素的电磁和化学活动。从这一观点看，生命是一种"自燃"，或如同一位科学家所阐述的那样，是"一连串的发酵"。

9 现代科学正迅速地弥合生命的物质领域和精神领域之间存在的鸿沟。作为现代科学发展的结果，在观念更先进的生物学家眼中，上述生命观已经过时了。

10. 后者呢，生命或生命力的生机观，把生命力视为一切力量中的主要力量，来自于所有力量的中心源。这一力量弥漫、温暖了整个被创造的世界，使之充满生机，表达"自然意志""理念""道"，表达伟大的创造性智能。这种"自然巨力"，是地球旋转的原动力，亦能推动组成不同的原子和物质元素的电子微粒和离子不停地运动。

11. 天然物质，并不能称做是生命及其所有复杂的精神现象的源头，充其量只是"生命力"的表达，是"伟大的创造性智能"的彰显。有人把这种智能称为上帝，也有人赋之以梵天、道、气等名词，只是传统时代人们对其理解不同而已。

12. 这种至高无上的力量和智能，作用于人体内的每一个原子、分子和细胞，只有它才是真正的"治疗者"。这种"自然治疗力"一直在努力修补、治疗，以恢复人体的完美。医生所做的，就是清除障碍，让患者的内部和周遭环境重新恢复正常。只有这样，内在力量才能发挥出最大优势。

13 归根到底，大自然的一切，不论是稍纵即逝的想法或者是情绪，还是坚硬无比的钻石或者是白金，都只是大自然运动或振动的呈现，存在着无与伦比的协调与平衡之美。

14 "没有生命的自然"是美丽而有序的，因为它的演奏跟"生命交响曲"的乐谱合拍，只有加入了人的演奏才会跑调。这是属于人的特权或者说是祸根，因为人有自由来选择行动。

15 在"自然疗法"的手册中定义的健康和疾病，给我们提供了更好的理解层面：

在生命的身体、心理、道德和精神层面上，组成人的实体的元素和力量只有正常而和谐地振动时，才会有所谓的健康，这完全符合大自然应用于个体生命的建设性原则。

当组成人的实体的元素和力量进行反常且不和谐的振动时，疾病也因此诞生。这与大自然应用于个体生命的破坏性原则是相一致的。

16 怎样的条件才能产生出正常或反常的振动呢？答案就是：生物体的振动环境必须与大自然在人的身体、心理、道德、精神和灵魂等生命和行动领域中建立起来的和谐关系相协调。这个答案已经得到诸多精神医学家的证实。

17 在《精神医学法则》(The Law of Mental Medicine)一书中,汤姆逊·杰伊·哈得逊说:

像所有自然法则一样,就其应用来说,精神医学的法则是普遍适用的,而且像所有其他法则一样,它也是简单的、容易理解的。如果我们承认在健康状态中存在着一种控制身体功能的智能,那么接下来必然会得出这样的结论:在生病的情形中,同样的力量或能量没能发挥作用。这种力量既然失败了,那么它就需要帮助,这就是一切治疗手段旨在实现的目标。对于恢复身体的正常状态,再聪明的医生也不敢说能比"自然的帮助"做得更多。

需要这种帮助的正是精神能量,这一点没人能否认,因为科学家告诉我们,整个身体是由智能实体的联盟所组成的,每一个智能实体都以一种刚好适合其作为联盟成员的特殊职责的智能履行其自身的功能。事实上,任何生命都有心智,从最低级的单细胞生物到人类都是如此。因此,正是精神能量使得身体的每一根纤维运动起来。有一个中央智能控制着每一个这样心智的生物体,这一点是不证自明的。

中央智能究竟只是身体的所有细胞智能的总和,还是一个独立的实体,在身体死亡之后依然能够维持独立的存在？这个问题跟我们眼下所从事的研究并没多大关系。对我们来说，只要认识到这一点就足够了：这一智能是存在的，并且它目前是控制性的能量，通常控制着组成身体的无数细胞的行动。

那么，当精神生物体因为什么原因而未能履行与身体构造的任何部位有关的功能时，一切治疗手段打算激活的，正是这一精神生物体。因此，精神疗法是激活精神生物体的主要方法和常规方法，也就是说，精神疗法对精神生物体的作用比其他疗法更直接，因为它更清晰地作用于后者。尽管如此，也决不能排除物理疗法，因为所有经验都表明：精神生物体对物理刺激和精神刺激都能作出响应。

因此有理由声称，在其他条件相同的前提下，精神刺激疗法在效果上必然比物理疗法更直接、更积极。道理很简单：一方面它是智能的，另一方面它是清晰的。然而必须指出，即使是在物理治疗的实施过程中，想要完全消除心理暗示也显然是不可能的。极端者甚至声称，物理治疗的全部效果都要归功于心理暗示的因素。但这个说法似乎站不住脚，有点把握的说法是：物理治疗，在其本身并不肯定有害的时候，是好的、合理的暗示形式，同样被赋予了某种类似于安慰剂的疗效。还有一点可以肯定，那就是治疗方法无论是物理的还是精神的，它们都必定会直接或间接地赋予控制身体功能的精神生物体以生机。否则，治疗效果就不可能持久。

我们由此得出结论：所有疗法（无论是物理的还是精神的）的治疗价值，都取决于各自产生下列效果的能力：刺激主观心智进入常规活动状态，并把它的能量引入适当通道。我们知道：心理暗示比其他任何已知的治疗手段都更直接、更积极地满足了这个要求。而且，在外科领域之外的任何病例中，这就是为恢复健康而必须做的一切，也是我们所能做到的一切。精神生物体是身体内部健康的基础和源泉，宇宙中的任何力量都不可能比激活的精神生物做得更多，谁也创造不出比这更大的奇迹。

18 而克劳斯顿教授在对皇家医学协会发表的就职演说中曾说：

我希望今天晚上能确定或强调这样一个原则，我认为，实践医学中对这个原则的考虑是不够的，而且常常是根本就没有考虑。这个原则建立在生理学的基础之上，有着最高的实践价值，它就是：大脑皮层，尤其是精神皮层，在机体中拥有一个这样的位置，即在每一器官的所有疾病中，在所有活动中，在所有伤害中，必须以一个或多或少的利好或利坏的因素来看待它。从生理学上说，皮层是所有机能的大调节者，是每一种器官紊乱的永远活跃的控制者。我们知道，每一个器官和每一种机能都被表现在皮层中，而且被表现得能把它们全都带入正确的关系中，彼此之间互相协调，它们全都可以通过皮层被转换为一个生命整体。

生命和心智，是组成一个真实动物生物体的有机整体的两大要素。人的大脑皮层是进化金字塔的顶峰，进化金字塔底座是由密密麻麻的细菌及其他我们今天看到的几乎遍布自然界的单细胞生物所组成。它看来好像就是从最初起步的所有生物进化的终极目标。在大脑皮层中，其他的每一器官和机能都找到了它们的有机目的。在组织结构上，就我们迄今所知道的而言，它的复杂性远远超过其他器官。

如果我们充分认识到每一个神经细胞的结构（有着许许多多的纤维和树突）以及神经细胞彼此之间的关系；如果我们能够证明皮层是用来实现神经能量的普遍交互的器官，连同它的绝对一致，它的局部定位，以及它为心智、运动、感性、营养、修复和排泄所作的奇妙安排……当我们充分认识了所有这一切的时候，对于大脑皮层在器官等级中的支配地位就不会有进一步的疑问了，对它在疾病中的最高意义也就没什么疑问了。

19 这在病例中已经得到佐证。《柳叶刀》杂志记录了巴尔卡斯医生的一个病例：一个58岁的女人被认为所有器官都有病，哪儿都疼，她尝试过每一种治疗方法，但最后被纯粹而简单的精神疗法给治好了。医生让患者确信她目前的状况肯定会导致死亡，并让她深信，倘若由富有经验的护士来护理的话，某种药绝对能治好她的病。然后，便在每天的7点、12点、17点和22点给她一汤匙蒸馏水，继而对她加以精心的护理。不到三个礼拜，所有的疼痛都消失了，所有的病都治好了，而且一直未曾复发。这是一次把任何物理治疗都排除在外的颇有价值的实验，它证明了仅仅通过精神因素同样可以治愈一种病。当然，它通常也可以跟物理治疗结合起来。

20 包括你我在内的很多人都很容易相信，只有神经疾病或机能疾病才可以通过心理疗法或精神疗法来治疗。但事实并非如此，阿尔弗雷德·T. 斯科菲尔德在《心智的力量》（*The Force of Mind*）一书中说：

在一份已发表的250个病例的清单中，我们发现了5例"肺病"，1例"髋关节坏死"，5例"脓肿"，3例"消化不良"，4例"内症"，2例"咽喉溃疡"，7例"神经衰弱"，9例"风湿病"，5例"心脏病"，2例"手臂萎缩"，4例"支气管炎"，3例"弱视"，1例"脊骨断裂"，5例"头疼"。这些病都是同一年上伦敦市北的一家小礼拜堂的治疗结果。

国内和欧洲大陆的温泉疗养地（有着川流不息的含硫黄和铁的矿泉水）的"治愈"是怎么回事呢？

医生真的将病的治愈归功于温泉疗养地，真的打心眼里相信这些病例中的所有治愈都是通过水、水和食物，甚或是通过水和食物和空气实现的么？或者，他们真的不认为一定还有别的东西吗？请走进疗养院，进入所有事情的中心，以及他所有秘密的内室吧。在他自己的诊所里和他自己的执业实践中，医生难道不曾面对他自己也无法解释其原因的治愈或疾病吗？当他继续使用本地医生所发明的疗法时，他难道没有经常为它的疗效而感到惊讶吗？

任何一个富有经验的医生难道真的怀疑这些精神力量么？他难道没有认识到如果把信念的因素添加到他的处方中常常会让他的药更加有效么？他是否通过实验认识到了坚称药物一定能产生如此这般的效果这一做法的价值呢？

那么，如果这种力量真的那么广为人知的话，究竟为什么会被忽视呢？它有自己的作用规律，它的局限性和自己的或好或坏的力量，它难道不能给医科学生以明显的帮助吗？他的老师应当向他指出这些，而不是让他从一大堆毫无规律的成功中瞎琢磨出来的。

然而，我们终究还是倾向于认为。一场无声的革命正在医生们的头脑中缓慢发生。我们现在这些关于疾病的教科书（仅仅满足于开出数不清的处方，再结合一点作为严肃考量并无价值的精神治疗），最终将会被其他包含我们这个世纪更有价值的观点的教科书所取代。

第 10 课
LESSON TEN

健康要有平常心

1. 维吉尔说:"找到了事物原因的人是幸福的。"

2. 梅奇尼科夫认为,科学的最终目的,就是通过卫生及其他预防措施,使世界摆脱掉苦难。他在研究过身体之后,所尝试的事情就是把伦理应用于生活。这样生活才会过得丰富,这才是真正的智慧,他把这种状况称为"正常生活"。

3. 梅奇尼科夫夫人转述她丈夫的观点说,如果我们想要经历生活的正常周期,即"正常生活",我们的生活方式就必须在理性的、科学的时间表的指导下去改变。对于所有人来说,除非知识、正直和团结在所有人中不断增长,除非社会环境更友善,否则,正常生活是不可能实现的,它和人类的道德基础是并行不悖的。

4. 像人类所拥有的其他能力一样,信念也有一个它赖以发挥作用的中心——松果腺。信念通过人体的器官来暗示自己,因此是"身体的",就像疾病可能是"精神的"一样,精神和身体只是人这个既伟大又普通的个体的组成部分。疾病的治疗需要用到"宇宙力",这种力量可能以不同的形式——如上帝、大自然、自然治疗力、气、逻各斯、神来彰显，但是无论以何种方式，都无外乎物质手段或者精神手段。

5 巴特勒医生说："柏拉图曾说过，人是一株根植于天上的植物，我很同意这个说法。但我认为人也是一株根植于地上的植物。"事实上，可以说人有两个起源，一个是尘世的、肉体的，另一个是精神的。不过后者源于前者，所以最终的起源是一个。

6 人是一个生物体。德·昆西把生物体定义为一组部分作用于整体，反过来整体又作用于所有部分的有机体。这个定义简单而真实。

7 具有讽刺意味的是，心智尽管是人类生物体作用与反作用的主要部分，通常也是决定性的部分，但它却未被纳入正规医学研究的范围。医学研究者们否认它是引起几乎所有非传染性疾病的主要原因。但近年来，身体中毒和内分泌紊乱开始越来越引起人们的重视，医学研究者们也开始试图在身体之外的作用机制中寻找答案，并将它明确地定位于心智的状态。这些状态开始进入诊断学的范围，先进的医学技术也把它们纳入了治疗学中。

8 其实人们关于心智对身体有何影响的研究开始得很早,甚至可以追溯到希波克拉底,或者比他更早的时候。14世纪的时候,曼德维尔就曾赞成让一个求医问药的人背诵几首赞美诗,他也不反对通过朝圣来寻求健康。他认为在善的潜力巨大的时候,百害莫侵。在朝圣的路上(通常是步行,大部分时间在户外度过),体育运动的价值几乎一目了然。在中世纪及其之后一些时候,许多名医都坚持要患者(不管他们多有钱,出身多高贵)从他们的住处徒步前来求医,而且要十足地谦卑,否则就拒绝施治,这种办法治好了许多嗜睡症和肥胖症。这些都是古代心智应用的实证。

9 罗耀拉说:"要带着'万事全靠你'的想法去做每件事,然后带着'万事全靠上帝'那样的想法去期待结果。"这阐述的是一种做事的态度,一种心智状态。

10 相对于那些固执、迂腐的学究们,各康复学派中最明智、最宽容、最开明的解释者总是慷慨地承认其他学派的价值和本学派的局限。那些负责任的、真正尊重职业荣誉的医学人员,在处理科学的时候会使用所有有益的、建设性的手段。因此,有一位杰出的神秘论者说:

在错位、脱白或骨折等病例中，最快捷的解救办法就是去请一个有能力的医师或解剖专家，让他去护理受伤的部位或器官。在血管或肌肉破裂的病例中，应该立即寻求外科医生的帮助。这倒不是因为心智治不好上述病症，而是因为当下，即使在受过教育的人当中，心智在很多时候都因为误用或不用而软弱无力。为了避免不必要的痛苦并尽快痊愈，精神治疗应该配合这些身体治疗。

11. 先贤威廉·奥斯勒爵士说："科学的救助，就在于对一种新哲学的认识，这就是柏拉图所说的'科学之科学'（Scientia Scientiarum）：'如果研究这些学科深入到能够弄清它们之间的相互联系和亲缘关系，并且得出总的认识，那我们对这些学科的一番辛勤研究才有一个结果，才有助于到达我们既定的目标，否则就是白费辛苦。'"（《旧人文与新科学》，*The Old Humanities and the New Science*）

12. 科学家们假设只有一种物质，并因此推论出：科学就是这种物质而非其他物质的科学。然而他们却不得不面对这样一个事实：他们的这种物质被分开了。而且，当他们把它分解到最细微的程度时（例如原生质），就不得不面对比他们所熟悉的或者能够充分解释的规律更高的规律。而许多视野更宽广的科学家却开始看到了"第四度空间",并承认这样一个事实:可能存在着完全超出化学试验和显微镜头之外的物质。

13 一个崭新的时代正在向我们走来:电报和无线电如今已经普遍应用于我们的日常生活,所有的信息和知识的通道四通八达、畅通无阻。因此,疾病从所有已知的康复技术中受益也便指日可待了。

14 每个人都有自己的精神特性,所以必定存在着统治精神世界的基本法则。无论是否受到重视,这些精神法则都要发挥作用。医生总是由于拒绝承认患者的精神特性而害人不浅,而玄学家们则走向了另一个极端:他们总是由于不承认患者的身体是内在精神的肉体表现,不承认身体的状况只是精神的表达而贻误苍生。

15 有了近些年涌现出的关于心智的智慧作为坚强的后盾,我们立即认识到:病原体不仅是疾病的原因,而且也是疾病的结果。而过去被认为是疾病的罪魁祸首的细菌则是疾病产生的结果,而不是导致疾病的原因。

16 结果是显性的,而原因是隐性的,因此我常常只找到结果而找不到原因。只处理"果"而不找诱因治标不治本,不过是用一种形式的痛苦去替代另一种形式的痛苦,不能根除疾病。如果我们的目的是要救治痛苦,要想标本兼治,那么我们就该去寻找导致"果"产生的那个"因",而这个"因"决不可能在"果"的世界中找到。

17 在这个新的时代,反常的精神状态和情绪状态马上就会被发现,并得到纠正;毁灭中的生物组织会被根除,或者通过医生治疗时的建设性方法而得以重建;反常的损害会通过建设性的治疗而得到纠正。但是,比所有这一切都更为重要的,是主要的、本质的观念,是所有结果赖以为基础的观念。因此,不要让任何不和谐的或破坏性的思想接近患者,对患者及其周围的人来说,所有的想法都应该是建设性的,因为每个医生、护士、陪护、亲友最终都会认识到:想法是精神性的事物,它们一直在寻求彰显的机会,一旦找到沃土,它们就会立即生根发芽。

18 有的患者的反应不是十分灵敏,不能立即对客观世界的想法和影响他们健康状况的周围环境作出及时准确的反应。有的患者甚至会把伪装了的破坏者误认为是来拯救自己的天使心肠的慈善家而报以热烈的欢迎。这些欢迎将是下意识的,人们总是受潜意识的支配而行动。

19 显意识的心智只通过感觉器官,即目、耳、鼻、舌、身来感受客观世界,接受想法,使人产生视觉、听觉、触觉、味觉和嗅觉这五种感觉。

20 与显意识不同的是,造物主没有明确规定哪些器官是专门用来感受潜意识的。潜意识想法则是通过受到影响的身体器官来接收,并把接收到的想法具体化。首先,有数百万的细胞化学家准备并等待执行它们所接收到的指令。其次,由巨大的交感神经系统所组成的整个通信体系会延伸到每一根生命纤维,准备对轻微的情绪做出反应——快乐或恐惧,希望或绝望,勇敢或无力。接着有一连串的腺体所组成的完整的制造车间,细胞化学家们用来执行指令的所有分泌物都是在这里制造的。然后有整套的消化器官,食物、水和空气在这里被转变为血液、骨头、皮肤、头发和指甲。然后有供应部门,源源不断地把氧、氮和醚送入生命的每个部分,它的全部奇迹就在于:醚使得细胞化学家所要用的每一样东西都处在溶解状态,因为醚把细胞化学家在制造一个完美个人的时候所需要的每一种元素都保持在纯粹的形态中。而食物、水和空气则把这些原素保存在次要形态中。

21 潜意识就像一个规模宏大的工厂，拥有一整套排泄废料的装备，以及一整套修复各部门的装备。在我们周围或许存在着各种各样的通讯信号，但如果我们不利用放大器，就接收不到任何信息。我们的潜意识无线电也是如此。如果我们不设法让潜意识和显意识协同合作，我们就认识不到潜意识在不断地接收某种信息，并不断地在我们的生活和环境中把这些信息具体化。

22 如此高效而完备的系统就是造物主亲自发明和设计的机能，并把它置于潜意识心智而不是显意识心智的监管之下。人类需要时刻谨记的是：潜意识往往要依靠显意识而得以彰显。当潜意识心智同它所有神奇的机能与普遍适应的理念相协调的时候，是受显意识心智控制的。在普遍适应的理念中，所有这一切都保持着开放的状态。

23 处于自然世界中的人或物，为了认识那些有待于我们去认识的新观念，必定要从自然的层面上升到超自然的层面，从感性认识上升到理性认识。这一层面是通过内心的平和来达到的。

24 造物主为人类想得很周到,我们人体内部是一个和谐的系统,平和的内心促成细胞的协调,使之产生自动修复的过程,从而使疾病得以康复。所以,我们必须记住,不能喂细胞吃,而应让它们自己吃。任何企图强迫它们接受超过它们所需给养的努力都会导致灾难。它们自动接受它们所需要的,拒绝对它们有害的,不需要外力的干涉。

第 11 课
LESSON ELEVEN

你必须发自内心地相信自己

1. 亨利·布鲁克斯先生的著作《自我暗示的实践》(*The Practice of Auto-suggestion*)提及了他在埃米尔·库尔医生的诊所进行的一次有趣且极富教益的拜访。这个诊所位于南锡市圣女贞德路尽头库尔医生宅邸内一座怡人的花园里。亨利·布鲁克斯先生说,当他到达时已经人满为患,但还是有人不断想要进入。一楼已经被人全部占据,门口还挤满了人,所有的椅凳都坐满了前来求诊的虔诚的患者。

2. 他接着讲述,库尔医生大部分不同寻常的治愈病例,仅仅是给患者以暗示:康复的力量其实就潜藏在他自己身上。还有一家由考夫曼小姐负责的儿童诊所,她毫不吝啬地在这项工作中投入了自己所有的时间和精力。

3. 布鲁克斯认为,库尔医生的发现可能会给我们的生活和教育带来深远的影响,"它让我们懂得:生活的重负,至少在很大程度上是我们自己造成的。我们在自己身上以及在周遭的环境中重现了头脑中的想法。从更深层次来说,它为我们提供了一种避恶扬善的手段,它改变我们原本坏的想法、鼓励好的想法,从而改善我们的个体生命。这个过程并非终止于个人,社会的思想在社会环境中被认识,人类的思想在世界环境中被认识。从幼年起就培养一代人自我暗示的知识和实践,对于这样一个社会问题和世界问题又该采取怎样的态度呢?一旦我们都在自己的内心找到了快乐,那么我们是否会继续贪婪,想要拥有更多呢?自我暗示需要改变态度、重估生命。如果我们一直面朝西方,我们就只看得到乌云与黑暗,但只要轻轻地回过头,就能看到壮丽的日出以及更为宽广的景象。"

4 医学博士范·布伦·索恩一篇类似的文章也在1922 年 8 月 6 日的《纽约时报》上发表,文章将库尔医生精心设计的这套治疗精神和身体疾病的体系的本质概括如下:

> 个体拥有有意识和无意识两种心智,心理学家称后者为潜意识心智。潜意识心智一直扮演着显意识心智谦卑而温顺的仆人,它主管和监督我们内部组织的食物消化,肌体修复,废物排泄,以及重要器官的功能和生命本身的持续。
>
> 库尔医生认为,当有意识心智中产生需要额外努力修复某种缺陷(无论是身体还是精神的)的想法时,个人要做的就是把这个想法明白无误地传达给潜意识心智,这位谦卑温顺的仆人就会立即服从指令,没有任何质疑。

5 库尔医生、布鲁克斯先生,以及许多法国、英国及欧洲其他地方的名流要人都曾声称,他们直接观察过的许多病例可以称得上是奇迹的结果。而对于那些因不曾目睹过这一治疗形式产生的神奇疗效,而对此抱有怀疑态度的人来说,不妨让他们知道库尔医疗法的三个实例,他们很可能就会改变态度。首先,库尔医生多年来一直免费为有需要的患者服务。其次,他总向病人坦言自己并没有治疗的力量,一辈子从未治好过一个人,关键在于患者本身,只有他自己才能真正拯救自己。第三,任何人在治疗的过程中无需任何咨询以及其他任何人的帮助。还可以补充一点:即使是一个小孩儿,一旦领会了显意识心智和潜意识心智这个事实,并能正确地加以运用,他也能成功地进行自我治疗。

6 在此书的封面上,布鲁克斯先生引用了《新约·哥林多前书》中的一句话:"除了在人里头的灵,谁知道人的事。"布鲁克斯选择这句话是将它作为《圣经》中提及显意识心智和潜意识心智存在的证据。但是,他所使用的方法或他的结果可能涉及的宗教意义,不论是库尔医生的治疗,还是布鲁克斯的这本关于治疗的书,最终都没法对此作出阐明。

7 库尔医生在南锡所进行的医疗实践,之后得到了迅速传播。然而,他坚持认为,这套方法的治疗效果之所以受到公认并得以传播得益于一句口碑:"日复一日,我在方方面面都越来越好。"他并没有强调他所谓的治疗的宗教意义,然而布鲁克斯先生说:"那些具有宗教情怀的人,如果真的希望把这句口头禅跟上帝的关怀、保护挂钩,也可以这样说:'日复一日,在上帝的帮助下,我在方方面面都越来越好。'"这种疗法的成功之处,就是要在显意识心智中产生这样的信心,它所强调的,在其表面价值上被潜意识心智所接受。正如布鲁克斯说的:"一个想法进入显意识心智,一旦被潜意识心智所接受就会变为事实,形成我们生命中一个永远也无法消除的要素。"

8 现在,让我们追溯一下这本书的创作过程,以便了解库尔医生的工作。布鲁克斯先生出生在英国,很有兴趣直接观察库尔医生在南锡的工作。库尔医生在此书的序言中说,头一年的夏天,布鲁克斯先生做了一次访问,花了几周的时间。他是第一个带着明确的研究有意识的自我暗示方法目的来到南锡的英国人。为接近这个目标,他参加了库尔医生的会诊,完全掌握了这个方法。接着两个人一起反复研究了这种疗法所依据的诸多理论。

9 库尔医生说，布鲁克斯先生能巧妙地抓住治疗方法的本质，并以自己简单而清晰的方式表达出来。他还说："不论是需要获得治疗的病人，抑或是为了防止将来生病的健康人，都应该遵循这种方法。我们能够靠自己的力量确保自己长寿，能拥有极好的健康状况，不论是心智健康，还是身体健康。"

10 接下来，就让我们随着布鲁克斯先生去拜访库尔医生的诊所吧。房子的后面是一座花园，鲜花盛开，果实累累，令人心旷神怡。患者坐满了花园的长椅，候诊室和会诊室内都挤满了来自四面八方的患者，有男人，有女人，还有孩子。

11 库尔让患者确信自己正在一点点好转，并补充说："你曾在自己的潜意识里播下了坏的种子；如今，播下些好的种子吧。之前的那种力量，将同样带来好的结果。"

12 对一个抱怨连天的女人，他说："夫人，您过于执著于自己的病了，太多的想法正在给您创造新的疾病。"对一个患头痛的女孩、一个眼部红肿的年轻人、一个患静脉曲张的劳工，他不厌其烦地反复说明：他们的痛苦将在自我暗示中被完全解除。他走向一个神经衰弱的女孩，这个女孩已经来过诊所三次，并在家里遵循这个方法做了 10 天的治疗。她说她正在好转。如今她吃得香、睡得好，正开始享受全新的生活。之后，一位曾经是铁匠的高大的农民引起了他的注意。他说，差不多 10 年来，他不能把手臂抬到肩部之上。库尔预言，他会彻底痊愈。再之后，他开始关注那些自我认定已经受益的患者：一个女人胸部有疼痛的肿块，被医生诊断为癌症（在库尔看来，这一诊断是错的）。她说，经过三周的治疗，自己已经完全康复了。另一位患者则成功地战胜了贫血，体重增加了 9 磅。第三位患者说，自己的静脉曲张溃疡已经治好了。第四位患者，一个被认定会终生口吃的人，声称自己已经痊愈。

13 此时，库尔再将注意力转向之前的那位铁匠，对他说："10 年来，你一直认为自己不能把手臂抬到肩部之上，所以你确实做不到，因为我们所想的会让我们误以为是事实。现在，你转变思路，对自己说：'我能抬起手臂。'"铁匠满脸疑惑地嘀咕着"我能抬起手臂"，并试着做了一次，说手臂很疼。

"坚持住，别放下！"库尔用命令式的口气对他大喊，"你要想：'我能，我能！'然后慢慢闭上你的眼睛，以最快的速度跟着我重复：'起来了，起来了。'"

半分钟后，库尔说："现在，认真想：'你能抬起手臂。'"

"我能。"此人开始对此深信不疑,然后高高举起了手臂,很得意地保持着这个姿势,让所有人都见识到了这个成果。

库尔医生平复了一下自己的情绪,说:"我的朋友,恭喜你已经把自己治好了。"

"不可思议,难以置信!"铁匠终究还是一头雾水。

库尔请他拼命击打自己的肩膀,以此来确信事实的存在。于是,有节奏的击打落在医生的肩膀上。

"够了,"库尔喊了一声,顺势躲开铁匠那重锤般的拳头,"你可以回到你的铁砧旁边了。"

14 此时,他转向了一号患者,一个步履蹒跚的男人。那个人被刚才的一切所鼓舞,心里扬起了信念的风帆。在库尔的指导下,他果然控制住了自己,在短短几分钟内就真的能从容前行了。

库尔继续说:"当我看完门诊时,你应该有能力在花园里跑了。"

预言很快应验了,患者以每小时 5 英里的速度绕着围栏轻松地跑了起来。

15 接着,库尔概括了一些特殊的暗示。他让患者闭上眼睛，用低沉、单调的声音对自己说如下的话：

"我即将说出的每个字都将铭刻在脑海，它们会一直固定在那里。所以，如果没有你的意志和认知，如果没有以任何方式意识到正在发生的事情，你自己以及你的整个生物体都会服从它们。让我告诉你，首先呢，每天早、中、晚吃饭的时候，你都会感觉到饥饿，也就是说，你会感觉到：'要是有什么吃的东西就好了！'然后，你大快朵颐，尽情享受食物，但决不会吃太多，要适可而止，然后你就会本能地知道什么时候算是吃够了。你会充分地咀嚼，把食物转变为糊状，然后再下咽。这样，你会很好地消化食物，不会让胃部和肠部感觉不适。完美地执行消化过程后，你的生物体会尽最大可能利用食物去创造血液、肌肉、力气和能量，一言以蔽之——创造生命。"

16 布鲁克斯说："库尔医生与考夫曼小姐他们把个人的财富和整个生命都投入到了为他人服务的工作中。不论在多么困难的时刻，他们从未收过患者一分钱，也从未拒绝过任何患者。如今，这种疗法已声名远扬。库尔在这项工作中花费了大量时间，有时一天甚至多达十五六个小时。在'诱导自我暗示'的治疗领域，他堪称一位纪念碑式的人物。"

17 韦尔特默先生在《再生》(*Regeneration*)一书中说:

人类所参与的最近的一场战斗,如今正在继续。这不是一场大炮和利剑的战斗,而是一场观念的冲突。它不是破坏性的,而是建设性的。它不是一场毁灭之战,而是一场完成之战。它不会加深冲突,而是要确保和谐。它不会把人类大家庭结合在一起,编织进联合与聚会中,而是让人类种族个性化。人人都将特立独行,承认自身之内存在所有的可能性,承认自身之内所有的神性法则都是组成完美整体的一部分。

当一个人这样看自己的时候,他就会看到这个内在的王国不仅是在他的内心,而是在所有人的内心。我们必须设想,要完成我们决心要做的工作,其力量就存在于心智之中。但在我们把这项工作托付给心智之前,我们必须有一个清晰的观念,即我们所要做的究竟是什么。为了让身体再生,我们必须假设这个想法是对的,即创造生命与健康的力量就在我们自己身上。我们还必须懂得它产生于何处,是如何产生的。

只要我们能理解这一点,只要遮蔽我们的无知面纱能够被掀起,并允许我们窥探知识的宝库,就像允许先知和预言家们所窥探的宝库一样;只要我们能够攀上摩西所站立的地方,并放眼全景;只要我们能经历保罗在说下面这句话时所做的事情:"我不知道我是在身体之内还是在身体之外",我们就能够理解他所说的话:"我们身上所显露出来的光荣,眼睛未曾看见,耳朵未曾听见,人心也未曾想到。"

18 大脑就是这样一种器官:我们凭借它与身体的其他器官交流想法,并通过感官从外部接收印象。伟大的人之所以能发展出比一般人更为精密的大脑,就在于他们拥有不同于一般人的伟大思想。这使得人们认为,只有精密的大脑才能诞生伟大的心智。如果他们能把大脑同容易腐烂的身体上的其他器官一样看待,他们就会知道,大脑只是赖以表达心智的器官,仅此而已。

19 当我们持有一种信念时,这种信念便进入并控制了我们的心智。一个在贫困中辛苦挣扎的人,只要增强他的信念,就一定能挣脱贫穷的镣铐。

20 暗示的影响力在于它的控制性必须是一种未受干扰的正面暗示,被接受暗示的人必须将其看作生命中固有的,绝非能轻易改变或修正的东西。

21 还有一种应用暗示原则的方法,蒙大拿州汉密尔顿市的J.R.西沃德先生描述过这种方法。他说:

我是个36岁已有家室的男人，家人为我摆脱了烟草而感到高兴。我嚼了（或者毋宁说是吃了）15年的烟草。一开始我并非要想形成嚼烟草的习惯，而是认为它有助于我长大成人。在这个习惯不受阻挠地发展了几年之后，我发现自己被一只行动迟缓却不断长大的章鱼给牢牢抓住了，我身陷其中，不能自拔。

我在一家木器店里做木工手艺。所有木工都知道，木材中有某种东西让人想嚼烟草。当我染上这一恶习的时候，我一天到晚都在嚼烟草，起初能得到强烈的满足，后来就不满足了，我开始很想知道自己会走向何方。慢慢地，我意识到自己已经成了烟草的奴隶，我开始考虑减少烟量，或者彻底戒除。

我马上就要向你解释我妻子帮我戒除恶习的方式，并让你确信：如果应用恰当的话，暗示具有神奇的力量。

大约在我最消沉的时候，某部著作引起了我的注意，书中讲到了受控制的思想所具有的力量。我开始对研究这个很感兴趣，当我阅读、思考并开始在我们的日常生活和周围环境中寻找证据的时候，我逐渐了解了真相。我开始懂得，生命现象是被内心所养育、从内心中生长出来的，如果内心处在腐朽的状态，它总是会在外部显示出来。事实上，如今我懂得了耶稣基督的话"他心如何思量，他为人就如何"是什么意思。如果你认为自己是烟草或其他不良习惯的奴隶，你就会永远是奴隶。你必须认为自己一直是自由的。

但是，要让一个人想象自己远离一种像思想本身一样紧紧缠住他的习惯，是一件很难的事，而且别人也帮不上忙。在我们为了戒除我的嚼烟习惯而试着暗示自己的时候，我和一个孩子睡在一间卧室里，而我妻子则和我们当时最小的只有8个月大的孩子睡在另一间卧室里。像往常一样，她在夜里不得不经常起来照看孩子她正是在这个时候趁我睡着给我做精神治疗。

不必在同一个房间里，尽管那样也很好。在我熟睡的时候，她会设想自己仿佛就站在或跪在我的床边并对我说话。她的暗示是建设性的、正面的，而不是负面的，就像这样："如今你渴望摆脱嚼烟的习惯，你是自由的，渴望并享受控制，而不是沉湎其中。明天你会只想要平常一半的烟量，而且每天都会减少，直到你在一个礼拜内彻底摆脱它，再也不想烟草了。你是你自己的主人，你是自由的。"

每当她在夜里醒来的时候，都对我作上述暗示。我发誓在她开始治疗之后的六天之内，我就彻底摆脱了对烟草的渴望，彻底戒除嚼烟的习惯。

那是几个月前的事了。如今，在生活中我已经比从前更能控制思考和言行的习惯。我已经从一个瘦弱不堪、神经崩溃的人，变成了一个体格健壮、精力充沛、思维清晰的人。每一个认识我的人，都注意到了我的外貌和举止上发生了多么大的变化。打那以后，我就开始从事建设性的定向思维的研究和实践。

22 众所周知，人们在无线电报或电话中使用了一种被称做"调谐线圈"的装置，它能产生与一定波长的电波相和谐的振动。由于它跟波的特殊音调合拍，因此它们是和谐的，能够使振动畅通无阻地走向接收装置。与此同时，还有其他音调更高或更低的无线电波振动经过，只有那些和谐的振动才会被接收器所记录。

23 几乎是以同样的方式，我们的心智通过意志力来控制我们的"调谐线圈"。为了达到和谐，我们可以根据低频振动的思想（比如自然刺激）调整我们的心智，也能依据教育性的或精神性的思想加以调整，或者在满足某些条件后，索性让自己成为纯粹的接收装置，单一接收精神性的思想振动，人就是拥有这样的"神力"。显然，一旦这一建设性的定向思维得不到应用与可视化，不要说金碧辉煌的大厦，哪怕仅仅是一幢粗糙简陋的茅屋也绝不可能存在于我们的视线之中。

24 所谓推销术,其实就是对暗示的理解和巧用。用得巧妙,往往能松懈对方的显意识注意力,激活并加速他的欲望,直到他做出赞同的响应。正是因为正视到了这种通过暗示把人推入欲望中心的力量,才诞生了橱窗展示、柜台展示以及图画广告等花样翻新的推销方式。通过这些方式,暗示变得愈发强烈,一旦跟欲望的思想振动相和谐,就会强力促使行动付诸实施。一旦暗示并未得到认可,或者跟欲望不和谐,那么,它就像是一颗落在石头地里的种子,不会产生任何果实。

25 所以说,想法加行动能直接导致结果。这样的关系无疑体现在建筑师和他们的设计图中、裁缝和他的图样中,以及学校和它的产品中。它们产生的结果全都与主要的建设性思想相和谐。生活能否成功,思想的质量是决定因素。

第 12 课
LESSON TWELVE

人人都是自己的心理医生

1 麦克白问医生:"你难道不能诊治那种病态的心理吗?"用这一段来解释心理分析实在是再合适不过了,以至于我不得不把它完整地抄在这里:

   麦克白:你难道不能诊治那种病态的心理,从记忆中拔去一桩根深蒂固的忧郁,拭掉那写在脑筋上的烦恼,用一种使人忘却一切的甘美的药剂,把那堆满在胸间、重压在心头的积毒扫除干净吗?

   医生:那还是要靠病人自己想办法的。

2 我们常常患上某种形式的恐怖症,其起因可以一直向前追溯到孩提时代。很少有人能免于任何形式的厌恶感或"病态心理",不管受害者愿意与否,这种影响每天都在发生。在某种意义上,潜意识不曾停歇,收藏着哪怕是点滴的不愉快的记忆,与此同时呢,显意识在努力保护我们的尊严(也可以称做虚荣,随你怎么称呼)的时候,发展出的原因比最初的原因看上去更好。

3 病态心理由此形成。有位患者由于在孩提时代听到过大炮在离她很近的地方轰鸣,于是患上了"恐雷症"。这件事她已经"忘却"了许多年,这是因为要承认这样一种恐惧,即使只是对自己承认,都显得有些孩子气。无疑正是这种伪装,使得心理分析师很难将这种根深蒂固的悲伤从患者的记忆中连根拔起,抹去那由来已久的烦恼,这些才是患者的"创伤",或对患者的最初的打击。希腊语单词Psyche的意思不仅是"头脑"而且还是"灵魂",如果我们还记得,将有利于我们更好地理解莎士比亚对心理学的透悟。因为他不仅说出了"病态的心理",而且还淋漓尽致地道出了"重压在心头的积毒"。

4 诸如此类的病态心理,其实我们每一个人都会有或都曾有过,只是形式或温和,或剧烈。因为厌恶某些食物患上畏食症;因为害怕锁上的门而患上幽闭恐怖症,还有人害怕开阔的空间,怯场,害怕触碰木头等等。这些五花八门的病态心理一时很难一一列举完整。

5 对于绝大多数病态心理,患者必须进行自我治疗。当然,这种治疗需要在有经验的心理分析师的帮助下进行,某些病例还需要精心设计治疗步骤,利用心理测试仪及其他精密的记录装置,但过程并不复杂。首先让患者彻底放松身体,安抚他的心灵。然后告诉他,把他头脑中浮现出来的、跟其病态心理有关的东西全部说出来,其间,心理分析师会给予读者适当的提示和询问,那些已经根深蒂固的最初的原因或经历，在联想的召唤下会慢慢浮出水面。很多时候，仅仅是解释就足以根除那深深的困扰。

6 还有一组既是心理也是身体（或者二者互相引发）的紊乱——歇斯底里。理查德·英格勒斯在《心智的历史与力量》(*The History and Power of Mind*)一书中将这一问题总结得非常清楚："疾病可以分为假想的病和真正的病。假想的病其实仅仅是一幅精神图景，它牢牢占据着患者的头脑，导致患者身体上的相应变化。产生这种疾病的原因，通常在于完全忽视解剖学或生理学的规律。这种病之所以难以治愈，是因为这幅图景在患者心智中的地位难以撼动。因此，要进行治疗，必须首先彻底修正他的思维方式。一位声称自己有肾病的患者，实际生病的器官却在腰部几英寸之下。这样的情况其实并不少见，脾脏常常被猜想在身体的右侧，幻想中的肿瘤出现又消失。但是一旦抱持这些精神图景的时间太长，起初那些纯粹是假想的因素，最终会导致实际的疾病。"

7 大量的疾病追根究底都是由于抑制常规欲望，或由以往个人生活中的失调而引起的。心理分析一般都立足于这个假设。在类似病例中，疾病的根源往往隐藏得很深，甚至隐藏了许多年，必须彻底探查。

8 心理分析采取的手段，可以是通过对梦境的解释，或通过询问患者过去的经历来探查这样的难点。一名训练有素的分析师，首先要得到患者的信任，使之产生友好的亲近感，能让患者向他袒露自己哪怕是最隐秘的经历。

9 患者一旦记起了某段特殊经历，作为心理分析师，就要趁机鼓励他详细谈论经历的过程，使它从潜意识中逐渐浮现出来。然后，分析师要让患者清楚地看到导致他的疾病的根本原因所在，同时让他知道，只要彻底消除病因，伤害就会立即结束。

10 这就好比肉体中的外来物质。一个可怕的肿块，发炎、疼痛、让人苦不堪言。外科医生切除了肿块，剩下的就是等待伤口的愈合了，心理的规律亦然。潜意识中如果真的存在什么异常活动，或者某些痛处正在发生溃烂，只要运用精神分析给它定位、消除精神症结，并展示给患者看，精神疏导便大功告成。

11 休·T. 帕特里克医生是西北大学医学院神经与精神疾病临床学的教授，他提到的几个病例都十分有趣：

> 恐惧的影响力在很多官能神经性紊乱的病例

中是不可忽视的。但在许多病例中，尽管病情同样重，这一因素的影响却不是那么明显。后者当中有多个种类，可以分成许多组：一组患者从体形上看都很有胆量。几年前，有人跟我提到一个人，他在拳击场上大名鼎鼎，可以说是无所畏惧，是一个特别不爱操心的人，夸张一点，甚至可以说是一个无忧无虑的人。他就患有一些令人颇为困惑的神经症状，尤其是失眠症，缺乏兴趣，喜怒无常。通过细心的分析我很快发现，某些微不足道的症状（起因于奢侈的生活和家庭摩擦）使他形成这样的意识——自己正陷入精神错乱。这种恐惧占据了他的灵魂，他无法摆脱，也无心做任何事。然而，患者本人丝毫没有意识到他的烦恼其实就是一种病，当然他的医生也忽视了。

正因为如此，他们根本无法从身体上治好这种病，只得进行精神上的分析，从潜意识中找出恐惧的原因，并将它彻底暴露在患者面前。当患者得知病因时，其效果无异于从我们红肿的眼睛上拔下一根睫毛让你看。烦恼就此消失了，因为患者确信病因已经被消除，于是当时就将它忘记了。

在怀俄明州有一位养绵羊的牧场主，他说自己患上了失眠症、厌食症，而且肚子疼，经常神经过敏，根本无力照料牧场。他的问题，其实是恐惧胃癌。这种恐惧使他勇气丧失，导致他对自己身体感觉的极度夸张。

这位牧场主原本不是一个懦弱的人。我曾经在一次他关于他的买卖的交谈中听说过这样一件事：有一段时期，绵羊养殖被西部的牛仔们搞成了一项危险职业，在那些年头里，尽管他连睡觉时都一直随身携带一支来复枪，但他依然生活得很平静。一次，他得到通报，说有三位牛仔已经动身前来"逮他"，消息确凿。于是他武装完毕，飞身上马前去会见。用他自己的话说，他成功地"说服他们离开此地"，于是三个未遂的刺客打马转身，疾驰而去。他在这次遭遇中没有感到丁点儿的忧虑或者是不安。

12 站在身体的角度上说，他很有胆量，但一旦内部机体似乎出了点什么毛病时，他就束手无策了。医生一确定他害怕的根源，马上向他表明（大概借用了X光片或者诸如此类的媒介）：其实他什么病也没有。接着把患者的注意力转移到那个其实根本就不存在的恐惧上，医生让患者确信，他的恐惧没有任何根据。

13 还有一个病历：一位49岁的警察不幸患上了失眠症，头疼、神经过敏、体重下降，一时难以治愈。他不是一个疑神疑鬼、容易恐惧的人。他多年来执勤的地方一直都是芝加哥市治安最糟糕的地区之一，由于对罪犯熟悉，他总是被派去搜捕最恶劣的罪犯。他参加过的枪战不计其数。一次，一位恶名昭著的枪手近在咫尺，对着他的脑袋开火。所有这些，他都镇定自若，不曾畏惧。可是一遇到他的病，他却不折不扣地屈服了。恐惧由此而来：一个心怀叵测的恶人控告他处置失当，他为此遭到了审判委员会的传讯。

14 这让他陷入了极度的烦恼之中。他深感无辜，觉得耻辱，害怕自己因传讯而被迫停职，甚至被解职。他彻夜难眠，担心失去自己原本应得的好名声，担心危及自己的家庭，更何况家里的房子有一笔抵押贷款要还。渐渐地，他的头部开始产生不适感，接着他觉得自己很不稳定，就在这个关键时刻，他的朋友同情地告诉他：一个人的烦恼会导致精神病。于是他的心中就有了几个担心：担心丢脸，担心破产，担心发疯。但患者自己能确切明白所有这一切吗？不会。他沉溺在自己的焦虑紧张中，他一味地忍受痛苦，丧失了信心，他迷失了方向。

15 当医生向他展示从他的潜意识中挖出的病根时，目的就是要让他清楚地明白：所有的恐惧都源于他的内心。于是，他下定决心要将这些恐惧连根拔起，自然而然地他的病就痊愈了。

16 潜意识心理生病的方式是慢性的，它发病通常是因为某种持续了许多年的精神经历，患者一再地深埋这段经历，最终导致了这种疾病。这构成了潜意识中的——精神上而非身体上的——专业术语称之为"脓肿"的东西。

17 一个女人多年来全身虚弱，病症一直没有任何好转的倾向。心理分析师开始询查病因：他开始念一些单词，向她的思想里灌输一系列的概念——桌子，书，地毯，华人等。当他念到"华人"这个词时，患者的表情突然显得有些吃惊，分析师问她这个词勾起了她怎样的回忆，为什么她会觉得吃惊时，女人回答，在她童年时，她总是和一位要好的玩伴在一家中国人的洗衣店附近玩耍，当那个中国人通过大门时，她们打闹着向他扔石子，算是一种骚扰吧。一天，那名中国人突然手持一把大餐刀追赶她们，吓得她们魂飞魄散。心理分析师确定他找到了病症所在。事不宜迟，他开始对着她念更多的词，当念到了"水"这个词时，女人再次呈现出惊恐的表情，讲起了也是在她的童年时代发生的一件事。一天，她跟弟弟一起在码头上玩耍，无意中把弟弟推下了水，弟弟被淹死了。那是许多年前的事，当时她还很年幼。医生问她直到今天是不是还无法忘怀这些事？她回答："不，我很多年前想起过这些，可能是 15 年前，也可能是 20 年前。"

18 听到这样的答案，医生似乎找到了治疗她的途径。当时她住在一家疗养院，由一位护士照料。医生对她说："我要你每天都跟护士讲述关于中国人还有关于你弟弟的经历，不停歇地一直讲，直到你讲得再也没有任何感觉，也不会因此再发生任何的情绪波动为止。两三周之内再来找我。"她遵从医生的吩咐去做了，就在第六天的时候，她痊愈了。反复讲述这些经历的效果使得它对显意识心理来说不再具备丝毫的影响力，当然也无法激发任何感情。暗示就这样一点点进入潜意识，直到对这些事情的感怀不再，才最终打破了这持续了二十多年的恐惧，潜意识中的病态心理也因此消失了。

19 完整的记忆一直存在于潜意识心智中，刚出生时就已经装配完备。每个新生的婴儿都从祖先那里顺理成章地继承到了某些特质，这些特质被带入潜意识中，当个体的生命或健康需要它们时，它们就挺身而出，发挥作用。

20 人的出生、成长、生活、死亡，这一切的一切都是那么顺其自然，就如同树会开花、结果，然后瓜熟蒂落一样。当我们遇到某种状况，潜意识都会处理，即使它受到干扰，也能作出补救。有些事情即使你自己已经忘掉了，但潜意识心智仍然会帮你全部保留。当显意识心智不考虑问题的时候，潜意识心智就会在第一时间苏醒过来。

21 忽视一个问题是怎么回事，这个不难知道。当我们熟睡时，潜意识却不停止工作，仍然在解决它。又或者，当我们不小心丢了东西，着急上火，却怎么也找不到，一旦显意识感到绝望并放弃寻找，我们遗失东西的地方就会轻而易举地从潜意识中立刻浮现出来。

22 还有，如果你遇到了什么困难，只要你能说服你的显意识心智放弃此事，不再为它焦虑，不再担心，停止紧张和挣扎，你就会在潜意识的带领下摆脱困境。潜意识总是倾向于健康与和谐的境遇。比如，不会游泳的你淹没在水里，只会下沉。当救生员靠近来拯救你的那一瞬间，如果你紧紧搂住他的脖子，就会妨碍他的手脚活动，会给拯救行动增加难度，甚至还会导致失败。然而，只要你放心地把自己完全托付给他的双手，他就会把你带出水面。值得肯定的是，每一次困境中都会有潜意识的存在，它扮演的正是这个救生员的角色。它能给你帮助，只要你能说服你的显意识停止紧张焦虑，消除担心，放弃挣扎，你就会在潜意识的指引下走出困境。

23 设想一下，如果显意识心智任由自己对每一件鸡毛蒜皮的小事都很生气，每次它发怒，刺激就会转向潜意识。一次一次的刺激，让潜意识每一次都被搅动。愤怒不断叠加，很快，潜意识便养成了习惯，阻止的力量就越来越弱了。当这种情况持续下去，显意识心智就很容易受到来自外界的刺激影响以及来自内部的习惯刺激，作用与反作用的结果让愤怒变得更轻易，而让防止愤怒却变得更困难。显意识心智的每一次生气，都会给潜意识带来额外的刺激，而这一刺激会激励再次生气，从此进入到一个恶性循环。

24 愤怒属于一种异常状态，而任何异常状态其本身就包含了惩罚。在身体中某个抵抗力最小的地方，这种惩罚会迅速反应。比如，如果你的胃不好，就会患上急性消化不良，并且最终变成慢性的。有些人会患上布莱特氏病，还有人会患上风湿病等诸如此类的疾病。

25 很明显，这些状况都是结果。一旦原因被消除了，结果紧跟着也会消失。如果你知道想法是原因，状况是结果的话，你就会立即决定要控制自己的想法，消除愤怒及其他不良的心理习惯。当真理之光逐渐变得清晰而完美时，习惯以及与之相关的每一件事情都会被抹去，宿疾就会在无声无息中被摧毁。

26 不仅仅愤怒是如此，恐惧、嫉妒、欺骗、肉欲、贪婪，无一例外，都会变成潜意识的，最终导致身体的某种病态。有经验的心理分析师，会根据疾病的特征找到病因所在。

27 在《我们的潜意识心智》(Our Unconscious Mind)一书中，弗雷德里克·皮尔斯这样告诉我们：

众所周知，一切事物或多或少都是容易受暗示影响的。对暗示的反应，既可以是正面的，也可以是负面的，既可以是接受，也可以是抵抗。在这里我们不难看到一种属于潜意识的抑制力。对于犯罪者来说，某类犯罪的流行就显示了对暗示的模仿反应——报纸上的详细报道，还有来自四面八方的关于暴行的大量讨论，无疑都是在向犯罪者灌输这种暗示。

于是，强烈的原始冲动被唤醒，冲破最初的潜意识抑制力（这种抑制力在有犯罪倾向的人身上表现得比一般人更弱）不断膨胀，最终变得非常强大，强大到足以战胜对惩罚的恐惧，从而完全控制人的行为，导致犯罪。而一般人，因为拥有更强大的潜意识抑制力，即使遭遇同样的暗示，也会作出消极的反应，以愤怒及希望惩罚犯罪的形式，将那些被唤醒的原始冲动的能量完全释放，最终当然也就根本不会走到犯罪这一步。针对这种情况，我们会发现一个很有意思的现象：人们常常会要求用比罪行本身更强的原始暴力对罪犯进行惩罚。这种现象在心理分析师看来，其实是一种个体用来增强其潜意识抑制力的方法。

一切真正有智慧的思想，都已经被人们想过无数遍。但要让它们真正成为自己的，我们就必须再真诚地重想一遍，直到它们在我们的个人经验中扎下根来。

——歌德

第 13 课
LESSON THIRTEEN

设想美好的精神图景

1 几乎所有的大学在多年以前就开设了心理学课程，对心理学的研究也显得日益重要。心理学的内容包括对个人意识的观察与分析、认知与分类，但这种个人的或显意识的自我意识心智，却涵盖不了心智的全部内容。

2 通过对初生婴儿的研究，科学家们惊奇地发现，在婴儿身体的内部持续地进行着高度复杂并井然有序的活动。但是就婴儿本身来说，婴儿的显意识心智并不足以认知这些活动，不能引发或维持这些活动，也不懂得设计这些活动。然而，所有这些活动都表现出了智能，非常复杂、高度有序的智能。在大多数情况下，婴儿的周围没有谁能懂得在肉体生命的这一高度复杂的过程中到底在发生什么。

3 通过仔细研究人体中正在发生的心脏的跳动、食物的消化、腺的分泌和排泄等所有复杂的过程，科学家得出了这样的结论：人的体内存在一种具有高度智能的心智控制着这一切，就像一股无形的力量在数百万组成身体的细胞中发挥着作用。更确切地说，它是潜意识的，因为它是在我们所谓的"意识"的表面之下发挥着潜移默化的作用。

4 为了便于研究实验,科学家将潜意识心智分成两个层面:第一个层面上的潜意识跟每个个人相联系,在某种意义上它可以被视为个人的潜意识。但在更深的层面上,它又被并入了所谓的"普遍潜意识"或者"宇宙意识"中。为了阐述这个问题可以举一个形象的例子:你不妨想想密歇根湖面上那些高出波谷层面的波浪,它们代表了许许多多个体潜意识。然后,你再想想与其他水面处于同一水平的一小块水体,但在某种程度上却跟着波浪一起流动。表面上看,它与其他水体并没有任何不同,但其底部又并入了最深的层面的不流动的大水体,很难把它们明确地区分开来。那么,湖中这三个层面的水可以用来说明你的个体意识(或自我意识)、个体潜意识和普遍潜意识(或宇宙意识)。好了,现在我们知道,从宇宙意识中涌现出了个体潜意识,而从个体潜意识中涌现出的是个体意识。

5 每个人在天真的孩提时代的行为几乎都是由潜意识控制的。但随着年龄的增长和心智的发育,显意识开始崭露头角。人们在不知不觉中变得有意识了,但依然只在某种程度上意识到了显意识规则的存在,这些规则表现为正义、真率、诚实、纯洁、自由、仁爱等等,他开始把自己跟这些东西联系起来,越来越受它们的控制,显意识逐步取代潜意识

第 13 课　设想美好的精神图景　173

占领主导地位。

6　没有人刻意地努力成长，也没有人能准确注意到成长的细节，因为成长的过程是一个潜意识过程，我们并没有有意识地执行生命的过程，所有复杂的自然过程——心脏的跳动、食物的消化、腺的分泌——都需要高度发达的心理和智能。个人的意识或心智没有能力处理这些错综复杂的难题，因此它们是由"普遍适应的理念"控制的，这种"普遍适应的理念"，在个体的身上我们称之为"潜意识"。心智是一种精神活动，心智是创造性的，因此潜意识心智不仅控制着所有的生命功能和生长过程，而且也是记忆和习惯的栖息地。

7　"普遍适应的理念"有时候被称做"超意识"，有时候被称做"神的心智"，潜意识有时候被称做"主观心智"，而显意识则被称做"客观心智"。但要记住，词语只不过是携带思想的容器，语言本身是没有思想的。"得意忘言"恰恰说明了这一点。

8　潜意识之所以被称为"潜"意识是因为它的作用不是可见的，在这种精神作用持续不断地发生的时候，我们通常完全没有意识到。因为这个原因，它被称为心智的潜意识部分，以区别于显意识那一部分。显意识是通过我们能意识到的感知来发挥作用的，我们称之为"自我意识"。显意识存在于思考、认知、意愿和选择的力量。自我意识就是知晓自己是一个思考、认知、意愿和选择的个体所具备的能力。大脑是显意识心智的器官，脑脊髓神经系统是显意识心智赖以跟身体的所有部分建立联系的神经系统。

9 两个截然不同的神经系统——脑脊髓神经系统与交感神经系统在身体中存在。它们有各自的领地并在自己的职权范围内各司其职，它们共同为两种心智做好充分的准备。

10 和人身体内其他执行不同职能的器官和系统一样，这两个神经系统的功能和活动都是不同的。脑脊髓神经系统是自我意识的专属，而交感神经系统则被潜意识所使用。交感神经系统是潜意识用来跟感觉和情绪保持联系的工具，潜意识只对情绪而不是对理智作出反应，因为情绪比理智要强大得多。因此，个体意志所采取的行动常常跟理智所发出的指令背道而驰。

11 但是这两个系统又不是截然分开、毫无关系的，相反二者之间的联系非常紧密，存在着相互作用的交集。显意识和潜意识只是与心智相关的两个作用面——它们的关系与风向标跟大气的关系完全类似：大气的微妙变化会在风向标的方向中显现出来，同样，显意识心智所抱持的最微不足道的想法，也会在潜意识心智中引起相应的变化，其变化与显意识想法中感受的深度以及放纵这一想法的强度成正比。因此我们发现，虽然两个心智部分的功能和活动都不相同，但它们之间又存在一条非常明确的活动路线，他们既相区别又有联系，符合对立统一的规律。

12 潜意识心智的主要任务就是保护个体的生命和健康。因此它监管着所有的自动功能，比如血液循环、消化、所有自发的肌肉活动等等。它把食物转换为构建身体的合适材料，以能量的形式回馈给有意识的人。有意识的人在智力劳动和体力劳动中利用这些能量，在这个过程中耗尽了他的潜意识智能提供给他的东西。

13 为了使读者能够更加透彻地了解潜意识循序渐进地累积的作用，我们可以用下面的方式加以说明：设想一下，你端来一盆水，用一根小木棍沿着盆边搅动盆里的水。最初你只能在木棍周围搅起波纹，但如果你一直持续这个动作，水就会逐渐把你施加在木棍上的力量一点点累积起来，不久你就会让整盆水都旋转起来。这时，如果你放开木棍，水就会携带着这个最初让它运动起来的工具一起旋转。如果你抓住木棍让它立在水中，你就会真切地感受到水流的势力，似乎想克服你所施加的阻力，甚至有把木棍和你的手一起向前移动的趋势。为了进一步测算水流的力量，把水搅动起来之后，你决定不想让它旋转，或者让它向相反的方向旋转，那么你就用木棍向相反的方向搅动盆子里的水吧，你会发现有很大的阻力，要想让水停下来需要很长的时间，而要让它朝相反的方向旋转，阻力则更大，需要的时间也更长。虽然开始时你是以极小的力来搅动盆里的水，但是当水把你施加的力累积起来以后就会变得非常强大。

14 从上面的实验我们很容易得出这样的结论：无论显意识心智做什么，如果反反复复地做，潜意识都会把它累积起来，形成合力，就像盆里的水一样。潜意识所接收的任何经验都会被搅动起来，如果你给它另一个同类经验，它就会把它添加到前面的经验上，就这样一点一点地积少成多，最后会出现令人吃惊的效果。任何层面的活动，只要进入人类显意识的范围之内，都是这样。任何经验，无论对我们有益还是有害，是善的还是恶的，也都符合这一规律。潜意识是一种精神活动，而精神是创造性的，因此潜意识创造了为显意识心智所接纳的习惯、状况和环境，为显意识发挥作用提供了基础。

15 如果你想收获苹果，首先就要种下苹果的种子。这个规律不分高低贵贱，对谁都一视同仁。如果我们有意识地接纳与艺术、音乐和审美领域相关联的想法，如果我们有意识地接纳与真、善、美相关联的想法，那么我们就会发现，这些想法在潜意识中扎下了根，我们的经验和环境就会成为显意识心智所接纳的想法的反映。然而，如果我们接纳了仇恨、嫉妒、羡慕、伪善、疾病以及任何种类的负面的想法，我们将发现，我们的经验与环境像投影仪一样在我们的思想中产生投影。我们可以随心所欲地思考，但我们思考的结果受到一个永恒法则的控制。俗话说："事情本并无好与坏，全在自己怎么想。"我们不可能种瓜得豆，只能种善因得善果，种恶因得恶果，这是永恒不变的自然法则。

16 人的思想系统就像是一个过滤器，任何试图进入精神领域的想法，如果其本性是破坏性的，那么它很快就会被有着建设性倾向的想法所取代。因为两件事情不可能同时发生于同一空间中。事情如此，思想亦如此。正如安德鲁斯的断言："我完整、完美、强大、有力、热情、和谐而幸福。"或者像库尔医生的断言："日复一日，方方面面，我正在越来越好。"

17 我们要把安德鲁斯和库尔医生的话铭刻在脑海中，不断重复，直到它们变成自动的或无意识的。身体状况只是精神状况的外在表现，很容易看出，通过有意识地在内心默念断言中所表达的思想，在较短的时间里，状况和环境就开始变得与新的想法相一致了。

18 运用同样的原则，也可以反其道而行之，就会收到相反的效果。一些人践行了这一理论，证明了这一论断的科学性。由此可知，如果你否认令人不满的境况，打消对不佳境遇的苦思冥想，就会逐步而稳妥地结束这些境况。因为你这样做就是在把你思想的创造性力量从这些境况中撤走，你连根砍断它们，让它们的活力枯竭，最终从你的视野里消失。

19 有些行动的效果有滞后性，不会立竿见影地显现出来。生长的规律控制着客观世界里的所有表现，因此，否认令人不满的境况，并不会立即带来改观。一株植物在根部被切断之后，还会维持一段时间的青翠本色，但它会逐渐枯萎，最终凋零。这个过程，与我们平时采取的方式完全相反，因此它会带来完全相反的效果。大多数人都把自己的注意力集中在那些令人不满的境况上，因此给这种境况带来了旺盛生长所必需的能量和活力，却不能激发人去努力改善不利于自己的环境。

第 14 课
LESSON FOURTEEN

你所期望的，
就是你将得到的

1 创造已经成为我们这个时代的主题词,是把互相之间有亲合力的力量以合适的比例结合起来的艺术。比如,氧和氢以合适的比例相结合就成了水。氧和氢都是看不见的气体,但水却是具体可见的。

2 思想者提出的一个想法,遇上了对它有亲合力的其他想法,这两个想法就会结合起来,组成一个吸引其他类似想法的核心。这个核心发出的召唤形成了无形的能量,里面的所有想法和所有事物都紧密联系在一起,很快就会披上形态的外衣。这一形态与思考者赋予它的特征相一致,却比初始的形态更系统,更有说服力。

3 战场上可能有一百万在死亡和磨难中痛苦挣扎的人产生出仇恨和悲痛的想法,而另外的一百万人可能死于一种被称作"流行感冒病菌"的侵害。只有经验丰富的精神疗法专家才知道这种致命的病菌何时出现,在什么条件下出现。然而,细菌是有生命的,因此它们必定是某种拥有生命或智能的东西的产物。精神只是宇宙的创造法则,思想只是精神所拥有的活动。因此,细菌必定是精神过程的结果。

4 人类的思想不受时间和空间的限制,无比辽阔。想法是多种多样的,因此相应的也有多种多样的精神细菌,既有建设性的,也有破坏性的。但无论是建设性的细菌,还是破坏性的细菌,在它们和我们的思想结合之前,都不会生根发芽、旺盛生长,不会对我们产生作用。

5 每个人的思想都是一个开放的空间,个体可以敞开他的精神之门,从而接纳各种各样的想法。所有想法和所有事物都包含在"普遍适应的理念"中。如果你认为有术士、巫婆或神汉想要害你,你也就为这些想法敞开了大门,你就要说约伯那样的话了:"我所害怕的事降临到了我的身上。"相反,如果你认为有人想帮助你,你便为这样的帮助敞开了大门,而你会发现"照你的信心,给你成全了。(《新约·马太福音》第8章第13节)"这句话,在今天像在两千年前一样灵验。无论是建设性的想法还是破坏性的想法都要得到了你的许可后才能对你的精神产生影响的。

6 托尔斯泰说:"理性的声音越来越清晰,让人可以听见。从前人们说:'别去想,而是要信。理性会欺骗你,只有信念才会让你通向真正的幸福生活。'于是你试着去相信。但没过多久,通过跟别人的交往你发现，每个人所相信的是完全不同的东西，因此你就不可避免地面临着选择，你必须决定在许多的信念中你到底要相信什么，而唯有理性才能做出这样的决定。"

7 规律是自然的法则，宇宙是一个完整的体系，被各种各样的规律所控制。所以，当我们看到有人通过心理方法或精神方法获得了特殊结果的时候，理性就会告诉我们：我们全都可以做同样的事。对于每一个不辞艰辛探寻事实的人来说，这一点是显而易见的。所有表象都受到被我们视为普遍规律的法则的控制，在这些规律所彰显的表象中，人们认识到了系统、秩序与和谐。规律对每个人都一视同仁，无论何时，无论何地，这样的事情每天都在重复上演。

8 科学知识武装了人类的头脑，让我们明白，所谓的物质存在着等级的差别，从最粗糙的到最精微的，都跟精神有着密不可分的关系。因此我们看到，在心智的统治下，被抽象提炼的物质元素服从于它的控制。就其本身而言，物质并没有意识或感觉，只是当它受到与支配其行为的规律相一致的精神或心智的控制时，当精神、心智对它产生作用时，它才是能动的，它才有了存在的意义。

9 正如普遍适应的理念统治并支配着宇宙一样,对人来说理念也注定要统治并支配由它所创造或发展出来的"生命宇宙",即所谓的"永生神的殿"(《新约·哥林多后书》第6章第16节),是无穷宇宙的一个缩略版或精华版。

10 和谐、幸福、安逸和健康是人类不断追求的终极目标,如何达到这个目标是一门知识。智慧就是对这一知识的恰当运用,无知就是掩盖着真理之光的黑暗。只有当我们懂得了心智对物质的控制作用,才能推翻无知的黑暗统治,使真理之光重新照亮整个世界。

11 使用精神疗法的医生不会给患者任何他能看到的、听到的、尝到的、闻到的或触摸到的东西。总之,无论以什么方式触及患者的客观大脑都是绝对不可以的,只能给患者心理暗示,向他发送想法。

12 客观心智是我们用来进行推理、计划、决定、表达意愿和采取行动的心智。即使在没有物质媒介帮助的情况下可以触及显意识心智,显意识心智也不会接收。若非通过感觉的媒介,否则我们不可能有意识地接收别人的想法。医生总是暗示完美,这样的想法马上就会被客观心智看做是违背理性的,因此客观心智不能接受，所以也就不会有任何结果。

13 精神疗法医生依靠的是普遍适应的理念，而不是个体心智。精神疗法医生所利用的这种力量是精神的而非物质的，是主观的，而非客观的。因为这个原因，他所触及的必须是潜意识心智，而不是显意识心智。这一神经系统控制着身体的所有生命过程——血液的循环、食物的消化、组织的构建、各种分泌物的制造与分配。事实上，交感神经系统延伸到身体的每一个部分，所有的生命过程都是不知不觉地进行的。它们似乎是被故意带出显意识的领域，被置于一种不受无常变化影响的力量的控制之下。

14 正如菠萝、凤梨指的是同一种东西一样，主观心智、潜意识心智、神的心智，意思也都是一样的，只不过是说法不同而已。它们指的是这样一种心智：我们在其中生存、活动，我们通过意愿或意图跟这一心智相联系。心智是无所不在的，只要我们愿意，随时随地都能跟它建立联系，而无需考虑时间和空间等外部条件的局限。

15 精神既存在于我们的头脑中，也充满了整个浩瀚的宇宙。因为精神是宇宙的创造原则，所以，人的精神性的主观实现以及由此带来的完美，都是由神的意志来完成的，并最终彰显在个体的生命和经历中，使个体的心智日臻完美。

16 另外一种观点会反驳说，世界上根本不存在完美，这种理想的完美状态是绝不可能实现的。耶稣早就预见到了这种批评，他不是说过"在我父的家里有许多住处"吗？也就是说，有许多不同程度的完美。但这一规律能否取得预期的效果，还要取决于操作规律的人的素质和心智。这样的能力可不是一个刚刚开始认识其精神遗产的业余爱好者所能胜任的。如果操作者是个不学无术、毫无经验的人，随随便便地把想法抛出来，让它绕过理性的论证，直接将它具体化为切实的形态，这样出来的东西估计不会让人喜欢。能胜任这项工作的人，要能对最细微的振动做出响应，能听到"寂静的声音"，能分辨真实和幻象，知道在沙漠中跋涉时所看到的绿洲只不过是海市蜃楼，而不会去盲目地追寻那并不存在的水源。真正的力量是非人的，它既可以造就"超兽"，也可以造就"超人"。造什么和怎么造，仅仅取决于操作者的主观意识。

17 出于天性，人类总是妖魔化自己不了解、不清楚的东西。很多人并不懂得生命的基本原则以及应用这一原则的方法,因此也无法让这一原则为自己造福。在这样的情形下,他们只能指望依靠别人。当这种情况频繁发生的时候,显意识中的精神因素往往会越来越弱,人的精神力量也变得越来越小、越来越被动。

18 哲学家、宗教学家和科学家们反复声称:不存在绝对的真理。换句话说,要让一个人确信"真理"的创造性力量,唯一的方式就是通过实证,或者先假设真理是强有力的,然后在这个基础上作出证明。

19 我们认识任何一个事物都是从表象开始的,我们能观察到的也只有表象,深藏其中的本质要靠心智的分析。因此,对任何事物特有的表象的观察,以及建立在这种观察的基础之上的推论,构成了对这一事物的知识。如果你观察并认识到了真理的某些特有表象,只能说你了解了真理的一个方面或一部分;如果你观察并细心地注意到了真理的全部特有表象,然后又感知到了贯穿这些表象的一致性,并认识到了它们的特征赖以维系的基础法则或体系,那么,你对真理的认识就是完全的。此时你就可以宣称,自己已经掌握了这条真理。真理是一个人所能拥有的唯一可能的知识,不建立在真理基础之上的知识是假的知识,甚至压根儿就不是什么知识。

20 那么,真理的特征又是什么呢?这是不容回避、无可争辩、来不得半点含糊的问题。大多数人的看法是:在哲学的意义上,真理是那种绝对的、不变的东西,真理必定是事实。那么就出现了第二个问题:事实又是什么呢?一加一等于二,这就是一个事实,亘古不变、不容置疑,无论在美国、在中国还是在日本,它都是真理,在任何地方、任何时间,它都是正确的。一个存在于事物本性中的事实,没有起点、没有终点,也不受任何限制。它控制我们的行动和我们的商业运作,那些违背真理的人最终将受到真理的严厉惩罚。然而,真理不具备具体的形象,是一个你看不到、听不到、尝不到、闻不到、摸不到的事实,对于任何身体感官来说,它都是不可感知的,但不能因此而否认真理;它没有颜色、大小和形状,但不能因此而怀疑真理的正确性;真理不受时间的限制,但不能因此否认真理的绝对性和永恒性。

21 东方的玄学家们向来都会明确阐述他们的观点,从来不会提出令人在精神上产生混杂的知识。他们不会把混杂的知识教给孩子或年轻人,除非明确地把他们置于直接的控制或直接的指导之下,就像西方的孩子在学校的学习生活一样。在印度,当一个年轻人开始被传授精神上的东西的时候被规定要在师傅门下受业七年。师傅首先教给他的事情就是认清他要走的路线，要注意可能出现的危险。他预先得到警告，他的整个行程都会受到师傅的悉心守护，以防止他在早期阶段跌倒。

22 如果你正在文明的阶梯上向上攀登，如果你进入了理解的学校，如果你看到了精神上的真理之光，那么你就应该比那些尚未达到这个程度的人知道更多，你所肩负的任务也更重。造诣越高，责任越大，你的神经系统就会自动地在更高的层面上把自己组织起来，把你提升为指导其他还未达到这一高度的人群的领袖。

23 只有那些上升到了精神层面的人才会清楚地知道，有许多的习惯做法必须丢弃。而在这样的理念下，某些习惯通常可以轻而易举地离开这个人，甚至会自动消失。但是，当这个人坚持在旧世界里活动的时候，他就通常会发现："一家自相分争，就必败落。（《新约·路加福音》第11章第17节）"他总是在吃够苦头之后才懂得，违反精神的法则一定会受惩罚。

第 15 课
LESSON FIFTEEN

心灵因思考而丰富

1. 科学家们已经把人们生存的空间无限细化。在自然科学中把物质分解为分子，把分子分解为原子，把原子分解为能量，而 J.A. 弗莱明先生在皇家科学研究所发表的一篇演讲中继续把这种能量分解为心智。他说："在其终极本质中，除非把能量理解为我们所谓的'心智'或'意志'的直接作用的表现形式，否则人们就不可能参透它的真谛，不可能透彻地理解它。"

2. 因此，宗教不总是迷信蒙昧的代名词，科学与宗教也不总是对立、冲突的。在某种程度上它们是完全一致的，在一定范围内它们是可以和平共处的。利兰先生在《世界的创造》一文中十分清楚地论述了这一点，他说：

   首先，存在这样的智慧来设计并调整宇宙的各个部分以实现没有摩擦的平衡。宇宙处在无穷的时空中，因此设计宇宙的智慧也是处在无穷中。

   其次，存在这样的意志来固化和规定宇宙的活动和力量，并通过永恒不变的规律把它们联结在一起。在所有地方，这种"全能意志"都建立起了对能量和过程的限制与管理，把它们永恒的稳定性和一致性固定了下来。宇宙是无穷的，所以意志也是无穷的。

最后，存在运动的力量——一种永不疲倦控制一切力量的力量。而且，由于宇宙是无穷的，所以这种力量也是无穷的。

我们应该怎样命名这个智慧、意志和力量的三位一体呢？我们实在找不出比"上帝"更简单的名字，这个名字包罗万象、无所不及。

3. 普遍适用的理念作为一个庞大的思想体系正以它独特的魅力吸引越来越多的人去注重它、研究它、倡导它。普遍适用的理念是支撑性的、赋予活力的、渗透万有的。一切规律、生命、力量都必定涉及到它，并处于它的包围之内，无论在物质领域还是在精神领域它都是适用的。你越深刻地理解这一理念，你就越会被它折服。

4. 每一个事物，无论是有生命的还是没有生命的，都必须得到这种普遍适用的理念的支撑。我们发现，个体生命的差异主要在于他们彰显这一智能的程度的不同，正是更大的智能把动物置于比植物更高的存在层面上，把人置于比动物更高的存在层面上。我们发现，个体控制行为方式并因此调整自己以适应外部环境的能力再一次显示了这种智能。正是这种智能占据了最伟大心智的中心地位。这种智能与普遍适用的理念配合得天衣无缝，二者珠联璧合，一起完善和优化着人类的精神世界。如果我们服从普遍适用的理念，普遍适用的理念也会不折不扣地服从于我们。

5 在科技和信息技术高速发展的今天，在风起云涌、气象万千的当今世界，随着经历和知识的不断增长，我们的运用智力的能力、感知力的范围、选择的能力、意志的力量、所有的执行效力以及所有的自我意识，都像雨后春笋般快速地增长。这意味着，自我意识作为一种精神活动在不断增加、延展、生长、发展和扩大。所有物质的东西在使用中被消耗了以后就不复存在了，而精神上的使用和物质上的使用规律完全相反：我们在精神上所拥有的东西，用得越多，繁殖得越快。也就是说，用得越多，得到的越多。

6 生命是一个守法公民，它严格遵守着普遍能量的特质和法则，而普遍能量在生命中自发活动并获得生长，在某种程度上它们通常是同时存在的。同样的普遍能量伴随着同样的特质或法则，我们称之为智能。智能超越了对其基本特性的全部理解，它是绝对的，只有一个最高法则。它的特殊定义在任何时刻都受到生命现象中的特殊关系的支配，我们就是在这个生命现象中思考这一法则的。因此，我们把它定义为普遍智能、普遍物质，像生命、气、心智、精神、能量等诸如此类的东西。它与我们的生存和发展息息相关，为人类的进化和社会的进步做出了巨大的贡献。

7　心智的原始状态最早呈现在最低级的生命形态中，在原生质或细胞中就曾经留下了心智的痕迹。虽然它只是一个简单的细胞或者极低级的生命形式，但是它却能够通过已经存在的心智感知它的环境、发起活动、选择它的食物。所有这些都是心智的明证。当生物体逐步发展并变得越来越复杂的时候，细胞开始专门化，它们各司其职，忙碌地工作，虽然多数情况下只是重复一个单调的动作，但它们已经显示出高超智能的潜质。它们之间不仅有分工，也有合作。通过联合，它们的心智力量不断增强，自身不断地向更高级进化、发展。

8　起初，生命的各项功能以及各种行为都是显意识思考的结果。随着时间的推移和自身的发展，习惯性的行为则变成了自动的或潜意识的，为的是让自我意识能够专注于其他事情。显意识与潜意识相互作用，相互促进，使二者都有了进一步的发展和完善。

9 因此很容易看出,生命存在的重要基础就是心智或精神。物质本身也许会湮灭、转化,但精神却随着历史延续、流传、永不磨灭。正像圣保罗所说:"所见的是暂时的,所不见的是永远的。"

10 就人而言,人天生的职责就是致力于精神的发展。这一点是至关重要的,也是人存在的意义之所在。善用,却不会损耗;常用,却不断增多。这里面隐含着精神最伟大的奥妙,需要人类去积极地学习和探索。

注目于今日,
因为生命在于今日,
生命中真正的生命。
在今日短暂的历程中,
埋藏着生命全部的真理和现实。
今日是成长的祝福,
今日是生动的颂歌,
今日是美丽的荣光。
因为昨日不过是梦境,
而明日仅仅是幻景,
但是对于美好今日的把握,
将使每一个昨日成为幸福的梦境,
使每一个明日成为希望的幻景。
所以,好好关注今日吧!

——梵文经书

第 16 课
LESSON SIXTEEN

以祈祷培养希望

1. 自人类直立行走以来，从条件反射到简单的思想，再到今天系统庞大的思想道德体系，思想对人类的进步起着不可估量的作用。对历史的形成，理想和动机比事件更有影响力。无论是国家的命运还是个人的命运，都取决于思想和意识形态。对生命的持久关注，人们的所思所想比同时代的任何骚动和剧变都更有意义。

2. 工程师设计跨越江河峡谷的大桥时，在尝试把大桥在形态上具体化之前，总是先在大脑中想象出整个建筑。这种形象化就是精神图景，它预先决定了最终在客观世界中成形的建筑之特征。

3. 当建筑师计划修建一幢奇妙的新建筑的时候，他总是在自己的工作室里苦思冥想，调动自己的想象力来构思它新奇的外形、舒适度和效用，结果通常不会让人失望。

4. 化学家需要实验室中的安静，然后变得易于接纳某些想法。而世界最终将因为某种新的便利或奢侈品而从这些想法中受益。

5 金融家在他的办公室或会计室,把精力集中在某个组织问题或金融问题上。不久之后,全世界都听说了又一次产业合作,需要数百万额外的资本。

6 想象、形象化、全神贯注都是精神技能,都是创造性的。由于精神就是一种创造性的宇宙法则,因此发现了思想的创造力秘密的人,也就发现了时代的秘密。用科学术语来陈述这一规律就是:思想会跟它的作用对象相关联,但不幸的是,绝大多数人听任他们的思考停留于匮乏、局限、贫困以及其他种种形式的破坏性想法上。由于这一规律对谁都一视同仁,所以他们的所思所想就具体化在他们的环境中。

7 对千疮百孔的破衣服进行缝补,任凭技艺多么精湛的能工巧匠,也无法缝补出一件像样的衣服来,而所耗费的时间、精力和物资却比做一件衣服还多得多。现代的令人不满的状况,是根深蒂固的破坏性疾病的症状,以立法和压制的方法对这些症状施治,是治标不治本。虽然可以缓解症状,但不能从根本上治愈疾病,而且还会表现为其他更糟糕的症状。要想根除顽疾,就要找到疾病的根源。要改变目前的状况,就要将建设性的措施用之于我们文明的基础——人类的思想之上。

8 思考是一种精神活动,是由个体对普遍适应的理念的反作用所组成的。思考是精神所拥有的唯一活动,精神是创造性的,因此思考是一个创造过程。但是,由于我们绝大部分思考过程都是主观的而非客观的,所以我们大部分创造性工作都是在主观上进行的。但因为这项工作是精神性的工作,所以它依然是真实的。

9 就像人在沙滩走会留下脚印一样,那些曾经在我们的显意识中出现过的每一事物,最终都会在我们的潜意识中留下了痕迹,并成为一种范式。人们利用自己的创造能力对这种范式加以改进和选择,并将其应用到我们的生活和周围环境中,使其成为为我们服务的工具。

10 思考是一个创造过程,但我们大多数人都是在创造破坏性的条件——我们思考死而不是思考生,思考匮乏而不是思考富足,思考疾病而不是思考健康,思考冲突而不是思考和谐。所以,我们的经历以及我们所爱的人的经历最后都反映出我们习惯性抱有的心态,如果我们知道我们能为我们所爱的人祈祷,我们也就会知道抱有关于他们的破坏性想法会损害他们。我们是自由的道德媒介,可以自由地选择我们的所思所想,但我们思考的结果却受到永恒法则的控制。

11 乐观主义是一盏驱散黑暗的明灯,有乐观主义的光明普照的地方,恐惧、愤怒、怀疑、自私和贪婪都会消失得无影无踪。我们预见到,人们正越来越普遍地认识到这一让人变得自由的真理。一个觉醒的时代,其特有的标志之一就是在怀疑和动荡中闪耀光亮的乐观主义。在这个新的时代里,一个明显的趋势是:对于启蒙之光,人们有越来越普遍的觉醒。

12 祈祷是人类内心一种美好愿望的表达,更是对于未来的一种憧憬和规划。祈祷的价值取决于精神活动的规律。为了获得世界上关于祈祷价值的最好的阐释,沃克信托基金会悬赏 100 美元征集关于"祈祷"的最佳论文。要求论述"祈祷的意义、事实和力量,它在生活的日常事务中,在疾病的康复中,在悲痛不幸和国家危难的时期,以及在跟国家理想和世界进步的关系中的地位和形态,祈祷对个体、国家的作用和价值"。

13 由于祈祷的价值这一命题的丰富性和其涉及范围的广泛性,该活动得到了热烈的响应。共收到论文 1667 篇,它们来自世界各地,使用 19 种不同的语言写成，大大超出了活动发起人的预期。100美元的奖金被马里兰州巴尔的摩市的塞缪尔·麦康伯牧师获得。一部关于这些论文的比较研究的书由纽约的麦克米伦公司出版。

14 沃克信托基金会的戴维·拉塞尔在谈到他对此次活动的感想和印象时说："几乎对所有的投稿人来说，祈祷都是某种真实的事情，有着不可估量的价值。但很不幸，很少有资料给出让规律得以运转的具体方法。"拉塞尔本人同意对祈祷的回应必定是自然规律在发挥作用的说法，他说："我们都知道，要想合理地运用自然规律，人的聪明才智就必须能够理解它的条件，并能够引导或控制它的次序。我们不会怀疑，对于大到足以包孕精神的智能来说，将会揭示出精神规律的领域。"

15 从本质上看，祈祷是属于思想与精神范畴的，以恳求的形式表现出来的想法。而断言是对真理的陈述，它会使信仰增强。祈祷和断言并不是创造性思想的唯一表现形式，而信仰则是另一种强有力的思想形式，它变得不可征服，因为"信是所望之事的实底，是未见之事的确据"。这一实质就是精神实质，其本身包含了创造者和被创造者。

16 如果我们祈祷得到某物或祈祷做到某事，只要合适的条件得到满足，它就一定会得到回应。每一个思考者都必须承认，对祈祷的回应提供了无所不能的普遍智能的证据。在所有事物、所有人的身上，这种普遍智能都是迫在眉睫的，这是确定无疑的，否则宇宙就是混乱无序的，而不是有序的整体。因此，对祈祷的回应受规律的支配，这一规律是明确的、精确的和科学的，就像控制地心引力和电流的规律一样。

17 几个世纪之前，有人认为，我们必须在圣经与伽利略之间做出选择。100年前，有人认为，我们必须在圣经与达尔文之间做出选择。但是，正如伦敦圣保罗大教堂的 W.R. 英格主教所言："每个受过教育的人都知道，生物进化的主要事实已经牢固地确立了。它们完全不同于古代希伯来人从巴比伦人那里借用过来的传说，我们大可不必拒绝接受现代研究的确凿结果……不愿意把我们的信仰作为赌注押在迷信上面。"

18 永远存在的智能或心智必定是一切形态的创造者，是一切能量的管理者，是一切智慧的源泉。

19 如果我们不知道思想是创造性的，我们就有可能始终抱持着冲突、匮乏和疾病的想法，最终会导致这些想法所孕育的状况通过对规律的理解把这个过程颠倒过来，从而导致不同的结果。

20 人类置身其中的宇宙不是杂乱无章的，而是被一些规律所控制着的，因果规律便是其中一条重要的规律。有果必有因，在同样的条件下，同样的因总是产生同样的果。因此，客观和平是主观和平的结果，外部和谐是内在和谐的结果，"人不会从荆棘上摘无花果，也不会从蒺藜里摘葡萄"。

21 要创造其他的幸福，要满心欢喜地接受新的真理，要培养希望，要看到风暴过后的宁静，要看到黑夜过后的黎明，这就是科学的信条。

22 表面上看起来不合理的事，正是那些有助于我们去认识可能性的事。我们必须走上前人从未踏足过的思想小道，穿越无知的沙漠，涉过迷信的沼泽，攀登习俗和礼仪的群山，克服种种困难和磨难，才能进入我们期望的启示的福地。

23 因此，善与恶仅仅被看做是表示我们思考和行为之结果的两个相对的术语。如果我们只抱持建设性的想法，结果就会让我们和他人受益，这种益处我们称之为"善";如果我们抱持的是破坏性的想法,就会给我们自己和他人带来不和谐的结果,这种不和谐我们称之为"恶"。正如我们通过理解电的规律从而能利用电来产生光、热和力一样,如果我们忽视或不知道电的规律,结果就有可能是灾难性的。在前一种情况下,力并不是善,在后一种情形下,它也不是恶。是善是恶,取决于我们对规律的理解。人种的是什么,收的也是什么。

24 人类是生产爱的机器,爱是情感的产物,是潜意识活动,完全处在无意识的神经系统的控制之下。因为这个原因,驱使它的动机常常既非理性也非智力。每一个政治煽动家和宗教复兴运动的鼓吹者,都利用了这一法则,他们知道,如果他们能鼓动人们的情绪,他们所希望的结果就会得到确保,因此煽动家总是将他希望得到的结果诉诸听众的激情和偏见,而从不诉诸理性。宗教复兴运动的鼓吹者们总是通过爱的天性将他们希望得到的结果诉诸情感,而从不诉诸智力。这是因为他们都知道,当情绪被鼓动起来的时候,理性和智力就会陷入沉寂。

25 这里我们发现,通过完全相反的做法可以获得同样的效果——一种是诉诸憎恨、复仇、阶级偏见和嫉妒,另一种是诉诸爱、服务、希望和快乐。其实它们的法则是一样的：一方吸引，另一方排斥；一方是建设性的，另一方是破坏性的；一方是正面的，另一方是负面的。同样的力量，以同样的方式，但为了不同的目的而被运转起来。爱与恨只不过是同一种力量对立的两极，正像电力或其他力量既可以用于破坏性的目的也可以用于建设性的目的一样。

THE MASTER KEY SYSTEM
从《硅谷禁书》体系中能得到什么

《硅谷禁书》体系到底给我们提供了什么？

它解释了所有伟大的、崇高的、卓越的思想和观点的起源。揭示了为什么有时候我们与生俱来地拥有语言技巧、直觉意识、精确的判断和灵感。

它告诉我们为什么那些谙熟如何控制我们精神规律的人能够成功，能够实现自己的抱负，能成为作家、著作者、艺术家、政府官员、工业巨头，而这些人又为什么总会少于人口的百分之十。

它告诉我们人体能量散发的中心点，解释了这个能量是如何分配的，能量的散发为什么会使人体拥有愉快的体验，并且讲解能量散发受阻时如何给个体造成紊乱、不和谐和各种各样的缺乏和不足。

它告诉我们一切必须消除的负面力量，并告诉我们如何去消除它。

它解释了那个控制着你称为"自己"的东西到底是什么。"你"并不是指你的肉体，肉体只是自我用来达到目的的物质工具；"你"也不是指你的灵魂，灵魂只是自我用来思考、推理和设想的另一个工具。

它告诉我们潜意识的程序如何处于不停的运转中,并启发我们如何积极地去引导这一过程,而不仅仅只是这个过程的被动承受者。

它告诉我们在什么条件下我们可以成为健康、和谐、富裕的继承者。那就要求我们抛弃自身的局限性、奴役性和欠缺性,要求我们最大限度地利用我们所拥有的资源。

它告诉我们未来赖以发展的基础和模型。它教我们如何使未来变得宏伟和美丽,并告诉我们不能因为物质条件而受到局限。除了自己没有任何人能设置障碍。

它教给我们一个途径,利用这个途径我们只要虔诚不懈地努力就一定会得到和最初预想相同的结果。

它告诉我们为什么一些表面上努力追求自己理想的人看起来却是失败的。

它告诉我们个人的性格、健康和经济状况是如何形成的。在如何取得合理的物质财富方面给我们提出了很好的建议。

它告诉我们如何做、何时做、做什么等来保障未来发展的物质基础是安全的。

它告诉我们处于贸易关系和社会地位的底层时获得成功的基本原则、重要条件和永恒不变的规则。

它告诉我们克服所有困难的秘密。

它告诉我们人类要实现自己幸福和完善发展仅需要三个事物,指明了它们是什么和我们如何获得它们。

它表明大自然为人类提供了丰富的物质财富,解释了为什么一些资源好像是远离人类的。它告诉我们个体与供给之间联结的纽带。它还解释了引力原则,让你看到真实的自己。

它告诉我们为什么生活中每一个经历都是这个原则的结果。

它说明了引力原则是根本性的,是永恒不变的,没有人可以逃出它的控制。

它教给我们一个方法,通过这个方法我们发现无穷大和无穷小归根结底只不过是力量、运动、生命和意志。

它告诉我们很多假象和异常现象,这些现象误导人们认为一些成就的取得是无需付出的。

它告诉我们先有付出才会有回报。如果我们不能提供金钱,那我们就要提供时间或方法。

它告诉我们如何制造一个有用的工具。通过这个工具我们可以使一些规则生效,这些规则又能为我们开启通往大自然无穷资源的大门。

它告诉我们为什么某种形式的思维常常会导致灾难性的后果,并常常会使付出一生努力取得的成果付诸东流。它告诉我们现代的思维方式,启发我们如何保护我们已取得的成果,如何调整目前的状态以便迎合已经改变了的思维意识。

它告诉我们一切力量、智慧和才能的发祥地,并教会我们在处理日常事务时如何使它们协调发展。

它向我们揭示了微粒和细胞的本质,这是人类生命和健康赖以存在的基础。它教给我们进行自身变革的方法和变革所带来的必然结果。

它揭示了成长的规律,为何当我们只是牢牢地抓住已取得的成果不放时,更多的机会已经从我们身边悄悄地溜走。各种困难、矛盾和障碍产生的原因,要么是我们舍不得放弃已经没有价值的东西,要么是我们拒绝接受有用的事物。我们把自己束缚在破旧、陈腐的事物之上,而不去寻找发展所需要的鲜活的源泉。

它告诉我们精神对思维的重要性,决定语言的关键是什么以及思维活动的载体是什么。

它向我们描述了如何保证财产的安全。它向我们解释了为什么我们需要为自己每一个思想和行为负责任。

它揭示了财富的本质,如何创造财富和财富存在的基础。成功的取得依靠崇高的理想而不仅仅是财产的累积。

它告诉我们不义之财是灾难的先导。

它揭示了人类利用科学和高科技追求成功的奥秘。尽管人类有创造和谐和利用环境的能力,同样也有创造不和谐和制造灾难的能力。不幸的是,由于无视自然规律的存在，大多数人都在向后一个方向发展。

它向我们揭示了振动原理：为什么最高原则在很大程度上决定了事物的存在环境、方位和事物接触时的相互关系。

它告诉我们人的意志是一个磁铁，它如何以一种不可抵挡的吸引力得到它所需要的。想要得到某一事物先要彻底地了解它。

它揭示了直觉发挥作用的机制和如何依靠直觉走向成功。

它揭示了真实力量和象征力量之间的差别。为何当我们超越象征性力量时它会成为一片灰烬。

它告诉我们创造力起源于什么时候和它起源的方式。

它揭示了个人真正的财富资源。

它教给我们集中注意力的方法，表明为何专注是一个人能力的最杰出特点。

它揭示了任何事物最终都会归结为一件事。由于它们都是可以转化的，它们一定是相互联系的，而不是相互对立的。

它揭示了获得基础性知识是一种能力，懂得因果关系是一种能力，而财富则是能力的产物。只有当事件和环境影响到能力时才显现出它们的重要性。最终，一切事物都以特定的形式并在特定的程度上反映了能力。

它告诉我们生命的真谛何在。

它揭示了金钱观念和能力观念,正是它们使货币实现了流通,产生了巨大的吸引力,并开启了贸易的大门。

它告诉我们如何创造自己的金钱和磁场,如何培养争取和利用机遇的能力。

它告诉我们自身的性格、所处的环境、个人能力、身体状况产生的原因,并揭示了我们如何实现自己未来的理想。

它揭示了如何仅仅改变振动的频率就可以改变大自然的全景。

它揭示了人体的振动频率是如何不断改变的,这种改变常常是无意识的,并伴随着不利的灾难性后果。它教给我们如何有意识地控制这一改变并把它引向和谐有利的方向。

它告诉我们如何培养足够的能力来应付日常生活中出现的每一种情况。

它告诉我们抵制不利境况的能力取决于精神活动。

它揭示了伟大的思想拥有消除渺小思想的力量,因此持有一种伟大的思想足以对抗和消灭所有渺小的、不利的思想,这是很重要的。

它告诉我们处理重大事务时不会比处理小事情遇到的困难多。

它告诉我们如何使动力发挥作用,它将会产生不可抵挡的力量，使你得到你所需要的事物。

它揭示了所有状况背后的本质，并教给我们如何改变自身的状况。

它告诉我们如何克服所有困难，不论它是什么或在哪里。并揭示了做到这一点的唯一途径。

它同样也送给我们一把万能钥匙，那些拥有深刻理解力、辨别力、坚定的决断力和坚强的奉献意志的人能利用这把钥匙开启成功之门。

失落的成功指南

The Science of Being Great

【美】华莱士·沃特莱斯 著
冯 松 译

哈尔滨出版社

图书在版编目（CIP）数据

失落的成功指南／（美）沃特莱斯（Wattles,W.D.）著；冯松译. —哈尔滨：哈尔滨出版社，2010.11（2025.5重印）

（心灵励志袖珍馆. 第4辑）

ISBN 978-7-5484-0293-0

I.①失… II.①沃… ②冯… III.①成功心理学–通俗读物 IV.①B848.4-49

中国版本图书馆CIP数据核字（2010）第166262号

书　　名：失落的成功指南
　　　　　SHILUO DE CHENGGONG ZHINAN

作　　者：【美】华莱士·沃特莱斯 著　冯 松 译
责任编辑：孙　迪
版式设计：张文艺
封面设计：田晗工作室

出版发行：哈尔滨出版社（Harbin Publishing House）
社　　址：哈尔滨市香坊区泰山路82-9号　邮编：150090
经　　销：全国新华书店
印　　刷：三河市龙大印装有限公司
网　　址：www.hrbcbs.com
E-mail：hrbcbs@yeah.net
编辑版权热线：（0451）87900271　87900272
销售热线：（0451）87900202　87900203

开　　本：710mm×1000mm　1/32　**印张**：42　**字数**：880千字
版　　次：2010年11月第1版
印　　次：2025年5月第2次印刷
书　　号：ISBN 978-7-5484-0293-0
定　　价：120.00元（全六册）

凡购本社图书发现印装错误，请与本社印制部联系调换。
服务热线：（0451）87900279

引言 ▶

什么是成功？这是个老话题了。然而每个人对成功的认识却不同。我们从人的角度来分析一下成功这个词：成功是相对的，每个人都有自己的成功标准。有的人认为有钱、有房、有车、有女人，就是成功；有的人则认为成功是你做了一件你想做的事并且做好了它；还有人干脆否认成功的存在，认为这世界上没有成功，只有无止境的追求。

好了，结合上面的论述我们来看看成功到底是什么。首先是成功的主体也就是你，接着是你非常想做的事，然后这件事你做成了，最后最重要的一点就是你获得了强烈的满足感。

我们可以看到，成功实际上是一种感觉。是谁的感觉？是成功的主体——你的感觉。你感觉怎样？你既高兴又兴奋，而且还特有满足感，你愿意将你做的事向别人述说，让他人也能感受到你的喜悦之情。

成功是指人们做好了一件非常渴望做的事所获得的满足感与兴奋感。因此我们做事情，不管大事小事，只要是你想做的事，并且通过你的努力做成了，你高兴了，那你就成功了。

不要把成功看得太遥远，也不要把成功看得太容易，成功需要你的努力。那些认为成功不存在的人，实际上是不断设定新的目标的人，他们也会从他们所做的事中获得快乐，他们也成功过。

每个人都希望自己是一个成功者。谁愿寄人篱下，谁愿总是受人摆布，谁愿平庸地度过一生？没有。

每个人都希望自己是一个成功者。成功意味着赢得尊敬,成功意味着胜利,成功意味着最大限度地实现自我价值。

成功并不是为大学生准备的,也不是为硕士、博士准备的,更不是为有钱人家的公子小姐准备的。只要你努力,只要你奋斗,只要你不低下你的头,你也能成功。

成功的人并没有三头六臂、十八般武艺,也许今天他们还是一个小人物,但明天呢?明天大家就会对他们刮目相看。

人人都能成功

无论你从事什么职业,你都有成功的机会。当大学教授能成功,当小学老师能成功,当一名普通的管道修理工同样也能成功。事实上,现实生活中的每一个人都很平凡,都只是社会肌体的千千万万个组成细胞中的一员。但平凡中孕育着不平凡,很多普通人都有成就非凡事业的潜质,关键在于是不是去做。人人都能成功,世界上没有办不成的事。人是要有精神的,坚忍不拔,绝不低头,不畏困难,勇往直前,你就会成功。

尝试,尝试,再尝试。障碍是成功路上的测验,迎接这项挑战,像水手一样,乘风破浪。

从今往后,借鉴别人成功的秘诀。过去的是非成败全不计较,只抱定信念,明天会更好。当你精疲力竭时,要抵制回家的诱惑,再试一次。一试再试,争取每一天的成功,避免以失败收场。要为明天的成功播种,超越那些按部就班的人。在别人停滞不前时,继续拼搏,终有一天你会丰收。

不因昨日的成功而满足,因为这是失败的先兆。要忘却昨日的一切,是好是坏,都让它随风而去。你要信心百倍,迎接新的太阳,相信"今天是此生最好的一天"。

有一个公式:$A = x + y + z$,其中 A 代表成功,x 代表艰苦的努力,y 代表方法正确,z 代表少说废话。由此可见,成功是需要艰苦努力的。只要一息尚存,就要坚持到底,因为成功的秘诀是"坚持不懈,终会成功"。

CONTENTS 目录

第 01 讲 坚信自己能赢 1
第 02 讲 摆脱出身对自己的束缚 13
第 03 讲 智慧是力量之源 23
第 04 讲 处处都有智慧存在 31
第 05 讲 纠正自身的缺点 39
第 06 讲 信仰决定态度 47
第 07 讲 用友好的目光看待社会 55
第 08 讲 净化自己的心灵 63
第 09 讲 正确认识自己 73
第 10 讲 为自己的前途铺路 81
第 11 讲 走好人生每一步 89
第 12 讲 培养常识性和习惯性思维 99
第 13 讲 勇于思考 善于思考 111
第 14 讲 善待每一个人 121

第 15 讲 加强自身的修养 131

第 16 讲 让世界因你而美丽 141

第 17 讲 思维是智慧的源泉 149

第 18 讲 让自己变得伟大 159

第 19 讲 思考要与时代并进 169

第 20 讲 时刻铭记自己的责任 181

第 21 讲 积极主动地开发智力 191

第 22 讲 拥有高尚的灵魂 201

第 01 讲

坚信自己能赢

任何人都有自己成功的机会，上帝会把成功的机会赋予每一个人。但不是所有人都能把握住上帝给予他们的机会，只有那些把握了机会并充分利用机会去施展自己的才能和潜力的人才能够获得成功。任何人都可以做出卓著的功绩，取得伟大的成就，人类自身的潜能可以帮助我们做成自己想做的任何事情。有的人充分发挥了自己的潜能，获得了令人羡慕的财富和地位；有的人却不能开掘自己的潜能，只能让自己的潜能在琐碎的小事中荒废，最终一事无成。由此可见，一个人是否成功，主要取决于他是否努力开发自己的潜能。

任何人在处理任何问题时都可能持有两种态度：一种是被动地受人制约，一种是主动地去控制别人。

任何人都有成功的机会，上帝会把成功的机会赋予每一个人。但不是所有人都能把握住上帝给予他们的机会，只有那些把握了机会并充分利用机会去施展自己的才能和潜力的人才能够获得成功。

有一个年轻人，他非常勇敢，最大的爱好就是挑战自身的极限。从很小的时候起，他就有一个梦想，希望自己能够登上世界所有著名高山的顶峰。他在军队服役的时候当过侦察兵，这对他的登山技术起到了很大的帮助作用。

退役之后，他选择到一家攀岩俱乐部工作。工作之余，他仍一直坚持参加一支业余登山探险队的技能训练。只要探险队有活动，他就会想尽一切办法参加。因为得不到好的名次，所以他在登山上的收入几乎为零，这也使得他欠下一笔数目不小的债务。

那一年，他参加了一场州际的登山比赛。当赛程进行到一半多的时候，他位列第三,他有很大的希望在这次比赛中获得好名次。

但是事情总不是一帆风顺的,突然,他的腿抽筋了,疼痛难忍。后面的人都超越了他,他已经从第三位降到了第十一位,但是他没有放弃,继续艰难地向上攀爬。但终因体力消耗过多,虚脱而未能成功登顶。他在靠近山顶的地方休克,跌下山来,当他被救起来时,手臂已经完全骨折,鼻子也不见了,体表没有一块完整的皮肤。医生给他做了七个小时的手术,才使他从死神的手中挣脱出来。

经历这次事故,尽管命保住了,可他的手萎缩得像鸡爪子一样。医生告诉他说:"以后你再也不能登山了。"

然而,他并没有因此而灰心绝望。为了实现那个久远的梦想,他决心再一次为成功付出代价。他接受了一系列植皮手术,为了恢复手指的灵活性,每天他都不停地练习用手的残余部分去抓木条,有时疼得浑身大汗淋漓,但他仍然坚持着。他始终坚信自己的能力。在做完最后一次手术之后,他回到了原来的工作岗位，用攀岩的办法使自己的手掌重新磨出老茧，并继续练习爬山。

仅仅是在三年零两个月之后，他又重返了赛场！他首先参加了一场公益性的登山比赛，但没有获胜，因为他的手在比赛中出现了抽搐。不过，在随后的一次登山比赛中（山高1800米、倾斜度接近90度），他取得了第二名的成绩。

又经过了差不多半年的复原与艰苦训练，仍是在上次发生事故的那个赛场上，他满怀信心地开始比赛。经过一番激烈的角逐，他最终赢得了这场比赛的冠军。

"你在遭受那次沉重的打击之后，是什么力量使你重新振作起来的呢？"这是这位受人景仰、令人惊讶的人取得冠军后回答得最多的问题。每次回答时他都表情凝重，无比认真。他手中拿着一张此次比赛的招贴画，上面是一辆汽车迎着朝阳飞驰。他微笑着用黑色的钢笔在图片的背后写上一句凝重的话：把失败写在背面，我相信自己一定能成功！

是啊，把失败写在背面，不要让它来打

扰我们的生活，因为成功才是人生的主旋律，我们做每一件事的目的都是成功而不是失败。

失败是阻挡不了成功的脚步的，只要你有必胜的信念，只要你愿意努力拼搏，你就可以向任何你向往的方向发展。而且人的发展空间是不受限制的，你也可以在任何一个空间获得成功。正如世间万物各不相同，没有一个人能把所有的事情做得完美无缺、无可挑剔。人类无限的发展空间来源于创造人类的本原，天才就是秉承了先哲的无所不知、无所不晓。天才都是人才，而人才并不全是天才。作为一个人才，与普通人相比，他只是在某些方面的能力特别突出，而天才却能把人与自然充分结合，精神与行动完全统一。一个人能比他人成功的根本原因就在于他付出的努力比别人多得多。只要肯努力，就能充分发挥出自己的全部聪明才智，释放自己的无限潜能。没有人知道人类的智力有没有极限，也无法确定人类的潜能到底有多大。

上天在造就人类的同时给了人类思考的

能力，上天也造就了其他生物，却没有赋予它们思维。人类在利用自己思维的过程中不断地把自己的思维空间发展扩大。在社会发展过程中，动物不断被人类驯化并不断进化，而人类自身在驯化动物的同时也得到了持续的锻炼和发展。

人类存在的历史就是一部发展的历史，发展为了生存，要生存就必须发展。就像植物一样，萌芽为了生长，长大后又灭亡，它们改变不了这样的发展轨迹。人类和植物的最大区别在于他们能利用上帝赋予他们睿智的头脑来设计自己的发展方向。植物只具备某一方面的能力和特征，而人类能够扩展自己的空间，能够充分发挥自己的巨大的潜能。人的承受能力是不容小觑的，人的发展方向和目标一旦确定，他就一定能使其转化为行动，并将目标变成现实。

人类总是不安于现状，而要拥有更加美满幸福的生活就必须发展。人人都想过得更好，人人都在追求新的目标。新的目标激励人去追求、去努力、去发展。只有没脑子的人和笨蛋才会安于现状，不求进取，对于明天没有追求和设想。一个人发展得越快、越充分、越全面，他就会越成功、越幸福，如果一个人的发展超越了所有的人，他就会是世界上最幸福的人。每个人来到这个世界上都有他自己特定的位置，就像天上的星星一样，如果偏离了自己的位置就等于自取灭亡。人短暂而又漫长的一生中都有属于自己的发展空间和发展轨迹，即使目标完全相同的人，他们的发展道路也不会相同。一个人如果能够深刻地了解自己的发展轨迹，并按照自己的轨迹认认真真地走好每一步，他的发展道路就会越走越宽广，越走越顺利，他的目标也终究会实现。从人的外表来看没有什么不同之处，但是因为人们选择的道路不同，确定的目标不同，因此就出现了千姿百态的生活方式和态度，对人类起着不同的作用。有的人像太阳一样给别人以光明和温暖；有的人像月亮一样能使走在黑暗中的人辨明前进的方向；有的人像水，使人没有干渴；有的人像秋天的风，给人以清爽；还有人的像一头勤劳的老黄牛，默默地耕耘着土地。总之，每个人取得的成绩不同，但都有其存在的价值。

在社会的发展进程中，在我们的日常生活中，每时每刻都在发生着很多事情，有很多事情是人们意想不到的。同样，人群中形形色色的人在做着许多不同的事情。每个人都有巨大的潜能，每个人都能起到不同的作用，这是因为他们做事的时间、环境等条件不同。有的人是沿街乞讨的流浪汉，有的人是小偷、强盗甚至是杀人犯，但国家受到他国的侵略，民族出现严重的危机时，也许他会产生报效祖国的强烈愿望，并付诸实际行动，成为国家的卫士和民族的英雄。有的人外表平凡，丝毫没有智商超人的迹象，每天忙忙碌碌地做着看似平常的事情，但当遇到困难和突发事件时，别人都无能为力、束手无策，他却能够挺身而出，想出办法带领人们克服困难，脱离危险。不论男女老少，其实每个人都是天才，只是有的人才能显露在外，而有的人才能深藏于内；有人的具有在他人遇到困难时为他人出谋划策的能力，有的人具有洞悉事物发展变化的能力。其实，任何人都可以做出卓著的功绩，任何人都可以取得伟大的成就。人类自身的潜能可以帮助我们做成我们想做的任何事情。有的人充分发挥了自己的潜能,获得了令人羡慕的财富和地位;有的人却不能发掘自己的潜能,只能让潜能在琐碎的小事中荒废,最终一事无成。由此可见,一个人是否成功,主要取决于他是否去努力开发自己的潜能。

不同的人即使在对待同一件事情时也会产生不同的想法。一种人心甘情愿受制于人,只有在别人的指导和点拨下才能发挥自己的才能,他们发挥作用的动力来源于外部,自身没有产生任何力量。持这种态度的人不是受别人制约就是受条件和环境的限制,他们的一切甚至命运都交由别人掌控,他们从不努力去开掘自身的潜能,也不能根据自己的需求做好自己的事情。另一种人的想法是控制别人,他们具有强大的挑战意识。这种人不但要征服自然、征服环境,也时刻想着去征服别人。他们的力量来源于内在的潜能,他们能把自身内在的潜能不断释放出来,这种力量完全可以征服自然、征服别人。他们的行动总是积极的、主动的,在被他们所征服的人看来,他们的力量是无比强大而不可战胜的。

在人类生存和发展的全过程中,无论古今,没有任何力量,也没有任何措施和方法能够像人类的潜能那样积极主动,潜能是人类取得成功的关键。人类生存发展史上发生的一切都在不断地证明,人类必须做世界的主宰者而不能让环境左右自己。人类刚刚来到这个世界的时候,还不会开发自己的内在潜能,只能忍受环境对生存的制约。他们的全部行为只能因环境的改变而改变,他们无力改变任何事物,只能在忍受中延续着自己的生命。但是,潜能始终存在于体内,当人类无意中发现了自己的潜能能够征服自然,便无比兴奋,从此他们知道自己有能力去利用和改造环境,人类也由此将主动权夺到手中,并逐渐有了做自己命运的掌舵人的愿望和行动。

人类能够认识和释放自己的潜能是人类生存历史上的一次重大飞跃。这次飞跃使人类从炼狱走向新生,使社会从停滞走向进步。人类发展的历史就是人类利用自身潜能不断发展创造的历史。从此以后，人类的生命得到了升华，生存环境得到了改善，人类有了新的渴望，有了新的发展方向和目标，他们相信自己的力量是无穷无尽的，是不可战胜、无所不能的。他们相信自己能征服一切，没有任何力量能够打败人类，人类是整个世界的统治者。

华莱士成功箴言

有的人把成功看得过于神秘，认为成功只是个美好的梦想，永远没有实现的一天，这种消极的思想正是阻碍成功的绊脚石。成功是我们美好的理想和目标，是我们努力拼搏的动力。成功是实实在在的事物，是可以看得到的。只要坚定自己的信念，坚信自己一定能赢，你就已经掌握了成功的关键。

第 02 讲

摆脱出身对自己的束缚

多数家庭祖先的一些习惯、性格等都可能被遗传下来，但人的先天不足完全可以通过自己的努力来弥补。当人类有了强烈的发展和成功的欲望时，就可以清除一切对自己不利的因素，任何困扰都不能阻止潜能释放，任何艰难险阻都不能阻止前进的步伐。当你感到你遗传了你前辈的不良习惯以及弱点时，你就下决心去改掉它，通过自己的设计，努力养成自己的性格，让前辈遗传下来的所有不良因素在你身上消失。人出生时的大脑状况是无法决定人的一切的，人类可以开发和锻炼自己的大脑。事实上，脑容量相对小的人如果不断努力地开发自己的智力，同样能够产生大量优质而活跃的脑细胞。先天条件比较差的大脑在得到充分的开发和锻炼以后，也能和先天条件良好的大脑一样发挥出无限的能量，创造出无穷的奇迹，一样能够使人走上成功之路。

人类社会是由一个个家庭构成的，世界上有许许多多不同的家庭，正如世界上没有两片相同的树叶，每个家庭的情况也都不同。有的家庭非常富有，有的家庭特别贫穷；有的家庭先祖智商超人，可以驾驭一切人和事，而有的家庭的前辈却生性胆小懦弱，任由别人支配和摆布；有的家庭的祖先性格开朗豪放、勤劳奋进，有的家庭的祖先性格孤僻忧郁、胆怯怕事。家庭的历史背景确实会对人的发展和生活态度产生一定的影响，因为家庭的出身和传统会对人的精神和行为产生一定的影响，但家庭的这些历史背景并不能完全决定你的发展和成功。

一个人是无法选择自己的出身的，但是家庭的成功不等于你的成功，家庭的历史也不是你的历史。不管你的前辈事业有多么成功、地位有多么高，或者你的前辈地位多么低、生活多么贫穷，这只能是你前辈的历史。你个人的历史完全由你自己来书写，你的祖先智商超人，但你不一定会聪明绝顶；你的父母智商不高，不等于你就是一个傻瓜。上天给每个人都铺了一条成功之路，我们完全可以通过自己的努力铸就辉煌。

人的先天不足完全可以通过自己的努力来弥补。多数家庭祖先的一些习惯、性格等都可能被遗传下来。例如，一个人的父辈是一个出色的歌唱家，可能他就天生歌喉嘹亮；一个人的父辈忧郁惆怅，可能他的性格就不会开朗，但这些先天的东西完全可以通过自己去克服去改变。当人类有了强烈的发展和成功的欲望时，他可以清除一切对自己不利的因素，任何困扰都不能阻止你的潜能释放，任何艰难险阻都不能阻止你前进的步伐。很多人不相信后天能改变一切，这是不对的，后天的发展就连自己的性格都可以改变。当你感到你遗传了前辈的不良习惯以及弱点时，你就下决心去改掉它，通过自己的设计，努力养成自己的性格，让前辈遗传下来的所有不良因素在你身上消失。

出生在一个什么样的家庭，对人影响最大的是人的大脑。人的大脑各不相同，脑壳的大小不同，形状也不一样，人脑的智力开发更是千差万别。有的人脑容量特别大，有的人相对小得多；有的人左脑发达而右脑则相对迟钝，而有的人则恰恰相反。事实已经证明，不同的能力是由大脑中不同的部位所决定的，人们表现出来的不同能力的大小取决于该部位活跃的脑细胞个数。脑容量大的人要比脑容量小的人更聪明，并且具有更强的能力。脑壳形状的不同、脑容量的差异可能被认为具有不同的天赋，有的人天生开朗，有组织能力，具有领导的才能；有的人可能具有经济头脑，适合经商；有的人生来就喜欢钻研，具有搞科学研究的潜质；还有的人从小对艺术敏感和热爱，长大以后能够在绘画或音乐上有很大的造诣。因此，很多人认为，一个人的大脑是天生的，所以从他出生的那一刻起，他长大以后会是一个成功者还是一个失败者就已经确定了，后天是无法改变的。这是极端的谬误，千万不要信以为真。

其实人出生时的大脑状况是无法决定人的一切的，人类可以开发和锻炼自己的大脑。事实上，脑容量相对小的人如果不断努力地开发自己的智力，同样能够产生大量优质而活跃的脑细胞。先天条件比较差的大脑在得到充分的开发和锻炼以后,也能和先天条件良好的大脑一样发挥出无限的能量,创造出无穷的奇迹,一样能够使人走上成功之路。我们把这种观点牢牢地植根于脑中,坚持努力发展某一方面的能力,脑细胞就会递增。不管你先天条件有多么不利,也不论智力开发有多么困难,只要你坚持不懈地努力发掘自己的潜力,激活自己的脑细胞,你梦寐以求的智慧、你日思夜想的力量,都会蜂拥而来。只要你持续锻炼自己的大脑,它就能像你希望的那样活跃,就能帮助你把自己想办的事情办好,帮你清除前进路上的障碍,让你成功在望。

我们可以打个比方来生动说明这个道理:人的脚是用来走路的,但有人不断地激发大脑,努力地锻炼使脚趾更加灵活,可以像手一样做一些复杂的动作。经过不断激活和反复训练,脚完全可以代替手做一些细致的工作。事实上,你可以通过利用那些已经得到充分发展的能力轻松地完成看起来不可能完成的任务。只要你愿意付出辛勤的汗水和必要的努力,你就可以发展自己的全部潜能，做你想做的任何事情，成为你期望成为的那一种人。只要你明确了自己的目标和方向，并且坚持不懈地朝着这个方向努力前进，你所具有的潜能就会转化成你实现梦想所需要的力量，全身的血液和精神力量就会汇集到大脑的相关部位，使这部分细胞被高度激活，思维调整运转，从而使脑细胞不断裂变，成倍地增长。所以只要人们善于使用大脑，使大脑处于极度活跃状态，它就能使你做成很多你希望做成的事情。

不管你的家庭多么富有，它都不能代表你富有。家庭的生活水平和方式也不能决定你的生活状态和方式。生活富裕、物资充足不可能是永久的，因为财富早晚有用尽的一天。同样，生活贫穷落后、发展机遇少也不是永恒不变的，它不能完全阻挡一个有目标、勇于进取的人勇往直前的脚步。人自身内在的潜能会被不断地扩充，不断满足人的精神需要和物质需要。只要你选定了正确的前进方向和奋斗目标，并且以顽强的毅力和决心去实现它，那么任何困难都不能成为你通向成功的真正阻碍。一个发展进步的成果并不是完全属于他个人，他自身利益发展的同时也带动了周围和社会的发展。当你向前行进时，你身边的事物也会适应你的发展，跟随你前进的步伐。

人类的生存靠发展，人类的壮大同样要靠发展。发展是达到所有理想高峰的必由之路。人类一旦意识到发展会使自己无比快乐和有力，发展会使自己变得强大和富有，发展能够把自己的梦想变成现实，他的发展欲望就会越来越强，发展的速度也会越来越快。他的发展带动了社会的进步，也促进了环境的改变。反过来，社会和环境也会促进他自身的发展，帮助他更快更好地发展。社会和环境的支持和帮助，犹如帮他插上了翅膀，使前进的速度更快，能够更早地实现自己的理想，得到成功。

世界上的一切都在变，唯一不变的就是永恒变化的规律。富有不是永恒的，贫穷也完全可以被改变。世界上由富有变贫穷的人比比皆是，靠自己的努力和拼搏摆脱困境走上致富之路的例子也不胜枚举。财富其实不过是一个从无到有、积少成多的过程。富裕的家庭最初也是从贫穷起步的。很多有成就的成功人士的财富都是靠自己的智慧和努力创造出来的，在每个成功的人身上，都体现出一种相同的品质，那就是为了实现目标而不懈努力。

成功是属于那些持续开发和利用自己的潜能、不断攀登理想高峰的人的，每个人的身上都存有成功的潜能，这种潜能足以帮助他冲破重重阻力，克服各种困难，实现自己的远大理想。人类想战胜自然，首先要战胜自己，要相信自己具有无穷的智慧和力量，要相信自己不比任何人差，别人能做到的事情你也一样办得到。只要你坚持不懈地开发自己的潜能，激活自己的脑细胞，你就一定能够摆脱家庭出身给你带来的不利因素，战胜各种困难，创造出走向成功的足够条件，最终成为一个不可战胜的强者。

华莱士成功箴言

爱迪生的父亲没有在历史上留下名字，爱迪生的儿子也是一个名不见经传的人物，而爱迪生的名字和他那无人能及的成就却是家喻户晓，全世界的人公认他是一个成功人士。由此可见，成功的的确确与身世无关，成功与否完全在于个人的努力和精神力量。

第 03 讲

智慧是力量之源

失落的成功指南

有些人的大脑、身体都处于极佳的状态，思维也非常敏捷，而身体就像一部上足了发条的机器，有取之不尽、用之不竭的力量。一个聪明人如果能够清楚地了解自己的奋斗目标以及实现这些目标必需的各种能力和条件，他就能清楚地判断出他的能力能够胜任哪些工作，而哪些事情是超越了他的能力范围的。只要培养自己敏锐的洞察事实的能力，展示出无论何时都知道应该做什么的能力，就会受到人们的支持和拥护，成为人们的带头人和领路人。领袖人物的伟大之处不在于他有多高的智商，而在于他能比别人多分析、多观察、多思考。每一个发育健全的人的身上都有成为领袖人物的潜力，都有分辨是非、洞察一切的能力。精神决定一个人的成功与失败，任何一个愿意追求真理并能把自己的思想同真理紧密联系起来的人都能成为领袖。

一个人的可贵之处最重要的是能有自知之明，不论在什么时候，也不论在什么环境下，不管发生了什么事情，他都能保持清醒冷静的头脑。聪明的人能够准确地预测到自己将要看到什么，自己能做好什么工作，并且能够积极努力地去做，而且他具备的才干和能力完全能把自己的工作做得非常出色。

人体的各个器官都是让人用来实现自己理想和愿望的工具。这些工具本身不可能使人获得成功。有些人的大脑、身体都处于极佳的状态，思维也非常敏捷，而身体就像一部上足了发条的机器，有取之不尽、用之不竭的力量。可是因为他没有找到合适、合理的形式充分利用和发挥这些天赋，因此显得平庸无奇，做不出什么惊天动地的大事来。只有那种能充分发挥自己的聪明才智的人才能成为引领当代社会的领袖人物，他的这种形式和才能的完全统一，就是伟大人物的基本条件和必不可少的才华。

如果一个人能够清楚地了解自己的奋斗目标以及实现这些目标必需的各种能力和条件，他就能清楚地判断出他的能力能够胜任哪些工作，而哪些事情是超越了他的能力范围的。这样的人我们才认为他是真正聪明的人，这样的人，不管走到哪里，不管在什么环境和条件下，都能显现出他与众不同的聪明和才智，显现出他的无穷力量和坚强意志，他就会很快被人们信赖，被人学习、效仿和崇拜。

人的知识水平决定了人的智慧高低，知识浅薄的人不会有超人的智慧，这样的人处世具有盲目性、片面性，他不知道自己能做什么、该做什么，在生活中不懂得扬长避短、发挥自己的特长。人的知识相对来说都是有限的，并且每个人的知识结构也不相同，因此才有了行业和专业的分别。人类也不是天生就具有智慧，人都是从懵懂无知的孩童时代开始吸纳各种各样的知识，我们知识的宝藏也是一点一滴积累起来的。很多人都是在受到外界刺激后才能把自己的思想同知识结合起来，并从中吸取营养，无数做出非凡业绩的人也必然都是这样做的。

有的人没有受到很好的教育，或者受教育的时间很短，却拥有超人的才华，能洞察现实、预见未来，从他身上人们可以了解，真正拥有非凡才能的人无论何时、无论何处、无论在什么环境和条件下，都能明确地判断自己能做什么和该做什么，并且他有足够的才能去完成。当环境突然发生变化时，当各种复杂的情况一齐出现时，当其他人都处在恐惧和困惑中不知所措时，他能临危不惧，保持清醒的头脑。他能预见到事情将如何发展和变化，他能判断引起这种突发事件的原因和产生的后果，也能及时选定自己的方向和目标，并准确确定实现这一目标的最佳途径。正是因为人们能够洞察事实，能清楚地知道什么事情可以做，才能赢得他人的信任和拥护，让别人心甘情愿地跟随他实现他制定的目标。不管是谁，只要培养自己敏锐的洞察事实的能力，展示出无论何时都知道应该做什么的能力，就会受到人们的支持和拥护，成为人们的带头人和领路人。我们期盼这样的人不断出现，然而事实上这样的人并不多。

当一个人成为领袖时，他自身所散发出来的魅力就像一块磁石，会吸引很多人围在他的周围，愿意帮他出主意。这些人提出的主张和办法都不相同，有时候所有人的主意都和领袖人物的观点相反，但事实上当其他人都被表面现象所迷惑时，只有他才能真正透过现象看到实质。他的判断从来没出现过失误，他能很快让人们知道自己的观点是错误的，并心甘情愿地放弃自己的主张而跟随他去实现目标。这样的领袖人物往往并没有受到很高的教育，家庭出身也很贫贱，他们是从哪里获得了这些智慧和才能呢？不是因为他的脑部构造有什么特别之处，不是因为他的脑组织与众不同，也不是因为他的身体比别人更强壮，更不是因为他具有超强的判断推理能力和高超的思想。这种超人的才能不是靠了哪一方面的能力就能完全具备，它要来源于精神的力量。

凡是领袖人物都有分辨是非、洞悉真相的能力，他的这种能力并不是生来就具备的，而是不断地在观察和分析他所经历的所有事物的实践中逐渐积累起来的。由于他有洞察事实的能力，不但知道过去，而且能预测到未来，当别人都在通过表面现象错误判断事物的原因和结果时,领袖人物能看透事物的本质。他完全能掌握事物发生的原因、发展的方向和今后可能出现的结果,正因为他能够透过现象看到事物的本质,他才能制定出解决问题的最佳方法。领袖人物的伟大之处不在于他有多高的智商,而在于他能比别人多分析、多观察、多思考。每一个发育健全的人的身上都有成为领袖人物的潜力,都有分辨是非、洞察一切的能力;而很多人之所以不能成为领袖人物的原因,是因为他没有领袖人物的精神思想,领袖人物始终想着超越别人,他有一种追求真理、洞察事实的强烈愿望。因此精神决定一个人的成功与失败,任何一个有追求真理并把自己的思想同真理紧密联系起来的人都能成为领袖。

华莱士成功箴言

世界没有什么财富能够永久地留传,一代代地泽被后世,除了知识。知识是智慧的源泉,智慧是人类通往成功的阶梯和快捷方式。智慧休眠于我们的头脑中,需要你以虔诚的态度和高度的热情去把它唤醒,否则它会一直沉睡下去。

第 04 讲

处处都有智慧存在

思想不是简单的人体机能，它需要人类自身积极主动地锻炼和开发。任何一个知识渊博的人所掌握的知识，同大自然存在的知识以及人类生活活动中所存在的知识比较起来都是微不足道的。人类不断认识到的真理，就是人类在认识自然的活动过程中产生的。思想是思维的表现形式，思维是产生思想的物质。认清自己的责任和使命，唤醒自己头脑中沉睡的精神巨人。让我们的精神成为整个世界的主宰，让知识给予我们力量。

在古老的东方，挑选小公牛到竞技场格斗有一定的程序。它们被带进场地，向手持长矛的斗牛士攻击，裁判以它受伤后再向斗牛士进攻的次数多寡来评定这只公牛的勇敢程度。从今往后，我们必须承认，生命每天都在接受类似的考验。如果我们坚忍不拔，勇往直前，迎接挑战，那么成功一定是属于我们的。

当然，在生活中也有另外一面，那就是任何人都会遇到不如意的事，每个人都难免产生烦恼、悲哀、内疚、失望等情绪。面临失败，有人会不断地提醒自己是个失败者从而在战战兢兢中等待下一次失败，而失败也常常如约再次降临到这些人身上，所以失败有时也是自找的，在真正的失败到来前，他们已经在心中对自己的能力产生了怀疑，放弃了努力，坐等失败的来临。成功人士也有失败的时候，但是面临失败他们也会维持自信。他们会把失败当作特例，对自己说："这不像是我干的，我会干得更好。"他们会从失败中找到积极的一面，如他们会说："留得青山在，不怕没柴烧。"他们会通过积极的行动来弥补过失，转移自己的消极情绪。通过这些行动，他们不仅再次做出较高的自我评价，同时又为现实中的成功做好了准备。对于他们，失败才是成功之母。

我们不是为了失败才来到这个世界上的，我们的血管里也不是失败的血液在流动。我们不是任人鞭打的羔羊，我们是猛狮，不与羊群为伍。不要去听失意者的哭泣、抱怨者的牢骚，这是羊群中的瘟疫，没有任何意义。要远离悲观情绪，不能被它传染。失败者的屠宰场不是我们命运的归宿。

认清自己的责任和使命，唤醒自己头脑中沉睡的精神巨人。让我们的精神成为整个世界的主宰，让知识给予我们力量。

整个宇宙就是一个知识的大海洋，我们生活在宇宙当中，这里有我们掌握的知识，但我们掌握的知识和宇宙间的知识相比，实在是太少太少。宽广无垠的宇宙有难以穷尽的知识，从太阳、月亮到闪烁的星星，从刮风、下雨到春、夏、秋、冬，都蕴藏着需要我们去探索、去掌握的知识。我们就是生长在这样一个知识的海洋里，我们的周围是充沛的知识洋流。

各种事物都在发展，总是会有跟以往的不同之处，充满了让我们期望了解的知识。知识包含于所有事物之中，并贯穿于事物发展变化的始终，这是一种事物存在的规律，没有这一规律世界上的万物就变得杂乱无章。这种规律也使人产生了思想，有了思想就能进一步了解事物的规律。思想不是简单的人体机能，它需要人类自身积极主动地锻炼和开发。思想也不可能是变化，因为变化是一种运动过程。有各种不同的运动，也有采取不同形式运动的事物，但运动是一切物质的根本属性，世界的一切事物都是物质运动的表现形式，事物的一切都是由物质运动表现出来的，人的精神、人的思想是人类大脑进行运动的结果，人的精神和思想存在于大脑中，大脑的运动又充实了人的精神和思想。因此，人的思想和精神不仅存在于大脑的物质中，也存在于大脑物质产生的运动中，更是存在于大脑活跃运动的规律中，存在于人的精神物质中。从某种意义上说，人靠精神活在世上，假如没有了精神，人和一具静止不动的僵尸没有什么两样。人具备了精神才是真正的人，没有精神就没有生命，没有精神大脑就会不去分析、不去判断，就会停止运动。大脑的思考是人的精神运动，是人的精神世界通过大脑的反映和表现。

宇宙把人和大自然一同带到这个世界上来，它给了人生命，同样让大自然的万物也有生命，使人和大自然紧密地联系在一起，人想要征服自然，让自然更好地为人类的生存和发展服务，就必须不断地认识自然、改造自然。自然是无穷大的，自然界中的知识也无边无沿，而人类了解认识自然的知识总是很少很少。我们生活在知识的海洋中，每时每刻都在吸纳和掌握知识，每时每刻又有大量未被我们掌握的知识产生。

任何一个知识渊博的人所掌握的知识，同大自然存在的知识以及人类生活活动中所存在的知识比较起来都是微不足道的。人类不断认识到的真理就是人类在认识自然的活动过程中产生的。

生命的奖赏远在旅途终点，而非起点附近。我们不知道要走多少步才能达到目标，踏上第一千步的时候,仍然可能遭到失败。但成功就藏在拐角后面,除非拐过了这个弯,否则我们永远不知道还有多远。再前进一步,如果没有用,就再向前一点儿。事实上,每次进步一点点并不太难。

华莱士成功箴言

真正有用的知识并不在书本上,实用的技能也不是在课堂上学到的。而人类的历史长河才是一部无所不包、无所不含的百科全书,它包罗万象,是人类智慧和经验的积淀。人类所有成功的诀窍和奥妙都蕴藏其中,只要能在社会大学中毕业,就没有什么做不到的事情。

第 05 讲

纠正自身的缺点

弱点普遍存在于每个人身上,彻底改掉身上的弱点不是每个人都能做到的,我们每天、每时、每分、每秒都要反复地检查自己,看看自身还有哪些弱点没有改掉,是否旧的弱点改掉了又有了新毛病。克服了自身弱点的人品尝到了美酒的甘洌,被冲动打败的人得到的只是一坛酸醋。每个人都有缺点与不足,如果自己足够强大,压制住自身的毛病,成功在望;如果让缺点和不足占了上风,则只能失败。坚定信心,调动起全身所有的精神力量,把邪恶意识、不良习惯、错误思想方式以及不协调的行为方式彻底地从身上清除干净,这样你才能带着美好的理想在成功的道路上阔步前进。

要想做一个高尚的人、一个纯粹的人、一个在生活和事业上获得成功的人,首先要做一个勇于向自己身上各种缺点发起进攻的人。每个人的身上都有很多缺点,这些缺点束缚着你的手脚,制约着你的智商正常发挥,一个高尚、纯粹、成功的人都是首先战胜自己后才获得成功的。

人们是怎样从米的白、高粱的红、葡萄的紫里发现了酒的透明与清醇?

传说有两个人与神仙邂逅,神仙授他们酿酒之法,叫他们选端阳那天饱满起来的米,冰雪初融时高山清泉的水,调和了,注入深幽无人处千年紫砂土铸成的陶瓮,再用初夏第一张看见朝阳的新荷覆盖,密闭七七四十九天,直到鸡叫三遍后方可启封。

像每一个传说里的英雄一样,他们历尽千辛万苦,找齐了所有的材料,用梦想一起调和密封,然后潜心等待那个时刻。

多么漫长的等待啊。第四十九天到了,两人整夜都不能入睡,等着鸡鸣的声音。远远地,传来了第一声鸡鸣,过了很久,依稀响起了第二声。第三遍鸡鸣到底什么时候才会响起？其中一个人再也忍不住了，他打开了他的陶瓮，惊呆了，里面的一汪水像醋一样酸。大错已经铸成，不可挽回，他失望地把它洒在了地上。

而另外一个人虽然也是按捺不住想要伸手，却还是咬着牙，坚持到了三遍鸡鸣响彻天光。多么甘甜清澈的酒啊！只是多等了一刻而已。而许多成功者，他们与失败者的区别，往往不是机遇或是更聪明的头脑，只在于成功者多坚持了一刻——有时是一年，有时是一天，有时，仅仅只是一遍鸡鸣。

克服了自身弱点的人品尝到了美酒的甘洌，被冲动打败的人得到的只是一坛酸醋。每个人都有缺点与不足，如果自己足够强大，压制住自身的毛病，成功在望；如果让缺点和不足占了上风，则只能失败。

你想拥有朋友吗？你想拥有一大批支持和帮助你的人吗？那就首先把你身上的那些骄横跋扈、盛气凌人的毛病改掉，不要总试图去压制别人，或总想高人一等，这种完全替自己考虑、从不顾及别人的错误思想会是自己成功道路上的极大障碍，它会使你失去朋友甚至失去亲人，使你孤立无助，不管你遇到多大的困难都不会有人来关心你、帮助你。虽然当今社会充满了竞争，在各行各业、每个地方、每个角落都有竞争的存在，甚至争情夺爱、争夺权力的斗争也不断发生。

如果你想做一个成功的人，就要从竞争的环境中解脱出来，做到善待他人，对任何人都不要存有恶意。你要摒弃占有别人的欲望，抛开个人的野心，要去追求高尚的道德。只要不受那些邪恶观念的牵绊，你就不会总想把属于别人的东西占为己有，你就会有很多朋友，就会成为一个高尚、纯粹的人，一个获得成功的人。

你想做一个开朗、大方、有胆有识的人吗？那就把你自身懦弱惆怅、胆小怕事的毛病都除掉，这些毛病不根除，你就不会有良好的精神状态，你的大脑就会处在停滞和关闭的状态，你就不能正确分析和判断事物，你就找不到让你成功的真理。这些毛病一旦根除，你就会有良好的精神、旺盛的精力，你就能正确分析和判断事物，走上自己的成功之路。

现在，如果你非常渴望自己变得富有，但又找不到有效的方法，那你就到知识的宝库中去找答案，只要你能努力探索，知识就会给你很多解决问题的办法，无论问题多大、多复杂，它都会帮助你顺利解决。不要担心你没有致富的能力，只要你努力钻研，坚定了必胜的信心，你就会达到愿望。你渴望富有，但是不要卑鄙和贪婪，不要产生任何想通过不正当手段拥有和抢占别人财富的动机。即使你不奢望富有，你也需要心灵的安宁，那就堂堂正正地做人做事，凭自己的能力创造财富。

现在，你若是身体出现了问题，你要为你的健康发愁担忧，那就首先在精神上提醒自己，当你精神先健康起来，身体也就随着健康起来。如果你坚信你非常健康并选择正确的生活方式，你的精神力量就完全可以使你健康起来，你的身体会达到你理想中的最佳状态，让你战胜疾病，精力充沛地去工作、生活。

一个人只达到心理和身体的健康还不是一个完美的人，他还必须具有良好的道德风尚，在精神上不能存在邪恶，在心灵深处不能欺凌别人，要时时注意在保护自己时不能去伤害别人。一切邪念都会使你失去良知，失去你做人的原则，你应该时刻提醒自己，不管在任何时候、任何情况下都不去伤害别人。

我们在以上内容中列举了人存在的各种弱点，弱点普遍存在于每个人身上，彻底改掉身上的弱点不是每个人都能做到的，我们每天、每时、每分、每秒都要反复地检查自己，看看自身还有哪些弱点没有改掉，是否旧的弱点改掉了又有了新毛病。坚定信心，调动起全身所有的精神力量，把邪恶意识、不良习惯、错误思想方式以及不协调的行为方式彻底地从身上清除干净，这样你才能带着你美好的理想在成功的道路上阔步前进。

华莱士成功箴言

每个人都是上帝咬过的苹果,因此每个人都不尽完美,都有这样或那样的缺陷和弱点。如果你觉得自己比别人更差,那是因为你太香甜了,上帝忍不住多吃了一点儿。上帝关上一扇门,一定会为你打开一扇窗,不要因为自己在某方面不如别人而悲观失望,因为你身上也有别人羡慕的长处。

第 06 讲

信仰决定态度

事物总是由低级到高级，再由高级到更高一级，循序渐进，不断发展变化的。每个阶段的存在都不是完美的，都是努力无限接近于完美的过程。每一种事物的存在，都是因为有人需要它的存在，当人们不需要它的存在时，就会有更美好的事物出现来代替它。当人类发展到一个更高的阶段，更美好的社会也就到来了，只有全社会的人都接受这些认识时，美好的社会才会由空想变成现实。要有美好而坚定的信仰，相信世界的明天会更美好，相信自己可以改变世界，相信成功就在前方。

凡是活在世上的人都有他自己的信仰，没有信仰的人活着就没有目标、没有生气。人的信仰各不相同，有的人高尚、有的人渺小，凡是能够成就伟大事业的人都有坚定而伟大的信仰，我们从每个伟大、成功的人身上都能得到证实。一个创世纪的伟人，他的信仰是要改变一个社会，他认为这个世界太黑暗、太不公平，他就要按照他的信仰去改变，他成功了是因为他有这样坚定的信仰。

莱特兄弟的信仰是人能像鸟一样在天空飞翔，带着这个信仰他们成功地发明了飞机，把人带上了天空。瓦特的信仰是找到一种力量来代替人的力量，带着这种信仰他发明了蒸汽机，将全人类带入了蒸汽时代，推动了人类的解放和社会的进步。我们从每个成功者的身上都能看到信仰的伟大和信仰给人带来的无穷智慧和力量。

信仰是指对某种主张、主义、观念、宗教的极度相信和尊敬，并拿来作为自己行动的榜样或指南。信仰并不是对某个人力量和智慧的信任，而是对原则的信仰、对思想的信仰、对伟大正义的信仰，在你发展的道路上，信仰能帮助你获得成功。如果一个人没有任何信仰，他就是一个盲目的人，什么成就也做不出来，所有能超越自己在事业有所成就的人，都是持有坚定信仰的人。每一个渴望成功的人，都首先要树立坚定的信仰，能够做到正确地观察和认识事物，用发展变化的观点看待世界。万千事物都在不停地变化、发展，你的信仰要跟上世界发展变化的步伐。

事物总是由低级到高级，再由高级到更高一级，循序渐进，不断发展变化的。每个阶段的存在都不是完美的，都是努力无限接近于完美的过程。最初的原始社会是最低级的社会，但相对于那个时期也应该是很好的，不然不能存在上亿年。随着社会的发展，现在社会生产关系中存在的剥削与原始社会和奴隶社会的生产关系、生产方式和生活方式一样，都有它存在的合理性，也都存在着弊端，需要不断地改进和完善。相对于每个社会发展阶段的人类，他们结成的关系是必然的。他们所采取的生活方式必然受到当时社会发展的限制，那个时期的方式在那个特定的阶段就是合理的，我们所处的发达社会是从原始时期、奴隶社会的基础上发展起来的，它也会从现在的理想社会发展到更理想的社会。

每一种事物的存在，都是因为有人需要它的存在，当人们不需要它的存在时，就会有更美好的事物出现来代替它。当人类发展到一个更高的阶段，更美好的社会也就到来了，只有全社会的人都接受这些认识时，美好的社会才会由空想变成现实。当你认识到你的命运不是掌握在你自己的手里，而是掌握在别人手里时，这就是你认识的开始；当你把命运完全掌握在自己手中时，你就重新确定了你在社会上的地位，你完全可以从旧的生产关系和社会环境中走出来；当你对社会有了更深层次的认识，你就期望出现更适合你的、更美好的事情。只要你坚持不懈地努力，你就能在社会生活中建立新的关系，只要你努力、奋斗，你自身的力量完全可以帮助你达到这个理想。一旦人们渴望拥有一种更理想的、更高尚的、更富有的生活方式时，他们就会得到更多。当他们渴望的还没有超越所拥有时，社会就会停止在原来的水平上；当人们将自身的精神和物质生活的期望提到一个更高层次，当现在社会的精神生活和物质生活已经不能满足他的需要时，社会就必须向前发展，发展到一定时期就从一个飞跃到了新的飞跃。

存在决定意识，意识也同样决定存在。一种社会制度当人们都认为还很先进、还很需要时，它的存在就是合理，它就有存在的必要；当人们的意识都不愿让它继续存在时，人们就会改造它，就会努力创造一个新的形式来代替它。当前社会存在着雇佣，是因为有人需要被雇佣，受雇佣的人是甘心情愿，他还会因自己被雇佣而感到满足，当没有一个人愿意受雇佣，这种社会关系也就不存在了，社会又前进到一个新的阶段。所以，社会发展的每一个阶段都是合理的、进步的。

如果你是一个心胸宽广、志向远大的人，你就应该为创造更美好的社会而奋斗，你完全可以通过努力去完善一个崭新、美好的社会，你要认真地去思考、积极努力地去工作。但你必须正确认识社会，当这个社会正处在旺盛时期时，你就无法用新的社会取代它，事物的对与错是由人们对事物的认识决定的，你可能认为它是一种日臻完善的美好事物，还可能认为它是一种日益堕落的事物，这些不同的观点对你的信仰和精神都会产生不同的影响。前者会让你拥有更宽广的胸怀，后者会使你的思想更落后、更狭隘；前者会让你变得越来越伟大，后者会让你变得越来越渺小；前者会激励你为追求理想不懈奋斗，使你能够以一种伟大的方式为完美和谐的世界而努力，而后者只会让你成为一个毫无章法的改革者，毫无指望地在那个你成熟之后才发现是迷失的、注定要灭亡的世界里挽救着那些腐朽的制度。完全可以断定，不同的社会意识会产生不同的结果。世界的每一个发展阶段都没有错误，只能说人们的认识有错误，所以我们要改变错误，站在更高、更远的角度去观察和认识社会的本质特征，去看待社会、自然和环境，认真分析和研究日常生活中发生的每一件事情，用宽广的胸怀去接纳它，你会感到世界是美好的，自然也是美好的，将来会更好。

华莱士成功箴言

信念一直被人们追捧和谈论，似乎已经被神化了，成为无所不能的力量。其实人们并没有丝毫夸大，信念就是这么强大有力，它决定了人类的一切思维和行动，它赋予了人类自强不息和积极进取的品质，它向人们展现成功的美好，并吸引着人们朝着成功进军。

第 07 讲

用友好的目光看待社会

任何事物都有一定的从低级到高级的发展变化过程，那些正在发育或发育不完全的事物常常会被人们认为是错误的、有害的，其实这并不是事物本身的问题，而是人们思考和认识事物的方法问题。成功的关键不在于你读过什么样的学校，掌握了多么深奥的知识，而在于你对自己生存的社会有什么样的看法，以什么样的态度去面对社会。其实社会教会人的知识才是最珍贵的，一个人如果能正确掌握事物发展变化的规律，学会了用这样的观点想事情、看问题，他会认为事物的一切都是美好的，世上的每一个人都是善良的，他会不断充实和完善自己。他相信每个人都能干出伟大的事业，也学会了用友好的方式同人们打交道，他更相信他也和别人一样伟大。

伟人曾说：社会是一所大学。当你融于社会，当你积极思考这个社会，当你为自己在这个社会找到坐标后，你就有了成功的可能。

社会上没有一个完全坏透了的人，即使有人做尽了坏事，但在他们的心灵深处也总有善良的东西存在着，人们不应该不断惩罚他们，抛弃他们，而是应该帮助他们，推动他们重新走上正道。

无论人们对社会认识与否，社会总是在发展变化的，尽管你对社会现状有正确的认识，但同你对朋友、同事、亲人的认识程度比起来还是显得不那么全面、不那么准确。你必须学会用善意友好的眼光去看这个社会，不要把这个社会看成是落后倒退的，而要把它看成一个正在辞旧迎新、不断走向完善的社会。你也要用善意、友好的眼光看待人群，要把每个人都看成是善良的、友好的，他们都在为社会创造着财富，他们都在推动着社会的发展和进步。社会上不存在有用、无用之分，而只是有能力大小之分，在公路上带动汽车高速行驶的发动机是完美的，驱动发动机运转的动力也是完美的。如果因为道路出现了问题造成汽车驶出正确的轨道，甚至翻进沟里，发动机熄火停止工作，我们不能认为这是发动机出现了问题，因为道路的原因使它熄火，它自身仍然是完好的。重新回到公路上来，它仍然可以带动汽车行驶。一个人做了一些错事，我们不能认为他就是一个不可救药的人，社会不应该惩罚他、抛弃他，而是应该给他关心和帮助，使他认识和改正错误，重新走上正路。

任何事物都有一定的从低级到高级的发展变化过程，那些正在发育或发育不完全的事物常常会被人们认为是错误的、有害的，其实这并不是事物本身的问题，而是人们思考和认识事物的方法问题。当荷花还没长出水面，它的根还埋在水下污泥中的时候，人们没有认识到它会开出那么美丽的花朵，甚至还会因它长在污泥中而讨厌它。人们总是把注意力集中在美丽的花朵上，而忽略了深埋于地下、为鲜花输送养料的根。在对这一事物没有认识之前，出现这种意识是难免的，如果他们对荷花这种事物已经有了认识，知道它出淤泥而不染，发育成熟后会长出旺盛的叶，会开出美丽的花，就不会再去指责它的根如何不好，因为那不是荷花的问题，而是我们对事物的认识有问题。所以我们必须尊重任何事物发展过程的每个形态，不管它处在哪个阶段，都要认为它是正确的，期盼它从不完善走向完善。

你是高中生吗？你是大学生吗？也许你曾为自己文凭太低而消沉，哀叹生不逢时，认为自己的人生不会有什么起色，只能得过且过地混日子。不！你错了，要知道大学生是人，你也是人，他有一个大脑，你也有一个大脑，只要你意志不倒，只要你不善罢干休，你也会成功。

看看那些著名的作家，看看那些著名的歌唱家，看看那些体育冠军，有几个是名校的高材生，他们的成功是自身奋斗的结果。

恺撒大帝没有读过军事院校，也没有前人的军事经验供他借鉴，但在他生活的那个年代，又有哪个军事家胜得过他？没有，一个也没有！好多人不愿继续读完大学，他们要干自己感兴趣的事。结果这些人同样获得了成功，实现了自己的梦想，得到了他们梦寐以求的东西。成功不是靠金钱和地位来衡量的，成功在每个人心里也会有不同的标准，关键是自己如何去看待。

因此可以说成功的关键不在于你读过什么样的学校，掌握了多么深奥的知识，而在于你对自己生存的社会有什么样的看法，以什么样的态度去面对社会。

其实社会教会人的知识才是最宝贵的，一个人如果能正确掌握事物发展变化的规律，学会用这样的观点想事情看问题，他就不可能总是无端地指责别人，把别人看得一无是处，认为别人的行为都是错误的，甚至把别人的优点也看成了缺点。他会认为事物的一切都是美好的，世上的每一个人都是善良的，他不再认为自己是人群中的精英，而是把自己当成人群中的一员，他会不断充实和完善自己，使自己判断、认识事物的能力更强。他除了说好话、做好事外，从不评定别人，他把世间的所有人都看成是美好、伟大而聪明的。人类正在走向完善，在他与人类的结合中，他的思想得到了开阔和延伸，他相信每个人都能干出伟大的事业，也学会了用友好的方式同人们打交道，他更相信他也和别人一样伟大。

消极悲观的人生观和乐观向上的人生观会产生两种不同的观点。消极悲观的人只看到人落后和愚昧的一面，他的思维会越来越迟钝，他在同别人交往、处理各种事情时，总是采取一种消极的办法。所以一个要成就伟大事业的人一定要摒弃这种观点，如果能做到这一点，你就能以宽广的胸怀和伟大人物的方式与人交往。你要坚定信心把自己看成是伟大的人、不断发展的人，始终坚信自己有无穷的智慧和力量。你要这样想："我很完美、很健康、很强壮，世界虽然不能十全十美，但我自己能做到完美无瑕、至高无上，除了我自己所持的态度，没有任何事物有过错。只有当我认识事物的观点违背事物发展规律时，我的人生态度才会有错，到现在为止，我的认识都没有错，我是感到非常自豪的人，而且我仍在不断发展和完善自己，我会充满信心地去完成自己伟大的事业。"当你把这种意识牢牢地印在你的脑海里时，你就会丢掉所有悲观和失望，会在成功的道路上领先他人。

华莱士成功箴言

善念存在于每个人的内心，只要你不压制它，不受邪恶势力的引诱和影响，你就是一个善良的人。其实世界上所有的人都和你一样，在为了改变自己和别人的生存状态，为了让所有人都生活得更好而努力着。在这样的环境中取得成功会令你异常欣慰和满足。

第08讲

净化自己的心灵

成功是对生命意义的感受，是事业和生活的价值体现，是由人品、学识铸就的事业和在某方面有所建树。要遵从于自己的灵魂，遵从于内心最崇高的东西。要深入自己的内心世界，寻求关于所有事物最纯洁的观点。一旦找到后，就要在自己的外部生活中有所体现。抛弃所有不合适的东西，以达到最高境界；对待自己所有的亲属和朋友要持最好的态度；用纯洁而高尚的思想控制自己的身体，让自己的思想遵从于灵魂。

科学的成功观是这样阐释成功的：拥有名利、金钱和地位并不就意味着成功，成功是对生命意义的感受，是事业和生活的价值体现，是由人品、学识铸就的事业和在某方面有所建树；成功在功名之外，与成功相伴的是艰辛、寂寞、奋斗甚至牺牲；成功是每一个人都可以实现的境界，成为某一方面的行家里手、在某一方面有所建树同样是成功；成功是一个动态的、积累的过程，只要不放弃努力，从大处着眼，小处着手，一步一个脚印，就能达到成功的彼岸。

成功是每个人追求的目标。但是由于对成功的理解不同，加之现代社会对金钱、地位的看重，一定程度上扭曲了衡量成功的标准，形成了人们的焦虑、浮躁和急功近利。因此，需要准确全面地理解"成功"的含义，走出认识上的误区，树立科学的成功观。有人讲，成功就是指把自己真正喜欢的事情做好。成功虽然有些外在的指标，但更多地取决于当事者的内心感受。因此成功与地位的高低及物质财富的多寡并无必然的联系，事业和生活的价值才是成功的核心。

如果你想成为成功而伟大的人，只是掌握了认识事物的方法，找到了与你的同事和伙伴保持正常联系的途径还不够，还需要有强大的精神力量支持，这种力量的源泉是让人心灵走向神圣。走向神圣最主要、最真实的意思就是自己的行动、思想和精神服从心灵的召唤，这种力量存在于心灵深处，时时刻刻在催促你向前、努力奋斗。这种强制力就是心灵深处焕发出来的，你必须毫不犹豫地服从心灵，谁也不能违背自己的灵魂和意志，伟大事业成功的结果就是你内心深处最美好心灵的体现，这种东西不是力量、智慧所能代替的。

要遵从于自己的灵魂，遵从于内心最崇高的东西。要深入自己的内心世界，寻求关于所有事物最纯洁的观点。一旦找到后，就要在自己的外部生活中有所体现。抛弃所有不合适的东西，以达到最高境界；对待自己所有的亲属和朋友要持最好的态度；用纯洁而高尚的思想控制自己的身体，让自己的思想遵从于灵魂。

你可以按照自己的期望为自己设计一个

理想的形象,并且要按照最高的标准设想理想中自己的形象。仔细审视这一形象,同时坚信:"这就是我真实的模样,这就是我灵魂深处的真实表现。"

如果你的心灵没有得到净化、精神境界没有得到提升,你就不能成为一个真正的伟人,因为智慧只能认识和观察事物,将你引向成功、助你成功,但不能代替道德。智慧能帮助人做一些好事,也能促使人做一些坏事。智慧能帮助人们了解正确做事的方法和方式,但不能让我们明白什么是正确的,什么是错误的,什么是该做的,什么是不该做的。伟人的智慧用于改变世界,而盗贼的智慧用于如何精心策划抢夺别人的财物。

智慧和能力能为高尚的人服务,帮助他们实现最高的理想,但也不会拒绝为利欲熏心的人服务,帮助他们达到个人自私自利的目的。善于不断发挥和利用自己智慧和能力能使他成为特别能干的人,但绝不可能让他成为一个真正高尚的伟大的人。怎样才能使自己充满智慧,怎么才能使自己强大起来,这方面的知识和方法很多,也不难掌握。但怎样才能使自己有纯洁高尚的心灵却要靠自己去提升、去感悟。

无论何时，你都能从内心深处积蓄的能量中找到如何正确处理各种关系的切实有效的方法，要想让自己成为一个伟大的人，要想拥有巨大的能量，最重要的途径就是使你的生命和生活时刻遵从于你纯洁、高尚的内心世界，没有高尚、纯洁内心世界的人不能造就伟大事业，谁也不能违背这个原则。

一个人要学会时时刻刻检查自己的思想和行为，经常看看是否有些想法已经偏离了正道，而且由于习惯使这些错误的想法仍在指引你向前推进，让你一步步地走向灭亡，你必须立即停止这一切，应该立即改掉所有偏离正道的想法和做法。社会上的许多陋习，有很多人已习以为常，有的已经变成了社会习俗，有的变成了一种生活习惯，尽管人们清楚这些不良习俗会让你变得志趣低下，让你变得贪婪自私，但仍不愿意放弃这种习俗。要想做一个高尚的人就必须对这些陋习有所突破和超越，把那些真正的社会精华，把人们普遍公认和接受的东西接收过来，发展下去。你也要努力帮助他人同你一起把那些坏的习惯清除干净，你要采取各种方式，向你的同事和朋友展现出你内心深处的纯洁和善良，从而帮助他们也能超越那些束缚他们发展的种种障碍，绝不要浪费你的时间和精力去支持那些早已被人们所废弃的习俗和制度，不管是道德方面的还是思想方面的，千万不要让那些僵死的教条束缚你的思想和手脚，要彻底解放自己！

如果你在日常生活和各种场合中仍然表现出自私的行为，那就立即改正吧，因为它会使你失去同事和朋友；如果你还有恐惧心理、悲观情绪，总是怀疑自己无能，总怕会出错，怕人们会不相信你或背叛你，那你就壮起胆，挺起腰；如果你有贪图安逸、不思进取的思想习惯，那就坚决抛弃吧。抛弃这些不良习惯，养成良好的行为习惯，这样在你的思想中就会形成最美好的概念，如果你的心灵深处期望有所发展，但从来没有真正行动，那只能说明在你的精神上缺乏动力，你要使自己的思想遵从于灵魂，让行为服从于思想，你在处理各种社会关系、经济利益、政治原则及邻里关系时的态度以及你对亲属、朋友的态度都应该是你美好心灵的具体体现。你对待所有人的方式，不管是老人还是孩子，不管是伟人还是平民百姓，不管是朋友还是同事，都应该采取心灵所要求的那种最友好、最亲切、最礼貌的方式，你要时刻牢记你的灵魂是善良、纯洁的，你的一切行为都符合你神圣的灵魂。

要使自己的心灵纯洁高尚，要使自己的灵魂走向神圣，你就要每时每刻告诫自己，你要成为一个最伟大的人，你永远不让愚昧、邪恶的东西占据你的心灵，而要用无比高尚的原则去指导自己，你不要被一时的冲动左右，而是要让自己的行动服从思想，如果没有神圣的灵魂主宰你的思想，你的思想就要把你引向自私和不道德。

从今往后，承认每天的奋斗就像对参天大树的一次砍击，头几刀可能了无痕迹，每一击看似微不足道，然而，累积起来，巨树终会倒下。这恰如你今天的努力。

就像冲洗高山的雨滴、吃掉猛虎的蚂蚁、照亮大地的星辰、建起金字塔的奴隶，你也要一砖一瓦地建造起自己的城堡，因为你深知水滴石穿的道理，只要持之以恒，什么都可以做到。

永不考虑失败，字典里不再有"放弃""不可能""办不到""没法子""成问题""失败""行不通""没希望""退缩"这类愚蠢的字眼。你要尽量避免绝望，一旦受到它的威胁，立即想方设法向它挑战。你要辛勤耕耘，忍受苦楚。你要放眼未来，勇往直前，不再理会脚下的障碍。你要坚信，沙漠尽头必是绿洲。

牢牢记住古老的平衡法则，鼓励自己坚持下去，因为每一次的失败都会增加下一次成功的机会。这一次的拒绝就是下一次的赞同；这一次皱起眉头就是下一次舒展的笑容；今天的不幸，往往预示着明天的好运。夜幕降临，回想一天的经历，你总是心存感激。你深知，只有失败多次，才能成功。

因为你必须让你的思想遵从于你的灵魂，而你的灵魂又会受到知识的制约，所以你必须加强你的学习，不断丰富自己的知识，要做到晓天文识地理，懂科学达人理，只要你能做到这些,你就能使自己变得神圣,你可以向世人告之,你的心灵是善良纯洁的,你的灵魂是至高无上的,你正在通往神圣殿堂的道路上,而且距离神圣殿堂只有一步之遥。

华莱士成功箴言

人类自降生以来就在心灵深处供奉着神圣的人性庙宇,心灵给予我们渴望、力量和智慧,它需要我们唯一的回报就是保持心灵的健康和纯净。去除心里的杂念你将会发现世界是如此的和谐美好,人们是如此的善良友好,成功之路上铺满了鲜花而不是荆棘。

第09讲

正确认识自己

The Science
失落的成功指南

知人者智，自知者明。我们不但要正确认识社会，还必须正确认识自己，只有正确认识了自己，才能给自己的人生定位，才能使自己的精神同行动统一起来。如果你能认识到你的灵魂是你在处理一切复杂事物时的指挥者，它在不断地鞭策着你向最伟大、最理想的目标前行，你就会清醒认识到神圣灵魂所能产生的巨大力量，它足以让你走向理想的顶峰。你完全可以把自己看成是最伟大、最神圣的人，一个立于永远不败之地的人，只有这样才能使你的思想和行动同你神圣的灵魂完全统一。

"人贵有自知之明",其潜在含义常常是要人们多看看自己的缺点,不要自满,等等。其实这种专挑缺点的"自知"并没有什么积极意义,它只使人明白什么是要避免的,但不能告诉自己什么是要发展的。要知道"君子一日三省吾身",现代人虽然可能达不到古代君子的自省标准,但在生活中也要不断地进行自我评价。自我评价的方向和内容对人有很大的关系,只看自己的缺点就好像千百遍地听人说"你这不行,你那不行,不准干这,不准干那……"但从来不知道自己哪儿行,不知道要干什么,这种情景是令人非常绝望的。然而如果自我评价的方向是正确的、自我肯定的,个体不仅会由此产生积极的情感体验,同时将更有可能发展出好的行为,产生良好的结果。

正像一位英国作家的名言一样:"生活是一面镜子,你对它笑,它就对你笑;你对它哭,它也对你哭。"成功的到来也正如一副对联:"说你行你就行,不行也行;说不行就不行,行也不行。"这副对联应该有一个画龙点睛的横批,那就是我们今天的话题——自我评价。你认为你行，你就能行；你认为你不行，那就真的不行。

我们不但要正确认识社会，还必须正确认识自己，只有正确认识了自己，才能给自己的人生定位，才能使自己的精神同行动统一起来。如果你能认识到你的灵魂是你在处理一切复杂事物时的指挥者，它在不断地鞭策着你向最伟大、最理想的目标前行，你就会清醒地认识到神圣灵魂所能产生的巨大力量，它足以让你走向理想的顶峰。你完全可以把自己看成是最伟大、最神圣的人，一个立于永远不败之地的人，只有这样才能使你的思想和行动同你神圣的灵魂完全统一。

世界是由物质组成的，世界上的一切事物都是由物质组成的，人、植物、山川、河流是由物质组成的，看不见、摸不着的空气也是由物质组成的，人的大脑也是物质，它有意识、能思考、有想象力和判断力，还有无穷的智慧，我们可以断定物质无时无刻不有，是永远存在的。对人类来说，除了物质还有意识，这种意识存在于物质当中，又从物质中脱离出来支配物质，大脑这个物质的分析思考并不是大脑在思考,而是意识决定、支配它去分析、去思考,有了清醒的意识,才能有清醒的思考。人是有意识的物质,所以他会思考、会按照自己的意识去发展改变事物,发展改变自己;植物是没有意识的物质,所以周而复始一成不变。人类是有思想的物质,是所有生命能量的源泉,伟人和普通人没有本质上的区别,大脑都是由相同的物质组成的,不存在伟大的人由一种特殊物质组成而普通的人由一种普通的物质组成。伟大的人和普通的人的差别存在于人的意识当中,如果具备了同样的意识,普通人也能激发出伟大人物一样的智慧,所以只要有了相同的意识就会有相同的智慧和才能。

人自身储存着无穷的智慧和力量,这些力量不能最大限度地发挥出来,是因为人的意识是有限的,不能明白一切可以明白的事物,所以会经常出现一些失误。要想使自己尽可能地少犯错误或不犯错误,就必须把自己的思想意识和所不了解的外部事物结合起来,让意识和物质统一,让意识帮助大脑尽可能发挥出智慧。只要能做到意识和精神的统一，就会使自己的分析和判断永远不出现错误，使自己全身的动作都协调和统一起来，从而全面掌握事物发展变化的趋势，并从中找出规律性的东西。一个人的精神世界升华以后，在他的精神世界里就会有一种超越自然的坚定信念，他会带着这种信念去预测世界的未来。

每个人的心目当中都有自己崇拜的思想，在他的心中这种思想能全面掌控所有的事物，无论是对的还是错的，不管是现在还是将来。但是这种思想不能只是崇拜，而要把崇拜变成行动，这种思想比自身伟大，但我们完全可以赶上和超越它，我们会把它的一切智慧和力量都注入我们的躯体。要了解自己就必须对自己的具体情况有一个清醒的认识，要认识到伟大意识的存在，所有的智慧都要受意识的支配才能焕发出来；必须认识到，世界上既有物质又有意识，物质的存在是永恒的，但意识也是无处不在，它们相互作用就会产生一种伟大的精神，一种神灵般的精神。"我的智慧就像神灵一样"，如果你认清了以上所叙述的道理，如果你自己的意识已经得到了升华，如果你的意识完全符合事物发展的规律，你就会明白，要成就一项伟大的事业并不是不可能的，只要你真正认识了自己，给自己一个正确的定位，你就能把要做的事情都做得非常成功，你的精神和你的智慧就会合为一体。

有些人为自己构思了一个理想化的伟大的自我，并且在做每一件事情的时候，无论这件事看起来多么无关紧要他都会以百分百的热情和努力去认真对待，那么他就已经达到了伟大的境界。他能以伟大的方式去做每一件事，他通过自己的努力让自己家喻户晓，并且他的个人魅力也得到了认可。他会主动接受许多知识和新鲜事物，也会了解到还有他需要了解的知识。他会拥有他想要的所有物质财富和社会地位，他将会被赋予处理各种复杂情况的能力，并会取得持续不断的进步。伟大的事业将会主动把他挑选出来，所有的人都以他为荣。

华莱士成功箴言

"自己"是个相对概念,别人和自己。所有人都是从自己开始认识世界和社会的,因此大多数人都认为只有自己是最了解自己的,然而事实并非如此。"最熟悉的陌生人"就是对自己最真实的写照。我们要学会认识和了解自己,不只是外表,更重要的是内心,要对自己有全面正确的定位。

第10讲

为自己的前途铺路

人要有健康向上的思想意识，让自己的思想永远立于不败之地，始终坚信："我的智慧是超人的，我的力量是无比的，我能完成任何人都完成不了的伟大事业。"要把这种思想意识铭刻于心，如果你的行动没有违背这种思想意识，你的理想就会在你的行为中表现出来，这一点是无可争议的，这是物质和意识相互作用法则的必然产物。世界上的事情，只有想不到，没有做不到，要把你的想象力丰富起来、高尚起来，只有把事情想好，才能把事情做好。只要对自己有了清晰的认识，自己的思维方式正确，对自己有准确的定位，就能把想好的事情做好。

成功其实包含两方面的含义。一是社会承认了个人的价值，并赋予个人相应的酬劳，如金钱、地位、房屋、尊重，等等；二是自己承认自己的价值，从而充满自信、充实感和幸福感。但是人们往往忽略了成功的后一种含义，认为只有在社会承认我们，他人尊敬我们时，我们才算度过了成功的人生，只有在鲜花和掌声环绕着我们时，才算是到了成功的时刻；而仅仅自己认为自己成功不仅没有意义，而且还有狂妄自大的嫌疑。

实际上，一个人只有在对自己有较高评价并认为自己一定会成功时，他才可能真正成功。这中间的道理也很简单，那就是人不可能给别人他自己都没有的东西。如果一个人觉得自己的生命没有价值，那么又怎么可能给社会创造价值，并最终得到社会的承认呢？

我们从小就生活在一个教导我们要自谦、自制的环境中，许多人生箴言如"出头的椽子先烂""夹着尾巴做人"等等，更无时不在提醒我们要压抑自己，把自己摆在非主角的位置。尽管这些观念在有的时候可能是一种自我保护策略，但是任由这些观念泛滥，就会形成一股洪流在社会上流淌，人刚开始就像一个个棱角犀利的岩石，在这股抹杀个性的观念洪流中，久而久之就被磨成了没有棱角的鹅卵石，失去了自信，甚至失去了期望，不敢再有什么美好的憧憬，碌碌无为地度过一生。

那些不敢做自己人生的主角，把自己的命运交给别人左右的人没一个是成功的，你自己想要做一个什么样的人，完全由自己来决定，是你的意识支配的，意识看不见摸不着，但它确实是存在的，意识存在于大脑的思维中心，使思维具有创造力，而且无论以何种方式都存在于思维当中。思维以何种方式显现都是能看到的意识表现，大脑是意识的载体，大脑的思考就是意识在思考，你必须认识这是事实。一切事物的存在都有特定的表现形式，大脑的思维就是意识的表现形式，你要学会让意识在大脑中充分反映、充分表现，使这些东西同你的行动紧密相连。如果你想去做什么事情，那就让做这件事的意识先在大脑中想象出来，经过反复思考，让这种意识在你大脑中存在下来，把它变成大脑不断的思维内容。如果你的行动完全符合你的思维，那么你的意识就是正确的，是不违背事物发展规律的，你要办的事情就一定能办好。

人要有健康向上的思想意识，让自己的思想永远立于不败之地，始终坚信："我的智慧是超人的，我的力量是无比的，我能完成任何人都完成不了的伟大事业。"要把这种思想意识铭刻于心，如果你的行动没有违背这种思想意识，你的理想就会在你的行为中表现出来，这一点是无可争议的，这是物质和意识相互作用法则的必然产物。

世界上的事情，只有想不到，没有做不到，要把你的想象力丰富起来、高尚起来，只有把事情想好，才能把事情做好，只要对自己有了清晰的认识，自己的思维方式正确，对自己有准确的定位，就能把想好的事情做好。假如，一个人想成为一名伟大的领袖人物，他就要先把自己想象成一名领袖人物，在处理复杂事物中显示出自己无穷的智慧和力量，掌握社会的变化，拥有渊博的知识，有使不完的力气和用之不尽的智慧，而且无论在何时何地，在何种条件下，处理何种问题都会胜利。随着这种想象的加深，自身内部与外部的创造力就会开始发挥作用，这时你超越了自我想象中的人。想象与现实结合，任何艰难险阻都无法阻挡你变成自己想象中的形象。同样，搞科研的可以把自己想象成科学家，自己可以有很多的发明创造，让世界还没有的先进事物被自己创造出来；搞文学的可以把自己想象成是一个伟大的作家，能创作出最优秀的作品给人们提供精神享受。任何人都可以把自己想象成自己所从事的工作中最优秀的，但你必须全心贯注于你的理想，并按照你的理想去改造自己、培养自己，要坚定你的理想，确信自己的选择是正确的，是自己最正确的选择。对自己要有信心，对别人的指责、批评或者劝阻不要太在意，别人不会比你更了解自己，要明白自己该选择什么样的路，如果别人非要给你出主意、想办法，那就把它作为参考好了，最终自己该走什么路的决定权要掌握在自己手中。命运由自己安排，你不能让别人决定你做什么样的人，你的思想意识要你做什么样的人，你就毫无顾忌地做出选择。

一个总想为社会承担巨大责任的人，或是总为别人承担义务的人，必然会被束缚住精神和手脚。你要记住，要首先发展你自己，你对那些没有帮助过你的人不承担任何义务，不用负任何责任。你要忠实于自己，其他任何人的指责和阻挠都不能改变你的选择，因为你的选择是经过深思熟虑的，你把自己的理想深深地印入脑海，再把它想象成现实，并开始实现。自己走自己的路，对别的评说不管不问，哪怕别人把你的伟大想象说成是永远实现不了的妄想，把你说成是疯子，都不要动摇你的意志。一切伟大的现实都是在梦想中产生的，最早设想出卫星上天时，谁都会认为这是狂想，根本成不了现实，可是就有这样做出伟大狂想的人，终于把幻想变成了现实。想象就是美好理想，要想实现它，就要按这个想象改造自己、激励自己，只要持之以恒，想象就会变成现实。

华莱士成功箴言

每个人都有自己的人生,每个人的人生之路都要靠自己去走,任何人都替代不了。要想让自己的人生一路平坦,要想让自己的成功目标尽快实现,就要学会为自己铺路,学会清除人生之路上的障碍。

第 11 讲

走好人生每一步

失落的成功指南

要成功，必须先把每一件小事做好，而且把每一件小事都当作大事去做，都要用你的全部才能和力量去做。别人看的不是你的空谈而是你的行动，不要在别人面前总是称赞自己如何伟大如何高尚。人在确定理想和制定目标时要注意做好三个方面的事情，一是对确定理想和制定目标要反复思考，要进行正反两方面的推敲、比较；二是当断则断，不优柔寡断，遇事要有主见，不能前怕狼后怕虎，迟迟做不出决定而丧失了成功的机会；三是要有坚定的信念，不论何时何地何种情况下，不被困难压倒，不向挫折屈服，毫不动摇自己的信念。

任何事物都是从小到大，由弱变强发展壮大起来的，山川虽高也是由无数的小石头堆积起来的，海洋再大也是一个个的水分子汇集而成。事业的成功也和人的成长一样，需要一个过程，人生要走好自己的每一步，成功要从一件件的事情做起，即使是一件普普通通的小事，在你自己看来也很容易做到，在别人眼里可能认为毫无意义，但这可能就是你事业成功的开始。你要一心一意地去做，投入你的全部精力去做，让自己觉得这件事情做得很完美，让别人能从这件平凡的小事中看出你做好事情的能力来，看出你做事认真、求是的态度来。

一个人把自己的理想只停留在想象中，而没有开始自己的实际行动，他只能是一个空想主义者，或者是一件事情的策划者，有的甚至是一个空谈者。有的人虽然已经开始了自己的行动，但没有进行到底，有的是因为取得了一些成就就觉得很了不起，而不再继续努力了；有的是因为在行动当中受到了挫折就灰心丧气，不再继续进行下去了。有了成绩就停止不前的人是因为他的理想不够远大，所以永远做不出惊天动地的大事来；遇到挫折就灰心丧气的人是因为他的意志不够坚定，也成就不了大事。每个人在做事情之前必须做精神上和心理上的准备，要制定一个明确的目标，一个自己有能力去实现的目标。要注意抓住实现自己目标的每一个环节，注意抓住每一次机会，把事情一步一步地向前推进，做任何事情都不能急于求成，不可能在一夜之间把想要做的事情全部做完。在刚开始的时候，你不可能做出让别人认为是伟大的事，你也不可能那么伟大。每位将军都是从士兵开始的，当你是一个士兵时，不可能把指挥千军万马的重任交给你，只有能用伟大的方式去完成那些开始应该做的小事之后，才能在做大事当中显示出你伟大的能力来。

无论多么好的愿望或理想，不付诸行动都是不能实现的，如果你想成为一个科学家，有自己的发明创造，那你必须首先从学习开始，只有知识积累到足以保证你进行发明创造后，你才能有发明有创造。你想拥有自己的一家商店，那就先去一家店铺当售货员，先学习经营知识、积累资金，然后才能拥有你自己的店铺。要成功，必须先把每一件小事做好，而且把每一件小事都当做大事去做，都要用你的全部才能和力量去做。别人看的不是你的空谈而是你的行动，不要在别人面前总是称赞自己如何伟大如何高尚，这样不但不会被别人认可，反而让别人反感，你要让别人在你的实际行动中看出你的能力，你的高尚伟大，这样别人才能从内心里承认你、信任你、拥护你和支持你，才能把一些伟大的事情交给你去做。人在确定理想和制定目标时要注意做好三个方面的事情，一是对确定理想和制定目标要反复思考，要进行正反两方面的推敲、比较，要经过深思熟虑，这样，你的想法才能符合客观规律，制定的目标才能切实可行；二是当断则断，不优柔寡断，遇事要有主见，不能前怕狼后怕虎，迟迟做不出决定而丧失了成功的机会；三是要有坚定的信念，不论何时何地何种情况下，不被困难压倒，不向挫折屈服，不被别人左右，不管有多少人非议，不管什么人对你加以指责，你都要坚信自己，毫不动摇自己的信念。

人无贵贱之分，事无大小之别，生来贫穷的人通过后天的努力发展能变成一个高贵的人，而高贵的人停止了自己的发展也会变成贫穷的人；小事里能体现出大智慧，大事是小事的积累，如果在小事上不用心，不尽自己的智慧和力量去做，就不能积累起更多的智慧和才能去做大事。面对现实能客观认识自己的人，看任何事情都没有重大和渺小、高尚和低贱之分，辽阔的海洋能载船行舟，让人心胸开阔，潺潺流水同样会使人心旷神怡。一个伟大成功的人，他既关心社会变化、乾坤扭转的大事，又会处理好日常生活中的一些小事，在处理大事时能让人了解你存在的伟大和重要，在处理日常小事时，会让人知道你的真情和善良。做每一件事情都有始有终，你必须自始至终地坚信在你日常处理的每一件很小的事情当中，都能体现出你的善良和聪明才智。不要被别人的观点和意见所左右，要把处理事物的主动权始终掌握在自己手中，如果你认为这件事情是有益的，是应该做的，而别人认为不能做或者根本就做不好，这时你要冷静，可以听一听别人的意见和建议，重新认识和判断这件事情的正确与错误。当确认没有错误时，要有足够的勇气坚持自己的意见，继续坚持去做自己的事情，并要全力以赴地把事情做好，要坚信真理掌握在你的手中，谁也不能改变你，你所做的一切都是有益的，都是成功的。

一个人不但需要把自己的聪明才智发挥出来，还要善于向别人学习，取别人的长处，补自己的短处，如果你认为某个人有很多自己可学习的东西，就应该尊敬人家，虚心地向人家学习，不管他现在的情况如何，不管他现在的事业是否成功，更不能因为人家长相不好而不接近他。"金无足赤，人无完人"，世界上不存在无所不能的人，也不存在一点儿长处都没有的人，只要你善于发现和学习别人的长处，你就向一个完整的人又走近了一步。只要你相信你的判断是正确的，你就坚持下去，每一个人的成长道路都不可能是一帆风顺的，做任何事都会受到一点儿挫折，每个人都不能保证自己每个判断都是正确的，特别是在刚刚做事的初期，因为对事物内在的本质缺乏全面的认识，但只要你努力，你会很快成熟起来。这样就会有越来越多的人发现你、认识你，你会有越来越多的拥护者和支持者，也会有越来越多的人支持你、帮助你，他们会越来越紧密地围在你身边，让你帮助他们处理一些他们处理不了的事情。他们在看到你把每一件小事都处理得非常好时，才去把他们处理不好的那些大事交给你去处理，但要记住，不管是处理自己的事，还是处理别人的事，都要认认真真去做，都要投入自己全部才能去做，要做一个永远立于不败之地的人就要有坚定的信念和顽强的意志，要坚信自己是永远掌握真理的人，永远不犯错误的人，因为你把别人的一切全部移到了自己的身上。

华莱士成功箴言

饭要一口口地吃,路要一步步地走,这是所有人都明白的浅显道理。然而在现实生活中却总有人想着一劳永逸、一夜暴富的不切实际的事情。成功正因为需要我们付出努力和汗水才显得更加迷人,经过拼搏获得的成功才能够长久。

第 12 讲

培养常识性和习惯性思维

越是遇到紧急情况，特别是遇到困难使人烦躁不安时，越要沉着冷静，相信你自己会想出办法解决好这些问题的。因为，社会上不存在一成不变的事情，好的可以变成坏的，坏的也可以变成好的，只要你遇事不惊，沉着冷静，办法总会想出来的，困难总是可以解决的。良好的思维习惯需要长期的培养和锻炼才能形成，改掉不良的习惯也不是很容易做到的，每种方式，不管是大脑的思维方式，还是身体的行动方式，长期反复多次都会成为一种习惯，培养良好习惯的方法，就是把这种习惯反复在自己的头脑中重复，直到这种想法在自己脑海中打下烙印，成为经常性的思维。

成功其实是一种感觉，可以说是一种积极的感觉，它是每个人达到自己理想之后一种自信的状态和一种满足的感觉。总之，我们每个人对于成功的定义是各不相同的，而到达成功的方法只有一个，那就是先得学会付出常人所不能付出的东西。

成功就是达到所设定的目标。

成功，对很多人来说，都有很遥远的距离。怎样成功，其实并没有什么秘诀，要想达到成功，我认为首先应该有热情的心，没有热情，就没有兴趣，也就不会成功；其次还要有冷静的头脑，一时的冲动或者说是急于求成往往是阻止成功的因素。

成功必定要和事件有联系，没有事件便没有成功。

那么事件是怎么开始的呢？这就不得不考虑到成功的主体是谁，换句话说就是谁成功了。我们现在假定成功的主体是你，自然对成功的感受也是以你为主的。接下来我们就会想到与你有关的事件的开始、发展以及结束了。

事件是怎么开始的呢？这事件是你做

的，当然是因你而起。那么你为什么要做这件事呢？是无意中做的，还是你有计划早就想做的，或者干脆是你不想做的？无意中做的事会使你有成功的感觉吗？我是没有，即使这件事做成功了，至少也不是那种可以延续很长时间的好感觉。用中国人的一句俗语来形容这种无意中做成的事，那就是"走了狗屎运"的感觉，有惊喜但没有长久的满足感，不好意思摆上台面炫耀。

如果你不想去做某一件事，由于某种原因使你不得不做，这事做好之后，你会欣喜吗？你会有满足感吗？你会觉得你是成功的吗？我想你绝对不会的。

好了，就当做这件事是你想做的。撇开做这件事的过程不谈，做一件事必定有做好和没有做好两种结果。那么没做好自然就不算是成功了。但是做好了一件事，就算是成功吗？

如果这件事是一件你认为微不足道的小事，你想做也只是因为你可能需要它，但是它一点儿也不值得称道，你会有成功的感觉吗？你会兴奋得大声喊叫吗？我想你不会。

因此这件事必定是你非常想做的事，你有强烈的欲望想要做成它，当它做成后，你才会有强烈的满足感和兴奋感。人的一生会有很多不如意的事情伴随着，你想得到的却常常不能得到，你不需要的却常常跟随着，让你甩都甩不掉。你会感到有太多太多的困难摆在你的面前，不是来自社会的就是出自家庭的，不是经济方面的就是身体方面的，你想做的事情却不能去做，不想做的事情却逼着你去做，你会感到社会对你不公平，人民对你不友善。在这个时候，你不要仓促地做决定、草率地去行动，仓促和草率是你身上的一大弱点，你必须要注意越是遇到紧急情况，特别是遇到困难使人烦躁不安时，越要沉着冷静，相信你自己会想出办法解决好这些问题的。因为，社会上不存在一成不变的事情，好的可以变成坏的，坏的也可以变成好的，只要你遇事不惊，沉着冷静，办法总会想出来的，困难总是可以解决的。你想要的东西就存在于你冷静的思考当中，你必须紧紧抓住，而且要永不放弃，冷静思考就会打开你智慧释放的大门，把你的智慧能量都用在你想要的东西上。这些东西就会像你想拥有它们一样拥向你,只要你坚定自己的信心并使自己的大脑永远处在清醒的状态,一切事情都会得到顺利的解决。不是社会对你不公,人民对你不友善,而是你的思想意识出了偏差,这是因为你的不冷静、急躁使你的意识产生了错误的观点。只要你有信心把自己的弱点去掉,什么都不会出错的。心里充满恐惧,遇到事情惊慌失措,也是一种不良的心理状态,这种心理状态做起事来就不能从容不迫,总会感到自己疲惫不堪,身上没有旺盛的精力。如果你能调整好自己的心态坚定地把这些弱点克服掉,你在做事时就会充满信心,你就能重新掌握真理,处理任何复杂事情你都会感到轻松,而且都会把事情办得像你想象的那么完美。要做到遇事不惊,有一些事情看起来很难处理,但只要冷静思考,沉着应对,再复杂的问题都能找到解决的办法。

当你感到有些事情出现了错误的时候,你先不要盲目下结论,首先要检查自己,看一看是不是自己的思想意识出现了错误。在一般情况下，任何事情的发展规律都是不会轻易改变的，只能是人的大脑思维出现了错误而导致认识上出现了错误。不管遇到什么问题都需要沉着冷静，这样才能保证思想意识的正确性和准确性。如果处在烦躁不安的状态就非常容易草率处事，人要努力使自己冷静下来，把整个事物认真细致地分析研究一遍，必要时，你可以放下手中的工作换一个环境，出去走一走，放松一下自己。当你回过头来重新考虑问题时，你会感到你的大脑恢复了正常的思维。如果感到自己出现了急躁的心理状态，仓促草率和惊慌恐惧会使你的思维方式产生错乱，使你失去理智，无法获得正确信息。只有在你恢复平静之后，才能重新获得正确思维，惊慌恐惧的心理状态会使一个强者变成弱者。请相信，沉着冷静、镇定自若的心理状态会促进大脑进行正常的思维，使人能正确认识世事；而仓促草率、惶恐不安的心理状态会使你的思维偏离正确的观点，感到整个社会或是很多事物都出现了错误。遇到这种情况还是应该从自己身上找原因，世界上的任何事物都有它发展变化的必然规律，任何人任何情况都不能改变。你若认为它们的发展变化违反了客观规律，那是因为你对事物的认识有了错误，地球在正常运转，所有事物都在正常发展，只要你保持良好的心理状态，你就能认识清楚了。

习惯的行为是人们在日常生活中逐渐产生并反映到大脑中成为固定认识的东西，它能改变人的命运。良好的习惯能帮助人成就伟大的事业，不良的习惯能毁掉一个人的前途。对一个人来说最大的难题就是改变自己的不良习惯而使自己养成全新的习惯。每个人的行动都会受到习惯思维的支配，奴隶主能奴役奴隶，是因为奴隶习惯了奴隶主的奴役，他们认为他们生来就是供奴隶主奴役的，如果你习惯把自己看成一个无所作为的人，总认为自己没有能力或者认为自己是这个时代的落伍者，那么你习惯于把自己想象成什么样的人，你就很可能成为这样的人。所以，你想成功地做人、做事，就要养成良好的思维习惯，在思想意识里必须给自己灌输这样的思想，即自己拥有无穷的智慧和力量，别人能做到的事你能做到，别人做不到的事你也能够做到。要想改掉自己的不良习惯，就要靠自己的长期努力，不能有一时一刻的放松。如果你只是一时冲动，把自己想象成能做大事的人，而平常更多的是顺从自己的习惯思维把自己看成是一个最普通的人，那你的不良思维是永远改变不了的，你就不能成为成就伟大事业的人。

良好的思维习惯需要长期的培养和锻炼才能形成，改掉不良的习惯也不是很容易做到的，每种方式，不管是大脑的思维方式，还是身体的行动方式，长期反复多次都会成为一种习惯。培养良好习惯的方法，就是把这种习惯反复地在自己的头脑中重复，直到这种想法在自己脑海中打下烙印，成为经常性的思维，这样就能使不断重复的思维变成自己的一种习惯。你必须坚持不断地培养和训练，直到这种方式成为你脑海中思维的唯一方式，良好的思维习惯不是社会环境和自然条件所能帮助你形成的，完全靠你自己的努力才能完成。每个人都能主导自己的习惯性思维，也都能根据自己的习惯性思维给自己定位，并根据这种定位规划安排自己的行动。习惯性思维主要有两种可能，要么认为自己是一个有智慧、有才能、能够就成伟大事业的人，要么认为自己软弱无能，只能任由别人安排和摆布。如果是属于后一种，就必须改变自己这种习惯思维，重新给自己定位，给自己构思一个新的形象，让这个新形象在你的脑海中不断重复，反复想象，一直到它能扎根于你的脑海中，使你重新认识自己，使自己成为一个强大的人。

华莱士成功箴言

人类的大脑就像一部机器,而机器的钥匙就是你的意识。你要经常有意识地开启这部机器,让它时刻保持正常的运转,这样思想的火花才能源源不断地闪现,智慧之光才能经常光顾你。如果你懒于思考,让头脑机器长久地停滞,你将与任何成功绝缘。

第 13 讲

勇于思考 善于思考

人们观察事物时所处的位置或采取的态度，被称为人们的观点，人们观察事物所处的角度不同，就会对事物有不同的认识，人的正确思考是在不断的思索中形成的。当一种事物刚刚在思考中形成时，它还不是成功的，只有通过思考不断地加工改造才能成熟起来，所有事物的外部表现都是大脑思考的事物的具体表现。在开始思考的时候，你必须遵从自己的想法，用正确的观点去思考，你的智慧和才能永远使不完用不尽，它会让你从一个胜利走向新的胜利。在成功和胜利面前，你要注意不要让精神世界发生改变，要净化自己的灵魂，让智慧、良知和善良始终跟随着你。

一个人如果能做到勇于思考、善于思考，他就能把自己头脑中的思维能力充分地调动起来，使自己的聪明才智源源不断地涌现出来，并使自己不断产生新的智慧和活力。思考是人类进行的比较深刻、周密的思维活动。每一个重大的科学研究成果的出现、每一个伟大先进思想的产生、世界上种种先进事物的产生，无一不是在深入的思考中得来的。每进行一次深入的思考，都会有一个新的设想和计划产生，当把这种设想和计划思考成熟变成成果后，新的设想、新的计划又会不断地产生出来。谁也无法知道自己的大脑进行周密思考会产生多少伟大的思想，人的大脑思维就像天空一样无边无际，人的思考也像其他事物的发展规律一样，也是需要一个从表面到内部、由浅入深、由低级到高级的过程，最初的设想可能不全面，但只要坚持继续深入的思考，你就能更深入地激发自己深层次的潜能。每一次深入的思考都是对思考事物的补充和完善，只要你持之以恒地深入思考、深入研究，一切阻挡你产生重大成果的阻力都会被冲破，多大的困难都会被化解。一切新发现、新事物、新思想都产生在人的思考当中，如果一个人有一个健康、完善的大脑，但停在那里不用，也就等于没有头脑，他永远也不会有所发现、有所发明、有所创新。

有的人认为人的伟大思考、人的一切优秀成果都是从知识中产生的，任何问题都可以从书本中找到答案，因此就去苦读书、死读书，结果用了很长的时间，耗费了自己很大的精力，也读了很多的书，掌握了书本上的一些知识，但是他对学到的知识不加以思考、不加以研究，他就不能超越书本的东西，发明出新的事物来。不少人把自己的前途和命运都压在读书上，最终都是要失败的，因为读书只能丰富你的知识而不能使你的思想获得提高和升华，只有善于思考，你从书本上获得的知识才能帮助你的思想认识有新的提高。

为什么很多人不敢于思考、不善于思考呢？因为思考是一项特别艰苦的劳动，是任何劳动中最难以让人忍受的劳动，有时还是非常痛苦的，所以很多人害怕思考，会想办法逃避思考，还有人想用读书的方式来代替思考。其实除了睡觉以外，人们还有很充足的时间，如果他能把这些时间全部用在思考上，那么什么人间奇迹都可以创造出来。可是人们都不愿意去主动思考，总是想方设法地逃避，有的人会把时间用在和朋友们谈天说地上，有的人入茶馆、进饭店，把时间耗费在吃喝玩乐上，所以，这些人的思想始终不能有所发展和进步，只有当他们知道思考时思想才能进步。

书本上的知识不能代替思考，不能使人精神升华，只能帮助大脑更好更快捷地思考，这是因为，一是写进书本的知识不完全是正确的，有些错误的东西需要用思考去改正。二是书本上的知识都是过去的，它不会告诉你现在和将来该怎么做。比如，书本告诉你飞机是怎么制造出来，是怎样飞上天的，但没有记载现在制造飞机的材料是怎么生产出来的，是经过什么样的工序生产出来的。所以一切新的思想、新的技术、新的事物不会在书本中发现，只会在思考中产生，人的思考也是对书本知识的加工、改造、发展的过程，特别是对当前社会问题的研究和处理，更需要进行周密的思考。一切都被虚假掩盖着，如果不进行深入思考，你就会上当受骗，你要想成为一个伟大的思想家，就要不断地思考，它能造就你伟大的人格和思想。

人的正确思考是在不断的思索中形成的，当一种事物刚刚在思考中形成时，它还不是成功的，只有通过思考不断地加工改造才能成熟起来。所有事物的外部表现都是大脑思考的事物的具体表现，一个人没有伟大思想，也就没有伟大的创举，每一台先进的机器都是在思考中形成之后，才能在人的双手中制造出来。行动是思想的具体表现，人的性格各有不同，人们可以从他的外表和行动中看到和感知。但并非性格就是思想，性格是人的思想在外部的表现，每个人都是根据自己头脑中产生的意识和观点安排自己做什么或不做什么的，如果意识和观点发生了改变，人的行动就会随之改变。每个人的行动都是思考的表现形式，世上不存在没有思考的行动，只要你思考不停，你的发展进步就会不停。当我们真正认识到了思考是人类一切力量的来源时，就不要惧怕思考，而要敢于思考和善于思考，不是只从表面上接受思考，而是在头脑中真正地思考，使它成为你核心观点的全部。

人们观察事物时所处的位置或采取的态度，被称为人们的观点，人们观察事物所处的角度不同，就会对事物有不同的认识，"坐井观天"是说人坐在井底下看天只有井口那么大，而不知道天是无限大的。人们看事情想问题往往带有片面性，是人们还没有了解事物的真相和全部。我们当今所处的社会是人类发展史上最理想的社会，不管是物质生活还是精神生活，不管是科学技术还是道德文化建设，都是过去历史上从来没有过的，但是，社会上还存在一些堕落腐化、男盗女娼等丑恶的东西，有的人只看社会上这些丑恶的东西，而没有看到好的一面，因而把社会说成是丑恶的。我们要时刻注意观察事物，一定不要片面，要观察事物的全部，从中找出规律。

在开始思考的时候，你必须遵从自己的想法。

人们的正确思想不是从天上掉下来的，人们的聪明才智也不是别人给的，而是自身内部存在的，是属于你自己的。你的智慧就是你心中的一盏灯，指引你向最美好的社会迈进，指引你去创造更多的社会财富。你的能力会使你获得你想要的一切，只要你用正确的观点去思考，你的智慧和才能就会永远使不完用不尽，它会让你从一个胜利走向新的胜利。在成功和胜利面前，你要注意不要让精神世界发生改变，要净化自己的灵魂，让智慧、良知和善良始终跟随着你，永远做一个让社会尊敬的人。在取得成绩之后，要确定更高的目标，要把社会上最优秀、最杰出、最伟大的人物当作自己的形象，要坚信他所拥有的知识就是你的知识，他所有的智慧你全都有，如果你向他那样去奋斗，你也能成为最杰出的人。海阔凭鱼跃，天高任鸟飞，这个美好的社会为你施展才华提供了广阔的天地，美好的未来就在眼前。

华莱士成功箴言

思考是人类特有的能力,也是将人类从一般生物中提升出来作为世界主宰的根本原因。思维能力与其他事物恰恰相反,它不是越用越少,而是越用越多、越用越发达。勇于思考、善于思考、勤于思考,就会找到成功的入口。

第 14 讲

善待每一个人

如果你想成为一个成功人士，就不能把目标停留在设想上，总想将来会怎样，而是应该想现在就该怎样或应达到怎样的程度。不要希望别人帮助你怎样成就事业，而是应该立足于自己怎样努力成就事业。不要等环境条件适合你时你才去努力成就事业，而是要自己创造条件去成就自己的事业。如果你能以非常友好的态度去和你比较疏远的人相处，并且能相处得特别密切，并让这些人主动和你亲近，同你交往，你就会有一个美好的心灵。不能让自己的行为被别人所左右，也不要以自己的行为方式去左右别人。负起责任来，把自己应该做的事情都做好，真情关爱每个人，把该由他们做的事交给他们自己做。这就能将家里的一切处理好。

人类必须站在人生的制高点来形成自己的精神观点,并且要坚守这种观点,直到这种观点成为一种习惯思维,而且要通过自己的行动将这种观点体现出来。你在做每一件事情的时候都必须以一种伟大的方式去做。在对待家人、对待邻居、对待熟人、对待朋友时,你都必须按自己理想中的模式处理每一件事。

如果你能以非常友好的态度去和你比较疏远的人相处,并且能相处得特别密切,并让这些人主动和你亲近,同你交往,你就会有一个美好的心灵。

一个人想成就一番事业,必须注意解决以下问题:一是不能把目标停留在设想上,总想将来会怎样,而是应该想现在就该怎样或应达到怎样的程度;二是不要希望别人帮助你怎样成就事业,而是应该立足于自己怎样努力成就事业;三是不要等环境条件适合你时你才去努力成就事业,而是要自己创造条件去成就自己的事业。在你追求的事业中,没有谁会帮助你,完全靠自己,你要坚信,不是将来你会成为伟大的人,而是你现在就开始从事着伟大的事业。每个人施展才华、成就事业都需要周围的环境和条件的帮助，但有利的条件和环境是能靠自己创造出来的。环境和条件的好坏不是主要因素，不能完全决定一个人的事业和前途，有很多处在特别优越的条件和环境下的人，由于自己不努力、不刻苦，结果一事无成；也有很多人处在十分恶劣的环境和条件中，但是他们能用自己的智慧和刻苦去改变环境，创造条件，最终使自己的事业获得成功。所以说条件和环境只是事业成功的外部条件，你自己的正确思考和辛勤努力才是最主要的，自己的事业要靠自己成就。自己的事情不可能仅仅依靠别人的督促、鼓励、帮助来成功，如果你完全依赖别人，那你的事业永远也不会成功，只有当你完全靠自己的智慧和才能去成就你非凡的事业时，你才会显得高尚伟大。你要摆脱什么事情都依靠别人来帮助解决的错误认识，条件和环境不能完全帮助你，别人的支持和帮助不能替代你，书本的知识也不能取代你的思考，成功的一切条件完全靠自己去创造。

每一个人都不是孤立地生活在这个世界上，人每天都要接触很多人，每天都在同各种各样的人打交道，这些人对你的看法和意见你不要轻易地相信和采纳，不管是拥护你的人还是反对你的人，无论是你的朋友还是你的亲人。他们的意见和建议与你事业的成功没有直接的关系，不管他们是拥护还是反对，都不要成为你事业成功的阻力，但是你要善于同人交往，要以十分友好的态度善待任何人，不仅要同自己的亲属、朋友友好相处，也要同自己的上司和同事友好相处，不但要同拥护自己的人友好相处，也要同反对自己的人友好相处，要做到给所有人以真情和友善。

一个人在取得了成绩的时候，往往会骄傲起来，他会目空一切，看不起别人，自己也不能再向前发展了，这是不能使人继续发展的极大障碍。你要永远保持谦虚谨慎，要相信自己，也要相信别人，相信别人的智慧和才能不比自己差，只是你先找到了适合你自己发展的思维方式，而其他人还没有找到，但要相信他们一定会找到适合自己的思维方法，也能把自己的事业做得很成功，不要以为你比别人做得更出色一些，别人就得高看你。你虽然是一个事业成功的人，但只是无数个事业成功者中的一员，不要总是拿别人的短处同自己的长处相比较，不要总看到别人失败的一面而看不到别人成功的希望，这种思想意识不改正，你就无法再继续创新，无法再继续发展。因为骄傲自满、狂妄自大束缚了你的思维，使你的智慧和才能无法再释放出来，别人就会赶上你，超越你。要坚持做到以平等的态度待人，既不能把自己看得高高在上、无所不能，也不把自己看得一无是处。一个真正聪明高尚的人会时时刻刻检查自己的短处，充分看到别人的长处，坚持取别人的长处补自己的短处，自己才能不断完善、不断发展。

善待他人要先从自己的家庭开始，如果你在社会上是一个领袖人物，是别人的领路人，那么在家庭中你也要成为家庭成员的主心骨，不管遇到什么情况都能沉着应对，妥善处理，能给家人最好的关心和帮助。如果你在家中的待人方式和态度总能保持亲切、友好的最佳状态，你就会得到尊敬和信赖。不管你在社会上的地位有多高，在家中你都要做到尊敬老人，善待兄长，关心和爱护每一个家庭成员，这样你就会成为家中的栋梁，成为家人的依靠，遇到困难时你就成为力量的源泉，成为大家的支柱，你就会受到大家的尊敬和拥护。在关心和帮助家人时要采取正确的态度和方法，不能让自己耗尽了全部的精力和心血，而别人却都在那里无所事事，要调动每个家庭成员都为家庭做贡献。在帮助家人时，不要把所有的事都替他们做完，不能让自己像奴隶一样供家庭使用，应该由谁做的事情，就要由他们自己来做，你要善于锻炼和培养家庭成员的智慧和能力，让他们能独立自主地去成就一番事业，如果你什么事都帮助他们做了，反而会封闭他们的智慧，捆住他们的手脚，使他们一事无成。要让大家都有"人人为我，我为人人"的思想意识，不但能做好自己的事，还能帮助每个成员培养和锻炼自己的能力。这才是你真正要做的事情。

当你的家人犯了错误的时候，你不要过

分地指责他们,而是要帮助他们找出犯错误的原因,指出改正错误的方法,让他们去纠正自己的错误。你要相信每个人都是完美的,每个人都能把自己的事情处理好,每个人都能在自己的工作中做出突出的成绩。每个人都有各自不同的思维方式和生活习惯,你要让他们自然发展,不能强加阻拦,不要以自己的思维方式和生活习惯去规划别人的思维方式和生活习惯。你的方式没有错,别人的方式也没有错,只要充分认识这一切,你就会清楚,每个人走的都是不同的路,每个人的思维方式都是有差异的,这很正常。你应该学会和那些与你的行为完全不同的人友好相处,不要去指责和干涉别人的行为,你要拥有一个宽广的胸怀,把别人都看得纯洁而高尚,你要专心致志地把你自己的事情做好,你要相信你家中的所有成员都在做他们自己认为正确的事情,而且能把自己的事情做好。任何人、任何事自身都有没有错,都符合事物的发展规律,要记住,你既不能让自己的行为被别人所左右,又不要以自己的行为方式去左右别人,负起责任来,把自己应该做的事情都做好,真情关爱每个人,把该由他们做的事交给他们自己做。这就能将家里的一切处理好。

华莱士成功箴言

要知道世界上的万物都是有生命有感情的,要善待每一个人、每一种生物。人与人之间的一切关系都是相互的,想别人怎么对待你,你就要怎么对待别人。只有在团结合作的氛围中,成功才能顺理成章地到来。

第15讲

加强自身的修养

不管遇到任何情况，必须保持高度冷静，必须依靠你自身永久的智慧做出判断。如果在行动时始终保持冷静，你所做的判断就一定是正确的，你完全能认清什么该做，什么不该做，千万不要惊慌失措，不要过分焦虑，失败比成功更能考验人、锻炼人。人活在世上靠一种精神力量，人成就事业也要靠精神力量，每一个充满自信的人都会是一个成功的人，要完全相信自己的智慧和能力能够处理任何复杂的事情。但任何事物的发展都有一个阶段性和时间性，成功不是一蹴而就的。

家庭是社会的一个细胞，社会就是由无数个家庭组成的，如果能把家里的各种复杂事务处理好，你就有能力处理好社会上的各种复杂事情。你要相信自己，在这个世界上，你有超人的智慧和才能，你和所有的领袖人物没有什么两样，你是他们中的一员。不管你处在什么环境和条件下，你都应该把你需要处理的问题处理好，社会就会发现你、了解你，并把一些伟大的任务交给你去完成。

要始终坚持自己追求真理的一贯态度，要用你美好的灵魂照亮前进的方向，要坚信你对真理的探索永远顺从于你伟大的灵魂。做事不要靠简单的判断和推理，要靠对一切事情的深入研究，始终保持自己的头脑清醒，做行动前的准备工作，要保持平常的心态。你要相信，你能和上帝做出同样的事情来，你就是上帝，这样就有利于你的聪明才智无限发挥，你就能获得所需的各种知识，这些知识会使你在遇到错综复杂的事情时给你正确的指导。

不管遇到任何情况，必须保持高度冷

静，必须依靠你自身永久的智慧做出判断，如果在行动时始终保持冷静，你所做的判断就一定是正确的。你完全能认清什么该做，什么不该做，千万不要惊慌失措，不要过分焦虑，失败比成功更能考验人、锻炼人。每个人都会遇到挫折和失败，但在挫折和失败面前会有两种世界观，一种是遇到挫折和失败就停滞不前，放弃了自己的事业和前途，他们再也没有了成功的机会；另一种是受到挫折和失败后能够保持清醒的头脑，他们会立即觉察到自己的判断和思维一定还有错误的地方，他们会认真查找失败的原因，并重新对事物进行判断和思考，直到找到正确的解决办法，他们不怕失败，他们知道失败的前头就是成功。

人活在世上靠一种精神力量，人成就事业也要靠精神力量，每一个充满自信的人都会是一个成功的人，要完全相信自己的智慧和能力能够处理任何复杂的事情。但任何事物的发展都有一个阶段性和时间性，你不能希望在某一天的早上，你所需要的东西都属于了你。当你感到寂寞、孤独、需要友情时，你就主动去和越来越多的人交往接触，他们会把你当作自己的朋友；当你认识到自己的知识不足，需要丰富自己的时候，你就放下一切，专心致志地投入学习，你不但要向书本学习还要向社会学习，向每一个伟大的人物学习，这样所有的知识都会属于你；当你想全面了解某一个人时，你就要全神贯注地观察他、了解他。你想要认识和了解的一切既存在于外部世界里，又存在于你的内心世界。你所拥有的一切智慧和力量完全可以应对各种复杂的事情，当你开始用一种新的方式施展你的才华时，你就能用所拥有的能量促进你大脑的发育，新的细胞将会不断产生、不断成长，过去处于休眠状态的细胞也都被激活，你的大脑就成了一部高速运转的机器，它会为你生产出很多很多优秀的产品。

  如果你还是在用一般的方法去处理重要的事情，如果你看问题不能站在很高的高度，你不能超越你的原来，不能奉献自己，你的信心不够坚定，你缺乏足够的勇气，那么等待你的只能是失败。在还没有做好以伟大方式指导自己行动的准备之前,不要急于去做任何伟大的事业,伟大的事业不但需要超人的才能,也需要具有伟大的人格,从事伟大的事业不能使你的人格变得伟大,但伟大的人格会指导你成就伟大的事业。要培养出伟大的人格,必须注意加强自己的修养,要从日常生活中的一件件小事做起,不断培养自己、磨炼自己,不要总是急于求成,不要以为自己已经有了进步别人就会立刻发现你、认识你,就能看出你的智慧和才能,不要总想让人们立刻就来歌颂你、崇拜你。如果你在经历了较长时间的修养之后,仍然没有得到社会的承认,仍然没有人把伟大的事业交给你来做,这时你不要失去信心,你要认真反省你自己,也许自己的聪明才智、自己的品质和人格还不能胜任做伟大的事业,一个伟大的人物是想着怎样为整个社会做出贡献,而不是为了自己的名利和地位。每个人必须有付出才能有回报,如果你没有为社会、为人类做出贡献,就不能被社会认可和尊敬,只有那些无私地为社会和人类奉献自己的人才能得到社会的拥护和尊敬。

人要有严以律己、宽以待人的态度，在你同家庭成员相处时，就要严格要求自己，对别人宽宏大量，你要把这种做人的态度养成习惯，并以这种习惯方式去和你的朋友、你的领导同事，以及社会所有的人相处。时间长了，人们就会认识你、发现你，就会对你产生信赖，他们会主动接近你，向你学习，让你帮助他们解决一些他们解决不了的问题。这时你不应把自己的全部精力用在帮助他们解决具体问题上，而是应该给他们出主意、想办法，让他们开动脑筋自己去解决自己的问题。不要对别人的缺点和错误横加指责，不要评判别人的功过是非，不能去强调别人应该做什么、不应该做什么，不能强迫别人改变自己的行为方式和生活习惯，要支持自己始终以高尚的精神和方式处理一切事情。你给别人帮助必须是在别人需要你的帮助时，不管你的意见有多么正确，都不要强迫别人接受你的意见和建议，如果你周围的人还都存有这样或那样的不良习惯，你不可能一一地去帮助改正，你要相信每个人迟早都会认识和改正自己的缺点。你先是应该为他们做出榜样，让别人跟着你学习，而不应该忙于纠正别人的缺点，你用实际行动帮助人要比你用思想帮助人好得多。

要想让别人发现你、认识你，你首先要保证你对整个事物的观点和看法是准确的、正确的，这样可以让别人在同你接触当中，从你言谈举止、做人做事当中认识到。不要试图强行要求别人接受你的意见，你只需坚持你自己的意见，并按自己的意见把事情办好就行。如果你已经做出了伟大的事业，不要主动去通知别人，别人会从你的行为中看出你的伟大、你的高尚，他们会主动拥护你、尊敬你；同样，如果你帮助了别人，也不要要求别人给你回报，别人会从心里感激你的。你不要刻意地去表白自己、粉饰自己，只需做好自己的事情，过好自己的生活。你可以想象自己就是这个世界的救世主，你必须承担起拯救世界的重任，但你必须把自己当作一个普通的人，把一个普通的人应该做的事情做好，你不要只想着去做大事而不愿做日常的小事，任何一项惊天动地的大事都是从小事开始的，只要你把每天应该处理的小事都处理得非常好，大事就会由你去做。

你要知道，每个人生活在这个社会上，都有他自身存在的价值，一个乞丐流浪在社会上也有他存在的价值，他从反面提醒有志者更加努力地创造社会财富，让每个生活在这个社会中的人满足生活的需要；小偷的存在也会提醒你，如何使法律更加完备，如何使走向犯罪道路的人改邪归正。你要让你的爱心在每个人的身上都能体现，你要从内心感到你所生活的这个社会是美好的，这个社会的每一个人都是完美的，在处理社会的任何问题时，你都要保持这种心理状态。你要特别努力地使自己的精神世界得到升华，依照自己的志向确定自己的远大理想，要坚信自己的理想一定会实现，在做每一件普普通通的事情时，都要像做大事一样认真，对待普通人的态度应该像对待伟大的人的态度一样。你要做人类而不是救世主，把你的爱奉献给社会的每一个人，如果你能永远这样做人，你就会永远受人尊敬和爱戴。

华莱士成功箴言

万事都要从自身做起，只有内外兼修，让自己的修养和能力全面提升，才具备了成功的条件。如果没将自己准备好，就算成功来敲门，你也无法将它长久地留住。

第16讲

让世界因你而美丽

The Science

失落的成功指南

每个人都有自己的世界观，有什么样的世界观就有什么样的方法和认识，人的世界观决定了人对事物的认识和看法，这种看法非常重要。正确的世界观能帮助人以正确的方法去观察和认识事物，拥有正确世界观的人思想是积极向上的，他的行为是乐观进取的，他能够清楚地认识到现在的这个社会是人类有史以来最美好的社会。任何事物的发展都是有规律的，不论在任何情况下都不会违背自己的规律，所以世界上任何事物不管以任何形态出现都是正确的。一个具备正确世界观的人，他自己所做的一切也都不会出错，在他身上产生的一切都是组成世界的一部分，他所做的一切都有利于促进社会的进步和发展。

世界上的万事万物本身都是很完美的，世界就是完美的化身和创造者。我们在看待和思考社会、政治和现实生活中出现的事情时，必须站在这样的高度。我们要时刻谨记，我们赖以生存的这个世界很美好，并且要以同样的眼光来看待所有的人和事。这个宇宙中没有任何事物是错误的，因此我们对生存的社会要有正确的态度和观念。

有什么样的世界观就有什么样的方法和认识，人的世界观决定了人对事物的认识和看法，这种看法非常重要，错误的世界观很容易让一个人的思想误入歧途，他看不到事物好的一面，而只看到不好的一面，他会把一个美好的社会看得一团漆黑，把这个社会描绘成一艘在海上航行的破船，被海风无情地吹到了满是礁石的海岸边，或者沉没在大海之中。他认为社会在腐化、在倒退，这个社会的一切丑恶现象已经无法改变，而且还会继续发展下去。这种观点使他偏离了正常思维，不但使他对整个世界产生了错误的观点和看法，也使自己消极悲观起来，甚至完全丧失了生活的信心和勇气。

正确的世界观能帮助人以正确的方法去观察和认识事物,拥有正确世界观的人思想是积极向上的,他的行为是乐观进取的,他能清楚地认识到现在的这个社会是人类有史以来最美好的社会。这个社会不但丰富了人们的物质生活,也活跃了人们的精神生活,它有完备的法律,有力地保护了人们的生命财产安全,同时,让那些误入歧途的人走上了正路;它的政权是牢固的,任何外来势力都不可动摇;它的制度是先进的,为人们施展自己的聪明才智提供了广阔的天地,让人们心甘情愿地为社会和自己创造财富,他始终相信这个社会是美好的而且会变得越来越好。

成功意味着什么?成功学家卡尔博士认为:"成功意味着许多美好积极的事物。成功意味着个人的兴隆:享有好的住宅、假期、旅行、新奇的事物、经济保障,以及使你的小孩能享有最优厚的条件。成功意味能获得赞美,拥有领导权,并且在职业与社交圈中赢得别人的尊重。成功意味着自由:免于各种烦恼、恐惧、挫折与失败的自由。成功意味着自重,能追求生命中更大的快乐和满足,也能为那些靠你生活的人做更多的事情。"的确,成功意味着很多很多东西,并且根据每个人不同的理解,上面的描述还可以无限延长下去。

正确的世界观会帮助人全面地看问题,不但让人看到好的一面,也能看到不足的一面,能正确认识到有些东西是社会发展中必然产生、必然存在的,任何社会都是从不完备到完备、由低级到高级逐步发展的。尽管这个社会法律还不够完备,社会的其他制度也有不利于社会和人类发展的地方,物质财富还不能完全满足人类的需要,但这些问题都会在发展中逐步得到完善和解决的。所以这种世界观带给人的是宽阔的视野,让人看到了更加美好的未来,给人以美好的精神世界,让人以宽广的胸怀认识这个世界,思考我们自己,以更旺盛的精力从事自己的事业。

任何事物的发展都是有规律的,不论在任何情况下都不会违背自己的规律,所以世界上任何事物不管以任何形态出现都是正确的。一个具备正确世界观的人,他自己所做的一切也都不会出错，在他身上产生的一切都是组成世界的一部分，他所做的一切都有利于促进社会的进步和发展，他在和这个世界同步走向更加健康、更加美好的未来。你的对与错要由自己来检验，由社会发展的规律来检验，和你持不同世界观的人无法认识到你所做的事情是对还是错，而且你必须在保证你的世界观完全正确，保证你的行为与事物发展规律相一致的情况下，你才能全面检验到你所做的一切是否都正确。你能保证你自己，但不能保证其他任何人的对与错，如果你能保证自己始终沿着正确的方向前进，不管你做任何事情都不会出现错误，如果你能保证你自己有正确的人生态度，你就能应付各种复杂的事情发生，你就能以自己的行为推动这个社会更好更快地向前发展。

人的正确思维不是头脑中固有的，也不是从天上掉下来的，而是从人们观察事物和认识事物中产生的，是从人们改造社会、改造自然的实际行动中得来的。如果你把这个社会看成是落后的，看成是已经没有发展前途、很快就要灭亡的社会，你必然会把自己融化在这个社会里，成为这个社会的一部分，感到自己也同这个社会一样在走向死亡。如果你能把这个社会看成是美好的，是进步向上的，那你自己的精神也会振作起来，你会把你的所有聪明才智发挥出来，使这个社会更美好。任何事物都没有错，有错的是我们思想认识的本身。你的生活，包括你的物质环境和精神意识是由你长期形成的对自己的看法决定的。一旦一种意识在你头脑中形成并被固定下来，那么在你想象当中，在你实际行动当中，都会产生像你头脑中固有的东西一样的结果。如果在你头脑中固有的是无穷的智慧和力量，那么在你思想中就能想大事，在行动上就能干大事；如果在你头脑中你是一个懦弱无能的人，你就不能把你的聪明才智发挥出来，而只能任人宰割，让别人安排自己的命运。这些长期以来固定在头脑中的思维方式，会影响一个人的命运，会在你身上反复、有规律地起作用并以物质形式表现出来。整个宇宙是广阔的，是有生命力的，是不断发展进化的，人类社会是整个宇宙的一部分，它同宇宙同是一体，同时存在；人和社会也同是一体、同时存在，社会给人创造了生存环境，人又能利用自己的聪明才智改造和发展社会。不要迷信上帝有多么伟大，你要把自己就看成上帝，上帝所拥有的一切同样存在于你的身上，你会像上帝一样主宰这个世界。

华莱士成功箴言

我们每个人都是活跃在社会上的一个分子，整个世界为我们提供了广阔的空间，让自己的身心都向健康的方向发展，让世界因你而变得更加美丽。

第 17 讲

思维是智慧的源泉

要想把事情办好，就要先把事情想好，要想行为善良可亲，首先思想必须高尚。真正伟大的人是那些具有崇高精神境界的人，他们能够统治人类靠的不是物质而是精神思考的作用，是其他任何形式都不能代替的。对任何一项事物的全面认识，都要经过比较长时间的、持续不断的深刻思考，没有思考，任何人都不能掌握事物内在的发展规律，无须经过长期的研究思考正常人能很容易认识事物的外在表现，而真正了解事物的本质和它的规律却不是任何人都能做得到的。人和人之间的差别不是智慧和能力的差别而是思考能力的差别。

我们总在反复强调和研究思维的问题，就是因为思维是一切智慧的来源，没有伟大的思想，就不会有伟大的行动。如果你没有形成伟大的思维，就不能产生伟大的思想，伟大的思想是从思维中产生的，人生最主要的任务就是思考、再思考。不少人认识不到思考的伟大作用，他一生都在努力学习，他虽然学到了一些东西，但没有学会正确地思考，结果一事无成，形不成伟大的思维方式就成就不了伟大的事业。形成伟大思想的基础是探索和认识真理，要准确地断定自己的行为是正确的，如果不是这样就会产生相反的结果，思维是保证一切判断正确的唯一途径。

首先要研究人类发展的历史，找出推动人类历史发展的真正动力。在每个社会里，人与人之间的关系是最主要的关系，你以怎样的方式对待别人，别人就会用怎样的方式对待你。你对人真诚，给人以关爱，别人也同样会帮助你、尊敬你。要认真研究人类社会发展变化的历史，多读一些有关人类和社会发展的书籍，进行认真的研究思考，直到自己能以正确的观点看待人类社会，要研究社会已发展到什么阶段，自己应该为社会做些什么。

其次要注意培养自己的人生观，你的观点会决定你对人生的态度，你是想做一个高尚的人、一个纯洁的人、一个为社会做出贡献的人，你还是想做一个好吃懒做、成为社会负担的人，这都由你做人的态度来决定。如果你的目标中存在着自私的内容，如果你的行动和行为存在着邪恶和欺骗的东西，那么就证明你的思维过程是错误的，你的行动就失去了动力和意义。所以你在行动之前，要认真思考，反复研究你的动机，你的做事方法、目的和行为的准确性和正确性。

对任何一件事物的全面认识，都要经过比较长时间的、持续不断的深刻思考，没有思考任何人都不能掌握事物内在的发展规律，无须经过长期的研究思考正常人都能很容易认识事物的外在表现，而真正了解事物的本质和它的规律却不是任何人都能做得到的。人和人之间的差别不是智慧和能力的差别而是思考能力的差别，你所需要的所有智慧和力量都在你的脑海里，都在你美好的心灵中。你没有必要再研究怎样才能获得能力去做你想做的事和成为你想成为的人，你只要思考怎样用适当的方法来激发释放你拥有的这些潜能就足以达到你的目标，你现在就应该开始深入地思考和研究，开始你对真理的探索和掌握，这样你不但能掌握现在，而且还能正确地预测未来。

每个人都要用最大的勇气和决心同自己的过去彻底决裂，因为过去还有很多的缺点和错误，现在要用新的方法充分思考人的价值，即考虑人类灵魂的伟大之处和人生的价值所在。要改变自己过去的思维方式和行为方法，因为事物已经有了变化和发展，你的思维也必须跟上它的变化和发展，你不要总去看社会落后的一面和人类消极的一面，要利用自己意志的力量，产生新的思维方式。它能让你知道，你应该思考什么，怎么思考，人的意志最大的能力就是推动你思考，它能推动你去思考进步的、积极的、向上的，阻止你思考落后的、消极的、倒退的。

讲人性、讲人权是一个高尚灵魂的具

体表现，每一个伟大的领袖都是讲人性的楷模，他们把自己的爱洒向社会的每一个人，他们待人真诚友善，不管是谁有难，他们都能主动去帮助，他们从不拒绝任何人的求助，任何人都无法忘记他们对自己的关怀和帮助。他们愿意把自己的所有都奉献给人类，包括自己的生命，他们爱天下所有的人，不管是达官贵人还是辛勤耕作的普通百姓，不管是老人还是孩子，他们都一样用真心去爱他们。正因为他们能有这种善良的灵魂，才使他们成为人们拥护和爱戴的伟大领袖，成为人们心目中最伟大的英雄，即使他们的躯体不存在了，但他们的灵魂永远活在人们的心中。只有像这样热爱人类的人，才是真正伟大的人，这是需要认真思考才能做到的，没有思考，任何人都不能成为伟大的人物。思考分为两种，意志坚定的人能独立思考，他们是伟大思想的起源者，他们的思考既能使自己聪明和伟大起来，又能帮助别人开动脑筋，进入思考；而意志不坚定的人是被动思考，他们往往是在别人的推动下或事物的逼迫下进入思考，因此具有片面性。

认识事物的表面在于对事物的观察，而认识事物的本质则需要认真思考。任何一种伟大思想的产生都是经过无数次思考才实现的，要想使这些思想变成自己的，就必须对其进行反复思考，直到这些思想深深扎根于你的头脑，你才能够在行动中自然地表现出来。对每个人来说，最关键的是他的思想，尽管看上去他很坚强，具有不可战胜的力量，但他也必须去施展自己的能力。每个人都要处理很多复杂的事情，要把这些事情进行分类，对不同的事情采取不同的解决方法，这样才能有所创新。这个人在内心是怎么想的，他在行动中就会表现出来。行为表现得不完整，是因为大脑对这种事物的思考还不全面，还有完善和深化的空间。

要想把事情办好，就要先把事情想好，要想行为善良可亲，首先思想必须高尚，真正伟大的人是那些具有最高精神境界的人，他们能够统治人类靠的不是物质而是精神思考的作用，是其他任何形式都不能代替的。不管你掌握了多少知识，如果你不去思考，知识在你身上就毫无用处。人的思考也要随着世界的发展而发展,随着世界的变化而变化,固定在人们头脑中的习惯性的思维方式对人们的影响比任何东西的影响都大,所以人们要不断地改变自己的思维方式,随着事物的发展使自己的思维范围变得更宽更广,以便能适应发展变化了的事物。

华莱士成功箴言

　　思想总是走在行动前面,想到才能做到,因此,思想就是因,而你在生活中所遭遇的一切经历都是果。有因才有果,既然这样,就不要再为过去或现今的一切境遇有丝毫的抱怨了,因为一切取决于你自己,取决于你能不能把环境塑造成你所希望的样子。世界上最丰富的资源藏在我们的脑海里,我们的思想是蕴藏丰富的宝藏。努力开发精神能源吧,让它们在现实中实现,它们会听命于你,一切真实的、长久的能力,都由此而来。

第18讲

让自己变得伟大

社会上依据人类思想动机的划分从大的方面把人分为两类，一类人愿意为别人付出自己的爱，他们把别人的利益看得高于自己的利益，是为了纯粹的爱而活着的人；而另一类是为了统治别人、欺骗别人、剥削别人而活着的人，他们一生总是为自己考虑，从不替别人着想，他们为能占有别人的成果，甚至别人的一切而感到骄傲、感到伟大。我们希望每个人对"什么才是真正的伟大"有正确的认识，不要把对的当成错的去看待，真正伟大的人，是推动社会进步的人，是对人民有益的人，是甘愿为他人服务的人，看一个人是否伟大，不是看人而是看他做的具体事情。

伟大的人是指那些品格崇高、才识卓越、令人景仰钦佩的人,而很多人对伟大都有错误的认识,所有想要使自己变得伟大的人都要纠正对"伟大"一词的错误认识。一定要认清什么是真正的伟大,什么是阴险毒辣的伟大,有的人把"伟大"看成是身份和地位的象征,他们追求的伟大是想人人都尊敬他;在和他人的交往中,希望别人都主动称呼他,能以最高的礼节来欢迎他,并能给他最高的奖赏;在他说话的时候,希望别人全神贯注地听他讲话,并表现出非常尊敬的样子,他才感到非常满足。不管在任何场合,任何情况下,他都希望把自己放在最重要的位置,就是在自己的家庭中,他也要表现得高高在上,他希望家庭成员能把他当成家长,什么事情都让他来安排。这种人把伟大看成是满足人的虚荣心,自己的虚荣心被满足了,他就感到自己伟大了。

有的人把伟大看成是拥有最高的地位和权力,他希望别人都能听从他的,都要努力为他做事,而不是他主动地为别人做事,他一生的奋斗都是为了让自己拥有占有别人、奴役别人的权力，他想方设法控制别人，最大的乐趣是向别人发号施令，给别人施威加压，让别人都听从他的指挥，顺从他的安排。在他的心目中，能够随心所欲地指挥别人、安排别人的命运就是一件很伟大的事，而在那些野心更大的人心目中，能控制别人是人生中最快乐、最幸福的事情。他们把自己的全部精力都用在了寻找办法和机会去控制别人上，他们的举动已经失去了理智而变得疯狂，他们的野心从来都不会得到满足。在控制了一部分人之后，他们就想控制更多的人，在控制了一个国家的人之后，又想去控制另一个国家的人。

　　世界上总有一些人，他们的欲望就像无法填满的沟壑。这样的人一旦掌握了至高无上的权力，他们就会把战火烧到别的国家，从奴隶社会争夺奴隶的战争到无数次争夺地盘的战争，任何一个战争的发动者最基本的目的都是要统治更多的人。还有人把伟大看成是大量的财富，他们把自己的全部心血都用在了资本的膨胀上，用在了占有更多更大的市场上，他们能为此而疯狂，为此奋斗一辈子，直到他们生命的最后一分钟，他们的占有欲也没有得到满足，想占有最大财产的人的贪心也永远得不到满足。他们已经数不清自己有多少财产，算不清自己有多少金钱，也不清楚自己拥有这些财产是为了做什么，他们关心的不是财产的使用，而是财产的多少，他们把自己当成了财产的奴隶。虽然他们拥有无数的财产，但当有人说"你一天不吃饭，我就给你一元钱"时，他们就能为了一元钱而不吃饭。追求权力的人比追求财富的人更危险，他们会让整个世界变得疯狂起来，让无数的善良人成为他们的牺牲品，不仅如此，他们还会培养和锻炼出更多奸诈的人、诡计多端的人、疯狂阴险的人，他们会为了满足自己的欲望不断制造事端，而使越来越多的人受到伤害。这些完全从自己的私利出发的人只能说是社会上最坏的人，而不是伟大的人。

我们希望每个人对"什么才是真正的伟大"有正确的认识，不要把对的当成错的去看待，真正伟大的人是推动社会进步的人，是对人民有益的人，是甘愿为他人服务的人，看一个人是否伟大，不是看人而是看他做的具体事情。那些把全部精力用在搞科学技术和科学研究上的人是伟大的人，看到有人落水奋不顾身下去抢救而不怕牺牲的人也是伟大的人。总之，不管是高官还是百姓，只要是在做对人民有益的事，他就是伟大的人。

服务别人与保护自己同样是一个伟大的人应该做的，当一个人用伟大的方式去为他人服务时，他同时应该注意保护好自己。救人可以，但不能牺牲自己，能以牺牲自己作为代价去为他人服务的人有一种不良的意识，他总想把自己的一切都交给别人，有时会干涉别人的正常生活，不断地向别人提建议或者批评别人，就像是别人的奴隶一样，什么事都替别人做，什么困难都替别人扛。许多想使自己伟大起来的人，都想达到这种精神境界，他们认为只有完全牺牲自己才能成为一个伟大的人，这实际上是对伟大的一种偏见。人们应该想办法把自己从这种偏见中解脱出来，为别人服务不是说什么事都替人想。要做一个伟大的人，要既能从善又能除恶，对那些危害社会和人民利益的错误行为要敢于斗争、敢于抵制，不能任其自由发展和泛滥。对那些游手好闲的人不能永无止境地给予施舍，而是能让他们自食其力变得勤奋起来。有些人一味忙于从善，却不懂得这种盲目的从善和病态的利他主义以及本质的自私自利一样，不是一个伟大的人所应该做的。别人有了一点点困难你就想去帮助，别人有了一点点痛苦你就感到悲伤，不管是谁，你都要去施舍去同情，这不应成为一个人的伟大之举。尽管每一个伟大的人都会尽力去帮助别人，但是除了同情别人和帮助别人还有许许多多的事等着你去做，你除了做善事，还要发展自己的才华，提高自己的能力，你还要去学习和掌握更多的为社会为人类做贡献的知识和才能，以便能帮助更多的人。总之，不要产生要伟大就必须放弃自我的错误认识。

不论是哪个阶级，不论是哪个年代，社会上对人类思想动机的划分基本上都是一样的，从大的方面都把人分为两类，一类是愿意为别人付出自己的爱，他们把别人的利益看得高于自己的利益，是为了纯粹的爱而活着的人；而另一类是为了统治别人、欺骗别人、剥削别人而活着的人，他们一生总是为自己考虑，从不替别人着想，他们为能占有别人的成果，甚至别人的一切而感到骄傲、感到伟大。这种把占有别人作为自己最大愿望的心态就是社会邪恶的起源，人类社会中所有的邪恶都是从此开始的，与这种邪恶理念相抗争的是人们提倡的纯粹性，他身上只有爱，他爱天爱地，爱自然爱人类，一些宗教疯狂的信徒的爱是扭曲的，他们只爱上帝，愿意为上帝而献身，而不愿为人类服务，实际上爱上帝的狂热者都是自私自利的个人主义者。

华莱士成功箴言

与庞大的宇宙相比，人是渺小的，就像茫茫大海里的一滴水，巍巍高山上的一块石。但是人绝不是被动的、无所作为的，人是世界的主人、宇宙的主宰。人正改变着世界，让宇宙以我们的意愿运转。

第19讲

思考要与时代并进

人们已经证实在地球存在的初期,在很长很长的时期里是没有任何形式的生命存在的,这是被全球的科学家公认的事实。人的发展和进步,包括思维的进行和身体的进化都是从劳动中产生的,我们认为这种观点比较符合人类历史的发展规律,因为我们都看到了劳动,尤其是其中更重要的脑力劳动创造出来的产物。在社会发展的每个时期和每个阶段,都会产生一批最优秀的人,成为这个时期的领袖人物,他们能走在多数人的前面,成为他们的领路人,他们能比别人更敢于思考和善于思考,使自己具有超人的智慧和才能。

谁也不会知道是什么神灵用什么力量创造了这个世界，谁也不会清楚这个世界是什么时候产生的，但人们已经知道自然界和人类社会在生命形成的最原始时期是什么样子的，人们还知道，他们当时的情形表现在他们所处的环境中是必然的，是任何力量也改变不了的。

如果我们现在所处的社会满目疮痍，到处都是流离失所的人，在这种情况下，任何一个有良知的人都不可避免地把自己置于拯救社会、拯救人类的事业中去。在我们生活环境当中到处都是期望帮助的老人、妇女和儿童，还有一双双渴望生存的眼睛，在这种情况下，要想狠下心来不付出自己的财富和能力，不去救助和帮助别人实在是难以做到。这些生活在社会底层的人群还会经常受到社会不公平的待遇，受到那些自以为生活在社会最高层人的另眼相看。看到这种社会现象，所有具有正义感和善良心灵的灵魂都会为之愤怒，他们会毅然决然地去为天下人鸣不平，尽自己的全力去伸张正义。他们想把自己变成一股洪水，把地上的污泥浊水全都冲洗干净,他们恨不得在一夜之间让世界变得太平,他们认为如果不能献身于这场拯救人类的斗争中,正义就不会得到伸张。实际上这些人的观点带有很大的片面性,他们不了解事物有一个发展变化的过程,落后、愚昧、饥饿以及社会歧视是落后社会时期必然存在的,每个人都必须认识到这一点。

经过一代又一代人不停的探索,人们已经证实地球存在的初期,在很长很长的时期里是没有任何形式的生命存在的,这是被全球的科学家公认的事实。科学家们推测,地球在刚刚形成时是一个燃烧的火球,由燃烧的气体和熔化的岩浆组成,在那时候,在那种条件下是没有任何形式的生命存在的。通过地质学、古生物学、考古学反复深入的研究和探索,人们认为地球不知是什么原因形成了地壳,并且慢慢地变凉,岩浆开始冷却下来,不知经过多少万年的腐化慢慢变形成了土壤,而且土壤越积累越多,沸腾的大气冷却变成雾或变成雨降落地面,空气中的水汽不断积累汇集成了江河湖海,正是由于土壤和水分的存在,才为生命的出现和成长创造了条件，又经过漫长的时间演变，在水中和陆地上的某些地方才出现了简单的生命。

科学家们认为世界上最早出现的生命形式是单细胞的生物，经过无数次的演变，多细胞的生命开始向有精神世界的生命发展，精神世界无时无刻不在推动着物质的发展，它们需要通过物质的形式表现出来。经过不断演变和发展，地球上又出现了更多种类的生命形式，从单细胞发展到双细胞，又从双细胞发展到多个细胞的生命形式，虽然表现形式各不一样，但都是更高一层的生命形式，它们当中的每一种形式都是美好的。不可否认的是，不管是动物界还是植物界，在刚刚产生的时候都是不完全的，都是很原始的，体形也特别小，但在它们所存在的那个时代它们的形态相对于所处的生存环境来说已经是先进的了，随着发展的不断深入，一个又一个新的时代到来了，地球上充满了新的生机，这些生机在呼唤新的更高级的生命出现。

生物学家和研究历史的专家们普遍认为，最早出现在地球上的人是一种像现在大猩猩似的动物，他们和大猩猩等其他动物的最大区别在于他们不但会直立行走，还有了比较简单的思维能力，那时的人类既不懂得羞耻，又不会搞什么发明创造，他们渴了会主动找水喝，饿了会主动去寻找食物，冷了也知道去找温暖的地方，他们那时的行为多数是出于本能。但是，在当时的环境里，这种生物的出现使地球前进了一大步。

多数信奉宗教的人认为，是神、是上帝创造了人，人的一切活动都是上帝在活动。从人类出现的那天起，上帝就开始在人类内心世界工作，人类的一切活动都是上帝在活动，他把自己全部思想和力量注入一代又一代人的身上，并指导人类去思考、去发明、去创造，上帝指使人们改造自己，也改造自然。具有历史观的人则认为是劳动创造了人，他们认为，人的发展和进步，包括思维的进行和身体的进化都是从劳动中产生的，我们认为这种观点比较符合人类历史的发展规律，因为我们都看到了劳动，尤其是其中更重要的脑力劳动创造出来的产品。历史研究证明，在人类历史的发展过程中曾经有过非常残酷、非常野蛮的时期，权力高度集中，到处都充满了残忍和恐惧，少数统治者奴役被统治者达到了惨不忍睹的程度，那时社会提供的物质非常有限，到处都充满了饥饿和灾难。这些现象是社会发展初期必然产生的结果，在当时的社会中也是先进的、进步的，它们推动了社会的进一步进化和发展。正是由于无法忍受的饥饿，促使人们不断挖掘自己头脑中各种智慧和潜能使自己不断改善生存条件，这样就推进了社会向更先进的方向发展。

从类人猿到随后时期的变化，人类从笨拙的直立行走，进化到非常熟练的直立行走，人类身上存在的那些最原始、最类似动物的部分首先得到进化和发展。在几百万年的历史中，社会的发展非常缓慢，人类始终在饥饿中挣扎，落后的生产力和生产方法提供的产品总也满足不了生存的需要，而仅有的一点儿社会财富也全部被少数统治者所垄断。但是人类不愿长期忍受饥饿和痛苦，他的这种意识迫使大脑进行深入思维，努力寻找改善自己生存条件的出路和办法，人类这种持续不断的一次又一次追求美好生活的努力推动着人类历史的不断发展，不管是人类发展的哪个时期都使社会前进了一步，每一个发展时期都使社会的物质基础得到进一步的丰富，文明程度也在不断提高，人们的物质生活和精神生活都会得到改善。

在社会发展的每个时期和每个阶段，都会产生一批最优秀的人，成为这个时期的领袖人物，他们能走在多数人的前面，成为他们的领路人，他们能比别人更敢于思考和善于思考，使自己具有超人的智慧和才能。他们有的致力于社会制度的改革和发展使其更有利于人类社会；有的精心于科学研究和发明创造，给人类提供更先进的机器设备和科学技术；有的则从事于教育事业，向人类传授更多的知识，使人类变得文明起来。他们是这个时代的精英，代表着这个时代的发展方向，但他们的进步思想常常会受到落后和倒退的思想的阻挠和迫害，有的为之付出了自己的生命，但他们的意志是坚定的，不管遇到什么样的阻力，都不能阻止他们为实现自己的理想而奋斗。正是他们用自己的智慧和生命推动了社会的进步和发展。

没有对比，就分不出对与错，没有对比也分不出先进与落后，落后与先进的区别实际上是时间的区别，比如奴隶社会，奴隶在奴隶主的残酷管制下为奴隶主创造着财富，而奴隶主给予他们的是仅够维持他们的生命和为他们提供力量的食物，使他们为奴隶主生产更多的财富。我们拿现在的社会制度同那个时期比肯定认为奴隶社会是罪恶的，但在当时它已经是进步了的社会，已经推进了社会的进步和发展。我们常常把没有进化完全的事物说成是邪恶的，但在当时所处的时代，这些进化不完全的事物却是先进的，因为对人类的全面发展而言，所有事物的存在都有存在的道理。我们现在的社会是人类历史上最先进、最文明的社会，但是社会还在发展，还能让人认识到很多不文明的东西，很多需要改正和取缔的东西。过去很多先进的、积极的东西现在看来已经落后了，需要改进了，比如开始有马车时，它是当时社会上最先进的交通工具，当有了汽车它就是落后的了，社会也同其他事物一样，都有产生、发展、提高又到落后，而被淘汰的过程。

人类和其他动物的不断进步，推动着社会不断进步和发展，社会进步发展了又推动人类的进步，这种相互作用的力量是推动社会发展的真正动力。人类和社会的进步发展主要是事物发展的内在规律决定的，它的发展方向必然是从低级到高级再到更高一级，人们渴望更美好的生活，他们总是在想办法，用自己的全部智慧和才能去达到自己的目的，这就是每个社会阶段发展的目的。随着时代向前发展，战争、饥饿、残忍、不公平的社会现象正在被爱和正义所代替，但这并不意味着社会的终点，现在社会的发展还很不平衡，在一些落后的国家和地区仍然存在着饥饿和贫困，存在着瘟疫和战争，社会发展的最终目标是消除一切战争和贫困，让全人类都在同一条水平线上，都过着幸福美好的生活，社会正在朝着这个目标推进，这个目标一定会达到。

华莱士成功箴言

太阳不需要光和热,因为它本身就在散发着光和热。拥有太阳的人,太忙于向外界辐射自己的勇气、信心和力量了;他们的心态期许着他们的成功;他们将把障碍砸得粉碎,跨越恐惧摆放在他们前进道路上的怀疑和犹豫的鸿沟,没有什么能阻挡他们成功。

第20讲

时刻铭记自己的责任

责任是一个具体而又抽象的概念，每个人的责任都不同，每个人肩膀上担的担子也都不一样重。每个人对待自己肩上的责任的态度也不相同，你对自己、对世界所承担的首要任务就是尽你所能让自己拥有伟大的人格，在我看来如果你能做到这一点，你也就解决了责任的问题。你能为上帝做得最好的事情就是通过你自己向世人传达他的思想，尽你最大的努力让上帝与你同在，最大限度地开发你自己的潜能。只要我们认真训练我们的手和脚，训练我们的思维和头脑，训练我们的身体以等待他的召唤，上帝就能够和我们一同去从事伟大的事业。如果你能遵从上帝精神的指导，你将会比现在更有能力照顾你的家人。按照这种方法去做，你也会发现自己的责任会轻松很多，没有想象中那么不可承受。

现代社会是一个高速运转、快节奏的社会，每个人都在拼命往前赶，稍一松懈就会被别人远远地落在后面，所以大家都像上紧了发条的陀螺一样转个不停。总有人抱怨自己活得太累，肩上的担子太重，有太多的责任要承担。从小就要担负父母和长辈的期望，走出校门又要肩负起生活和家庭的重担，既要让父母安享晚年，又要给孩子一个舒适健康的成长环境，还要让自己生活得更好。这些责任的压力确实很大，而对自己、对世界所承担的首要任务就是尽你所能让你自己拥有伟大的人格，也正因为有了这些责任，我们才有追求的目标，才生活得有意义。

责任是一个具体而又抽象的概念，每个人的责任都不同，每个人肩膀上担的担子也都不一样重。每个人对待自己肩上的责任的态度也不相同，有的人心甘情愿担起责任，为了更多、更好地履行自己的责任而努力奋斗，他们痛并快乐地前行；有的人在责任和重担的压力下郁郁寡欢，仿佛随时都有被压垮的危险；还有的人总是害怕承担责任，总是在逃避自己的责任，面对困难和问题时常常临阵退缩。每个人都有自己要承担的责任，如何对待自己的责任能够体现出一个人的精神境界和素质，是做一个勇于承担责任的人还是做一个责任的逃兵取决于你自己。

责任问题从古至今一直存在着，也一直困扰着每一个人。责任问题是一个令很多诚挚而热心的人迷惑不解的问题，他们需要费很大周折才能找到问题的答案。当他们开始伟大实践的时候，他们发现自己还必须处理好同许多朋友或亲属的关系。或许你必须与一些朋友断交，或许有些亲戚会误解你，误以为自己被忽视了，因为真正伟大的人常常被自己周围的人认为是自私的，这些人总是感觉自己受到照顾不够多。对此你首先会问的可能是："难道我要不顾周围其他一切人或事物而全身心地投入自我发展中吗？"或者："难道我必须等到我不会给其他任何人造成伤害时再发展自己吗？"这是对自己的责任而不是对他人的责任的问题。

在本书前面的几讲，我们已对世界的责任问题进行过深刻的讨论，现在我不想讨论每个人的责任是什么，应该如何面对自己的责任；而想就人对万能的上帝的责任提一些看法，因为相当多的人不知道自己应该为上帝做些什么，很多人甚至不懂得自己还对于上帝有着不可推卸的责任。在美利坚合众国，人们出于对主的信仰和虔诚，为上帝所做的大部分工作和服务都是在教堂完成的，人类相当部分的能量都被释放在所谓的"为上帝服务"上。

你对自己、对世界所承担的首要任务就是尽你所能让你自己拥有伟大的人格，在我看来如果你能做到这一点，你也就解决了责任的问题。在这里，有一个概念要先阐释清楚，我先简单解释一下"什么是为上帝服务，人怎样才能更好地为上帝服务"。我认为传统的关于"什么是为上帝服务"的答案都是错误的，因为没有体现人类对上帝所负责任的真谛。

"让人类随他们自己的意愿来侍奉我吧。"这是当摩西进入埃及时，他以上帝的名义对法老提出的唯一要求。人类也因此而获得了随心所欲的权利，这样便形成了一些新的礼拜方式，让人们错误地以为做礼拜就是侍奉上帝。上帝后来也明确声明他不在乎形式，只要正确理解上帝的旨意，无论是供奉祭品，还是传播耶稣的思想都可以取代有组织的礼拜堂式的侍奉。上帝并不缺少人们以任何形式为他供奉的任何东西，正如圣徒保罗曾经指出的那样，人类无法为上帝做任何事情，因为他什么也不缺。上帝需要的仅仅是人类勇于承担自己的责任的意志和决心。

众所周知，人类社会是历经千万年的进步和演化才形成今天的形态，现在人类社会进化的步伐也没有停止，一直进行着。我们所采纳的进化的观点表明，上帝希望通过人类来表达他的思想，多少个世纪以来，他的精神一直激励着人们追求更高的境界，他也坚持不懈地在寻求着自己的表达方式。每一代人都比他们的前辈更接近上帝，每一代人也都比他们的前辈要求得更多，他们要求更好的居住条件，要求更优美、更和谐的生活环境，要求更适合于自己的工作，要求更多的休息时间、更多的旅游机会、更多的学习机会，等等。总之，他要求人类为了自己而努力奋斗，为了美好的生活而尽到自己的责任。

当今世界是一个言论极度开放的世界，各种观点都公开交锋，因此社会上流行的观点也良莠不齐，瑕瑜互见。一些短视的经济学家认为，工人应该对他们现在的条件感到非常满足，因为他们现在的条件比两百年前工人的条件要好得多。那时的工人住在没有窗子的草房中，睡在地上，身上盖着灯芯草，旁边就是猪圈。如果一个人拥有所有他们能想到的生活用品，按说他们应该很满足。但事实并非如此，因为上帝已经让人类发展到这样一个阶段，即任何一个普通人都能想象出一幅比他目前的生活美好许多、理想许多的生活画面。只要这一点是事实，只要人类会想象，能给自己构思出一幅更美的生活画卷，那他就不会满足于今天的生活。对生活不满足正是激励人类不断向前发展的精神力量，也是促使人类承担自己责任的动力。

"上帝与我们同在，和我们一起设想未来，和我们一起实现理想。"人类是上帝的宠儿，上帝给予人类的天赋很多，对人类所抱的期望也很大，上帝就是通过人类来表达他自己的思想的，因为上帝将人类看作是第二个自己和他在人间的代言人。

有一个对音乐无比热爱的小男孩，遗憾的是他坐在做工精美、音律准确的钢琴旁边，却弹不出他心目中理想的乐章，他灵魂中的音乐天赋无法通过他不曾受过任何训练的手表达出来。这是一个很好的例子，它能说明上帝的精神是如何在我们身上或我们周围存在的。你能为上帝做得最好的侍奉就是通过你自己向世人传达他的思想，就是尽你最大的努力让上帝与你同在，最大限度地开发你自己的潜能。只要我们认真训练我们的手和脚，训练我们的思维和头脑，训练我们的身体以等待他的召唤，上帝就能够和我们一同去从事伟大的事业。

为了让大家加深印象，记住本书阐明的要点，这里还要重复几点内容。在机遇的问题上，通常来说，每个人依靠自身的能力都能成为伟大的人，正如我在前文中所表明的那样："任何人都有能力成为富人。"但是这些过于概括的总结还需要进一步阐述。对有些人而言，他们的物质欲望太过强烈，过多的贪欲蒙住了他们的眼睛，使他们根本就不可能理解本书所阐述的哲学思想。而另外一些人则只知道生活和工作，从来不懂得按照本书中的线索去思索，他们也接受不到本书中提供的信息。对于后者，我们可以通过演示为他们做些事情，也就是说，在他们面前生活是唯一能唤醒他们的方法。事实总胜于雄辩，生动的例子总是比空洞的说教更能令人信服。对大多数人而言，我们的责任就是尽可能培养自己伟大的人格，以便他们可以看到，能够做类似的事情。这样我们才能建立一个更美好的世界，让我们的下一代有更好的条件去进行思考。

　　此外还有一些人，他们总认为自己的担子是全世界最重的，认为自己比别人更辛苦。他们渴望做出一些成就，渴望献身于这个世界，但他们常常被家庭所累。家里其他人或多或少地要依靠他们，如果他们抛开家人，家人可能会遭受很多痛苦。总体来说，我建议这些人勇敢地走出来，尽可能地发展自己，因为走出家庭你所失去的毕竟是暂时的，过不多久，你就会发现，如果你能遵从上帝精神的指导,你将会比现在更有能力照顾你的家人。按照这种方法去做,你就会发现自己的责任会轻松很多,没有想象中那么不可承受。

华莱士成功箴言

一个人的想法、做法和感受决定了他是一个怎样的人。与快乐、享受、幸福、健康、财富相对的悲伤、痛苦、不幸、疾病和穷困其实只是纸老虎,我们应该敢于消除它们,并且有能力消除它们。生命就是表达,和谐而富建设性地表达自己是我们的分内之事,是我们不可推卸的责任。

第 21 讲

积极主动地开发智力

习惯性思维对我们人类的发展起着重要的作用，而习惯性思维的培养则取决于智力的开发和训练。正确运用精神属性中积极和能动的因素，积极培养并正确运用想象力、欲望、感情和感官直觉，激活个体生命的潜能，开发我们的智力，可以使人精力充沛、世事洞明、活力迸发、不屈不挠，令人的效率和才能大有进益。每天反复听到的话语渐渐地也变成了一种信念，每天反复考虑的思想也变成了一种习惯的思维方式，正是这种习惯性思维造就了我们每一个人。拥有精神能量还意味着你像一块巨大的磁石，以自己的魅力吸引着身边的人和事，在其他人眼中你就是幸运之神的宠儿，你将拥有让梦想变成现实的金手指，成为世人羡慕的对象。

大思想家和诗人歌德说过:"我们每天反复听到的话语渐渐地变成了一种信念,每天反复考虑的思想也变成了一种习惯的思维方式,正是这种习惯性思维造就了我们每一个人。"习惯性思维对我们人类的发展起着重要的作用,而习惯性思维的培养则取决于智力的开发和训练。

我们的头脑和身体一样都要经过训练才能达到良好的状态,智力的开发和训练甚至于比身体锻炼更重要,对人类的生存和发展更有利。千万不要把智力训练的目的理解错了,公式化、咒语化的语言是没有任何实际意义的,反复不断地祈祷或念咒语也绝不可能是成功的快捷方式。如果是那样的话寺庙里的僧人将会是世界上最聪明、最智慧的人,然而事实上并非如此。

很多人把智力训练想得过于简单和模式化,认为那只是反复念咒语,其实这是对智力开发的误解和亵渎。智力开发是需要花费大量的时间和精力的,是一种身体力行的训练,是我们在认真思考一些思想。进行智力训练在于你可以反复思考某种想法,直到你能形成一种思考问题的习惯，这样，它就会成为你自己的思维习惯，就会伴随你一生。而只要你采取正确的方法，并且正确理解智力训练的目的，智力训练就会变得非常有价值。但如果你像大多数人那样去理解的话，智力训练不但无用，而且会使你变得更糟，因为你将精力和力量用错了地方。

下列训练中所包含的思想是你应该思考的。第一周可以训练一次或两次，但你必须持续不断地训练，也就是说，千万不要在某一段时间你每天都进行两次训练，而其后的一段时间又把训练忘到九霄云外，过了好长时间，才又想起训练的事。训练就是要求你持之以恒，直到它能成为伴随你一生的习惯。等到你持续训练二十分钟到半个小时的时候，你可以停下来休息一会儿，换个舒适的姿势，让你的身体放松一下。你可以躺在床上，或躺在长沙发上，你可以躺到你想躺的地方，最好的姿势是平躺。如果你实在抽不出时间，也可以晚上上床前或早晨起床后，抽点时间进行训练。这种训练是随时随地都可以进行的。

笔者将以绝对的科学真理，系统地阐述如何正确运用精神属性中积极和能动的因素，以及如何培养并正确运用想象力、欲望、感情和感官直觉，激活个体生命的潜能，开发我们的智力，使人精力充沛、世事洞明、活力迸发、不屈不挠，令人的效率和才能大有进益。笔者最迫切想做的事就是教你训练自己的智力，加强你的推理能力，坚定你的意志，赋予你抉择的智慧，理性的同情，主动进取、坚忍不拔的精神，并且教你如何尽情地享受高质量的生活。

笔者不是江湖术士，既不会催眠术，又不会魔法。笔者的目的也不是运用任何让人迷醉一时的骗术去蒙蔽善良人的双眼、误导人。笔者只是单纯地想教给你们使用精神能量，不是替代品或曲解的产物，而是真正的精神能量。因为笔者坚信"一分耕耘，一分收获"，并且愿意和读者一起钻研和实践这一真理。

精神能量是极具创造力的，它使你有能力为自己而创造；而不是从别人的身上巧取豪夺。大自然向来不屑此举。正像大自然让原先只有一枚叶片的地方生长出一对叶片一样，精神力量之于人类，也是如此。笔者相信，如果你能够竭尽全力开发出精神能量的巨大潜能，那么它一定不会辜负你，它会让其他人心甘情愿地听命于你，本能地认为你就是一个有力量、有个性的人。

拥有精神能量意味着你能够感悟自然的基本法则，与伟大的自然融为一体；意味着你拥有取之不尽、用之不竭的力量源泉；意味着你了解吸引力的奥妙所在，了解成长的自然规律，以及在社交圈和商业圈中赖以生存的心理学法则。此外，拥有精神能量还意味着你像一块巨大的磁石，以自己的魅力吸引着身边的人和事，在其他人眼中你就是幸运之神的宠儿，你将拥有让梦想变成现实的金手指，成为世人羡慕的对象。

拥有精神能量可以加深人们对生命的感悟，掌控自身，常葆健康；增强人的记忆力，提高人的洞察力；在任何情境下对机遇和困难都洞若观火，使人有能力把握住近在咫尺的大好时机。它改变了成千上万男女老少的生活——它以明确的原则取代了那些飘忽不定、云遮雾罩的方法，而每一种效率体系都奠基在这些原则之上。这些都是很罕见、难得的能力，同时也是每一位成功的人士所必备的特质，这些就是笔者长篇大论的宗旨和精髓所在。

洞察力能使人拨开迷雾，洞悉本质，它摧毁猜疑、消沉、恐惧、忧郁等各种软弱，打破局限，消解匮乏；它唤醒沉睡的才能，给你胆魄与活力，令你积极进取、精神百倍；它唤醒你对艺术、文学、科学之美的感受能力。在现实生活中，经常有难以计数的人为了永远没有实现可能的事情而殚精竭虑，最终换来一头白发两手空空；却把近在眼前的机遇拒于千里之外，与成功擦肩而过却浑然不觉。笔者所讲述的体系旨在开发人的洞察力，增强人的独立性，令你具有远见卓识，有助于提高能力，改进性情。

"在多数大型企业中，顾问、专家、培训师等人成功有效的运作管理诚然不可或缺，但我坚信，对正确原则的重视和采纳更是重中之重。"这是美国最大的钢铁集团董事长的一句至理名言，也是他成功的不二法门。

笔者的目的不仅仅在于教给人正确的原则，笔者不想给读者一本类似于其他学习课程的说教，因为这类东西已经太多了。笔者更愿意提出实践这些原则的方式方法与读者分享，让读者懂得：有相当一部分人终日忙于苦读书、听讲座，然而终其一生，都没有取得任何能够证明这些理论的实际成果。这是因为所有的原则在书本上时都是毫无用处的，只有将它应用于现实生活之中，才能体现它的价值和魅力。只有凭借本书所讲述的体系、所提出的方法，佐证它所讲授的原则，身体力行地在日常生活中付诸实践，才是最聪明的做法。

华莱士成功箴言

精神活动是在头脑和心灵中完成的,是属于内在世界的,属于"因"的世界;而一切环境和景况,都是由内在世界产生的,它们是"果"。正因为如此,你就是创造者。智力训练便是极其重要的劳作,比其他所有的事都重要。

第22讲

拥有高尚的灵魂

人类的灵魂不断激发人的思维产生智慧和力量,主体和客体是统一的,人和自然也是统一的,我们在不断地深入了解这个世界,我们的认识一次比一次深刻。思维能力是人与生俱来的能力,但是思想不是人脑固有的,而是按一定的规律组织起来的。每个人为社会所做的贡献是各不相同的,也无法用统一的标准去衡量。那些乐于助人、富有爱心、奉献自己帮助他人的人,同那些从事科学研究、发明创造、有着惊天动地的壮举的人同样伟大。奉献自己的爱不需要任何特殊的才能,也不需要熟练的技巧,只需要有充满爱意的灵魂,它会让你在通往知识和才能的路上获得一切爱的能量。

灵魂是存在于人体中的一种意识，是起指导和决定作用的因素。高尚纯洁的灵魂能使人坚持正义，主持公道，使人趋于保护那些受到伤害的人群，也趋于惩治那些行凶作恶的人，只有让自己的灵魂净化了、纯洁了，才能做出慈善和正义的事业。

对历史上曾经存在过的和现在产生的一切不利于社会进步和发展的错误能作出正确判断和预言的只能是生育我们、养育我们的大自然，只能是每一个人自身存在的精神力量，只能是平常心。对于平常心来说所有真诚的生活都是一种形式，所有正确的行动都是人们的正确思维，人只有客观地分析问题和解决问题才可以分辨出什么是假的、虚弱的，什么是真诚的、智慧的。最伟大的灵魂能推动人的思想和行动去表现自己最真实的一面，它能让人说出的每一句话都是发自内心的，它始终如一地致力于进入人们的思想，使人越来越聪明能干，使人的精神世界变得越来越道德，人的身体变得越来越强壮有力，人的面容也变得越来越漂亮。我们的生活一般是连贯有序的，在很长的一段时间里不发生任何改变，可有时也会断断续续杂乱无章，使人摸不着规律，失去了主动，有时又表现得非常没有生机和活力。

不管在什么时候，在人类心灵深处都有一个完整的灵魂存在，有的人的灵魂是纯洁善良的，有的人的灵魂是肮脏邪恶的，有的在推动人类社会的进步和发展，有的在阻碍社会的进步和发展，有的大智若愚，有的永恒自我。每个人的每一部分都是不可缺少的，都被搭配得得体均匀，能给人们提供生存环境的大自然时刻在保护着人们的完好和健康。人类的灵魂不断激发人的思维产生智慧和力量，主体和客体是统一的，人和自然也是统一的，我们在不断深入了解这个世界，我们的认识一次比一次深刻，比如太阳、月亮、山川、河流，世界上存在的所有物质都在显示着自己存在的价值，并闪烁着美丽的光芒。整个世界才是灵魂的核心，只有用智慧之眼，我们才能读懂时间的"教科书"。

我们只能依靠自己更高的理想境界，一切意念顺从于自己的内心世界，顺从于自己的灵魂,才能真正掌握自然界的规律。人们通过总结自己的生活经历而做出的结论,在没有这种经历的人看来都是不存在的,但这些结论是真实可靠的。历史已经成为过去,形而上学的理论著作也表达不清楚过去的一切,对人来说这没有任何价值。什么是一般的期望和愚昧?为什么人们总是感到人类发展的历史总是难以达到要求?上万年来,多少派别的哲学家仍然没有得出答案,虽然人类对自然界进行了无数次的研究,但自然界仍然存在着很多人们还认识不了的事物。人类的历史就像广阔的宇宙,谁也探索不出它的源头。虽然人类不可能预见到哪些事件有可能妨碍下一个时刻的到来,但可以充分利用一切时间和可能去发现和研究这些事件的来源和去向,而不是去关注我们自己的意愿。当我看到小河日夜奔流不息时,我虽然找不到它的源头,也不知道它流到了什么地方,却感到它是从我心里流过去的,它使我的灵魂更加纯洁,我觉得我是受惠者。我不停地注视着小河流淌,听着它流淌时发出的轻轻的声音,我为它的精神所折服,使我受到了一阵阵的冲动，我要超越自己，让自己的灵魂到最高的精神世界。

人的灵魂被净化以后，能产生什么样的作用，任何人都很难表达清楚，当我们在设想未来的时候，纯洁的灵魂能让你更清楚一些。如果一个人的灵魂没有得到净化，往往把是与非颠倒过来，我们要紧紧抓住那些能拓宽我们的视野，并能帮我们探索神秘宇宙知识的线索，一切的一切都表明人类的灵魂不是长在人身上的一个器官，而是训练所有器官的物质。人类的灵魂不是记忆力，不是逻辑，也不是判断和推理，它是由思维所产生的，它的所有功能都可以当做手和脚一样加以运用。它不是一种力量而是人类心灵中的一盏灯，它不是一种智慧或意识，而是智慧和意识的主人，它是我们人类之所以成为人类的最广阔的背景，是任何一种动物都不曾拥有也不可能拥有的无限，在人类的内心深处和身体的所有部位，有一束强烈的光从我们的身上发射出去，照亮了大地，温暖着万物，使狂妄骄傲的人冷静下来，认识到了自己的微不足道和渺小，这束光就是人类的灵魂。

人类只是包含所有智慧和宇宙万物的广阔空间的一点点。人类日常从事的一切活动，包括做工、种田、学习和工作，乃至吃饭、睡觉，都不能准确地表现出你的灵魂。你的大脑和四肢，包括语言表现出来的全部内容是组成灵魂的器官。受人尊重的不是你的身体和行为，而是你的灵魂。灵魂通过语言和行为表现自己，灵魂使人的智慧和才能得以充分发挥和表现。当你的所有聪明才智淋漓尽致地表达出来，你就成为伟大的天才。当灵魂通过人的行为表现出爱的行动时，人的内心也必定是充满了爱的，充满爱意的灵魂表现出的行动都是爱的表现。

人类存在的历史空间有多长，没有人能够计算出来，人类进化的速度是非常慢的。人类灵魂的进化也像人的躯体一样，也是相当慢的。谁也不能通过一天的时间就使自己的灵魂高尚起来。就像点在一条直线上的运动一样，要通过自身的变化来表现。生物形体的变化大致经过了三个过程：从受精卵开始，逐渐形成幼虫，再从幼虫蜕变成飞蛾。

人的智慧和才能在成长的过程也要经过从低级到高级的演变过程，而不是从一出生就具有的。也不是每个天才成长过程中一定要经历贫穷、饥饿、受歧视的经历。但越是命运坎坷的人就越比未经过任何挫折的人成长得快。经过一次次的挫折磨炼和一次次的飞跃升华，人类的灵魂才会把束缚人类发展的一条条绳索全部打开，走向永恒。这就是精神和智慧发展的规律，它会逐渐地上升到包含所有价值的境界，而所有的这些价值又都表现为某种精神。

灵魂超越于所有个体价值，任何个体价值都无法衡量灵魂。灵魂要求纯洁、要求高尚，但纯洁和高尚不等于灵魂；灵魂需要正义、需要伟大，但正义和伟大也不是灵魂本身；灵魂需要仁慈、需要博爱，但除了这些还需要别的东西。如果我们不去培养纯洁、正义和仁慈的精神而去追求眼前利益和物质利益，我们灵魂深处会感到悲哀和痛苦，也不会感受到成功的快乐和内心的安宁。因为对于灵魂而言，只要保持纯洁和高尚，所有单纯的行为、所有的利益都将是自然而然地发生的,并不是人类经过一番痛苦的酝酿而实现的,因为当你实现自己的目标以后再回头看自己走过的路,你会发现它不像你当时感受的那样苦不堪言。人类如果能用心去思考,去做事,他的行为就是纯洁高尚的。

　　思维能力是人与生俱来的能力,但是思想却不是人脑固有的,而是按一定的规律组织起来的。人类从一开始制造简单的石器工具,到制造火车、轮船、飞机甚至卫星和载人火箭,这就是人类思维发展的轨迹。每个人为社会所做的贡献是各不相同的,也无法用统一的标准去衡量。那些乐于助人、富有爱心、奉献自己帮助他人的人,同那些从事科学研究、发明创造、有着惊天动地的壮举的人同样伟大。凡是走出平常人思想境界的人,他们都能发挥出先于他人的、超常的智慧和才能,就像爱会公平地赋予每一个人一样。奉献自己的爱不需要任何特殊的才能,也不需要熟练的技巧,只需要有充满爱意的灵魂,它会让你在通往知识和才能的路上获得一切爱的能量。我们奔走在洒满爱的道路上,当我们走进了灵魂的深处,我们的心胸将会无比开阔，我们看到了遥远的未来，那里的世界更美好。

华莱士成功箴言

> 邪恶的念头就像寒流，会削减太阳的光芒，使太阳黯然失色；愉悦的念头就像暖风，能给太阳升温，使太阳不断扩张。才能、信心、勇气、希望，就是太阳的暖风；而太阳最主要的敌人就是恐惧，要彻底打垮、消灭这个敌人，把它驱逐出境、直到永远。只有这样，才能令太阳永远灿烂，不被乌云遮蔽光芒。

失落的健康箴言

The Science of Being Well

【美】华莱士·沃特莱斯 著
冯 松 译

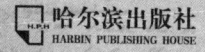

哈尔滨出版社
HARBIN PUBLISHING HOUSE

图书在版编目（CIP）数据

失落的健康箴言 /（美）沃特莱斯（Wattles,W.D.）著；冯松译. —哈尔滨：哈尔滨出版社，2010.11（2025.5重印）

（心灵励志袖珍馆. 第4辑）

ISBN 978-7-5484-0293-0

Ⅰ.①失… Ⅱ.①沃… ②冯… Ⅲ.①保健-通俗读物 Ⅳ.①R161-49

中国版本图书馆CIP数据核字（2010）第166276号

书　　名：失落的健康箴言
　　　　　SHILUO DE JIANKANG ZHENYAN

作　　者：【美】华莱士·沃特莱斯 著　冯　松 译
责任编辑：李维娜
版式设计：张文艺
封面设计：田晗工作室

出版发行：哈尔滨出版社（Harbin Publishing House）
社　　址：哈尔滨市香坊区泰山路82-9号　邮编：150090
经　　销：全国新华书店
印　　刷：三河市龙大印装有限公司
网　　址：www.hrbcbs.com
E-mail：hrbcbs@yeah.net
编辑版权热线：（0451）87900271　87900272
销售热线：（0451）87900202　87900203

开　　本：710mm×1000mm　1/32　印张：42　字数：880千字
版　　次：2010年11月第1版
印　　次：2025年5月第2次印刷
书　　号：ISBN 978-7-5484-0293-0
定　　价：120.00元（全六册）

凡购本社图书发现印装错误，请与本社印制部联系调换。
服务热线：（0451）87900279

引言

人人都想有一个健康的身体，但怎样才算健康呢？很多人对此不太清楚，包括很多有学识的人都认为身体没有生病就是健康，其实这种认识是非常肤浅的。随着时代的前进和科学的发展，现代人对健康有了更科学更全面的认识。权威专家对健康下的新的定义是："人的身体、精神与社会适应的最佳状态，而不是单纯的没有生病"。

新的健康观认为，没有生病只是健康的一个基本方面，主要是机体的正常状态，同时还包括心理健康和对社会、自然环境适应上的和谐。也就是说人的机体、心理与社会、环境的适应能力均处于协调和平衡的状态。这就是全面完整的新的健康观。

那么,衡量一个人是否健康的标准又是什么呢?健康科学权威机构为此给健康定了10条准则:

① 有充沛的精力,能从容不迫地担负日常生活和繁重的工作,而且不感到过分紧张和疲劳。

② 处世乐观,态度积极,乐于承担责任。

③ 善于休息,睡眠良好。

④ 应变能力强,能适应外界环境中的各种变化。

⑤ 能抵制一般性感冒和传染病。

⑥ 体重适当,身材发育匀称,站立时,头、肩、臂的位置协调。

⑦ 眼睛明亮,反应敏捷,眼睑不易发炎。

⑧ 牙齿清洁,无龋齿,不疼痛,牙龈颜色正常,无出血现象。

⑨ 头发有光泽，无头屑。

⑩ 肌肉丰满，皮肤有弹性。

这 10 条准则亦即健康的标准，这是就一般情况和普遍情况而言的，对不同年龄的人还有不同的标准。

新的健康观的核心思想是"人人为健康，健康为人人"。任何集体的、个人的对自然生态环境的破坏和污染及不道德、不讲卫生的行为，不但危害自己的身心健康，而且也危及他人的健康。这种健康观是"机体——心理——社会——自然——生态——健康"的一种整体观，是一种社会协调发展型的健康观。

当今世界总体看来，是一个发展进步的世界，但因为没有顾全一些观点，致使生态遭到很大破坏。

我们的地球只有一个，它的问题会波及各行各业的各个方面，因此，任何事都要回归到关怀健康的层面，考虑对环境、人类会有什么影响。整个局势应该朝更健康、更有活力的方向前进。

重视健康，因为健康是"1"，其他一切都是"0"，哪怕你有再多的财富、才华、人脉、容貌，也都是充当后面的零，当你健康的时候它们会为你锦上添花，但是当健康不再的时候，所有的一切就都成了虚无。只有健康，才是生活的本，切不可舍本逐末。

穷人，失去健康是最大的风险；富人，失去健康就失去一切。生命是个零存整取的过程，这不过是个观念问题，转变观念是不要钱的。如果没钱治病，就免费保健吧。

健康掌握在自己手中。种种证据证明，把健康交给医生是错误的决定，更有证据证明，你想取得任何成就，包括健康，只有你自己说了算。

回首百年的历史沧桑，人和环境都变得很沉重，展望未来，生存的契机跟生命的内涵，应该着眼于何处？只有拥有健康，体认健康的真谛，其他的一切——财富、地位、理想、抱负，才会变得有意义。整个人类要追求真正的健康，也要让地球真正健康起来。

目录 CONTENTS

第 01 讲 正确理解健康的含义 1

第 02 讲 要相信自己是健康的 11

第 03 讲 树立正确的健康观念 23

第 04 讲 扼住疾病的咽喉 33

第 05 讲 怀着诚挚的愿望 47

第 06 讲 插上想象的翅膀 63

第 07 讲 对世界充满感恩之心 79

第 08 讲 用信仰加固健康 89

第 09 讲 健康生活的原则 105

第 10 讲 科学饮食＝身体健康 115

第 11 讲 吃的技巧与学问 129

第 12 讲 健康就在呼吸间 145

第 13 讲 睡眠对健康很重要 159

第 14 讲 首先要有健康的思想 169

第 15 讲 永葆健康的身心 187

第01讲

正确理解健康的含义

健康的主要内容归纳起来包括以下几个方面：无疾病和无生理上的缺陷；心理健康，没有任何精神上的疾病；具备健全的大脑和完整的心智，能和周围的环境相适应。从生物学角度来说，适应就是生物的进化，而从心理学角度说，适应就是找准自己的坐标。人活着总想找到自己的位置，寻求自己适合的东西，因此就有了对现实和现状的不满。可是作为个体的人，是很难改变环境的，那么如何更好地适应周围的环境，让自己的身心平和，健康地发展就是一个人能否成功的关键。

自古至今，健康成为各个时代人们谈论的永久话题，并被视为人生的第一需要。然而什么是健康，如何正确理解和把握健康的确切内涵，这是一个关键的问题。

健康的定义有千千万万种，但都大同小异。归纳起来健康的内容包括以下几个主要方面：无疾病和无生理上的缺陷；心理健康，没有任何精神上的疾病；具备健全的大脑和完整的心智，能和周围的环境相适应。世界上最权威的健康学专家经过研究和论证后给健康所下的正式定义为：健康是指生理、心理及社会适应三个方面全部良好的一种状况，而不仅仅是指没有生病或者体质健壮。

健康不仅是没有疾病或不虚弱，而是身体的、精神的健康和社会适应良好的总称。

该宣言指出：健康是基本人权，达到尽可能的健康水平，是世界范围内一项重要的社会性目标。事隔多年后，健康和养生学方面的专家和学者又一次深化了健康的概念，认为健康包括躯体健康（physically health）、心理健康（psychological health）、社会适应良好（good social adaptation）和道德健康（ethical health）。这种新的健康观念使医学模式从单一的生物医学模式演变为生物—心理—社会医学模式。这个现代健康概念中的心理健康和社会性健康是对生物医学模式下的健康的有利补充和发展，它既考虑到人的自然属性，又考虑到人的社会属性，从而摆脱了人们对健康的片面认识。

1. 躯体健康（生理健康） 躯体健康是指身体结构和功能正常，具有生活的自理能力。

2. **心理健康** 心理健康是指个体能够正确认识自己，及时调整自己的心态，使心理处于良好状态以适应外界的变化。心理健康有广义和狭义之分：狭义的心理健康主要是指无心理障碍等心理问题的状态；广义的心理健康还包括心理调节能力、发展心理效能能力。

3. **社会适应良好** 较强的适应能力是心理健康的重要特征。心理健康的大学生，应能与社会保持良好的接触，对于社会现状有清晰、正确的认识。既有远大的理想和抱负，又不会沉湎于不切实际的幻想与奢望，注重现实与理想的统一。对于现实生活中所遇到的各种困难和挑战，不怨天尤人，用切实有效的办法去解决。当发觉自己的理想和愿望与社会发展背道而驰时，能够迅速进行自我调节，以求与社会发展一致，而不是逃避现实，更不妄自尊大、一意孤行。

4. *道德健康* 道德健康是指能够按照社会规范的细则和要求来支配自己的行为，能为人们的幸福做贡献，表现为思想高尚，有理想、有道德、守纪律。

时不时怨天尤人也可归结为不健康的心态。这说的就是人的适应性，从生物学上看，适应就是生物的进化，就像水变少，鱼就只能改变自身条件，进化为两栖动物。而从心理学上看又是什么呢？人活着总想找到自己的位置，寻求自己适合的东西，因此就有了对现实现状的不满。可是作为个体的人，是很难改变环境的，那么如何更好地适应周围的环境，让自己身心平和、健康地发展就是一个人成功的关键。

那么健康的标准又是什么呢？我们的身体状况和生活习惯是否符合健康的标准呢？结果是不尽如人意的，我们大多数人都处于不健康或亚健康状态。几乎所有人都有这样或那样与健康相悖的生活陋习，在不知不觉中侵害我们的健康。

健康的标准包括：

① 精力充沛，能从容不迫地应对日常生活和工作；

② 处世乐观，态度积极，乐于承担任务而不挑剔；

③ 善于休息，睡眠良好；

④ 应变能力强，能适应各种环境的各种变化；

⑤ 对一般感冒和传染病有一定的抵抗力；

⑥ 体重适当，身材匀称，头、臂、臀比例协调；
⑦ 眼睛明亮，反应敏锐，眼睑不发炎；
⑧ 牙齿清洁、无缺损、无疼痛，牙龈颜色正常、无出血；
⑨ 头发有光泽、无头屑；
⑩ 肌肉、皮肤富有弹性，走路轻松。

按照以上的健康标准，只有15%的人可算作健康，15%的人处于病态，大部分人都处于中间状态，即没有疾病又不完全健康的状态，也就是说处于机体无明显疾病状态，但活力降低，适应能力出现不同程度减退的一种生理状态，如乏力、头昏、头痛、耳鸣、气短、心悸、烦躁等。这种中间状态即为"亚健康"状态（第三状态）。

华莱士健康箴言

幸福的首要条件在于健康,健康是人生的第一财富。健康的身体是一切的根本,拥有健康就拥有了最宝贵的财富。不要过于狭隘地理解健康的定义,不要认为健康仅仅是与疾病相对的一个名词,它还包含心理、道德等多方面的因素。

第 02 讲

要相信自己是健康的

事实上，健康与否取决于你最初的思考和传动的方式，取决于你对健康的渴望和信念。健康源于自身的信念，疾病面对强烈的健康信念会望而却步。人类的健康是与健康的信念息息相关的，这种信念是处于休眠还是处于激活状态，则取决于人类思考问题的方式。只有通过特定的方式去思考，才能将健康的信念激活，展现出健康信念的强大威力。

我们生存的世界是由无数各不相同的有形实体和主观事物构成的。有形实体是指可可以通过感官来认知的客体、物质等一切可见之物。与之相反，主观事物是不可见的非实体，是属于精神层面的，但是它却非常重要。

而人则是有形实体和主观事物的结合体。首先，人的形体是有形的实体，看得见，摸得着；而人的思想、意识和精神则是非实体。人的形体拥有选择能力和意志力，可以称之为显意识，可以在能够解决困难问题的种种方法中遴选出最佳方案；而作为非实体的精神，因为不能意识到自身的存在，被称为潜意识。精神虽然依托人的形体而存在，无法进行选择，但却是一切力量的源泉，像一个运筹帷幄的操纵者，它可以支配驾驭"无限"的资源来达到目的。

我们有形的身体是物质存在的一种表现形式，每个人都希望自己健健康康，长命百岁。著名的哲学家马斯洛将人类的需要分成五个层次，生理需要和安全需要是较低层次的需要，也是最基本的需要，只有这两种需要得到满足，人类才会产生更高层次的需要，才会去拼搏努力，满足自己的需要。对健康的渴望和追求是人类的基本需求，每个人都怀有健康的观念，并且这个观念被赋予一种更为深远的意义。当人类进行积极的活动时，健康观念就会自主地调整身体机能以期达到最佳状态。

人类的健康观念虽然属于无形的主观想法，但是却能够发挥巨大的作用。它可以治愈各类痼疾，不论人们采用何种医疗设备或治疗方法，健康观念都会通过特定的思维模式来进行积极的治疗活动。

我们都知道人是血肉之躯，难免会生

病。人类的发展史就是一部同各种各样的困难作斗争的历史,这些困难之中就包括疾病对人类的攻击和侵害。人们总是在追求更加丰富的生命,当内心的思想处于正常状态时,人类的生活也会随之丰富多彩。而此时,人类的自然法则就是要追求健康,人类最自然的状态就是其最佳健康状态。然而有人总是脱离这样的最佳状态,他们受尽了疾病和痛苦的折磨,健康对于他们来说似乎是可望而不可即的遥远的梦。其实要达到这样的状态非常简单,只需要坚定健康的信念。

古今中外,各个时代的统治者和人民都在为健康而苦苦思索,都在寻找同病魔作斗争的锐利武器,都渴望得到长生不老的灵丹妙药。人类从最初的软弱无力任由疾病控制和摆布,到逐渐形成对各种疾病病理的认识和对治疗疾病的方法和药物的掌握，已经历了上万年的时间，人类因此而付出的代价也是无比惨痛的。

现在，我们对于常见的疾病已经了解得比较充分，并且找到了许多治疗疾病的方法，发明了许多治疗疾病的药品。正如有许多条不同的路可以通往同一目的地一样，同一类疾病的疗法也可能有很大的差别，不同的医生所使用的疗法也会不相同。对于同一种疾病，十个医生可能会开出十种不同的处方，他们所使用的药物很可能是不同的。

你的身体是否健康不是取决于你所采用的治疗方法和你所服用的药品，因为患有相同疾病的人可以通过不相同的治疗方法康复。健康也不取决于气候和其他自然环境，因为即使是生活在一起的孪生兄弟，也可能哥哥很健康,弟弟却被病魔缠身,终年卧床不起。健康也与你所从事的职业没有太大的关系,因为同一行业的人健康状况也呈现出很大的差异。事实上,健康与否取决于你最初的思考和传动的方式,取决于你对健康的渴望和信念。

由于地理环境和人文风俗的巨大差异,世界各地的药物治疗方法也有很大的不同。中国医生用中药、按摩、推拿、针灸等方法帮助病人解除痛苦,而西方国家的人们则倾向于去教堂祷告,在牧师的帮助下恢复健康;营养师利用食疗来增强和改善人类的体质,宗教信徒则通过经文研究和信仰来克服疾病;卫生学家通过提供改善生活环境的建议使人们保持健康的身体,而心理学家则提倡通过信念来抵制和抗击疾病。这些方法虽然迥然不同，但却都能够使人类保持健康的身体，不受病痛的侵扰。

其实，这些药物、推拿、祷告、食疗、建议最终都是通过信念在起作用的，人一旦失去了信念，有效的药物也可能会失去效力。存在于每个人身上的健康信念和一些可以在有利的环境中发挥功效的物质才是真正能够战胜疾病的灵丹妙药。任何时候，任何环境，只要我们能够保持积极乐观的健康信念，疾病自然就会离我们远去；如果丧失了健康信念，我们就会成为疾病的俘虏。所以，我们可以得出这样的结论：治疗的效果不只是处方和药物，同样也取决于病人看待疾病的方式和态度，取决于病人是否怀有自己能够战胜疾病的观念和决心。

人类思考问题的方式是由其自身的信念

决定的，这种思想来源于自身，而最终的结果则依赖于自身的信念的运用。如果一个人树立了按摩能使他重返健康的信念，并将这种信念运用到自身，过不了多久，按摩就真的会产生积极的效果，他的病也会一天天好起来，身体也会一天天强壮起来。但是，如果他不能驾驭和正确利用这种信念，即使这种信念再强烈，对他也不会产生丝毫的作用，他的病可能也不会有所好转。

健康的信念就如同一个拥有至高无上权力的司令官，它掌控着人类生命的所有身体和心理的功能，要求人类以健康的方式去思考问题。它要求我们首先确立自己拥有强健的身体的信念，让我们相信自己是健康的，疾病只不过是一个小小的意外，不会比只会吓唬胆小鬼的纸老虎更可怕，只要坚信自己能够战胜疾病,就能够保持健康的身体和心灵。健康的信念更像是一个尽职尽责的卫士,时刻保卫着我们不受疾病和其他非健康想法的侵袭,保证我们以健康的身体和饱满的精神去做自己想做的事情。

"健康源于自身的信念,疾病面对强烈的健康信念会望而却步",这是耶稣所传授的享受健康生活的普遍信念,即伟大的精神治疗力量,当今世界上许多医生都是利用这种方法与药物一起帮助病人恢复健康的。人类的健康是与健康的信念息息相关的,这种信念是处于休眠还是处于激活状态则取决于人类思考问题的方式。只有通过特定的方式去思考,才能将健康的信念激活,才能展现出健康信念的强大威力。

华莱士健康箴言

健康的乞丐比有病的国王更幸福，健全的身体比皇冠更有价值。健康的身体不是金钱和权势能够换来的。相反，如果拥有健康的体魄，那么一切就都有可能。每个人刚出生时都是健康的，身体处于近乎完美的状态，而我们所需要做的就是把这种完美的状态保持下去，让自己一直健康。

第03讲

树立正确的健康观念

健康观如果缺失了整体性，将是非常零散的，而且容易以偏概全，就像用一点资料去评估很多事情，会导致很大的偏差一样。一个人的健康，除自己健康之外，环境一定也要健康。没有了健康的环境，人也不可能是健康的，因为我们都生活在这个地球上，互助互利，才能保住整个环境和后代子孙的福祉。如果可以体会到人与人真心交往的快乐以及学习的喜悦，在生活中培养自省的能力，在许多事上都能有所反思，对于健康的追求会更有意义。要有以自然为师的观点，只要合乎自然、走自然的路，就会很健康。以自然为师，跟着自然走，会达到一个平衡点，一切都会契合得很好。

东方文化是比较整体性的，西方则是比较显微性、机械性、实证性的，其实两者可以有很多互补的地方。但现在不管是东方还是西方的教育，都受到十八、十九世纪以来科技文明的强力影响，几乎都失去整体观，总是朝着细微末节或很狭小的范围去研究。

如今弊端日益显露，渐渐有一些西方人士开始回过头来学习东方的文化，以东方哲学的思考开创新的人生领域。

随着经济和科技的日益发展，一些负面效应也突显出来。世界上癌症病患的比例不断激增，每个国家每年都会编列大笔预算作为癌症研究的经费，希望知道怎样对抗癌症，对付癌细胞。几十年来，花费了许多人力、物力、财力，效果却不显著。直到最近，医学界、科学界、生化界渐渐有了反省，发现对癌症的态度如果只是一种对抗，不断研发抗癌药物，效果并不会很好。

因此，他们产生另一种思考方式，不再用对抗性的方法，而是按照东方的观点，把整个人的免疫体、免疫力扶正，我们称为"培本"，这样癌细胞可能就会缩减或停止生长。这是西方的科学研究者、医学研究者在陷入了极大的困境之后看到的一个整体观。

他们埋首于实验室中，钻研在癌症细胞的研究上，四五十年后，彻底绝望，于是整个反过来产生另一种思维：为什么我们不从人自身的抵抗力着手，而一直只想消灭癌细胞？整个态度改变后，结果就不一样了。

现在有很多研究是关于如何提升免疫力

的。免疫制剂并不是用来抗癌的,而是一种结合的方法。像身体的淋巴细胞,功能好的时候,自然会杀死癌细胞,肿瘤自然就会溃败。提升了免疫力,身体自己就会恢复这种能力。可见在不同的观念引导下,会走出完全不一样的路。

人本身是一个整体,不能头痛医头,脚病医脚。我们生活的环境也是一个整体,我们不要忘记了这个整体观。

一个行医五十年的医师和一个刚从学校出来的实习医师,对病情的掌握是不同的。老医师懂得看整体,在没有抽血或是其他仪器检查的情况下,他可以通过观察,与病人交流来初步把握病情,对这个病人得出综合性和整体性的评估与了解。

健康观如果缺失了整体性,将是非常零

散的，而且容易以偏概全，如同用一点资料去评估很多事情，导致很大的偏差。

相融就是不要相对。相对是把很多的力量相互抵消，相融则是使效果和力量加成。我们现在运用的大部分观念都是相对的、对抗的，壁垒分明。体现在医学上就表现为中西医不能很好地融合。但站在一个病人的立场上，能够取两方的优点相互融合，才是最好的治疗方案。

物质跟精神也要相融。如果只谈物质界，不论精神界，形而上与形而下，身与心不能相互融合，那必然是分裂的，是不健康的。

精神领域的东西，是观念在引导，观念就相当于生命的基因。有一个好的观念，会带出很好的创作；有好的健康观念，才会把整个人类带入好的状态里。

阳光、空气、水……等自然之物对我们的滋养，完全没有界域之分，一律平等。

从环境的互为因果来说，你吸的一口气和我吸的一口气，你在此地喝的一杯水与在别处喝的一杯水，其实都是同一个源头。如果认为自己的家是一块净土，很干净，别人家很脏，不要管，这有可能吗？

所以，我们要永远记得，一个人的健康，除自己健康之外，环境也一定要健康。没有了健康的环境，人也不可能是健康的，因为我们都生活在这个地球上。互助互利，才能保住整个环境和后代子孙的福祉。

如果可以体会到人与人真心交往的快乐以及学习的喜悦，并在生活中培养自省的能力，在许多事上都能有所反思，对于健康的追寻会更有意义。很多人活了一辈子，却不知道生命的意义是什么，所以新的健康观里要有生命观，提升人对生命的观察。

人光有躯壳没用，物质与精神融合的生命才有力量。看鸟在树林间翻飞，蝴蝶在太阳下飞翔，都有一种生命力焕发出来，这样的生命，我们怎么忍心随便去伤害呢？我们应从中领悟对生命的尊重，思考生命的意义。

新健康观离不开爱惜的观点。一切东西要再利用、要再生，要爱惜。在简约单纯之中，有发自内心的珍惜，才能真正尝到健康清新的好滋味。

所以健康的原则很简单，只要合乎自然、走自然的路，就会很健康。以自然为师，跟着自然走，就会达到一个平衡点，一切都会契合得很好。回归自然，迎合天地的运作准则，也就符合了人体的真正需求。

华莱士健康箴言

健康是最好的天赋,知足为最大的财富,信任为最佳的品德。健康是智慧的条件,是愉快的标志。身体虚弱,它将永远不会培养有活力的灵魂和智慧。人类的幸福只有在身体健康和精神安宁的基础上才能建立起来。健康是一种自由,在一切自由中首屈一指。只有拥有健康的心,树立正确的健康观念,才能享受到快乐的人生。

第04讲

扼住疾病的咽喉

人在享受健康的同时，偶尔也会与疾病接触。身体会出毛病，是因为失去平衡；所有的生命体都应能自我协调，也能彼此协调。不管是阴阳平衡、气血平衡、酸碱平衡，情绪平衡，还是形而上与形而下的平衡，在动态中依旧有所平衡，就会很稳定，不容易出问题。健康是从懂得健康开始的，正确的观念使健康成为可能，正确的知识给健康带来希望，正确的方法把健康变成现实，当然医药卫生也是必不可少的重要因素。

"千万不要死于无知。"这是18~19世纪世界上健康学家倡导的宣言。"健康是从懂得健康开始的"。

但是,有了知识就能拥有健康吗?不。就像没有行动就不会实现一样,健康最终是靠方法或产品来实现的。

正确的观念使健康成为可能,正确的知识给健康带来希望,正确的方法把健康变成现实,当然医药卫生也是必不可少的重要因素。

古时候的人尚处于蒙昧状态,他们就是刚刚睁开眼睛看世界的婴儿。在他们的眼里,一切都是神奇的、可怕的。尤其是疾病,它就像一个无影无形却又无处不在的恶魔,可以毫不费力地带走成百上千人的生命。古人对于疾病的恐惧甚至超过了野兽和饥饿，面对疾病他们毫无办法，只能任由这个邪恶的魔鬼横行霸道。

人类对于疾病的认识是极其有限的，人类摆脱疾病的摆布和控制的发展过程也是极其缓慢的。时至今日，许多疾病还是人类无法攻破的堡垒，面对许多疑难杂症，人类仍然束手无策。

但引起疾病的真正原因其实只有两个：一是观念问题，对健康不重视。二是认识问题，身体不适才体会到健康的重要，无奈病入膏肓，无可挽回。许多被病魔夺去生命的人不是死于病痛本身，而是死于保健意识淡薄和不了解健康知识。

人体生来就具备奇妙完备的机能，诗人说："我要感谢你，因为我切实感受到了造物主的奇妙可畏,你的作为奇妙,这是我心深知的。"人体机能奇妙莫测,各组织、器官、系统都有我们无法理解的智慧和奥妙。例如,人的脑细胞约有150亿个,每天可处理8600万条信息。造物主将生命、气息、万物赐给世人,我们生活、动作、存留,都出于这种机能。我们的生命是造物主所赐,并受其管理和维护。

人吃五谷生百病,这是常理。对病,人们憎之、恨之、畏之,又不得不忍之、受之,它总让人感觉痛苦和无奈。我们在享受健康的同时,偶尔也会与疾病接触。对待疾病的观点应该是,既来之则安之,淡然处之,这样,疾病在人身上就会变成"匆匆过客",想留也留不住。

身体会出毛病,是因为失去平衡;现在

地球的生态环境出了问题,也是由于失去平衡。所有的生命体都应能自我协调,也能彼此协调。不管是阴阳平衡、气血平衡、酸碱平衡、情绪平衡,还是形而上与形而下的平衡,在动态中依旧有所平衡,就会很稳定,不容易出问题。

我们的健康与外部环境有关,与生活习惯有关,但鲜为人知的是性格也是造成疾病的一个因素,能够影响人的大脑的一切东西都可以影响到人的身体。不满、委屈、气愤、自责、过错感——这些负面情感会把我们带到病床上。要想避免这些,就必须立刻终止那些让我们痛苦和不安的情绪。人体的每个器官都有其特定的功能,与我们的意识和心理存在着严格的特定联系。

当我们心理失调时,特定的器官也会不

正常，从而导致某种疾病。要想痊愈，除了遵医嘱治疗外，还要调整好自己的心绪。从这个意义上来说，健康就在我们自己的掌握中。

健康之所以离我们越来越远，是因为我们缺乏有关健康的知识。病急乱投医，一语道破了患者的无知和无奈。因为无知，才有侥幸心理和碰运气的做法，拿生命做赌注，使得偏方治大病，一方治百病的谣言广为流传。因为无知，无病不防，有病不治，甚至不敢检查身体，不愿了解健康知识，任由疾病自由发展。因为无知，迷信快速疗法，盲目相信权威，使得"专家"满天飞，种种骗人的把戏层出不穷。

现在死亡率最高的是30~50岁的人群，一过50岁几乎就找不到一个健康的人了。人的正常寿命应该比 100 岁还要多，而现在的寿命却远远达不到。正常的情况应该是绝大多数人老死而少数是病死，可现实却正好相反。这是为什么？最重要的一个原因就是不重视保健。

当今社会物质丰富，保健方法、医疗手段何止万千？在我们高兴有多样选择的同时，也不得不为难辨真伪叫苦。怎么办？正确的健康知识就是最能明辨是非的慧眼。有了慧眼，就能找到正确的健康方法，拥有健康。

正确的健康观念+正确的健康知识+正确的健康方法+持之以恒=保证健康

生命只有一次，让生命健康才是真正的珍爱生命，无论何人，只有把健康放在首位时，一切才显得有意义。

养病，养病，生病就要靠"养"。从得病到与之告别，主要采取"养"的办法。病来如山倒，病去如抽丝。养，要有耐心，切莫急躁。百病由心起，心情的调试对祛病具有很重要的意义。

中世纪的欧洲经受着传染病的折磨，大量的穷人和富人死于这种疾病，更多的人则是在生死线上挣扎。当时的医生发现养牛场的牛仔和挤牛奶的女工却很少染病，于是经过实验和研究，他们研制出了牛痘疫苗。但是信奉天主教的人民认为接种牛痘违反教义和自己的灵魂，所以拒绝。看着自己的子民命在旦夕，英女王心急如焚，她决定从自身做起给臣民做一个榜样。于是她怀着忐忑不安的心情接种了牛痘，并号召人民也这样做。人民被女王的精神所感动，接受了牛痘疫苗，最终战胜了可怕的传染疾病。

由这个例子我们可以看出，对人类真正关怀的人，应该有着宽广的胸怀和理智清醒的头脑。知道什么事才是对自己和别人有益的，会在正确的时机做正确的事，并且鼓励别人也这么做。人的身体取决于基因的遗传，上一代的基因传给下一代，所以基因决定了物质生命的一切信息。那么，思想的信息由什么决定呢？人类的行为、语言、动作的信息，它们的基因又是什么呢？这其实就是"观念"，一个健康必将战胜疾病的观念。

当你准备接受这些观点时，你必须要为它们付出行动。你无法长久地坚持一种信念，也无法将信念上升为信仰，除非你来实践它。如果你的行为和真理是相对立的，你当然不能期望从信念中得到益处；如果你一直表现得如同一个病人，并且把自己想象成病人，你就会真的成为一个病人。

行为表现得如同一个健康的人始于他的内在表现宛若健康的人。首先，你要在心里形成一个健康的观念，然后开始思考健康，直到它开始对你发挥作用。同时，在这个过程中你要想象自己正在做一些强壮的健康的人能做的事情，并且相信自己能够做好，直到你形成了一个健康的形象的观念。然后想象自己和健康相连，直到你成了一个健康的人，能以正常人的方式去行事，健康的思想传递着"健康一直守护着我，我是健康的"的信念。你可能无法形成一个关于自身健康的清晰的心理印象，但你可以形成一个使自己看起来像个健康的人的自身观念。

形成了这种健康的观念还是不够的，因

为这仅仅是和自己相关的健康的想法。你得尽自己最大的努力去影响身边的人，使他们也和健康相连。当疾病的念头浮现在你脑海时，你要通过思考健康，想象你是健康的人来抗拒它。

无论何时，当疾病的思想如洪水猛兽般袭击你，使你处于"紧急状态"时，你就要依靠健康的观念来赶走它。你要相信自己是健康的、强大的，疾病便对你无计可施。

华莱士健康箴言

健康的身体是灵魂的客厅,病弱的身体是灵魂的监狱。健康当然比金钱更为可贵,因为我们所赖以获得金钱的,就是健康。疾病与健康是天生的敌人,疾病总是千方百计地破坏我们的健康。然而只要你认清疾病外强中干的本质,明白疾病并不可怕,是完全可以战胜的,不受疾病的迷惑和影响,你的健康就很安全。

第05讲

怀着诚挚的愿望

所有人都希望得到金钱、权力、健康，却没透彻明白因果相循的道理，有善因才有善果，天下没有免费的午餐。有许多人无比积极地追逐健康、力量及其他外部条件，但似乎没有成功，这是因为他们在和"外部"打交道。人就像一部汽车，期望就像汽车的变速挡，而心中的怀疑、自卑、愤恨、失败感等消极的想法就像汽车发动机里的锈斑和污垢，只有在清除这些污垢并挂上高速挡时，人生这部汽车才能快速地奔向成功。而一个对自己期望很低并且自卑的人则好像一辆只有低速挡的冒着黑烟的老爷车。健康的愿望是幸福人生的基石。

世界的有形实体已经被人们细化到了极致，它的内部构造人们已经看得比较明白透彻。所以接下来我们要做的事情就是细分精神，找到精神的最小单位。"能量，就其终极本质而言，只有当它表现为我们所说的'精神'或'意志'的直接运转时，方可被我们所理解。"安布罗斯·佛莱明爵士如是说。

大自然中最强大的力量是什么呢？是无形的力量。同样的道理，人类最强大的力量是精神力量，它虽然无形，但却不容小觑。思维是精神过程的唯一活动方式，而观念，是思维活动的唯一产物。精神力量得以显示的唯一途径是思维过程。

所以，世事的风云变迁只不过是精神事务而已。推理是精神的过程；观念是精神的孕育；问题是精神的探照灯和逻辑学；而论辩与哲学就是精神的组织肌体。

针对某一给定主题作出一定量的思考，就能使人的身体组织发生彻底改变。因为想法定会招致生命机体某种组织的物质反应，如大脑、神经、肌肉等。这就会引发肌体组织结构中客观物质的改变。

诚挚的愿望将带来自信的预期，而这些反过来又会由于坚定的渴求而进一步增强。愿望、自信和渴求必将带来成就的辉煌，因为内心的愿望是感觉，自信的预期是想法，而坚定的渴求是意志。感觉为想法赋予活力，而意志使之坚定不移，直至"生长法则"使愿景成为现实，这些都是不争的事实。设想一幅精神图景，让它清晰、完美、明确，牢牢地把握它。方法和手段会随之而来，指引你在正确的时间，用正确的方式，去做正确的事情。

所有人都希望得到金钱、权力、健康，却没透彻明白因果相循的道理，有善因才有善果，天下没有免费的午餐。有许多人无比积极地追逐健康、力量，但似乎没有成功，这是因为他们在和"外部"打交道。相反，那些不把目光专注于外部世界的人只想寻求真理和智慧，而智慧就赐予他们，力量的源泉就会向他们敞开，使他们认识到自己创造理想的力量，而这些理想最终将会投射在客观世界的结果中。他们会发现智慧在他们的想法和目标中展现出来，最终为他们创造出他们渴望的外在境域。

人们常说"期望什么，得到什么"，期望平庸，就得到平庸，期望伟大，就有可能真的伟大。有一个从小就对大海充满憧憬的小男孩儿，他的梦想是当一名海军，穿上漂亮的海军军装，终日与他深爱的大海相伴。但事实终与愿违，他长大后成为一个水管工。不过他并没有因此而失去信心和工作的热情，他想："我现在也一样是和水打交道，我一样可以做得很出色。"就这样他成为附近信誉和技术最好的水管工。后来他成立了维修连锁企业，然后自己买了一艘轮船在海上冒险，实现了自己的梦想。

按照常规理解，水管工和水手有着很大的差别，这个人的希望是破灭了，他完全可以放弃原来的期望，带着失败的感受，做一个普通的水管工。但他不是这样，即使在修复水管的岗位上，他仍然用敬业水手的标准要求自己，仔细认真地检查水管，兢兢业业为顾客服务，在平凡的岗位上创造了不平凡的业绩。

后来有人问他，是不是当初有机会当水手他一定会更优秀、更开心，他说："我享受的是工作带给我的成就感和为顾客排忧解难后的欣慰，从这一层面上看，水手和管道工是一样的。并且经过这么多年的工作，我发觉自己更适合做一名水管工。"如今已经是大企业老板的他仍然会卷起袖子亲自为顾客检查和修理管道。他的这种自豪感肯定不是在当上集团老板，获得了巨额财富之后才有的，这种自豪必然是他的一贯心态。正是由于他心中不灭的期望和自豪感，使他数年如一日地坚持严格的高标准服务，并受到众多顾客发自肺腑的感激和赞扬；正是他这种不灭的期望和自豪感以及由此产生的坚定行动，使他得到了今天的财富和地位。

只有自信并敢于行动的人才有成功的机会。在美国哈佛大学，约翰·科特关于美国成功企业家的一项调查中，研究了数百个成功的个案，他发现成功人士的一个共同特征就是有很高的自我评价，认为自己的行为代表正确的方向，同时他们都有很强的自信心和进取精神。

健康的理念会通过信仰潜移默化。在你的思维意识里，任何其他的物质都不能让其产生作用，只有健康的愿望可以使你和健康相连，并切断和疾病的联系。

人类处于思想的中心，是思想的发源地，是灵肉合一的原生结合体。肉体最终能否发挥效能是通过精神和愿望来决定的。如果一个以信仰为支撑的人渴望的是健康，其自身的内部机能就会以健康的方式来执行。同时,思想也会以与健康相协调的方式来执行外部职能。反之,如果一个以信仰为支撑的人总想着疾病,他身体的内部机能就会朝着疾病的方向发展。

如果人体内部的原生智力物质朝着健康的方向移动,它们就会渗透到身体的每一个部位,直至人体拥有无限健康的能量,同时能够依据自身愿望来运用这些能量。如果一个人能够掌握并将其运用于自身,再通过坚定的信仰使之适应自己,他就能获得健康,因为该物质的力量代表全能的力量。

除非你对健康怀有诚挚的渴望,否则你就会不间断地思考疾病。没有信仰,你会产生怀疑,就会有担忧。如果你害怕疾病,就会把自身和疾病相连,从而使自身产生疾病的雏形，就如同原生物通过思维创造出其本身一样。所以，原生物精神机体的最终形成要依靠你的思想动机。如果你害怕生病，担心自己身体不健康，或者如果你想象疾病，你把自己和这些相连，就会引起疾病的形成和蔓延，因为疾病天生是欺弱怕硬的势利眼，只会找那些畏惧它的人。

你要相信宇宙里健康的力量强于疾病千万倍。事实上除了抱有邪恶的思想和信仰，任何时候疾病都是无计可施的。如果你相信健康并且知道如何去获得它，你就能够拥有健康的信仰。如果你仔细地阅读本书，并且下定决心遵照本书讲述的原理和方法在现实生活中实践它，你就会获得这些知识和健康的秘诀。

让我们把这个问题扩展一下：有潜力和

创造力的思维是通过内在信仰而产生的,没有信仰的思维是不存在的。如果你在任何问题上都怀有热切的渴望,即所谓的思想真理,能洞悉一切真理的无形物质就会产生思维。但如果你以不包含无形物质的想象来思考,该思维就不会使物质形成和改变。

在人生的任何阶段,任何情况下都要牢记,只有饱含对健康真诚渴望的思维才能拥有创造性的能量,才能改善人体机能,把健康理念付诸行动。如果在对待健康的问题上你没有树立信仰,就会想当然地在疾病问题上树立信仰。这样,你的身体状况就很难恢复到健康的状态。在这里我要不厌其烦地重复:如果在对待健康的问题上,你没有树立信仰,没有热切的渴望,就会受到疾病的影响和诱惑,发展并形成不健康的信仰,而怀疑健康是人类正常生存状态的真理。

在运用健康愿望的过程中,你必须对健康有完全的信仰。你必须相信在你身上和你的周围,健康的能量远远大于疾病的能量。如果你考虑到这些事实,你就会情不自禁地相信这些。

怀着诚挚的健康愿望和对健康的热切渴望,你就会相信健康是人类的自然状态,相信人类生活在健康的中心地带。一切与生俱来的能量都能够弥补健康,使健康成为可能,并最终使你获得你想要的健康身体和生活。

同样,在心理上你也要保持健康的状态,不要说或者做任何与这种良好状态相抵触的事情,禁止假定或宣称"我很不健康"。当行进时,你的步伐是轻快的,头是高昂的，胸是开阔的，腰是挺直的。任何时候，你都要保持你的身体状态与行为和健康的人一致。当你发现自己再次陷入脆弱或疾病状态的时候，你就要立即纠正它，并坚强起来，去思考健康和力量，把自己想象成为一个健康的人。

华莱士健康箴言

对健康要怀着诚挚的愿望，要对健康充满美好的想象，相信健康能给你带来你想要的一切。主管健康的神时刻在倾听人们的心声，那些真诚祈祷健康的声音总是最先传到他的耳朵里。健康的理念会通过愿望潜移默化，在你的思维意识里，任何其他的物质都不能让其发生作用，只有对健康的渴望可以使你和健康相连，并切断和疾病的联系。

第 06 讲

插上想象的翅膀

想象力是思想的建设性形态，一切建设性的行为都有想象力作为先导。想象力是光，这道光为我们照亮了崭新的思想和经历的世界。想象力是一种可塑的能力，它把感知到的事物塑造成新的形态和理念。内心蕴涵着人人都能使用的所有力量，人的内在力量在等待你通过第一次认识它而让它变得可见，然后主张对它的所有权。把它注入你的意识中与你合而为一。健康长寿一直都是人们孜孜不倦追求的，但就目前来看，进展甚微。长寿不是仅仅依靠用健康的方式，食用健康的食品就能得到的。但是这些都是细枝末节，不是问题的关键，无知是一切错误产生的根源。如果想象自己变得耳聪目明，腿脚便捷，浑身洋溢着青春的活力，你会发现自己找到了一切能量的源泉，仿佛得到了长生不老的灵丹妙药。

人类对生存状况的需求通常有三个层次：肉体上的满足、心理上的满足和灵魂上的满足，三个层次由低到高，依次递进。第一层次的需求是通过食物、饮料或其他能够给予肉体满足的物质来实现的。第二层次的需求则是通过从事一些令你心情愉快的事情，诸如对知识或服装、名声、力量以及财富等事物怀有美好的憧憬和愿望来实现的。第三层次的需求则是通过让位于无私的爱和利他主义的本能来达到的。人类如果没有逾越这个层次，那么他的人生应该不是完美而理智的。

詹姆斯教授指出，人类的能量是不会被限制的，它来源于上帝无尽的储藏。已经达到极限的奔跑者，当他的体力快耗尽时，通过特定形式的奔跑，他或许能获得"第二次爆发"，他的能量通过超自然的神奇方式得到了更新，从而使他超越极限。如果他不断坚持运用该方式的话，他甚至可以获得第三、第四次以至更多次的爆发。具备了上述条件，他就可以继续奔跑，如果他的思维里闪现哪怕一点点的犹豫，他就会筋疲力尽；如果他用停止奔跑来等待能量的续加，能量将不会来临。他对能量的信仰以及对自己坚持奔跑的信仰和坚持不懈的行为可以使他与能量相连，从而获得新的能量。这说明人的心理、思想对人的身体和行为起着重要甚至是决定性的作用。

想象力是思想的建设性形态,一切建设性的行为都有想象力作为先导。想象力是光,这道光为我们照亮了崭新的思想和经历的世界。想象力是一种可塑的能力,它把感知到的事物塑造成新的形态和理念。想象力是一种强有力的工具,所有探险家、发明家都是借助这一工具,开辟了从先例到经验的通途。

影片导演如果找不到优秀出色的剧本,他也就拍摄不出什么有良好票房收入的片子,而这关键的剧本则来自于想象力。如果把未来比做一件衣服,那么想象力则能够起到积聚原材料的作用,心灵的作用是把材料编织成衣裳,而我们的未来,就是从这样的理想中浮现出来的。可以说,想象力的培养有助于催发理想。

真正的事物是由伟大的思想创造的,物质世界中的事物就如同陶工手中的陶泥,由思想将它塑造成形,而这工作的完成不得不借助想象力的运用。为了培养想象力,做一些练习是有必要的。

我们身体的肌腱需要加强锻炼,才能变得更加结实健美。精神的臂力也需要锻炼,需要营养,否则无法成长。

试着想象自己拥有完美的体形,这是很有益的。并且你需要想象自己会按照一个健康有力的人的方式去做任何事,想象自己是个身材挺拔、步伐矫健的行路人,是个不知疲倦、精力充沛的工作者。你还可以想象一下,一个充满健康活力的人是如何行事的,并使自己与之靠近。而永远别去想那种体弱多病之人的行事方式。在闲暇的时间你要多去思考"有利的方式",直到你的脑海里形成一种良好的健康观念,并让自身的行事方式与之发生关联。

白日梦是一种精神上的挥霍浪费行为,它将导致精神上的疾患。切忌混淆想象力和幻想,或是把它和很多人爱做的白日梦等同起来,它们之间有本质上的区别。

有些人认为最为艰辛的劳动莫过于建设性的想象力,这是一种高强度的精神劳动,但是它的回报也是最为丰厚的。企业业主如果不在他的想象中预想整个工作计划,他就无法建造一个拥有上百个分公司、数千名员工、上百万资产的大集团。因为生命中一切最美好的事物都赐给了那些有能力思考、想象,并使自己梦想成真的人。

你只要有意识地运用思想的能量,与精神这个全能者保持步调一致,那么你就能够在通往成功的道路上大踏步前进。因为,精神是唯一的创造原理,精神无所不能、无所不知、无所不在。

一切能量都是由内而生,真正的力量来自内心。因此我们必须有一颗乐于接纳的心灵,这种接纳性也是需要经过训练的,这种能力需要培养、提高、发展,就像锻炼身体一样。接下来,就是要把自己放置在一个能够接收这种能量的位置上,因为这种能量无处不在。

真正起作用的,是在我们心中占主导地位的精神状态。如果一天大半的时间沉浸在软弱、憎恨和负面的想法中,就不可能凭借在教堂中的一小会儿沉思,或是读一本好书时的状态而消减，也不可能指望仅凭一瞬间的强大、积极、创造性的想法，就能带来美好、强大、和谐的状态。这是由于引力法则必然准确无误地按照你的习惯、性格以及占主导地位的精神状态，在生活的景况、境遇、经历等方面回馈于你。

内心蕴蓄着人人都能使用的所有力量，人的内在力量在等待你通过第一次认识它而让它变得可见，然后主张对它的所有权，把它注入你的意识中与你合而为一。

要对希望拥有的事物形成一个思想暗示似乎更容易些，因为我们可以看到事物本身和它的对立面，可以很容易地从记忆中搜索它们。但是，要形成一个你希望的、关于自身清晰的形象是很难的，因为我们永远无法看到处于最佳状态的自身，或者说我们无法知道何时的自己是处于最佳状态。最重要的是形成一个与己相关的最佳状态的观念。这个健康观念并非是对特殊事物的心理想象，而是对健康的领悟，并通过肌体里每个接受这种观念的部位和组织发挥作用。

自古以来，健康长寿一直都是人们孜孜不倦追求的，但就目前来看，进展甚微。长寿不是仅仅依靠多多锻炼、科学呼吸、每天喝足八杯白开水或用健康的方式食用健康的食品就能得到的。这些都是细枝末节，不是问题的关键，无知是一切错误产生的根源。但是，当人们敢于肯定自己同一切"生命"的合一，就会发现自己变得耳聪目明，腿脚便捷，浑身洋溢着青春的活力；就会发现自己找到了一切能量的源泉，仿佛得到了长生不老的灵丹妙药。

首先,让你的注意力沿着身体周游一遍,从头顶到脚心,尽可能放松每一块肌肉,而且要彻底放松。之后,把各种身体或精神上的疾病从你的思想中驱逐出去。再让你的注意力集中到脊髓,并传递到每一根神经,直到神经末梢,与此同时,你要这样想:

"我身体的每一根神经都状态良好,它们都能遵从于我的意志,我具有强大的精神力量。"然后让你的注意力集中到你的肺部,并这样想:

"我的呼吸既深又平静,我的肺部非常健康,新鲜空气能进入到我肺部的每一个细胞,使血液得以净化。"然后让你的注意力集中到你的心脏并这样想:

"我的胃肠消化功能非常好,我所摄取的食物已经被消化和吸收,我的身体得到了充分的营养，已变得越来越强壮。我的肝脏、肾以及膀胱，各司其职地工作着，它们既没有任何疼痛的感觉，也没有受到过分的压力，都状态良好。我的身体状况也非常好。现在，我正在休息，我的思想很平静，我的心灵也很平静。

"我既不用为金钱发愁，也没有其他事情可担忧，我心中的上帝也一样存在于我所渴望拥有的所有事物中，他正推动着它们向我靠近，我想拥有的东西他都已经给了我。我不用为我的健康状况担忧，因为我的身体非常好，我没有任何需要忧虑的事情，也没有任何值得恐惧的事情。

"我已经超越了所有邪恶和不道德的欲望，我抛弃了贪婪、自私以及狭隘的个人抱负，对任何生灵都不再怀有嫉妒、仇恨和敌意。任何与最高理想境界不吻合的事情我都坚决不会去做。我自身很健康,我所做的一切都很正确。"

华莱士健康箴言

我们知道精神的力量是伟大的,想象的空间和能量是无穷的。对健康的想象会变成现实。只要你想象自己是健康的,疾病就无法近身。只要你想象自己永远年轻,青春女神也会特别眷顾你。相反,如果你总是沉浸在对疾病的想象和恐惧中,疾病真的就会来敲你的门。

第 07 讲

对世界充满感恩之心

相信世界关爱我们每一个人，有坚定的信仰，对生活充满信念感，我们内心就能享受安息，精神的安宁将带来身体的健康。多参与集体活动，享受弟兄姊妹的关爱并付出关爱，对心灵和身体健康都有极大的好处。感激有双重作用：坚定自身的信仰，增强抵御挫折的韧性。如果你坚信一切生命和力量都源于精神物质，你的生命就会通过持续不断的感激，将自己与该物质紧紧地联系在一起。而且你自身和生命的起源联系得越紧密，你就越能从那里获得稳定的生命。这一切都取决于你的心理态度。当我们以感激之心凝望世界，晨露中的一缕阳光是宇宙温柔的馈赠，暗夜里的微弱星光是命运善意的指引。真正的信仰是以赤子之心拥抱生活的丰盛与残缺——相信脚下泥泞终将孕育美好，相信人间烟火自有诗意栖居。

法国科学家曾经做过一项研究，发现常怀正念的病人需要较少的抗生素，并且较少有并发症。虽然以当时的科学水平和理论无法解释其中的奥秘，但是这种神奇的功能却真切地存在着，感恩的心理和祈祷的确能给人带来内心的平和与健康。

研究人员说，正念和健康显然有关，但仍需进一步研究。最可能是通过两个途径造福当事人。一是个人灵性的，二是人际社交的。一个人有人际社交是重要的，坐在家里沙发上得不到这种人际温暖。

相信世界关爱我们每一个人，有坚定的信仰，对生活充满信念感，我们内心就能享受平静，精神的安宁将带来身体的健康。多参与集体活动，享受弟兄姊妹的关爱并付出关爱，对心灵和身体健康都有极大的好处。

我们给自己安排了一天作为休息日。我们也要给身体的建设预留时间，而不再让工作无止境地侵占、霸持我们的业余生活。我们要将美容、健身、养生、药膳、运动等，都纳入我们的精彩生活。

任何时候，当疾病的思想出现苗头时，你要迅速寻求健康，并坚信自己值得拥有健康的身体。坚持这些而不要给病症思想留有任何余地。在任何方面，每个和疾病联系紧密的思想都是不受欢迎的，如果你通过坚信自己很健康和不断寻求健康的方式来关闭你思想中不健康的门，很快那些旧的思想将不再在你脑海中重现。

感激有双重作用：坚定自身的信仰，增强抵御挫折的韧性。如果你坚信一切生命和力量都源于精神物质，你的生命就会通过持续不断的感激，将自己和该物质紧紧地联系在一起。而且你自身和生命的起源联系得越紧密，你就越能从那里获得稳定的生命。这一切都取决于你的心理态度。当我们以感激之心凝望世界，晨露中的一缕阳光是宇宙温柔的馈赠，暗夜里的微弱星光是命运善意的指引。真正的信仰是以赤子之心拥抱生活的丰盛与残缺——相信脚下泥泞终将孕育美好，相信人间烟火自有诗意栖居。

感恩的思想始终令人积极向上，并且总是敞开怀抱，源源不断地接受生活的慷慨赐予。人类健康的准则，实际上就是从普遍意义上的生命准则中得到其关键性的力量，并且通过对健康的信仰和对自身拥有健康的感激与生命的准则相联系。而且人类能够通过对其意愿的正确运用来培养信仰和感激。

伴随信仰和感激，生活的真谛涵盖了一切要求。没有必要花费心思去考虑疾病以及一切与疾病相联系的事物，也不要把宝贵的精力集中在感染部位，最好的方法就是不要去考虑它。不要用自我暗示来"对待"自己，或使用其他方法来"对待"自己。治愈力量的大小完全取决于你自身的健康理念以及你能否付出积极的行动。也就是说，要使自己得到康复，你得让自己和思维一致，并通过对健康的信仰来坚定信念，直到身体功能呈现正常状态。

当然，为了坚定关于信仰、感激和健康的精神感受，你的行为必须和这些健康理念协调一致。如果你的行为表现得如同一个病人，那么你在思想上就不可能长期表现得十分健康。不仅要保持思想健康，而且你的每个行为都要以健康的方式来执行，这是十分重要的。如果你能使思想和行为保持健康，你内在的无意识的功能就会呈现健康状态，因为生命的能量在不停息地朝向健康。

如果一个伟大的目标使你产生了健康的信仰，你就要心怀感激。而且任何时候你在思考自己或你目前的状况时，你都要感激这个美好的世界。牢记这些，如同牢记哥德巴赫猜想一样。生命的最高境界持续不断地绵延流淌，这一切来源于依据各自形态产生的物质和忠于自己信仰的人类。生命所赐予的健康可以不断地激励你、鞭策你。当你思考这些时,生活给了你真理与健康的头脑和身体,你要对此心存感激。自始至终,你都要有一颗感恩的心,并将感激体现在你的言语中,感激能够帮助你拥有并控制自身的思想领域。

华莱士健康箴言

感恩的心态就是健康的心态。内心平和,充满了爱和感激,才能更加从容地去面对生命中的每一件事物。感恩的心才能更加贴近生活,才更能得到生活的慷慨赐予。

第 08 讲

用信仰加固健康

健康是一种信仰，它意味着我们在努力工作的同时，同样信仰我们的身体需要和健康价值。就像教徒上教堂一样，雷打不动，至高无上。健康指南信仰，信仰实现愿望。信仰如能与现代医学结合，必能形成一整套杰出的治疗方法，产生最好的效果。我一直认为获得健康生活最重要的是要有信仰。当今第一流的医生也都承认信仰是获得健康的重要因素。如果他在饮食体系中加入信仰，并且加以运用，他就会得到健康；如果他在祷告和信条上加入信仰，并且加以运用，祷告和信条也可以使他恢复健康。但是无论多么伟大的信仰、多么坚定的思想，没有加以个人运用就如同一辆无人驾驶的汽车,只能停留原地,不会发挥作用。

在中世纪,一具陈列在修道院的圣人的圣骨一直创造着治病的奇迹。在既定的日子里,一大群被疾病困扰的人都会集中到那里膜拜抚摸圣骨,他们虔诚地祷告,把圣骨看作上帝的使者来解救他们,虚弱的身体竟一天天好转,精神也清爽许多。这样一传十,十传百,附近地区的病人也都来到这里,希望圣骨能解除他们的病痛,圣骨也因此名声大振。

然而有几个游手好闲的懒汉,他们认为如此灵验的圣骨一定能够卖个好价钱,于是铤而走险,在晚上潜入修道院偷走了圣骨。牧师们发现圣骨丢失都很担忧,因为第二天就是圣骨显灵的日子，许多病人都排队等候抚摸圣骨。一位老练沉稳的牧师告诫大家不要将此事泄露出去，因为那些病人如果知道圣骨丢失会产生绝望的心理，他们已经把病愈的全部希望都寄托在圣骨上面。

牧师们把一具多年前在修道院里打更老头的尸骨放进了原来装圣骨的盒子里，这具遗骸同丢失的圣骨在外观上十分相像。一切准备停当之后，就把那些在修道院大门外等候已久的病人们请了进来。由于人们对圣骨怀有强烈的期望和虔诚之心，这个普通人的尸骨也发挥了和圣骨同样的神奇功效，治疗还像以前一样继续着，有更多的人因为抚摸了所谓的圣骨而病体痊愈。

从这个故事我们可以看出，其实治疗疾病的力量自始至终都来源于人们自身，而绝非那些圣骨。人们是依靠心中的信仰和渴望战胜病魔、恢复健康的，它表现得积极与否，并不取决于病人采用什么样的治疗方法，而是由病人看待这些方法的态度决定的。

健康是一种信仰，它意味着我们在努力工作的同时，同样信仰我们的身体需要和健康价值。就像教徒上教堂一样，雷打不动，至高无上。健康指南信仰，信仰实现愿望。信仰如能与现代医学结合，必能形成一整套杰出的治疗方法，产生最好的效果。我一直认为获得健康生活最重要的是要有信仰。当今第一流的医生也都承认信仰是获得健康的重要因素。

根据一些美国医学专家的调查，全心信仰的人可获得以下的效果：

使头痛症状减轻或消失；减轻心脏病的

痛苦（一般认为强烈的信仰可以解除80%的心脏病痛苦）；提高创造性，尤其在有某些"精神障碍"时更为显著；治好在现代人中普遍存在的失眠症；预防呼吸困难等呼吸系统疾病；治疗低血压与高血压症；预防癌症；有效控制恐惧心理；降低胆固醇；缓解恶心、呕吐、下痢、便秘、暴躁不安症，以及不适应社会症；缓解精神压力，安定精神……

人的健康生活是自己创造和争取的，而不是通过自己的权力或者金钱获得的。权力和金钱所能够做到的是获得表面上的物质享受和荣光，而对于那些弱势群体，那种违心的奉承和言不由衷的认可却在助长他们内心的蔑视、不满和愤怒。"每一个人都有享受健康生活的美好愿望。"如果展开来说，应该是任何一个人都应该享受健康、拥有健康。无论这个人是达官贵人还是无名小卒，无论男女老少，也无论长幼尊卑，都有权也都有能力健康地生活。然而为什么我们不能做到这些？原因很简单："缺少信仰"。在工业革命后的相当长一段时期内，在滚滚的经济洪流中，美国人民正在逐步丢失他们的信仰。而且最恐怖的是，这种民族信仰的丢失现象在每个州、每个城市都是普遍存在的，是强势群体在丢失信仰。它们在金钱、权力、诱惑面前，化为乌有，随风而去。没有信仰的民族会走向灭亡，没有信仰的人民如同行尸走肉。

一个人的健康的信仰，对于这个人的人生是一种幸福；一个民族的健康的信仰，可以让这个民族更加的强大和自信。而不健康的信仰背后，是一个扭曲的灵魂，一个被金钱和权力所统治的灵魂。对于这种人来说，索取是无限的，付出是不可能的；损人是应该的，利己更是天经地义的。在他们的价值观当中，一个人能否被尊敬，完全要看这个人所掌握的资源，如果是有权或有钱，那么尊敬和奉承都是应该的。而对于不如自己的，他们只有一副嘴脸，吹胡子瞪眼，吹毛求疵，鸡蛋里面挑骨头。

生活中善、美、丑、恶所导致的喜、怒、忧、思等情感的变化是客观存在的，保持健康的心理，避免不良刺激和过度情感变化的根本要义在于：让心理健康成为一种信仰。当心理健康成为言行准则和指南后，就能使人体阴阳处于相对平衡、稳定、协调的状态，达到"阴平阳秘，精神乃治"的目的。

"善和其心"，保持健康的心理，最重要的是要有一个正确的、科学的人生观，要有乐观的性格和坚强的意志。不产生过激的情绪，不计较名利得失，成功时不癫狂，失败时不悲观，身处逆境时不消沉，精神饱满不涣散。培养良好的个性，喜怒有度，避免贪欲，豁达大度，心胸开阔，积极进取，建立良好的人际关系，这些都是树立健康信仰不可缺少的要点。

许多病人都有对他人的信仰，而唯独缺少对自己的信仰。如果他在饮食体系中加入信仰，并且加以运用，他就会得到健康；如果他在祷告和信条上加入信仰，并且加以运用，祷告和信条也可以使他恢复健康。但是无论多么伟大的信仰、多么坚定的思想，没有加以个人运用就如同一辆无人驾驶的汽车，只能停留原地，不会发挥作用。健康的学问包含了思想和行为两个领域。也就是说，要保持健康只以特定方式去思考健康是远远不够的，还必须把这种思想运用到自身上来，并且通过同样的思考方式把它具体化于自己的现实生活中，把健康信仰融入日常生活的方方面面。

人类的肌体是由原生物构成，并且是特定动机的结果，它最初是和原生物的思维一起出现的。产生、修补、更新人类肌体的动机被称为功能，这些功能可以分为两类：自主的和非自主的。非自主性的功能由人类健康的信念所控制，并且只要人类能以特定的方式思考问题，它就会以非常健康的方式发挥自己的作用。生命的自主性功能即饮食、呼吸和睡眠。这些大多是在人类意识的指导下完成的。如果人类愿意，他可以用一种健康的方式来执行这些功能。以此，我们可以得出结论：如果人类以特定方式思考，并以相应的健康的方式饮食、呼吸和睡眠，他就会处于最佳的健康状态。

人类处于思维的中心，能够产生思想。但由于他不能了解所有的事情，因而也会犯错误或抱有错误的思想。因为对所有事情不是十分的了解，他会误把一些不正确的事情当做真理来看待。正因为人类怀有疾病的思想，所以曲解了健康信仰的作用，同时也激发了其体内的病痛和其他不正常的功能和状态。而在原生物中，只存在良好的动机、健康的功能以及完整的生命思想。万能的神创造人类不是让我们承受疾病和痛苦的，但在人类漫长的发展历史中，病痛、畸形、衰老和灭亡等悲观和负面的思想却一直困扰着人类，人类思想的功能甚至被歪曲和误导。在人类社会发展进程的每一个阶段，我们的祖先始终认为自身的器官不够完美，人类的力量不够强大，这些歪曲的思想就是疾病产生的主要根源。

大自然的规则是促进人类的完善和发展，而不是绊住人类发展进化的脚步。不断的完善是积极生活的必然结果，无论哪一种生命形式，都会越来越丰富。整个宇宙就是一个不断进化的生命体，自然的目的在于推动生命走向完善，使人类拥有健康的身体和生活。

疾病在世界原物质的思维中没有容身之处，因为它违背了生命走向完善和人类追求健康的规则，它是来打破这个规则的。在明智的人群中，疾病也同样没有立足之地，它只在某些缺少信仰、思维被歪曲的人那里才会呈现，才能对健康造成破坏。疾病是独立意识的产物，是某些个人思想的产物。造物主之所以看不到疾病，是因为他的思想里只有健康，疾病不在他的视线范围之内。当心理健康成为一种信仰，人才能真正懂得健康的含义。

华莱士健康箴言

　　幸福的基础是健康的身体!健康是富人的幸福,穷人的财富;健康是智慧的条件,快乐的标志。健康犹如真正的朋友,不到失去时,不知她的珍贵。要将健康问题视为人生的头等大事,要对健康怀有崇高的信仰,要把对健康的身体和生活追求作为自己一生的目标而为之努力,当你达到这个目标时你会发现,你其他的目标也一同实现了。

第 09 讲

健康生活的原则

人类的思维比其自身的各项功能都拥有更强大的能量。思维不完善，其功能也是不完善和扭曲的。而人类在执行身体的各项自主功能时，由于采用了扭曲的方式，从而产生了疾病。如果人类只是思考完美的健康，那么在他体内便会产生各种健康的功能，生命的能量也会协助他。健康是一种被证明的事实和永恒不变的真理，它存在于创造人类的原物质中；疾病是功能不完善的一种表现，它源于人类过去和当前不完善的思维。如果人类在考虑自己时，总是想到健康，那么他们现在一定拥有无与伦比的健康。

人类的身体就像一部设计精巧的机器，经过几千万年的进步和演化，身体的每个零件都处于接近完美的状态，发挥完整的功效。但是这部机器也不能一直以这种高效能的状态运转，人类的身体也必须同世界上其他生物一样，遵循新陈代谢的规律，不断向外排出体内的废物和毒素，并在身体受损或遭遇创伤以后进行抵御和疗伤。我们将人体的这种复原能力称为生命力。人类本身是不能产生生命力的，是生命力创造了人类本身。

人世间的生命总则就是人类的健康原则，它与原生物同在。有一种原生物是万物之母，这种物质一直生机勃勃，它的生命就是宇宙间万物的要旨所在。通过思考各种生物以及它们的功能和动机，这种物质创造出了所有有机生命群体。

无论是谁,只要他按照规范的思维行事,同时又能做到言行一致,那他一定会拥有一个健康的身体。达到这个目标的关键在于言行一致。因为人们不可能在饮食、呼吸和睡眠都不正常的前提下,仅仅通过幻想就能获得健康。

目前的社会科学中有关于健康的学问和知识积累都非常少,毕竟在这个领域它还没有完备的支撑。它所有的主张以及关于内部的著作和人体的机能都是不为人知的。它不了解食物是如何被消化的,不了解食物在能量的产生过程中所扮演的角色,不清楚肝、脾、胰的作用以及它们的分泌物在化学反应中所发挥的作用,也并非完全理解人类所有的理念学说。

当人类开始接触生理学时,人类就会产生争议,从而形成错误的观点。这些错误的观点又会导致错误的思想,最终使人类进入功能和疾病的误区。因为对人类而言,只有生理学方面最完善的知识体系才可以引导他们建立起关于健康的思想体系,并使他们按照健康的方式去饮食、睡眠和呼吸。而实际上,人类不需要生理学就可以作出正确的反应。

你要尽力去思考健康和健康的可能性以及在最佳状态下我们能够做的事情和分享的快乐,最终得出指导你自身思维的观念,从而杜绝任何与你自身不协调的思维方式。当任何有关疾病和不完善功能的想法进入你脑海时,你都要通过唤醒与健康相一致的思想去抑制它。

在特定的思维条件下，有两个基本因素能使你保持心态平和与健康：第一，通过忠诚，在口头上或实际中获取健康；第二，强化健康意识，彻底与疾病一刀两断。这样我们可以由里及外，从精神到物质，把精神和身体融为一体。如果你总是把自己与疾病联系在一起，那么你的意识就会影响你的健康。

健康是一种被证明的事实和永恒不变的真理，它存在于创造人类的原物质中；疾病是功能不完善的一种表现，它源于人类过去和当前不完善的思维。如果人类在考虑自己时，总是想到健康，那么他们现在一定拥有无与伦比的健康。

当人类的身体处于良好的健康状况时，我们是不会思考健康的原则的。正如当人类没有遇到困难时不会考虑解决难题的方法一样。身体出现不适则是因为人类考虑不健康的因素过多,而又无法以健康的方式去执行身体的一些自主功能。现在让我带领你们仔细盘算一下健康的学问所涉及的事实和原则:

一切生命的原始形态都是由一种思想物质构成的,而且它以原始状态渗透、弥漫并充斥着整个宇宙空间,它是生命的全部。在该物质中,对形式的思维产生了生命的形式,对运动的思维产生了运动的状态。就人类而言,这种物质的思维源于完善的功能和健康的状态。

人类是思维的核心,其思维比其自身的各项功能都拥有更强大的能量。思维不完善,则其功能也是不完善和扭曲的。而人类在执行身体的各项自主功能时,由于采用了扭曲的方式,从而产生了疾病。

如果人类只是思考完美的健康，那么在他体内便会产生各种健康的功能，生命的能量也会协助他。但是要使这种健康功能得以延续，人类必须以健康的方式去执行生命外在的、自主性的功能。

在养生学中，我们要思考两个主要的问题：第一，如何带着忠诚去思考；第二，如何结合我们自身的情况，把这种信仰转化为符合健康原则的具体行动。我们要从学习如何思考开始。

人类首先必须学会如何思考健康，然后学会如何保持健康的饮食、呼吸和睡眠习惯。如果能掌握以上两点健康原则，人类就会非常健康而且能够永葆健康。

华莱士健康箴言

要想富，先修路，先修健康之路。健康之路可以通往你想去的任何地方，健康的身体是你做任何事情的基础和能量源泉。因此要学会健康生活的原则，要严格遵守这个原则。凡是有利于健康的都努力去做，并且坚持去做；凡是有害于健康的都努力不做，并且坚持不做。

第10讲

科学饮食 = 身体健康

失落的健康箴言

如果你想品尝到食物的鲜美，那就等你感到特别饥饿时再去进食，那时的粗茶淡饭比山珍海味更香甜。要明确吃饭不仅仅是满足一种欲望，而是要保证人体所需的营养，不要因为好吃就非吃不可，并且要在饥饿感消失后就立刻停止进食。不要把吃放在心上，不把爱吃什么放在嘴上，你想吃的东西要控制数量，你不想吃的东西可以不吃，有了健康才能延长自己的生命，有了健康才能更好地工作，有了健康就有了一切。为了实现自己的理想和目标，赶快养成良好的生活习惯吧。

人具有物质的属性，是由各种物质构成。广阔的空间充满了各种各样的物质，无限的物质构成了广阔的空间。一切物质都在以运动的形式存在着，以变化的方式发展着。运动发展的规律存在于所有事物当中，更存在于整个人类社会。

在人们的日常生活中，每个人都应该把饥饿和食欲区别开来，有食欲的产生并不等于人已经产生了饥饿感。同样，食欲也不是人在有饥饿感时出现的，饥饿和食欲与人们的生活习惯还有一定的区别，进食的最佳时间是在确实感到十分饥饿时。很多试验结果表明，人在睡眠刚刚结束的一段时间里是不会出现饥饿感的，人们早上起来后普遍的要用早点这是一种习惯。从健康的角度出发，每天的第一次进餐应该放在有了饥饿感的时候，而不应该成为早上醒来的第一件事，多数人的饥饿感都是在中午时刻产生，但这不适用于每一个人，不管你的具体情况怎样，都应该等到有了饥饿感时才去进餐，这应该成为自己的强制要求，同时你还应该相信这样一个事实，即使你在产生饥饿感后数小时还没有进餐，而且仍然在进行繁重的劳动，也不会对你的身体造成任何伤害。不管你是在休息还是在工作，如果没有感到饥饿就吃得很饱，必然会对你的身体造成伤害。如果你能养成在没有感到特别饥饿时从不进食的习惯，这就证明你已经掌握了使自己健康的规律和方法了。

对一个人每天应该吃什么、吃多少这个问题不能简单地下结论。每个人的身体状况不同，从事的劳动也各有不同，所处的环境也有差别，这些差别决定了每个人吃什么、吃多少会各有不同。但是合理健康的饮食规律却是统一的，那就是人们要在有了饥饿感时才开始进食，当饥饿感消失后就马上停止进食。

俗话说"祸从口出，病从口入"，就是说人的很多疾病都是吃出来的。最不科学的饮食习惯就是暴饮暴食。每次进食不要吃得过饱，当你没有饥饿感的时候，你吃进的食物已经满足了身体能量的需要。也许这时你还很有食欲，但是你必须在思想意识中提醒自己，不能再进食了，否则会对身体造成伤害。不管美味多么诱人，也不论佳肴多么精致，你都不应该为了满足你的欲望而去进食；在你进食刚刚结束不久，不管遇到什么盛大宴请，不管多少人苦心相劝，你都要坚决谢绝，决不进食。

人吃了一种食物后，它的口感和味道就会储存在记忆中。实际上，当人的饥饿感消失后，任何食物只是对味觉和口感的满足而不是为了补充人体所需的能量，这种满足只是人们的一种习惯，并不是人体的自然需要。在人的胃肠里面长期积累大量的食物等待消化，或是大量的残渣等待排出，都会对人的身体造成伤害。

控制饮食是保证身体健康的有效方法，但真正能够完全控制进食却不是特别容易的事，因为一种为满足口感和味觉而进食的习惯已经普遍存在于大多数人的生活当中。大多数人在用餐之后，如果遇到了更加美味、诱人的食物，都会有再去美餐一顿的欲望。

这种做法的结果除了对自己的身体造成伤害以外，没有任何益处。并不是你吃的这些食物对你的身体有伤害，食物本身对你的健康是有益的，如果你在饥饿时去食用，它无疑会补充你体内消耗掉的能量，促进你的身体健康。如果一种食物让你产生的食欲特别强烈，你要坚定地克制自己，把它留到你产生特别强烈的饥饿感时再去食用，这时，你会感到这种食物仿佛更香甜、更美味。

随着社会物质财富的增多和人们生活水平的提高，吃到什么高级的食物都不再是可望而不可即的事情。于是社会上就出现了肥胖人群，高血脂、高血糖、脑血管疾病、心血管病不断地在这些人中发生，而且不断有人因此而丧生。所以把握住食物的入口关，也就是把握住了身体的健康关。如果你能做到每次进食都是在饥饿感特别强烈时开始，在饥饿感刚刚消失时就结束，你会感到你吃的每顿餐、每一种食物都是美味佳肴。

一个在饮食上完全失去规律和节制的人，他的饮食是纯粹为了满足自己对某种美味的占有欲望，而不是为了消除自己的饥饿。他不能耐心地等待把食物嚼烂才咽下去，也不能在饥饿感消失后就停止进食。把节食当做自己生活规律的人会清楚地认识到，使自己身体处于最佳状态所需的食物量比自己因口感所用的食物量要少得多。

每个人所需的食物量具有很大的差别。最简单的分析，大人和小孩的需求量有差别，男人和女人的需求量有差别，体型高大的人和体型矮小的人也有差别。一个人所需的食物量与他体力消耗的大小及所处的寒冷程度也有很大的区别。严寒冬季，一个在室外从事繁重体力劳动的人和一个在室内从事脑力劳动的人所需的食物量差别非常大。这是因为人在劳动中付出的体能和抵抗寒冷所付出的热能需要在食物中得到补充，如果补充不足，人体就会虚弱抵抗不了寒冷，长期下去就会营养不良，导致生病；而一个在室内从事脑力劳动的人，同样多的食物，由于消耗不掉就会造成在体内的堆积因而产生肥胖，还有大量的食物残渣需要排出，也加大了胃肠的压力和负担，同样会导致人体患上疾病。

　　进食的时间和进食的次数都要根据你饥饿的程度而定，最佳时间是你饥饿难忍时，这是无可争议的，只有这个时间才是进食的最好时间，其余的都是不对的。吃什么食物好，这要根据身体的需要，人体所需要的营养成分是多种多样的，任何一种食物都不能同时含有这些营养成分，所以要使食物的种类多样化，这样才能满足人体所需的营养。吃的时候细嚼慢咽可以减少胃肠的负担，也便于胃肠更好吸收。

千里之行，始于足下，即使你有日行千里的能力，也得从第一步开始。任何一项事业的成功都是由每一个独立步骤的成功构成，如果你能将事情的每一个细节都做得完美那这件事最终肯定不会失败；如果你每天都是在成功地做事，最终你的全部人生就不可能是失败的。要想成就一项伟大的事业，你既要有远大的理想和宏伟的目标，又必须脚踏实地地做好每一件事；如果你始终在坚持使自己的身体强壮起来，并且使你自己的一切举动都服从于健康,不用太长的时间,健康就会属于你。

华莱士健康箴言

人是靠食物和营养活着,而不是靠药活着。完整的健康从调补开始!合理膳食,适当运动,戒烟限酒,心理平衡。饮食问题关系到人的健康和生命,饮食的学问无比高深。每个人都离不开一日三餐,所有的人也都知道食物对身体健康的影响。但是,却很少有人能够说清楚究竟什么才是健康饮食。多花一些心思和时间在饮食上,可以为你的健康保驾护航。

第11讲

吃的技巧与学问

在每天都必需进行的饮食中,吃什么不要根据人的口感和爱好而定,而是要根据人体的需要而定。人体所需营养的多样性,决定了人们食物的多样性。不要迷信什么饮食科学,不要挑剔是煎炒还是蒸煮。不管是肉类还是薯类,不要考虑是精纤维还是蛋白质,凡是对身体有益的食物都可以食用。另外,食物的选择应该本着就地取材的原则,凡是当地生产的、能被食用的都可以当做自己的食物,这样对食物选择的范围会更宽、更多,还会降低饮食的成本,不要追求精品、上品,不要只选择中餐或西餐,要经常吃一些最普通的食物。健康的食物也不是总对身体有好处，吃多了也会变成毒药。当你感到这些食物难以下咽时，你就停止进食，等到你感到这些食物特别可口时，你再去进食，不要相信有什么特别的健康食品，也不要迷信什么专用的保健食品。

人就像一部机器，而食物就是给人提供动力和能源的燃料。一日三餐对于人来说无比重要，人不能离开食物而生存。从地球上有生物以来，食物就产生了，食物与生物的历史是一样长久的。

我们该吃什么样的食物、什么时候吃、吃多少，是一门复杂的学问。吃得健康才能身体健康，因此对于吃的技巧和学问所有人都不应该忽视。

不要再争论每天该食用多少食物的问题

了，我们所介绍的方法是最实际、最简单、最容易操作的方法，再也没有需要解释和说明的了，也没有需要改进和完善的了，这是人们在长期的饮食习惯中总结出来的科学正确的饮食方法。这个方法就是，饥饿感消失后就马上停止进食，要利用头脑中的潜在意识来控制自己什么时候开始进食，什么时候停止进食。如果你摄入食物仅仅是为了满足身体的需要，而不是为了满足自己的食欲感受，你就不会追求摄入过多的食物。同时，你能始终坚持只在感到饥饿时才进食，那么你就可以获取富含各种能量的食物。这种简单的饮食方法是人人都能采用的，谁采用了这种方式，谁的身体就会健康起来。

在每天都必需进行的饮食中，吃什么不要根据人的口感和爱好而定，而是要根据人体的需要而定。人体所需营养的多样性，决定了人们食物的多样性。不要迷信什么饮食科学，不要挑剔是煎炒还是蒸煮。不管是肉类还是薯类，不要考虑是精纤维还是蛋白质，凡是对身体有益的食物都可以食用。另外，食物的选择应该本着就地取材的原则，凡是当地生产的、能被食用的都可以当做自己的食物，这样对食物选择的范围会更宽、更多，还会降低饮食的成本，不要追求精品、上品，不要只选择中餐或西餐，要经常吃一些最普通的食品。

下面列举一些能够促进人体生命机能的食品和饮食习惯：

① 充满信仰，戒除烟酒，不吃含脂肪多的肉和熏肉等。

② 以蔬菜、水果、各种豆类代替肉食和

脂肪，蔬菜、水果含多种维生素，可防止食物产生致癌物质。"饮食疗法"具有治病、抗癌的作用。

③ 除去恶习和邪淫败坏的品格，追求达到完美的品德。

④ 喜乐的人生，在日常生活中保持平安喜乐能抑制疾病，如：心脏病、高血压，甚至中风和癌症都能好转。

⑤ 其他方面，如适当运动、休息、清新的空气、阳光等都能提高免疫功能。

来自维也纳的一个博士哈拉说过："妇女如果吃肉过多，可能损坏她的容颜；一般人如果吃太多的猪肉或猪油，也会引起动脉硬化和秃顶，而一般肉类食用过多也可能损坏皮肤。"

素食与肉食比较：

① 致病因素。因动物比植物多病，有些动物病可传给人。肉食可致癌，而素食却有防癌和防治动脉硬化的作用，如杏仁、大蒜、豆芽等都具抗癌的功能。素食是初造人类及将来进入新天新地时的食物。

② 吃素较吃肉的人更有"耐"力（持久力），曾有人在吃素与吃肉的护士中作过比较，吃素食护士的耐力明显超过吃荤食的护士。

③ 肉食对动物的性格也有影响，可参看动物中食肉和食素动物性格的区别。食素动物较驯良，食肉动物多凶猛残暴。

④ 素食对人类智力的增进较肉食更有效。

豆类的营养超过肉类。特别是大豆（黄豆）中人体九种必需氨基酸的含量比肉类高 3～4 倍。豆类所含的卵磷脂对脑细胞有特殊营养作用，其含量也比肉类高出 2～3 倍。

健康的食物也不是总对身体有好处的，吃多了也会变成毒药。当你感到这些食物难以下咽时，你就停止进食，等到你感到这些食物特别可口时，你再去进食，不要相信有什么特别的健康食品，也不要迷信什么专用的保健食品。尽可能地把自己当做一个普通百姓，去享受普通百姓的生活标准。这样，在饮食种类方面你就会实现多样性，我们要反复提醒大家了，如果你没有产生饥饿感，或者是对简单的食物没有食欲时，你就停止进食。

人要以一种什么样的方式吃饭？人们很少研究它，多数人认为怎么吃饭很简单，就是放到嘴里，咽到胃里就可以了，其实不注意吃饭的方法是完全错误的。现在人们的生活节奏在普遍加快，工作压力不断加大，人们都在想办法节省工作以外的所有时间，进食速度快、咀嚼次数少已成为人们进食的普遍现象，这会对人的身体造成很大影响。营养专家们提醒我们，正确的饮食应该注意三点：

① 进食的速度要慢，并把食物嚼烂，能使胃肠吸收的是成为液态状的食物，食物没有嚼烂进到胃里不但不能被吸收还会增加胃肠的负担并使胃肠产生疾病。

② 带着愉快的心情进食，并把注意力放在自己的用餐上，吃饭时不要想着工作和其他事物，就想我吃的食物有多么美味，我一定要细细嚼、慢慢咽，每一点每一滴都要被我全部吸收，决不能有一点浪费，要细细地感觉，当饥饿感基本消失了就马上停止进食。

③ 在愤怒、忧伤和情绪紧张时应该拒绝进食,因为你这时的情绪会造成胃肠神经系统功能紊乱,不但食物不能被吸收,还会导致重大疾病。

如果你在每次吃饭时都能注意到这三点,你就会很快养成良好的饮食习惯了。

一个人一天吃几餐,每次吃多少,每天吃多少,不能用同一标准去衡量。每个人的饮食量都存在很大差别,但是不能吃得太饱则是每个人都应该遵守的。每个人的进食时间都要选择在饥饿感特别强烈时,也要在饥饿感基本消失时就立刻停止进食。一个从事超强体力劳动的人,摄入的食物量就要多一些,一个不从事任何活动的人摄入的食物量就要相对少一些。但不管是哪种情况都不要以口感和食欲定量,而应该在该停止进食的时间就马上停止，要坚决杜绝饮食过量的情况发生，养成为自己的身体提供营养能源的饮食习惯，就是科学健康的了。按照人体的需要进食是一种被普遍选用的饮食方式，这是每个人都能做到而且必须做到的一种方式，人们通过自己的体验认识到这样做对人类健康的重要性。

不管是你独自一人用餐，还是和亲属朋友聚餐，你都要时刻想着你的健康身体是怎样获得的，你的健康需要哪些条件，你怎样实现自己人体机能的正常运转，带着这种意识，你再细细品尝你的食物。在餐桌上和朋友也不要谈论别的话题，而是把话题集中在谈论食物的来之不易、加工如何复杂和味道如何好这些方面。你要把每一种食物都看成是你身体需要的，每一种食物都是有利于你身体健康的。始终不能忘记，不管是什么时候，饮食过量都会对你的身体造成伤害。

每天人们从嘴摄入的除了食物以外还有大量的水分，水同食物一样是组成人类生命的重要部分，人身体的主要成分是水。人体摄入水的方法和摄入食物的方法有很大区别，人体中的水分消耗得比较快，补充一定要及时，当你感到口渴时，就要马上喝水，而且要喝足。在任何时候、任何情况下都不要控制饮水，而是让自己尽可能多喝水。

现在市场上的饮品种类繁多，任何一种饮料都可以满足人体对水分的需要，但喝原生态的纯净水更有利于人的健康。可以偶尔品尝一下新鲜的果汁，喝一点既苦又香的咖啡，但碳酸饮料要尽量少喝，长期大量饮用会对你的胃肠造成伤害。不要为了满足自己的口感而把含糖很高的饮品作为补充水分的主要饮品。要做到把纯净水作为首选项，在感到口渴时主要是补充水，不管时间多紧，不管在什么困难条件下，都不要忘了带水，不要忘了及时补充水，时刻记住，你的身体需要大量的水分，你要及时足量地补充。

美好的食物让人产生强烈的享受欲望，这不是每个人都能主动控制住的，吃得过快、狼吞虎咽等不良饮食习惯，往往很难彻底改掉。所以，人们要注意坚定自己的信念，当又要回到旧的生活习惯中时，要态度坚决并正确地引导自己，让自己重新开始健康的生活方式，使自己成为一个能自我控制、自我约束的人，这对健康是很有利的。一个连自己的嘴都管不住的人就是一个意志薄弱的人，是任何事情都做不成的，所以每个人都要态度坚决、意志坚定地使自己养成良好的饮食习惯，不要把吃放在心上，不把爱吃什么放在嘴上，你想吃的东西要控制数量，你不想吃的东西可以不吃，有了健康才能延长自己的生命，有了健康才能更好地工作，有了健康就有了一切。为了实现自己的理想和目标，赶快养成良好的生活习惯吧。

华莱士健康箴言

早餐吃得像个皇帝,午餐吃得像个平民,晚餐吃得像个乞丐。晚上少吃一口,肚里舒服一宿。冷水洗脸,美容保健;温水刷牙,牙齿喜欢。请人吃饭不如请人流汗。最好的医生是自己,最好的药物是时间,最好的心情是宁静,最好的运动是步行。这些都是人们在生活中摸索和总结出来的健康规律。健康就在于良好的饮食和生活习惯,只做对健康有益的事,不做有损健康的事,这样才会留住健康。

第 12 讲

健康就在呼吸间

在维持人们生命的诸多条件中呼吸是最首要的，它直接决定生活原存在和生存的继续。呼吸是一种生理现象，采取什么样的呼吸方法，选择什么样的呼吸环境，是由人们的意识来决定的，它会让人的呼吸由被动转为主动，正确地选择呼吸方法和呼吸环境。保持经常性的深呼吸，是人人都很容易做到而且又非常有效的运动形式。呼吸新鲜的空气不仅是人类维持生命的需要，它还会给人的身体提供各种不同的养分。知道了呼吸新鲜空气的重要性，掌握了呼吸的知识和方法，挺胸直立，矫正弯腰驼背。经常深呼吸新鲜纯净的空气，你的身体就是健康的。

不管你在什么地点和什么情况下，也不管是在休息还是在工作，你都要注意保持自己的呼吸顺畅。保持呼吸顺畅的最好方法是当你在呼吸时，能把自己的身体挺直使自己的胸部没有任何受压和受阻的感觉。使正确的呼吸方法成为自己的习惯，并能永久地保持下去，这样你就不用为你的健康担忧了。

看一个人是否还活着的重要标志就是看他还有没有呼吸。在维持人们生命的诸多条件中呼吸是最首要的，它直接决定生命的存在和生存的继续。人可以几天几夜不休息、不吃饭、不喝水，这只能对健康造成一些损伤，但不能危及生命。但一个人只要几分钟不呼吸，他的生命就会终止。呼吸是一种生理现象，是人和其他一切动物的本能。采取什么样的呼吸方法，选择什么样的呼吸环境，是由人们的意识来决定的，它会让人的呼吸由被动转为主动，正确地选择呼吸方法和呼吸环境。

首先，我们先研究呼吸方法的问题。正确的呼吸方法有很多，每个人都可以根据自己的具体情况选择几种。直起腰杆，两臂向后伸拉使胸肌保持放松和运动自如，这是使呼吸保持顺畅的最好方法。弯腰驼背会使胸部受到挤压，这是无法使呼吸达到顺畅自如的。但是不管脑力劳动还是体力劳动，几乎人类从事的所有工作都会使人变得弯腰驼背。长期从事某项工作会使人养成某种不好的习惯，但人们一时还不会感觉出来，当特别严重时就会使人感到呼吸十分困难，严重影响自己的身体健康。

要想把人们在工作中对身体造成的损伤恢复过来,最有效的方法就是要多进行一些体育锻炼。现在我们选择几种方法让大家尝试一下矫正身体。挺直身体,双臂尽量向后伸拉,每天反复多次;平躺在床,身体用力后仰;经常倒着行走,使身体尽量向后伸拉;两手抓紧单杠,让身体悬空起来。这些方法都能有效地矫正身体的弯腰驼背。但这些运动并不是立竿见影,一次两次甚至一朝一夕就能起到作用的,这必须长期坚持下去。要把体育锻炼培养成自己的兴趣和爱好,不要使之成为自己的负担。

保持经常性的深呼吸,是人人都很容易做到而且又非常有效的运动形式,这种锻炼的方法主要有三种。一是保持身体平衡,上身直立，同时深呼吸，在自己的思想意识中造成一种身体伸拉的感觉，当呼吸的时候，马上就能反应到身体要挺胸直立的状态。二是要把呼吸的速度降慢，每次吸入的空气要尽可能多，并让空气在自己的肺部有一定时间的停留，呼吸时双臂张开，胸部扩展，同时试着将你的脊椎在双肩之间伸拉，轻轻地将废气从肺部呼出。三是挺直身体，让胸部保持灵活放松、丰满有力的状态，吸气使肺部得到充扩，然后将气轻轻呼出。

这种锻炼方法的优点是：它不受时间限制，在休息的时候可以做，在工作的时候也可以做。做与工作无关的事，会有人限制你，但你一边工作，一边做深呼吸就没有人能限制你。不受地域限制，不管你从事什么工作，不管你在什么场合、什么地方都能进行深呼吸；不受条件限制，深呼吸不需要任何设备，在任何条件下都能做到；不用付出体力，每次深呼吸都是轻松的，它不但不会消耗体力反而会使自己的身体感到舒服。所以，要经常进行深呼吸锻炼，把它当成自己的习惯。当你漫步在鲜花丛中和林荫小道上时，你要不断地深呼吸；当你在休闲娱乐或在思考问题时，不要忘记深呼吸；当你和朋友、同事聚会聊天、谈古论今时，同大家一起深呼吸。在自己的一天中，只要没有进入睡眠状态，深呼吸就不要间断，不管在什么地方，不管在做什么，时刻不忘深呼吸。时刻不忘直起自己的腰板儿，挺起胸膛去深呼吸，要把它变成自己的习惯，使它成为自己快乐生活的法宝。

锻炼精神比锻炼身体更重要。锻炼身体

的人总感到自己身上有病,想通过体育锻炼让疾病从自己身上消失,他们在每次锻炼时,总是仔细地感觉是不是病情减轻了,是不是身体强壮了。这种心理上把自己想成有病的人往往会使自己健康的身体真的患上疾病。锻炼精神的人永远把自己的身体看成是健康的,他们把体育锻炼看做一种乐趣,只不过是一种游戏而已,当你挺直身体进行深呼吸时,你会感到很顺畅、很舒服、很高兴。他能把锻炼当成自己的一种习惯,就像要吃饭、睡觉一样,不吃饭就会感到胃里不舒服,不睡觉就会感到困乏,不锻炼就好像是缺了点什么。当深呼吸成了一种习惯,他就不用时刻提醒自己了,当习惯于挺直腰板儿走路时,他就会发现原来弯着腰驼着背的人是那样丑陋,那样难看,那样让人不舒服。

现在我们再来讨论一下，吸入空气的质量问题。人包括其他任何动植物所需要的气体都是氧气，它是一种无色无味的气体，这种气体能保证人和其他动植物的生命和生长。人类所需要的是新鲜纯净、达到标准氧气含量的空气，而不是有任何污染的空气。

首先，我们要吸入含氧量充足的空气，不要长期在人特别拥挤而又没有通风设备的房屋里待得太久，因为这里的新鲜空气很快就会被拥挤的人群吸净，存在的是人们呼出的废气。如果你工作的地点空气质量不好，你应该要求你的上司改善一下工作环境。你可以号召或者带领你的同事向上司提出抗议，坚持杜绝在空气质量不好的环境里工作，如果你的抗议失败，上司拒不改善工作环境，那你就应该选择立即离开，选择一个空气质量好的单位去工作。其次，防止吸入有毒的气体。凡是带有异味的气体都是带有毒素的，这些有毒的气体有的是化工厂生产化学产品时排放出来的；有的是动物尸体和其他东西腐烂变质转化成的，也有的是从动物体内排出来的。当闻到空气中存有异味时，你的选择还是立即离开。第三，防止吸入带有粉尘的空气，一切物质的微小颗粒都会存在于空气当中，它会随着空气被人吸入体内，不管是有毒的粉尘颗粒还是无毒的，都会对人体造成极大伤害，当你确认空气中有粉尘时，你的选择仍然是立即离开。大自然中有限的森林是天然的大氧吧，那里的空气最纯净、最新鲜，如果能经常到森林里去走一走，对你的身体是十分有益的。

呼吸新鲜的空气不仅是人类维持生命的需要，它还会给人的身体提供各种不同的养分。空气和水一样，新鲜的空气中会存在大量人类生命所需要的微生物和矿物质，森林、草地、禾苗、鲜花以及食品加工制作过程都会把一些有营养的微小颗粒散发在空气当中，它们不用经过胃肠的消化直接从肺部被血液吸收。存在于空气中的一些物质本就是组成生命的物质，你要有意识地告诉自己，你所呼吸的不仅仅是空气，同时也吸入了生命的物质，你会感到你的呼吸是无比重要的。如今我们已经知道了呼吸新鲜空气的重要性，掌握了呼吸的知识和方法，现在再认真地检查一下，你的弯腰驼背是不是已经矫正过来了，挺胸直立是不是已经成为了你的习惯,是不是做到经常地深呼吸了,是不是保证吸入的都是新鲜纯净的空气了。如果这些你都做到了,你的身体就是健康的。

华莱士健康箴言

我们常说人活一口气,一呼一吸,看似简单的物理运动,其实我们的身体一直都在进行着一系列复杂的化学反应。呼出混浊的气体和胸中的压抑,吸入清新的空气和快乐因子,吐故纳新,新陈代谢,人的生命就是在呼吸间得以延续。

第 13 讲

睡眠对健康很重要

睡眠是人类生活中不可缺少的一部分，人的睡眠能够给机体提供大量新鲜的空气，这是一个不用争论的事实，任何疾病呼吸到新鲜空气都会有所好转。人的大脑和神经中枢的充分休息、体力的恢复和新陈代谢的完成都需要在良好的睡眠条件下才能完成，要保证睡眠质量不仅需要有良好的睡眠条件，还要养成良好的睡眠习惯。坚持以科学的态度认识睡眠，以科学的方法安排睡眠，就完全可以把睡眠置于自己的掌握中，丢掉精神负担是完全可以轻松做到的。

睡眠是人类生活中不可缺少的一部分，每天人们都要把三分之一的时间用在睡眠上，这是人类生活的自然规律，任何人都不能违背这个规律。睡眠对人类有三大方面的作用，一是使疲惫的身体更新和恢复体力；二是使大脑的思维能量得到增长和补充；三是促进人体各机能迅速进行新陈代谢。

睡眠是自然界中一切动植物的普遍现象，人需要有足够的睡眠才能恢复自己的精力和体力。所有的动物也同人一样需要通过睡眠恢复自己的体力，植物一年一次的休眠也是进入睡眠状态，它也是要使自己得以补充水分和养分。总之，任何人的体力恢复、思维能量的增长、新陈代谢的迅速完成都需要通过睡眠来解决，这是谁也改变不了的自然规律。每个人都应该在思想和行为上注意睡眠、重视睡眠，注意选择科学的、健康的睡眠方式和方法。这会对你的身体健康产生重大影响。

很多医学工作者通过长期的研究发现，人在睡眠时的呼吸和不睡眠时的呼吸有很大的区别，睡眠时的呼吸更均匀、更自然。科学实验家们还认为，新陈代谢的完成需要大量空气中对人类健康有益的物质，这些物质都是存在于新鲜空气中的。人在睡眠时需要大量的新鲜空气，所以保证良好的睡眠首先是需要提供新鲜的空气。还有一些科学实验证实，患有肺部疾病的人长期在露天的具有新鲜空气的环境中睡觉，病情会有明显好转，其实这是一个不用争论的事实，任何疾病呼吸到新鲜空气都会有所好转。想使睡眠时有充足的新鲜空气，首要的方法就是保持卧室的空气流通，达到同自然空气一样的效果。要选择空间比较大的房间做卧室，而且南北方向都有窗户，空气形成对流，使室内空气永远保持着从室外进来的自然风。如果卧室不具备完全通风的条件，那就把床铺放在窗户下面，尽可能地让外面进来的风直接吹到你的脸上。如果你的卧室连这种条件都达不到，唯一的办法就是另找房屋，更换卧室。别的条件都可以放宽，最重要的是保证卧室能通风换气，这是保证健康睡眠的首要条件。

人的大脑和神经中枢的充分休息、体力的恢复和新陈代谢的完成都需要在良好的睡眠条件下才能实现，要保证睡眠质量不仅需要有良好的睡眠条件，还要养成良好的睡眠习惯。长期以来，人类总是在白天工作、夜间休息，这已经成了人类的自然现象和生活习惯。人类普遍认为夜间的睡眠质量远远高于白天，但仍然有人常常违背这种自然现象，把黑白颠倒过来。在这个灯红酒绿到处都是娱乐场所的世界里，有人会通宵达旦寻欢作乐，长期下去，会使自己的睡眠严重不足，使大脑和身体不能得到充分的休息，人体的机能不能很好地新陈代谢，必然使自己的身体受到严重损害。

影响人类睡眠健康的因素不仅仅是睡眠条件，人的精神思想给人类睡眠带来的影响更为重要。即使卧室内有良好的通风条件，有适宜的温度和舒适的床铺，你躺在那里闭上眼睛却久久不能入睡。虽然你躺在床上的时间很长，但你的大脑始终没有进入睡眠状态。这样的睡眠对于恢复体能毫无意义，所以要保证有良好的睡眠还必须依靠精神意识的帮助。第一要带着自信上床，要想到我一定能睡好，早上起来我又是一个精力充沛、身体强壮的人；第二要带着高兴愉快的情绪上床，人的睡眠不好，最主要的是精神原因。带着忧愁、恐惧、烦恼、愤怒情绪的人是不能进入睡眠状态的。所以人在睡眠之前，要作精神方面的准备，要在自己的脑海中深深地意识到睡眠对你的重要性，要把一切不愉快的情绪通通从大脑中赶走，相信自己能马上进入睡眠状态。

第三要坚持定时入睡、定时起床的习惯，把每天上床、起床的时间保持在同一时间上。如果患有失眠，最好认真作一次检查，看一看是神精原因还是其他原因造成的。

坚持以科学的态度认识睡眠，以科学的方法安排睡眠，就完全可以把睡眠置于自己的掌握中。保证良好的睡眠是获得健康最简单、最自然的方法，当然也是最容易办到的。保证有健康的身体，不需要复杂的知识，也不用进行深入研究，更不需要太多的精力和体力，主要是在思想上有坚定的信心，在精神上有顽强的毅力，用坚定的信心来保证自己始终有旺盛的精力和体力，用顽强的毅力改掉一切不良习惯，你的身体就会越来越好。

华莱士健康箴言

睡眠占了人生三分之一的时间甚至更多,人的精力和能源会在睡梦中复原,人心里的伤痛也能在梦境中痊愈。所以要创造良好的睡眠环境,保证高质量的睡眠。千万不要认为睡眠是在浪费你宝贵的时间,更不要牺牲睡眠的时间去做你认为更重要的事,那样做的结果只能是本末倒置,得不偿失。

第14讲

首先要有健康的思想

你要忘掉任何与疾病有关的东西，所有能保持健康的东西你都要把它在思想上和行动上同自己联系起来，这是保持身体健康的重要因素。把自己培养成一个在思想上、生活上以及行动上都充满健康积极因素的人，你的身体自然会达到一种良好的状态，并且这是在思想和行动上都能够做到的。对任何疾病采取的办法只能是抗争而不能退缩，不论是休息还是工作，要始终坚持在自己的脑海里演练健康法则，这会使你的身体不断补充新的力量。只要你在思想上有战胜这种疾病的强大动力，并且严格遵守科学的生活方式，疾病就完全不是你的对手。

人的精神健康是身体健康的重要保证，精神能促进身体的行为服从意识，并同精神意识相统一。这样，人的健康就有了可靠的保证。精神和思想的健康比身体健康更重要，健康的思想会持续不断改善身体的状况，帮助人类对抗疾病和衰老。与之相反，不健康的思想会使健康的身体染上疾病。所以，人要学会在精神和思想上战胜病魔，形成健康的理念，把自己培养成一个在思想上、行动上和日常生活中都充满健康因素的人，千万不要让自己的精神思想、生活和行为同疾病产生任何联系。

要把自己的身体特别是健康的精神思想深深固定在自己的脑海里，让自己头脑中这种固定的思想与自己的具体行动相适应，并使它们相统一。你自己在头脑中是怎么想的，你就在自己的行动上表现出来；你想让自己的思想以一种什么样的状态表现出来，反映在自己的身体上就会是什么样的状态。积极科学的思考方法就是你应该在自己的脑海里彻底清除那些不健康情况的印象，把健康强壮的思想永远保存在你的头脑中，从而完全保证自己健康的思想，并使自己的行为与思想一致。无论一个人的生活状况如何，也不管他从事的是什么工作，只要始终让自己在思想意识上成为一个无比坚强健康的人，把自己想象成一个拥有强健体魄的人，这样做起事来就会觉得有用不完的劲儿。

语言是人类所特有的用来交流沟通、表达思想感情的工具，是人类社会区别于动物世界的主要标志。语言是思想的外衣，而评议也能促使思想的改变。要想使你说出的每一句话都和自己对健康的想象相一致，就不要唉声叹气地说自己生来身体就不好，不要说身体不舒服，或者说自己身体的某个部位有缺陷。你应该常想关于健康的事情，常说保证你身体健康的话。即使是你身上存在某种疾患，如果你坚定地认为疾病正离自己远去，并且坚持认定"我的身体已经有了好转，我很快就能恢复健康"，你会发现你真的在一步步靠近健康。

任何与疾病有关的东西，你都要想办法忘掉它，所有能保持健康的东西你都要把它在思想和行动上同自己联系起来，这是保持身体健康的重要因素。把自己培养成一个在思想上、生活上，以及行动上都充满健康因素的人，你的身体自然会达到一种良好的状态，并且这是在思想和行动上都能够做到的。

即使真的生病了，也不要总是想象自己的病情有多么严重，继续发展下去会给自己带来多大的痛苦。也不要反复试用各种药物，这对你的康复不会有太大的帮助。你不要把自己的思想、言语或行动等任何一方面同疾病相联系，这会削弱你对已经接受的健康生活方式的信念，使你重新回到思想上、精神上和疾病相联系的状态。我们所介绍的全部是科学的健康知识，对能促使身体健康的每一个细小环节都没有漏掉。只要你能认真地学习和掌握这些知识，把自己的心理状态调整过来，使自己保持一种好的精神状态，你的身体就不会出现太大的健康问题。保持良好心理状态也是一门科学，就像一加一必须等于二，没有任何原理让它出现不同的结果，只要人人都能严格按照这些科学的方法去实践，就能保证自己的身体健康。

如果你按科学的方式去追求健康，你自己就已经健康起来了。你还要用这种健康的思想和心态去激励你身边的亲人和朋友，将这种健康的信念传递给他们。你要用自己的爱心去帮助和影响那些希望自己健康的人。如果有人说自己有病，你不能只是表现出关心和同情，如果有的人病情特别严重并在忍受着极大的痛苦，你也不要感到悲痛。你首先要做的就是教给他们科学的方法，帮助他们把思想转变到科学地防病治病上来。有人为了求得你的帮助，会向你诉说他们的痛苦，他们疾病的症状，在这种情况下，你要努力把他们对疾病的注意力转移到其他方面，让他们的思想从病痛中解脱出来，这要比你表示同情更为重要。如果有人在同你交谈时把自己的身体如何不好当成话题，你根本无需注意他谈的是什么，也不要研究他患的是什么疾病，而是应该教给他怎样从思想上和精神上战胜疾病。你要阻止和打断那些关于疾病的话题，不要怕别人说你不礼貌，说你没有同情心。不管别人怎么想、怎么说，同情并不是你接受有关疾病和消极想法的理由。当所有和你接触和你谈过话的人都不再谈论有关疾病的话题时，人类的健康水平就会有很大的提高。

当一个人患上了疾病，就应该有"既来之，必去之"的思想意识。当一个人正在承受疾病的折磨时，他应该想到自己很快就会健康起来。任何对疾病的恐惧都是在助长疾病的威力，不要把生病看得非常严重。要清楚地认识到不健康状态正是由于人们不遵守健康法则造成的。当你认识到了生病的根本原因时，治疗疾病的有效方法就已经产生了。只要人们能在思想上支持它，帮助它，让自己在思想上先战胜疾病，身体上的病痛很快就会消失。

不要有任何其他的幻想，不要期望有哪路神灵能驱除你的病魔。如果病情真的特别严重，你可以先休息一下，将思想集中在那种正在安静顺畅地帮助你康复的力量上，这是你战胜病痛、身体康复的开始。身体上的疾病并不可怕，可怕的是思想有了疾病。表面上看是身体的某个部位产生了疾病，实际上是自己内心对身体健康失去了信心。首先应该从思想上战胜疾病，再加上合理地休息，遵循健康的生活习惯并积极工作，一旦你这样做了，疾病就会很快消失。要相信自己对健康法则的信念，相信疾病只是在体内产生的一种不必要的过程。这时你就知道了战胜疾病是件很容易的事情，如果你能永远保持以健康科学的方法去生活，任何疾病、痛苦都不能侵入你的身体。

不管遇到什么情况，都不能向疾病屈服。当你的身体已经使你无法正常工作的时候，你应该采取什么措施呢？你是竭尽自己的全力，坚持把工作进行到底还是等待别人的支持和帮助？或者是你把工作完全放弃了，躺下来休息？这些做法都不是正确的。如果你采取上述方法去生活和工作，你就不能得到战胜疾病的能量，你就会开始从低体能消耗的状态转移到高体能消耗的状态。你应该在思想上、精神意识上把力量的消耗同健康科学的生活方式相结合，同时以非常健康的方法锻炼自身的各项机能，这样你的力量便会迅速增加。在你身体恢复的初期，有时你可能对你想要从事的工作感到体力不支，但是不要灰心，你可以让自己的身体适当休息，同时要坚信这样一个事实，那就是你的力量在快速增强。你会开始对力量之源怀有深深的感激之情。当你的身体疲劳时，可以适当地休息一下，同时继续演练你的健康法则，抱着坚定的信心相信自己已经拥有强大的精力和体力，重新开始你的工作。不管是休息还是工作，让疾病的阴影永远从你的脑海中消失。

对任何疾病采取的办法只能是抗争，不能退缩，不论是休息还是工作，要始终坚持在自己的脑海里演练健康法则，这会使你的身体不断补充新的力量。消化系统的胃肠疾病是不可避免的，但却不是不可治愈的，它并不像人们想象的那样可怕，只要你在思想上有战胜这种疾病的强大动力，并且严格遵守科学的生活方式，这种疾病是完全可以治愈的。

如果你在思想上充满了对胃肠疾病的担忧和恐惧，即使你十分注意自己的饮食也不会起到多大的作用。你只有把思想从疾病的困扰中解脱出来，相信自己没有胃肠疾病，相信自己完全能够战胜胃肠疾病，同时注意自己的饮食习惯，采取健康的生活方式，你的胃肠疾病才能得到彻底治愈。请记住思想上有病比身体上有病更严重。要想身体无病，先要思想无病。

人的生命在于运动,人如果很少运动就不会有旺盛的精力和健康的体魄,体育锻炼就是一种很好的运动方式,每个人特别是那些从事脑力劳动的人,如果每天都利用一定的时间进行体育锻炼,他的身体就会始终保持强壮。体育锻炼的方法和种类繁多,不管采取哪一种都可以达到锻炼身体的效果。可以根据自己的兴趣爱好选择一些锻炼方法,如果你喜欢球类,那就去打打乒乓球,或者打打羽毛球。如果你喜欢游泳,那就到大江、大海中去玩一玩水。适当地参加一些劳动,也是一种很好的锻炼方法,或养花,或种树,或栽草,既美化了环境又陶冶了情操,也使身体得到了锻炼。

总之,不管采取哪一种锻炼形式,只要能让你保持身体灵活强壮,新陈代谢顺畅,就是达到了锻炼的目的。要使体育锻炼同个人的爱好结合起来,这样就不会感到锻炼的劳累和枯燥了。在锻炼身体时,也不要忘记自己的思想修养,你不要想我的身体不健康需要锻炼,而是应该想我的身体太健康了迫使我去锻炼。

节食会有助于自己的身体健康,但长时间的禁食却是对身体有害的。

有些人因为自己过于肥胖影响了身体健康,希望通过禁食使自己的体重降下来,但这样会影响到身体的健康,所以最好不要长期这样做。这样会使自己的生理机能发生改变,在正常状态下,当人体需要能量时,人就会产生饥饿感,并很快产生进食的欲望。长期禁食会使正常的生理状态发生改变,饥饿感不会很快出来,使人失去进食的欲望,长期下去会使身体受到损伤。任何情况下我们都不提倡禁食,而我们最倡导的是思想的健康和规律的生活。

华莱士健康箴言

大水不到先垒坝,疾病没来早自防。草原上的睡蛇不等醒来就要打死,身上的疾病不等发作就要医治。与其病后去求医,不如病前早自防。一份预防方,胜过百份药。不要让疾病挡住你的视线,要有健康的思想,并用健康的思想去面对一切。只有这样才能彻底摆脱疾病,达到身心健康的状态。

第15讲

永葆健康的身心

思想存在于人的身体当中，能对人体产生巨大的支配作用。人的思想为人类更加全面、更加先进的行为方式做指导，让我们始终能有健康的心情和健康的身体。一个人要想身体健康首先要保证思想上和精神上的健康。如果对自己的健康状况信心十足，始终认为自己的身体是健康的，他身体的各个组织和机能就会朝着健康的方向发展。人的思想和精神是健康的，就会对自己的健康状况树立坚定的信心，就能始终把自己看成是一个健康的人。

健康的体魄是一个人能保持旺盛的精力、进行繁重工作的基础。健康使人类机体的各项功能保持在最具活力、最佳的状态。我们所生活的自然环境为我们提供了充分的健康条件、新鲜的空气和纯净的水源,以及充沛的食物和其他生活必需品,这些都是我们生命得以延续的必要条件。这些存在于自然界中的健康物质组成了人的生命形式。这种生命物质以一种无形的状态存在于所有由它构成的生命体中。有形的生命是由有形的物质构成的,就像水在以气态方式存在时人们看不到它,只有以液态的形式存在时人们才看得清楚。所以,构成人健康的物质虽然没有具体的形态,但它存在于人的身体当中。

人类是不同于其他物质的物质,他是有

意识的物质，具有非凡的发明创造能力，这种人类所特有的能力，使他成为这个世界的主宰。要想使自己不患上疾病，首先要在自己的脑海中形成健康的意识，同时对其他方面的想象要和这种意识相统一，要从自己的精神思想上给自己树立健康的意识，这种思想意识能够使自己采取一种非常积极、健康的方式去实现身体的各种机能。如果一个人在精神思想上认为自己的身体存在某些疾病，并认为自己的行为和习惯有损于自己的身体，他就会感觉到在身体上有某些疾病的存在。

　　人的思想是一切物质的设计者和创造者，每一个物质形态的产生都是人的思想形式的反映和具体体现，每一种形态的出现都是先从思想构造中产生的，一个产品的思想构造，创造了这个产品，产生了一个行动的想法，便在现实中有了这个行动，人的思想在无止境的设计和构造也就会有源源不断的产品生产出来。人的思想越发展越具体，越发展越完备，越发展越先进。人的思想为人类更加全面、更加先进的行为方式做指导，让我们始终能有健康的心情和健康的身体。

思想存在于人的身体当中，能对人体产生巨大的支配作用，人的一切聪明才智和力量都来源于人的健康身体，人们可以把这些力量同思想联系在一起，也可以从人的思想中分离出来，

一个人要想身体健康首先要保证在思想上和精神上的健康。如果对自己的健康状况信心十足，始终认为自己的身体是健康的，那么他的身体各组织和机能就会朝着健康的

方向发展。人的思想和精神是健康的，就会对自己的健康状况树立坚定的信心，就能始终把自己看成是一个健康的人。一个能够在所有的行为中都采用这样一种健康态度的人，从来不会担心自己的身体沾染上什么疾病，他的思想和精神健康促使他的身体健康。

一个人能够做到从精神上健康起来，并以这种精神去诱导和激发自己的身体沿健康的轨道行进，那他的生命就能永远保持年轻，身体就能永远保持健康。他能把所有的疾病都拒于自己的身体之外，他能利用新陈代谢的规律使自己的身体永远保持新鲜的血液和氧气，他能以自己的信念在日常生活和行为当中获取自己所需要的全部营养。如果一个人坚持为那些由源源不断的生命物质所保障的健康身体作出努力，并且持之以恒的话，他的健康信心就会更加坚定。

假如人人都能按照健康的规律去生活和工作，那么所有人都会有健康的体魄，如果一个人违背了健康的规律，他就是在人为地破坏自己的健康。健康与否的决定权完全在于自己，在于自己的思想和行为，既能对自己的健康有坚定的信念，同时又能合理地饮食、工作和休息，身体自然就会健康起来。健康是人们精神信仰与合理生活的必然产物，是人所应有的思考方式和行动的结果。如果一个疾病缠身的人能坚持用这种方式去思考去行动，这种健康的法则很快就会在他身上产生效果。首先能让他从精神上战胜病魔，再从他的身体上驱除病菌。这种健康法则是相互联系的，完全和人的生命规律相统一，只要你能正确应用这种科学，不管你身上的病情有多么严重你都会康复起来,想拥有健康的身体是完全能办到的。

要想拥有健康,就必须让思想处于创造性与美好意愿的平面上,形成一个关于自身的健康观念。不要抱有任何同该观念不协调的思想,不要想象自己是多病的。同时,尽可能地剔除思维里任何与疾病相关的想法,让你的思维意识被健康和力量环绕。坚定信仰,只要你思考的都是健康,你就会在体内建立一个健康的功能系统。

另外,你还得把健康当做生命中一件真实的礼物来接受,并时刻充满感激,时刻保持清醒,不让思维存在任何与之相悖的想法。利用你意愿的力量去控制自己的注意力,远离任何你或他人可能出现的疾病思想,不要专注于思考疾病,更不要去谈论它。自始至终，只要疾病的矛头指向你，你就要立即对健康满怀感激。时刻想着健康，对健康持有虔诚的信仰，健康就会一直陪伴在你的左右。

华莱士健康箴言

健康就是财富,而且是我们最大的财富,同时也是我们最大的资本。永葆健康的身心,以饱满的精神和充沛的体力去面对生命中的每一次机遇和挑战。

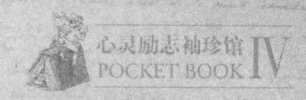

失落的致富经典

THE SCIENCE OF GETTING RICH

【美】华莱士·沃特莱斯 著

冯 松 译

哈尔滨出版社

图书在版编目（CIP）数据

失落的致富经典 /（美）沃特莱斯（Wattles,W.D.）著；冯松译. —哈尔滨：哈尔滨出版社，2010.11（2025.5重印）

（心灵励志袖珍馆. 第4辑）

ISBN 978-7-5484-0293-0

Ⅰ.①失… Ⅱ.①沃… ②冯… Ⅲ.①商业经营-通俗读物 Ⅳ.①F715-49

中国版本图书馆CIP数据核字（2010）第166275号

书　　名：失落的致富经典
　　　　　　SHILUO DE ZHIFU JINGDIAN

作　　者：【美】华莱士·沃特莱斯 著　冯 松 译
责任编辑：孙　迪
版式设计：张文艺
封面设计：田晗工作室
出版发行：哈尔滨出版社（Harbin Publishing House）
社　　址：哈尔滨市香坊区泰山路82-9号　邮编：150090
经　　销：全国新华书店
印　　刷：三河市龙大印装有限公司
网　　址：www.hrbcbs.com
E-mail：hrbcbs@yeah.net
编辑版权热线：（0451）87900271　87900272
销售热线：（0451）87900202　87900203

开　　本：710mm×1000mm　1/32　**印张**：42　**字数**：880千字
版　　次：2010年11月第1版
印　　次：2025年5月第2次印刷
书　　号：ISBN 978-7-5484-0293-0
定　　价：120.00元（全六册）

凡购本社图书发现印装错误，请与本社印制部联系调换。
服务热线：（0451）87900279

引 言 ▶

现在的人比以往任何时候都更渴望财富！

要买房子，要买汽车，要给孩子最好的教育，要去国外旅游……对财富的渴望似乎因为财富的获得而更加强烈。

但是，在追逐财富的过程中，越来越多的人开始困惑：

我是不是已经错过了赚大钱的机会？

我是不是必须打败同事、打败客户，才能赢得渴望的成功？

我是不是得忍受一份毫无乐趣的工作，只是为了养家糊口？

我一样在压力下打拼，可为什么总是落在别人的后面？

每天忙忙碌碌，有时间挣钱，没时间享受，致富就不能从容一点儿吗？

这些困惑的产生与财富文化和财富哲学的缺失有着密切关系。千百年来，人类一直耻于言富，以淡泊名利、安贫乐道为美德，关于财富的学问从来就没有进入过中国的主流文化。今天，时代的巨变令我们仿佛一夜之间必须面对新的人生轨迹和目标，一时间，大量关于致富技巧、方法和捷径的书籍充斥市场，然而，所谓"形而上者谓之道，形而下者谓之器"，快餐式的"雕虫之技"反而令我们时时走入致富的误区、陷入更深的困惑之中。中国人迫切需要的财富之"道"，或者说财富哲学，则仍是一片空白。

华莱士的财富观适时填补了这一空白，很好地回答了转轨时期中国人致富历程中面临的种种困惑，指出了从容致富的正确方式。

许多人有条不紊地生活和工作，一生没有半点儿闪失。然而，他们思考和做事的方式却让他们始终生活在困顿之中。华莱士的财富观的最大价值在于帮助你补上财富文化这一课，从根本上建立健康正确的思考和做事方式，令你重新认识自己、财富和人生，彻底走出困惑已久的财富误区。

进入20世纪以来，空气中到处都充满财富的味道。大大小小的富豪榜火爆出炉，在我们生活的城市，到处都能看到躁动不安的人群：我们怎么才能赚钱？

企业家的个人决策吸引着我们的眼球，我们始终都在关注着大大小小财富故事的演绎，形形色色财富人物的沉浮，各种各样财富梦想的升腾与破灭，可是此刻我们却尝试思考：财富的终极目的是什么？这是一个颇具哲学色彩的命题，但又确实关乎每一个拥有财富和追逐财富的人。

在很多情况下，财富已经成为很多人的终极目的，而其实财富却只是人们实现某些目的的一个手段，因为财富虽然对于一部分人来说只是数字游戏,但更多人追求的本应是财富带来的幸福和自由。

其实,重新发现财富的终极目的并不单单是个人的事,更应成为一个社会重新回归正确财富观的必需。我们可以看到,在很多国家,国民人均收入在3万美元左右,但是他们的受教育程度、文化娱乐资源少得可怜,这正说明财富并非衡量国家发展程度和国民幸福程度的唯一指标。在社会层面我们还发现,每到年底,某些国家和地区的政府习惯以GDP的增长显示其经济实力,GDP这三个字母,成了考量整个社会的第一指标。不过GDP的增长并不一定能带来社会财富的增长和居民生活水平的提高,因为包括城市道路"拉链工程"在内的,许多由于规划和设计缺陷以及质量原因导致的拆除和翻修工程,都被计入在GDP增长内——它们实际上是社会财富的浪费。GDP以货币交易方式的经济活动为根据,于是贪污腐化、犯罪,环境恶化等破坏性因素被计入财富的总量，而家务劳动、休闲等营造幸福感却不能进入市场。交易的生产性、创造性活动则被GDP忽略。

传统财富观，使大家都以为只有抓钢铁、焦炭、汽车这些实实在在的物质财富，才能致富。而这些正是发达国家纷纷淘汰外迁的行业。

为什么高增长低就业？因为我们只盯着第二产业的物质生产，而随着工业自动化水平的不断提高，这些制造业用工人数逐年减少，造成就业困难。我们若放眼于创造非物质财富的行业，如第三产业，特别是现代服务业，我们就会发现，那里才能安排大量劳动力，才是未来的财富之源。

为什么高产出低利润？就因我们忽视对无形资本的投入，不肯花钱搞自主技术、设计及标准，不肯花钱去创品牌、搞营销，不肯花钱去培养人才和提高研发能力，结果主要利润都被拥有知识产权的外企拿走了。

为什么城乡、东西部贫富差距在拉大？其实，只不过是这些区域间，教育水平、法治程度的差距仍在拉大的一种表现而已。

为什么启动消费效果不显著？一是因缺乏社会保障，而社会保障程度正是法治程度的体现。二是因居民消费仅限于物质消费，解决了温饱就是建房、买电器、买车，而对非物质消费如文艺、娱乐、休闲、信息等，尚处启动中。

为什么总是粗放型经济，资源绩效却倒数第6名？就因两眼只看到有形的物质财富值钱，而看不到生态、环境这些无形资产更值钱。一片林子，其生态价值可量化为钱，比砍了做一次性筷子卖的钱要多十几倍。但无人知晓，却做赔本买卖。

总之，我们许多人仍受传统财富观影响：重有形物质资产，轻非物质无形资产；重物权，轻知识产权；重硬件，轻软件；重资源开发，轻技术开发；重引进、轻消化；

重产品内容，轻外形设计；重生产，轻品牌；重蓝领，轻白领；重硬实力，轻软实力；重实体经济，轻虚拟经济等等。若不从观念上做根本转变，在经济知识化、全球化、虚拟化的大潮中，就很难取得主动权。

在这个财富涌动的时代，我们面临着多种观念的碰撞，全社会对于财富认知的心态、理念、思维、判断都面临着转换，我们需要树立健康的财富观念，逐步拥有良好的财富心态，负起应有的财富责任，因为只有这样，财富才能充分涌流向我们社会的每一个角落，与社会责任充分结合起来，才能够使社会更加稳定、更加文明、更加健康地发展。

CONTENTS 目录

第 01 讲 追求财富是人的本能 1

第 02 讲 每个人获取财富的机会是均等的 17

第 03 讲 正确的思考是致富的快捷方式 31

第 04 讲 持续改善生存状态 45

第 05 讲 掌握致富的学问 59

第 06 讲 做吸引财富的磁石 73

第 07 讲 坚持效率原则 87

第 08 讲 怀有一颗感恩之心 101

第 09 讲 致富的愿望本身就是财富 113

第 10 讲 用创造刷新梦想 127

第 11 讲 选择适合自己的职业 141

第 12 讲 不断提升自己 157

第 13 讲 远离贫穷的困扰 171

第 14 讲 屏弃狭隘的竞争思想 183

第 15 讲 坚定的信念是获得财富的保证 197

第01讲

追求财富是人的本能

所有人都热衷于追逐财富，为获得财富从不吝惜花费时间和精力。每个人都希望自己变成心目中的理想人物，都会日思夜想地要成为富豪、英雄或其他伟大的人物。实现这些渴望是人类的天性，是人类与生俱来的本能。人类社会要维持良好的秩序，就必须提高每一个社会成员的思想水平、精神情操和身体素质，保证人们衣食无忧，物质生活优越富足。对于每个人来说，其进步的基础就是致富的学问，这一点无疑是最重要的。

中国有句古话"生死有命，富贵在天"，民间传说富贵的人的祖先是女娲精心捏制的，而穷人则是女娲造人造累了以后用藤条随意甩出来的泥点儿，因此人就有了贫穷和富有的区别，有了三六九等之分。其实这只是那些不够努力的人怨天尤人的借口，是一种消极的人生态度。

每个人都有神圣而不可侵犯的生存权与发展权，人生活在世上的终极目标就是求得发展，人的生存权和拥有财富的权利是同等的，因为人的生存权意味着他拥有自由而不受制约地行使与生俱来的利用所有事物的权利，而且这些事物对于他的思想、精神和身体的发展都是必需的。自然存在的目的也就是要寻求发展，每个人都应该拥有一切权利的象征——优雅、美丽以及富裕的生活。

财富是每个人人生成功的一个重要标

志，也是社会地位和社会尊重的象征。商品经济的发展和市场体制规则的确立，为财富提供了崭新的定义，赋予了财富与以往迥然不同的内涵，也刷新了我们对财富的认识和期待。

所有人都热衷于追逐财富，为获得财富从不吝惜花费时间和精力。目前人们的生活水平提高了，生活变得更加充裕甚至接近于完美。每个人都希望自己变成心目中的理想人物，都会日思夜想地要成为富豪、英雄或其他伟大的人物。实现这些渴望是人类的天性，是人类与生俱来的本能。除非你真的想变得富有，以至于这种强烈的期望使你的思想就像指南针的针尖被磁极所吸引那样直指目标，否则你很难遵循财富法则，克服自身的懒惰、随意和悲观心理。

首先需要明白的是，追逐财富并不意味着贪婪和市侩，而是一个心理健康、有理想有追求的人的正常表现。想成为富翁，想比别人都富有，这并没有错。对财富的渴望从本质上说就是想拥有更有意义、更多姿多彩的美丽人生。对于这种欲望的正确态度是提倡而不是压制。如果对于财富无动于衷，反而不正常。一个不想不断改善自己生活状况的人是不正常的，同理，一个不想拥有更多的金钱来满足自己内心强烈欲望的人也是很少见的。

人类社会要维持良好的秩序，就必须提高每一个社会成员的思想水平、精神情操和身体素质，保证人们衣食无忧，物质生活优渥富足。对于每个人来说，其进步的基础就是致富的学问，这一点无疑是最重要的。

何谓财富品质？财富品质就是财富的真正价值，它既与财富本身有关，又与财富创造者的个人品质有关。个人财富的多少在很大程度上还依赖于这个人所处的行业、宏观环境等多重因素，这些条件每个人都会有很大的差异。另一方面，绝大多数的富豪身上却都存在着极为可贵的财富品质，如应对失败的能力，对机遇的把握，敢为人先等。富人的增多并不是坏事，社会物质财富总量不断增加是经济繁荣、社会进步、生活水平提高的重要基础，在全社会创造出一种对财富的恰当的尊敬和推崇观念，应该是社会发展的软环境的题中之意。"崇富"氛围的营造，不仅需要富人们的身体力行，同时，也需要公众的积极配合。在经济形态完成从计划向市场的转型后，社会价值观念也应该相应地在文化意义上完成转型，就大众层面来说，也需要建立起与时代发展同步的、积极健康的现代财富观。这样，在公平的竞争环境下，每个人都能和富人们一起站到同一条起跑线上，竞逐财富，没有人会仇富；随着市场体制的健全、社会环境的改善，富人们也就没有必要藏富了；炫富的行为也将受到公众舆论的谴责和抵制，为财富的增长创造良好的社会环境，从而推动经济的发展和社会整体的进步。

健康、精神、灵魂是人类生存的三大主要动力。我们知道真正的生活意味着我们的身体、精神和灵魂的和谐统一。三者同等重要，没有主次之分，三者都是人们渴望得到并为之奋斗的，都是不可或缺的，不管哪里出了问题，或者丧失了功能，人的欲望都不能得到满足，人类社会也不能进步。只追求灵魂的高尚而忽略精神和身体的需求是不值得提倡的，同样，以牺牲身体和灵魂为代价去换取精神享受也是极端错误的。每个人对幸福的定义或许不同，但是，如果一个人拖着病残的躯体，他同样是不会得到真正的幸福和满足的。

要想长期拥有健康的身体，就需要有安

全而温暖的房屋、漂亮而舒适的衣服和营养又美味的食物,所有这些都是幸福生活的基本而又必需的条件。幸福不是抽象的而是具体的,既是精神的又是物质的,只有首先满足人的物质需要,才能进而提升人的素质,提高精神境界,展示高尚的灵魂。一个真正意义上富有的人是拥有他所渴求的一切事物的人。不过,真正的富有不是指眼前的蝇头小利,假若一个人能够享受更多,那他就不应该满足于小名小利。满足于眼前的利益会阻碍人类自身的发展,每个人都应该学会把眼光放得更长更远。人类社会的发展是无穷无尽,永不停歇的,人类对于幸福的追求和锐意进取的精神也应该与时俱进,不息不止。

反过来说,如果一个人没有足够的财富,他渴望的东西从未拥有,那么他的幸福就无从谈起。然而,只有物质方面的满足是不够的,知识是精神的食粮,如果没有书籍,没有对知识孜孜不倦的追求,人在精神方面就不可能得到满足和发展。

获得精神上满足的唯一途径是在精神上的提高和升华,对此,你必须怀有一颗欣赏艺术和美丽的事物的热切的心。爱是一种神奇而又伟大的情感,缺少爱的灵魂是不完整的,是感受不到任何幸福的,一个人最大的幸福莫过于他所爱的事物带来的快乐与欣喜。爱贵在付出而不是索取。爱在给予的同时体现出了最自然、最真实的作用。无论男女老少、无论贫富贵贱,作为一个社会成员,作为一个真正意义上的人,其价值不是体现在他得到了什么,而在于给予了别人什么,能为他人和社会做多大的贡献。

但是,仅仅知道财富会"给你带来美好",只有一个抽象的欲望是不够的,只有存在精神对幸福生活和财富的强烈渴望,然后把它化为作实际行动的动力和压力,才能拥有实现财富梦想的正确信息系统和方法。每个人都需要有这样的欲望。仅仅希望自己能够旅行、见识更多的事物、生活得更好也是不够的，没有人不会有这样的期望。如果你要给朋友发封电子邮件，你肯定不会只发个字母表过去，让他们自己去猜里面的意思。你会发一个连贯的句子、一句有意义的话。

  当你努力把自己的希望加在物质之上时，记住它一定建立在一个连贯的陈述上，你必须知道自己想要什么，并且一定要清楚明晰。如果你只是怀着未成型的愿望和模糊的期望，你就不会变得富裕起来，也不会把创造力付诸行动。你所要做的是把你所希望的那些能够使生活更丰富的东西形成愿望，并且把这些愿望安排成一个连续的整体。然后把整个的愿望付诸无形的物质，这些物质拥有的力量就可以带给你所想要的财富。

  了解一下自己的期望，想想自己到底希

望得到什么,然后在自己的脑海中构想出一幅详细完整的画面。你心里的映像越清晰明确,你就越能把握它,勾画出每一个细节,你的欲望也会越强烈,你就越容易把自己的信念固定于某一你想象的映像。一旦你清楚地形成了自己的想象,整个事情就会进入接收状态。之后,你就会在思想上开始接受你想要的东西。住新房,穿华丽的衣服,开着时尚跑车去海滨度假等等令人羡慕的事情都可以成为现实。你还可以自信地计划更好的生活,只管大胆地去设想,并说出你想在现实中拥有的,然后坚信你的理想就要实现,目的就要达到,并时刻使自己生活在想象的环境和经济条件中。当然,思想不仅仅是要你做个善于想象的人或者空中楼阁的建造者,你必须使自己和别人区别开来。也就是说,除了知道以上这些知识外,你还必须掌握如何正确利用愿望。

要始终相信你想要的东西就在你身边，在想象中充分利用它们，就好像你已经拥有并且在使用它们一样。仔细思考你所想要的东西的画面，使它变得清晰明确，然后对图画中的每一件东西都要有拥有的心态。在心理上占有它，相信它真是你的。保持这种心理上的占有，一刻也不要在信念上放弃。你对这幅画面的熟悉程度应该就像水手知道港口的位置一样确定，你必须时刻保持朝着它的方向前进。正如水手的眼睛不能离开罗盘一样，目不转睛地盯着它。

但如果你所做的只有这些，那么你只是个空想家。除了看清这个映像以外，你还得有一些必需的东西，有一个明确的目标，并要把宏观世界带到切实的行动中去。在有了这个目标之后，你还要具有一个无法撼动的信念，即这些东西已经是你的了，它们就在你身边，唾手可得。这时，你要在精神上住进新房子里，抛弃那些阻碍你致富的陈旧观念，直到它实际上已经成型。你在心理上要从你想要的东西中即刻享受到快乐和幸福。

当你对目前的生活状态产生不满，当你对某种事物产生强烈的欲望和渴求，千万不要羞于承认，更不要认为这是贪婪的表现，这是不正常的。相反，你应该高兴，这说明你是一个有进取心的人，是一个积极的人，因为不满才能思考改变，因为有渴求才能去奋斗。你要记住，对财富的渴望和追求是人之本能，是人类为了让自己生活得更好而拼搏的天性。

华莱士财富箴言

什么是生命的权利?它意味着你有权自由使用所需要的一切资源,以促进自身心智、精神和身体的充分发展。换言之,生命的权利也就是致富的权利!所有人都是为了享受舒适的生活而诞生的。

第02讲

每个人获取财富的机会是均等的

当今世界是一个高度开放的世界,一切事物都处于极度活跃的状态。如今普通工人和劳动者遇到的机会要比管理阶层人士遇到的机会多得多,等待与劳动者做生意的商人面临的机会则要比服务于上流社会的商人面临的机会多得多。其实非凡与平庸的主要差别不在于是否拥有强健的体魄,而在于人的思想与精神,在于人的心智。大自然对于拥有着睿智的头脑的人类尤其慷慨,每种对生命有帮助的东西都大方地供给。作为对大自然慷慨供给的回报,我们应该紧紧抓住稍纵即逝的机会，充分利用自然提供的资源，遵循财富规律，采用正确的致富方法，去领取自然为我们备下的财产。

财富的大门对所有人都是敞开的，并没有把想获得财富的人分成三六九等，也并没有把任何人拒之门外。但是，总有人徘徊在财富的门外，受着贫穷和痛苦的煎熬。这是为什么呢？其实，只是因为他们认为财富的大门是紧锁的，而没有动手去推一下，而那个门只是虚掩着的。没有人会因为机会被剥夺而一直处于贫穷的黑暗控制之中，只有因为这种或那种原因而没把握住致富的机会的可怜人。

人们总是认为财富已经被捷足先登的人垄断了，并且在周围建起了固若金汤、密不透风的城墙，自己则被挡在范畴之外，根本没有致富的希望。但实际上他只是被自己的思维限制住了，仔细寻找，还是有曲径通幽的小路的。也许对于你来说，铁路行业已经被商业巨头们瓜分完毕，自己很难再分一杯羹了。但是你可以换一条路走，也许电力铁路的生意尚处于萌芽时期，也许空中交通即将变成一个大产业，所有与之相关的部分都会给人们提供大量的创业机会。垄断者的触角还没有伸到的领域，正是你大显身手的好地方。你应该把精力和财力投到新的领域上面，而不是与他人在垄断行业中流血厮杀，因为你们的力量对比太悬殊了。通过这种思考，经过你的努力，用不了几年你就会实现你的财富梦想的。

机遇对所有的人都是均等的，却不是所有人都能够抓住机会。因此，无论是工人还是老板都没有被剥夺机会。工人们并没有被老板压榨，他们也并不比当老板的愚蠢或低贱。作为一个社会阶层，工人阶级之所以还处在原来的位置，之所以没有老板的生活状况优越，是因为他们没能够掌握财富法则，没能抓住与他们擦肩而过的机会。

"人生而平等"，这是被大多数人倡导的一句话，也是为大多数人所信仰的一种观念。然而人并不是平等的，虽然都是由父母带到这个世界上，身体构造也是相同的，但是人的思想、人的意识却有很大的差别。虽然这种差别从外表看不出来，但是正是由于思想和意识上的差别，才有了成功与失败，财富与贫穷，非凡与平庸。

失败的人总是抱怨自己的运气不济，总是为自己的失败找借口，说如果幸运之神站在自己这边就会取得成功。同样，穷困潦倒的人也常常感叹命运不济，总认为有钱人是天生的富贵命，幻想自己如果也是富贵命，一定会比富翁更富有。但是，实际上没有人比别人更不幸，正如没人比别人更容易获得幸运一样。你面前的机会是均等的，就看你如何面对，如何利用。非凡与平庸的主要差别不在于是否拥有强健的体魄，而在于人的思想与精神，在于人的心智。否则，那些伟人们也一定是体格最健壮的人了。

机会是个狡猾的家伙，它的头发都长在前额，如果错过了，剩下光秃秃的后脑勺什么也抓不住。因此想要致富的朋友要时刻保持清醒而警觉的头脑，对周围空气哪怕一丝的气体流动也要做出及时的反应。要时刻记住，机会是稍纵即逝的，是永不回头的，错过了或许永远也不会有出头之日，如果把握住机遇，一生或许就由此改变，过上另外一种截然不同的生活，一种人人羡慕的生活。

大体上看人都是相同的，都有头脑和四肢，都有劳动和思考的能力，都是由父母带到这个世界上来，并且在亲人的呵护和期盼中长大。但是从另外一个层面上看，人类却是如此的不同，人的自身条件和需求不尽相同，不同阶段机遇发展的方向也不相同，社会发展的特殊阶段已经来临了。当今世界是一个高度开放的世界，一切事物都处于极度活跃状态。如今普通工人和劳动者遇到的机会要比管理阶层人士遇到的机会多得多，等待与劳动者做生意的商人面临的机会要比服务于上流社会的商人面临的机会多得多。把握机遇、顺应潮流而不是逆流而上的人会拥有更多的机会并获得财富。

打个比方：假如有一个钢铁联合企业中的雇佣工人，他很有管理才能，如果他想取代自己的直接上司而与之竞争无疑成功的概率很小，因为方式不对。但是，如果他按照正确的财富法则做事，与直接上司搞好关系，请求上司推荐调到另外一个车间工作，那么他就能够达到自己的目标。当你按照这种特定方式做事的时候，你就会变成领导阶层。财富的法则正如对其他人有效一样也会对你有效。你必须学习,要改变、抛弃以前那种一成不变的做事方法。只要方法对了,就没有人会被无知和懒惰所压制,都可以跟上致富的潮流,去挖掘属于自己的金矿。

当今世界是一个物质极度丰富的世界。新的事物不断地被创造出来,旧的事物逐渐被取代,但是总量不会减少,这就是自然界的质量守恒定律。宇宙里的物质本身以及物质之间都充满了最基本的元素、无形的物质和所有物体的原材料。它们经过上万次合成之后依然在合成,所以宇宙中的这些原材料是用之不尽的,对每个人都有足够的供给,没有人会因为缺乏供给而贫穷。

通过全球化的物流和资源配置,地球上的每一个人都能够穿上羊毛、棉花、亚麻以及丝绸,这些精细的东西甚至会让中世纪的贵族们羡慕不已。每年所出产的粮食也足够每一个人填饱肚子。自然的供给是无穷无尽的，永远不会短缺，是能够满足每个人的需求的，没有人会因为自然资源的匮乏而贫困，或者说因为没有充足的资源而富不起来。关键在于你如何利用自然的赠予，丰富自己的生活。

大自然总是慷慨的，浪费的，奢侈的。在任何被造物中，丰富都被发挥得淋漓尽致，没有哪个地方能够体现出节约。丰富，是宇宙的自然法则。这一法则的证据是确凿的，毫不费力就能列举几项：无以数计的绿树繁花、植物动物，以及创造与再创造的循环过程赖以永恒继续的庞大的繁殖系统，所有这一切都显示出了大自然为人类准备环境时的浪费。大自然为每个人准备了丰富的供应，这一点很明显。同样明显的是，许多人却从来都没有享受到大自然的这种慷慨。他们至今没有认识到一切物质的普遍性，没有认识到心智是引发动因的有效要素。而正是凭借这种运动，我们才能获得自己渴求的东西。

我们所生存的宇宙是一个庞大而有生命力的系统，它总是自然而然地创造出更多的生命形式，而自然法则就是为了提升生命形式的级别才产生的，它的基本功能就是增强生命力。宇宙中的生命也都聪慧不已，尤其是我们人类。我们存在着、思考着，时刻都在为使自己生活得更好而努力。因为人类有这种积极进取、追求完善的天性，社会才进步得如此之快，生活质量才有了如此大幅度的提高。

大自然对于拥有睿智头脑的人类尤其慷慨，每种对生命有帮助的东西都大方地供给：当建筑材料用尽时，更多新型材料被创造出来；当土壤耗尽以至于不能依靠土壤生产食物和庸人自扰的时候，改善土壤的方法就会被研制出来。当金银被挖出地面后,只要人类社会仍在发展,人们就会依靠各种方式创造出更多的财富。总之,大自然是不会让物质匮乏阻止我们发财的。

作为对大自然慷慨供给的回报,我们应该紧紧抓住稍纵即逝的机会,充分利用自然提供的资源,遵循财富规律,采用正确的致富方法,去领取自然为我们备下的财产。永远不要空叹幸运之神不眷顾自己,机会只对别人友好。要知道,机遇就是在你感慨的时候偷偷溜走,去拥抱那些以饱满的热情和全部精力去寻找和追求它们的人。

华莱士财富箴言

一个人有多少财产，就有多大信心。理想的社会状态不是财富均分，而是每人按其贡献大小，从社会总财富中提取应得的报酬。你不会因为别人得到了太多的财富而贫穷，因为你那份财富正等你去发现和开采。别人能，你也能，拥抱财富不是有钱人的专利。时刻做好致富的准备，机会敲门的声音很轻，你要用心才能听到。不要错过每一个可能的赚钱契机。

第03讲

正确的思考是致富的快捷方式

精神的力量是无比强大的，我们能够真真切切地感受到它的神奇威力。人类作为天之骄子，上帝的宠儿，用自己的精神力量和聪慧的头脑改善自然界的状况，创造了适合自己生存的空间。一个人的想法、做法和感受决定了他是一个怎样的人。因此，做一个强者还是一个弱者，做一个成功的人还是失败的人，都由自己决定。人类的思想会引起创新进而形成新的事物，人类的思维具有创造能力。我们可以根据思想来创造事物，能够把头脑中的思想加在无形的事物上，就可以创造出我们想要的东西，当然包括财富。

有的人，似乎是轻而易举地攫取了财富、权力，毫不费力地实现了自己的雄心壮志，功成名就；有的人虽然也成功了，却付出百倍的艰辛，成功来之不易；还有的人，他们所有的雄心、梦想和抱负全部付诸东流，一败涂地。何以会这样呢？其原因显然不在于人的体魄，否则，那些伟人们则一定是体格最健壮的人了。因此，差异必定是精神上的——人的心智。创造力全在于人的内心，人的心智构成了人与人之间唯一的差异。在人生旅途中，正是精神和思想使我们能超越环境、战胜困难。

有一种力量能够扫荡无穷时空、穿越来世今生，这股神奇的力量就是精神化学，它是由我们看不到却能感觉得到的意识、精神等思想汇成的不息川流；它拥抱过去，并把过去和无限扩展的未来联系起来，是一种相关的作用、原因和结果携手并进的运动；这里，规律与规律相连接，所有的规律都是服侍于这一伟大创造的永远听话的婢女。这神奇而又强大的力量就寓于我们的头脑中，就是我们的愿望和渴求，是我们的思想的力量。

这种力量是永恒的，没有始点，没有终点，向前追溯，它的历史超过了最远的行星；往后瞭望，再经历几个冰河世纪它也依旧存在。它见证了万事万物的产生、发展与灭亡，并把它的记忆告诉我们。它使繁花结出果实，它赋予蜂蜜以香甜，它度量天体的无穷；它潜藏在火花中、钻石中，潜藏在紫晶中、葡萄中；它无踪可寻，却又无处不在，它的足迹遍布每一个角落。

它是完美的公正、完美的联合、完美的和谐以及完美的真理的源头；而它坚持不懈的努力则带来完美的平衡、完美的成长及完美的理解。它是人类特有的精神，是人类成为世界主宰的必要条件，是人类几万年历史的传承者、维护者和见证人。

存在于思维世界的精神虽然看不到摸不着，它的力量却是无比强大的，我们能够真真切切地感受到它的神奇威力。从哲学上来讲，精神是一种意识作用于物质的意识形态，能够影响社会生产力的发展。科学家们经过实验和研究表明，世界上只有人类有精神世界，有思维活动，其他动物有的只是条件反射。

人类作为天之骄子，上帝的宠儿，用自己的精神力量和聪慧的头脑改善自然界的状况，创造了适合自己生存的空间。我们生活在思想的世界里，这个思维世界只是思想宇宙的一部分。

一个人的想法、做法和感受决定了他是一个怎样的人。因此，有了宗教上的神与鬼；有了科学上的正与负；有了哲学上的善与恶。因此，做一个强者还是一个弱者；做一个成功的人还是失败的人，都由自己决定。

我们采用自己的思维方式，按照自己的思想不断发展。每种形式的思维都会带来形式的创新，但是通常来说，它们都是沿着已经建立起来的行动路线在发展，有一定的规律可循。当我们想到一种形式的时候，就会下意识在采用这种形式；当我们考虑行动的时候，我们就会开始行动，这就是人类思维的基本规律。

形式的思想一定要上升到创新的层面才有意义，而人则是思想的核心，可以创造思想。人类的思想会引起创新进而形成新的事物，人类的思维具有创造能力。我们可以根据思想来创造事物，能把头脑中的思想加在无形的事物上，就可以创造出我们想要的东西，当然包括财富。当一个人有了思维模式，他就会根据自然形式的材料，在头脑中定义这种形式的图像。

我们都知道，宇宙在成为实体之前，必定已经在理念中成形。所有人类用双手建立起来的时尚形式最初都存在于他们的头脑里，人们不可能创造出一个还没有想好的东西。如果我们愿意沿着这条伟大的宇宙建筑师的道路前行，我们将会发现：我们的思想成形与宇宙的物质成形颇有相似之处。通过个体运转的精神与宇宙精神是同一的。在种类和性质上都无差别，唯一的差异，只不过是程度不同而已。

说到建筑物，即使它已经形成了一种抽象概念，也不可能马上引起新房子的建造。但是它会把已经存在于交易中的创新能量转变成各种途径以加快房子的建造速度。而且即使没有这些创新能量，房子也会通过最原始的物质来直接建造。

建筑师可视化他的建筑，他的脑海中的建筑就是他所希望的样子。他的思想是一个可塑的模具，整个建筑最终就是从这个模具中诞生的，不管是高楼大厦还是低矮平房，是美轮美奂还是平淡朴素，他的想象必定首先落实在纸面上，最终才会利用必需的物质材料，构建一座完整的建筑。

标新立异是现代人追求的时尚，人类最擅长的就是独创性的思维，这种独创性思维能够引起创新或者形成新的事物。人类可以根据思想来组成事物，通过把自己的思想加在无形的事物上来达到自己的目的，创造能够改善自己生存状态的财富。创造的本能在我们每个个体身上都有生动的体现，人类生来就喜欢打破常规，不爱循规蹈矩，创造是人类的精神天性；普遍创造原则已经与我们的日常生活结合为一体。

人类的创造活动是本能的、与生俱来

的；它不能被根除，只会被盲目地滥用。如果这一伟大的力量被滥用了，被转变为破坏性的信道，变成了嫉妒，这使他总是企图毁灭那些依然拥有创造权利的同伴的劳动成果，如此就陷入了可怕的恶性循环。由于产业世界中所发生的变化，这种创造本能就失去了生命的活力，往日的威风不再。一个人再也不能建造自己的房子，再也不能修造自己的花园，也不能指挥自己的劳动；他因此被剥夺了个体所能获得的最大的快乐——创造的快乐、成就的快乐。

思想的影响与潜力，受到了前所未有的追捧和重视，人们开始对其进行独具慧眼的研究。男人和女人都开始自己独立思考，他们对自己身上存在的可能性已经有了一些认识。他们迫切要求：如果生命中还有什么秘密的话，就应该把它们揭示出来。

前面已经说过，人们要变得富有，必须

按照特定的方式去做事。为了达到这个目的，人们还必须按照特定的方式去思考。一个人做事的方式就是他思考问题的直接结果。想按照你所希望的方式去做事，你必须掌握你所希望的思考方式和思考能力。这是迈向财富的第一步，也是最重要的一步。

如今，新的世纪已经破晓，站在熹微的晨光中，人们看到了某种巨大的庄严的东西，这就是生命的无穷的潜力之源，这就是精神的力量，思想的力量。不要问为什么这些东西是正确的，也不要疑惑它们如何就是正确的，只需要简单地相信它们是正确的就足够了。致富的学问就从你对这种信仰的绝对接受时开始产生效用。

如果我们深刻理解了思想的创造力，就可以体会到它惊人的功效。如果没有适当的勤奋和专注，思想是不会独自产生这样的效果的。你会发现，无形中有各种规律一直在控制着我们的思想和精神世界，如同物质世界中的万物都是严格依照明确的规律运转一样，毫厘不爽。要获得理想的结果，就必须了解并遵循这些规律。恪守致富法则，你就会得到完美的结果。

如果你已经过够了贫穷匮乏的日子；如果你厌倦了每天早晨睁开眼睛的第一件事就是为了自己和家人的面包发愁；如果你不想再向富有的人投去艳羡的目光，而希望别人以这种眼光看待自己，那你就要在头脑中培养致富的思维，摆脱穷困的纠缠，要先在思想上向富有的人看齐。你每天要做的事就是想着如何能够获得财富，直到这种思想在你脑海中根深蒂固，成为一种习惯，你离财富就已经很近了。

华莱士财富箴言

人们的思考方式直接决定了他的做事方式。要想按照正确的方式做事,首先应该学会按照正确的方式思考,这是致富的第一步。致富绝对不是什么困难的事,前提是你头脑中有致富的思维。

第 04 讲

持续改善生存状态

要改善我们的境遇,首先必须改进我们自己,有意识地改变我们的生存状态,改善我们的生活水平,努力使自己生活在更加适合生存的环境里,我们的想法和愿望会最先显示出改进。关于这一点,没什么可奇怪的,也不是超自然的。天天向上,持续地改进,是把我们收获的东西储备和保存下来的能力,这样我们就能够利用更大的机会。我们要想从财富中得到什么好处,唯一的办法就是使用它,让它来提高我们的生活质量,从中受益。许多人以为把金钱紧紧地抓在手里就是拥有了财富,这是过时的、典型的守财奴的思想。

如果你想摆脱困境,成为富人中的一员,那么你就要彻底剔除脑子中根深蒂固的旧观念。要坚信你的机会并不比别人少,你的能力也不比别人差,更不要相信"命运天注定"一类的歪理邪说。财富不是等来的,也不是靠祈祷得来的,而是靠自己的智慧和努力得来的。

我们的境遇与环境多半是由我们无意识的思想创造的,因此它们常常不尽随人意。要改善我们的境遇,首先必须改进我们自己,有意识地改变我们的生存状态,改善我们的生活水平,努力使自己生活在更加适合生存的环境里,我们的想法和愿望会最先显示出改进。关于这一点,没什么可奇怪的,也不是超自然的。

人类是上帝最得意的杰作，上帝把全部的心血都倾注在人类身上，把世界上最有力的精神武器和一切精华都给了人类。因此你完全有理由相信，你是最强大的，你是无所不能的，没有什么力量能够阻挡你向财富迈进的脚步。单个的人对于大千世界来说无疑是渺小的，但是你绝对没有必要因此而自卑退却，你要牢记"人定胜天"的道理。在中国，人们曾把愚公和泰山作对比，二者差距悬殊，可愚公却是胜利的一方。因为泰山即使再高，它也是静止和被动的，愚公即使又老又病，他却有灵巧的双手和坚定的意志。因此环境是人类的奴隶而不是主人，环境只会向着对人类越来越有利的方向发展。人类来到这个世界上的主要使命就是行使主人的权力来改变环境，持续改善自己的状态，创造更多的财富，让自己和后代在更理想的环境里生活。

天天向上，持续地改进，是把我们收获的东西储备和保存下来的能力，这样我们就能够利用更大的机会。而一旦我们做好了准备，成功的机会就会出现。所有成功的商人都有这样的品质，而且得到了很好的发展。

假如你希望自己在别人眼中的形象是一个成功的商人，那么你就要以一个成功商人的标准来要求自己，要不时地问自己同一个问题："如果你想知道自己在生活中是注定成功还是注定失败，你可以轻而易举地得到答案。测试方法简单易行，准确无误：你能存钱吗？"如果答案是肯定的，那么你就具备了成功的一项重要素质；反之，你就注定会失败，因为成功的种子不在你的身上。你或许会想：这不可能。但是事实会向你证明，缺少积累的能力，成功就像海市蜃楼一样可望而不可即。

全世界的人都知道犹太人是天生做生意

的料，他们长着善于经营的头脑。但是如果你深入研究，你就不难发现，他们成功的秘密并不在于先天的条件，而是后天的学习和锻炼。首先，他从一张白纸开始，充分开发和利用自己的想象力把他打算穿越西部大草原的庞大铁路计划予以具体化。此外，富裕的规律十分重要，这个规律能为他实现这一计划提供方法和手段。不过起决定作用的还是执行这一环节，如果只限于纸上谈兵，今日美国决不会有庞大的铁路系统存留下来。这些百万富翁就像史前时代的爬行怪兽，他们在进步过程中扮演着必要的角色。

财富今天还在你手中掌控，明天有可能就在别人的腰包里了。对财富的渴望，简单地说就是对更好生活的追求，每种欲望都是没有付诸行动的努力，是追求的力量产生了欲望。你想要赚更多的钱，这就和植物想要生长一样自然，这是生命寻求更完善丰富表达的结果。

有的人总是想尽办法,把钱藏着掖着,说什么也不能暴露。财富对他们而言是一个巨大的隐私,就如同自己私密处有个胎记一样,是绝不能示人的。这一点,单从人类的财富编年史就可以看出一二来。藏富并不是一种正常的财富观,把财富隐藏起来,实际上是在逃避社会责任。更多的财富意味着更多的社会责任,不仅仅是纳税、解决就业。富人会在社会经济和政治生活中扮演着越来越重要的角色,对一个社会的走向所产生的影响力越来越大,富人需要为社会做出更多的贡献。财富的合理流动和使用,会对社会发展产生良性的影响,将会为收入差距的缩小,并最终实现社会成员间的共同富裕创造条件。而藏富、守富只会使财富的流动趋于停滞,使贫富分化更为悬殊,社会矛盾进一步激化,共同富裕变得遥不可及。

人们对于物质财富永远不会满足,也永远不会停止追求。不要总想着眼下所有最好的地段都在你准备好建房子之前就被别人占了,永远不要担心托拉斯和联合企业,不要总害怕他们迟早会垄断全世界。不要因为其他人会"近水楼台先得月",就担心自己会失去所期望的一切。这些都不可能发生。因为我们不是在寻求别人正在寻求的事物,而是在创造自己想要的东西。要时刻谨记:在这个世界上还有许多价值连城的金矿藏在深山里没有被人发现;更多的物质将会被你的思想创造出来满足你的需要;即使别人得到了一座金山也不要羡慕眼红,因为你需要的金钱正在你的前方等你。

我们努力获得财富、积累财富的目的是为了用它来改善我们的生活环境,提高我们的生活水准,为了争取更大的财富创造条件,而不是为让财产在那里堆积如山,仅仅向别人证明自己是个有钱人。法国著名作家巴尔扎克笔下的葛朗台对金钱有着狂热的占有欲,"看到金子、占有金子就是葛朗台的执著狂"。他凭借这种狂热确实获得了不少财富,但是财富对于他的作用就是看一看摸一摸,以此来获得一点心理满足,此外别无他用,当他咽气的那一刻即使面对满屋的金银有再多的不舍,他也带不走一丝一毫。财富在葛朗台的保险室里日夜哭泣,因为它们被辜负和浪费了,它们的生命力被黑暗的房间桎梏着,没有发挥出应有的作用。

没有被利用发挥出作用的金钱与石块没有差别,我们要想从财富中得到什么好处,唯一的办法就是使用它,让它来提高我们的生活质量,从中受益。许多人以为,把金钱紧紧地抓在手里就是拥有了财富,这是过时的、典型的守财奴的思想。其实获得财富的唯一方式就是让它保持流转;而一旦有任何协同行动使得这一交易媒介的流通有阻断的危险，那么就出现停滞、后退，甚至产业的死亡。

财富是一个狡猾的精灵，很难被抓住，更难以安于一处，财富的这种不可捉摸的特性，使得它特别容易受到思想力量的影响，也使得许多人能够在一两年的时间里获得其他人努力一辈子也无法获得的财富。只有花掉的钱才是真正属于你的钱，要做金钱的主人而不是金钱的奴隶。如果你想利用某种科学的方式来致富，你必须从臣服于金钱的思维中解脱出来，千万不要担心自己赚的钱是多么有限。不要在乎可见的供给，而要永远注意无形物质中的无限财富。记住，它们向你靠拢的速度和你接受并使用财富的速度一样快，由此可见供给有关的人也不会阻止你得到属于你的财富。

我们千方百计地寻找致富的方法的直接目的，是为了让自己衣食无忧，为了能够享受世界上所有美好的东西。当然,理想的生活不应该仅仅有物质上的享受,不应该仅仅满足感官上的欲望。人不会只为了更奢侈的生活而想变得富裕,也不会像动物一样为得到感官上的满足,因为这些都不是我们理想的生活。

生命就是职能的表现,当一个人能够完善表现每一种职能时,他就拥有了真正的生活。这些职能也就是体力、智力和精神,这三者在我们每个人身上都有体现,只不过是程度不同罢了。我们对财富的追求还包括精神层面的需要,我们要培养自己的心智,为了收获帮助他人热爱他人的心理祥和和喜悦,为了在帮助世界寻找真理的过程中扮演一个好角色。只有靠把自己变得富起来,我们才能充分利用自己,所以必须利用自己首要而最好的思想来工作,以获取财富,这样才是值得赞赏和提倡的。

智慧对于事物的不断提高有着同样的必要性。我们想到的每种思路对我们思考其他思路都有必要性，我们学到的每种东西也都能引导我们去学习其他的东西，甚至我们培养的每种才干都会使人产生想要培养其他人才干的欲望。我们是生活的主体，寻求着各种表现，这会驱使我们了解更多，做更多，从而成为更加强大的人。为了了解更多、做更多、成为更强的人，我们必须拥有更多的东西；为了学习，我们必须有东西依靠，我们必须变得富有，那样才能使我们的生活变得更丰富多彩。

把一颗有生命力的种子种在田地里，它会在春天发芽，夏天开花，秋天结果，在生长的过程中繁殖出更多的种子；生命则通过生活复制出了更多的自己。创造更多，这是一条永恒不变的定理，它在任何时候都是有效的。

华莱士财富箴言

最恰当的财富是：我在路上步行遇雨，手中能有余钱买一把伞，这就是很惬意的生活。金钱这种东西，只要能解决个人的生活就够了；财富并不是生命的目的，只是生命的工具。只有用掉的钱才是自己的钱，存在保险箱里的不过是一堆废纸。如果你的财富不能给你和家人的生活带来一丝提高，那就不是真正的财富。金钱的价值是人为赋予的，财富不是你能赚多少钱，而是你赚的钱能让你过得多好，把钱都揣进腰包的人根本不算富翁。要学会用钱去投资，而不是抱着钱去睡大觉。

第 05 讲

掌握致富的学问

每个人都具有成为百万富翁的潜力，也许你目前负债累累，不名一文，也许你没有富贵的亲戚朋友，没有权力和影响力，但是，如果你开始按照正确的致富方法去做事，你肯定会变得富有，就像原因会导致结果一样。把大部分精力集中在致富这门学问上，学会并掌握这种原则，你就自然而然地能够得到你想要的东西，成为你希望成为的人，因为你对人性最好的回报莫过于充分地合理地利用自己的时间和精力去找致富的方式方法。

如果你想要成为自己理想中的人物，就必须利用外界事物，而只有变得足够富有，你有经济实力消费得起这些东西，才能够自由地利用这些东西。致富的学问因此就成了人们必须掌握的常识。

作为一个身体健康、心智健全的普通人来说，想要成为富翁，成为受人顶礼膜拜的人物，并不比维持现状困难多少。致富不是什么抽象的概念和高调，而是一门具体而又实用的学问。就像代数和算术等其他科学一样，致富也是一门精确的学问，有着特定的指导原则。

也许许多人都会对致富是一门精确的学问这种观点不屑一顾。他们认为财富是有限的，他们固执地认为社会和政府机构的政策和方针会在绝大多数人具备获得财富的能力之前发生改变而对他们不利。其实这是不对的，是庸人自扰的矛盾心理，会阻碍实现富裕的。虽然目前确实还有很多人处于贫困之中，挣扎在温饱线下，但这只不过是表面现象，都是因为这些人没有按照特定的方式做事而造成的。

如果你认为这门学问无关紧要而将之忽略，就等于放弃了你自己，放弃了享受财富和美好人生的权利，就等于在推卸自己的责任。倘若你把大部分精力集中在致富这门学问上，学会并掌握这种原则，那么你就自然而然地能够得到你想要的东西，成为你希望成为的人，因为你对人性最好的回报莫过于充分合理地利用自己的时间和精力去找致富的方式方法。

只要按照本书提供的意见和方法与实际结合起来身体力行地去实践，无论是政府机构还是工业系统都不会成为我们的束缚。而且所有的系统都是人们为了满足自己的需要而制定,并且会自动调整以适应人们前进的步伐。

除了今天会影响你行为的必要政策以外,你不要浪费哪怕一秒钟时间去计划你将如何面对未来可能发生的事件对你的目标的影响,要对你今天所做的工作有一种必胜的态度和决心。对致富的学问有踏实的信仰并且能够灵活运用的人在任何时间、任何政府的制度下都可以按照特定的方式做事而变得富裕起来。而且无论他们处在什么样的政府制度下,他们都会通过自己的努力和方式引起整个系统的调整和优化,在扫清了自己发财之路上的障碍的同时,也为其他人开辟了方便之路。

许多人认为自己与富人之间的差距在于机遇、资金、环境等等一些外在的客观因素。而实际上这些都是第二位的因素,对于能否致富就算起作用,也只是微不足道的促进或阻碍作用。真正起决定作用的是有没有致富的决心和手段,金钱和财富只有依靠一定方式才能取得。那些深谙此道并且身体力行的人会在别人还在黑暗中瞎跑乱撞时率先发现财宝的光芒,找到摆脱贫穷的出路。

"在多数大型企业中,顾问、专家、培训师等成功有效的运作管理诚然不可或缺,但我坚信,对正确原则的重视和采纳更是重中之重。"这是美国钢铁集团董事长埃尔伯特·加里的一句至理名言,也是他获得成功的不二法门。

千万不要认为富有的人比我们高明多少或者认为自己的命运不济,没有赶上发财的机会。仔细分析一下那些已经走上康庄大道的人,我们就不难发现,这些人在任何方面都不十分出色,只是处于平均水平,他们中的有些人甚至智商处于平均水平线以下。显而易见,他们比我们富有的原因不在于拥有超出常人的天赋和才能，而因为他们掌握了致富的方法和手段，遵循了财富的原则。因此，财富与天赋无关。

世界上的任何地方都是既有富人又有穷人，到处都是贫者和富者夹杂在一起，他们生活在相同的大环境下，甚至职业都一样。当两个人所处的位置相同，从事的职业也相同的情况下，一个人腰缠万贯，锦衣玉食，而另一个人却困苦不堪，食不果腹。这就生动地表明了，财富与环境没有什么关系。我们可以反向推理一下：如果环境决定财富的话，一个人一夜暴富，那么他的邻居也会随之变成富翁；一个城市兴旺发达，那么附近的其他城市会同样富庶，那么世界上就没有贫富之分了。然而这样的事并不存在，一人升天仙及鸡犬的事情从来就没有发生过。因此，财富与环境无关。

有人认为是因为自己的出身和家境影响

了自己的财路，认为自己贫穷受苦的根源在于自己没有一个富爸爸，没有得到一大笔可以作为创业基金的遗产。但事实上没有人会因为缺少资本而富不起来，世上白手起家的例子举不胜举。诚然，如果你拥有资本，你会更快更容易地富起来。但并不是拥有资本的人就一定可以富起来，坐吃山空的败家子从古到今也有很多实例。不管你多么穷，如果你开始按照特定的方式做事，那么你就已经踏上致富之路了。获取资本也是致富过程中的一部分，实际这反而比继承来的遗产更有意义。因此，财富与资本无关。

还有人认为别人的职业特别容易获得财富，而自己从事的职业仅能维持温饱。但是同种行业中的人贫富差距越来越大并不少见，可见，选择自己喜欢并且非常适合自己的职业才是问题的关键。选择能发挥自己优势的职业，找到适合自己的位置，尽最大的努力去工作，这才是致富的诀窍。比如夏天买冰激凌，冬天买热饮；海鲜在内地比在沿海城市畅销，利润也更高。这些都是很浅显的经商之道，却也是赚钱的秘诀。假如你有较高的才能，有一定的发展前途，那么你在自己喜欢的事业上奋斗还可以锻炼自己的才干，提高自己的能力。因此，财富与职业无关。

开源和节流是与财富联系尤为紧密的两个经济术语，然而我们所讲的致富侧重于开源方面。因为致富不是攒钱或节衣缩食，仅靠节流是无法达到致富的目的的。如果节省有效的话，那些节俭得近乎于吝啬的人就不至于在贫困中挣扎了，那些出手阔绰，一掷千金的人就会陷于贫穷的泥潭了。因此，财富与节省无关。

设想两个各方面都完全相同的人，智力水平相同，处于同一环境中，从事相同的职业。但是若干年后的结果是一个人成为著名的商人，并且财富仍然与日俱增；另一个人却日渐贫困，终日为衣食住行而发愁。为什么会产生这种结果呢？

众所周知，人类有模仿的天性，模仿也是我们常走的一条快捷方式。两个从事相同职业的人通常会做同样的事情，然而掌握致富方法的人会从这个圈子里跳出来，他们知道致富不是通过做那些别人已经失败的事而产生的结果，他们会走出一条新路，一条最适合自己的路。因此我们可以得出结论：富有是人们按照正确的方式做事而产生的结果。

但是世界上的富人只占总人口的一小部分，那么是不是因为致富法则太深奥了，太难以掌握了呢？这也是一种谬误，任何法则和规律都很简单，都很易于被利用。当然，一定的能力和理解力是必需的。但是到目前为止，致富对渴望财富的人的要求并不高，只要有一定的读写能力和理解能力就足够了。

历史上很多著名的商人并不是从小就异常聪明的,说实话,看起来他们跟普通人似乎没什么两样,但是他们做到了许多聪明人想做却没做到的事,并且还创造了一大笔财富。因此我们可以说,只要有一定的自然禀赋,天才能变富,傻子也可以;才华横溢的人能变富,愚蠢的人也可以;身强体壮的人能变富,体弱多病的人也可以。上帝为所有人准备的财富都是一样多的,就看你能不能拿到手。

我们常说"栽什么树,结什么果""一分耕耘,一分收获",或者说原因必然导致结果,原因和结果之间存在着必然的联系。任何人只要按照恰当的方式去做事,就会享受到富裕殷实的生活,这是符合科学准则和自然法则的。

每个人都具有成为百万富翁的潜力,也

许你目前负债累累,不名一文,也许你没有富贵的亲戚朋友,没有权力和影响力,但是,如果你开始按照正确的致富方法去做事,你肯定会变得富有,就像原因会导致结果一样。如果你没有资本,那么你会拥有的;如果你投错了行业,那么你可以转到能发挥你潜能的行业中来;如果你在不合适自己的地方,你可以离开那里到更有发展前景的地方去。总之,你可以通过自己的主动性和努力改变周围的状况和环境,天时、地利、人和的理想环境是可以创造的,只要你采取正确的方法和手段。

华莱士财富箴言

财富为智者所用,将愚人支配。荣誉和财富,若没有聪明才智,是很不牢靠的财产。致富是一门学问,你要严肃地对待。如果你善待它,它也不会让你失望的。

第 06 讲

做吸引财富的磁石

失落的财富经典

诚信经商，靠经营而不是靠诡计得利，这是一条颠扑不破的财富法则。"君子爱财，取之有道"提倡的是应该以正规合法的手段致富，而不应该以牺牲自己的人格和他人的利益为代价获取财富。如果你卖给别人的东西没有给人家的生活带来好处与实惠，而你却从中得到了好处，那么你得赶紧停止这样的生意。你给予别人的使用价值要比自己从他人那里得到的现金价值多，你正在做的每一笔生意都将给世界带来积极的变化，那么毫无疑问，你是一个优秀的商人。

"君子爱财，取之有道"提倡的是应该以正规合法的手段致富，而不应该以牺牲自己的人格和他人的利益为代价获取财富。即使是一个生意人也不能靠坑蒙拐骗来发财，诚信经商才是长久之计。你不能和他人做不公平的交易，不能占别人的便宜，相反你给予别人的要比自己从人家身上得到的多才对。致富的诀窍不在于靠欺骗的伎俩来牟取暴利，而在于以自己的智力和努力吸引财富自己上门。

财富不是靠处心积虑、钩心斗角的经营得来的，也不是靠算计同行、缺斤短两骗来的，而是靠锻炼自己的意志，修炼自己的身心，做一块能吸引财富的磁石。只有这样你的财富才会长久，你才称得上是一个真正的富人。

阿基米得说："给我一个支点和一根足够

长的杠杆，我可以撬起地球。"在风云变幻的今日，借助飞速发展的科学，我们可以握住那根撬动地球的杠杆，我们的意识同外在世界有着如此紧密、多变、深切的联系，我们的目的、愿望也和整个宏大的宇宙结构相吻合。我们是宇宙中的个体，我们同宇宙是统一的。

我们所有的人都是大自然共和国的公民，我们个人的利益的总和就是这个国度的整体利益。个人利益被国家的武器所保护。个人需求的供给，在某种程度上取决于这些需求是否能够被普遍地、有规则地感觉到。大自然可将人与外部世界之间相互作用所需的劳动力合理分配，以最好地实现创造者的意图。这里我们要强调的是和谐与统一，个体与整体对抗的后果只有灭亡。

而且，你的眼光要放长一些，不要只拘泥于自己的计划或人生目标，否则宇宙就无法通过你而有所作为；让所有的感觉安静下来，寻求内心的热望，把精力的焦点放在内心的世界中，在这种认知中安居。每个人心中都有对财富的渴望，每个人脑海中都有一幅美丽绝伦的画卷。柏拉图通过归纳法想象出一百幅类似的画面，在他的脑海中出现这样的一片乐土：一切人工的、机械的劳力和重复性劳动都指派给大自然的力量去完成。而有的人却过于怯懦，甚至不敢去追寻属于他们自己的财富，这是极端错误的。

每个想要致富的人心里都应该有一张他所渴望的东西的清晰图片，这样他的创造性思维才有可能被激发出来。有这样一个穷人，在他租来的房子里，只是日复一日地赚着微薄的薪水。他没有意识到所有的财富都是他的这个事实。所以思考再三之后，他决定适当地改善一下，他在自己最好的房间里铺上地毯，在天气变冷的时候他用高质量的煤炭来取暖。遵循着吸引财富的准则，他在几个月的时间内就得到了他想要的一切。这时他发现自己要求的还不够。他走进所住的房间，计划着想要做的所有改进，构想在这里加一个凸窗，在那边加一个侧厅，一直到他在头脑中形成了这个虚拟的房间，然后他开始考虑家居摆设，所有的一切在他脑海里已经栩栩如生了，仿佛他已经住在里边了。

他在头脑里有了一个总体构想图后，便开始按照特定的方式生活了，他朝着自己所想要的东西前进。如今他拥有了房子（和他曾经想象的一模一样），现在他有了更大的目标，他会得到更多的东西。伴随着他的愿望，这些都在向他走近，这些做法也同样适用于你以及我们所有的人。

你要始终牢记：有思想的物质无处不在，它们与所有事物交流着，并影响着其他事物。而且正是这种有思想的、追求更好生活的欲望导致了财富理想的实现。当人们在脑海中产生这种欲望的时候,通过特定的方式它会引起更多的数百万的创造价值。

如果你对财富的渴望与你对自己全能发展的渴望一样强烈,那么你的信念就战无不胜了。亚瑟·布里斯班说:"思想及其成果包括了我们所有的成就。"信念与意志,可以比作音乐家的天才与从他的乐器中所发出的声音。乐器之于音乐家,就像人的大脑之于激发思想的精神。不管多么伟大的音乐家,其天分都要依靠乐器来表达,乐器通过振动在空气中产生声波,声波把音乐带进大脑的神经,美妙动听的音乐才能被人所感知和认同。

如果给帕德雷夫斯基一架五音不全的钢琴,他所演奏出的音乐也只能是嘈杂或缺乏和谐。或者给最伟大小提琴家帕格尼尼一把走调的小提琴,哪怕他再有天赋,你听到的也只能是刺耳的、令人厌恶的声音。音乐的精神必须有正确的乐器来表达。同样，高尚的理想也必须有清醒理智的头脑来表达。

信念与渴望同时存在，正如音乐家的天才与他的音乐被人演奏时的声音也是等同的。在音乐中，声音表现并解释着音乐家的精神。这种解释及其精确性取决于乐队、小提琴或钢琴。当乐器荒腔走板的时候，你所听到的就不是音乐家的天才，而是曲解。

同样，一颗高度发达的头脑，哪怕再聪明，如果他毫无目标缺少对财富的渴望和致富的信念——比如一个像尼采那样的有着巨大的天才和崩溃的心智的人的疯言疯语——要远比心智相对比较无力、比较简单的人更令人痛苦、更叫人厌恶。

由于我们始终生活在物质的世界里，我们也不习惯于处理抽象的问题。就我们人类的大脑来说，大多数都荒腔走板——神经错乱。想想尼亚加拉瀑布吧，不停运转的大型机械、被点亮的城市、灯火通明的大街、疾速行驶的汽车，表面上看似乎无法同尼亚加拉瀑布所蕴藏的力量联系起来。但是这一切并不是表面上看起来那样毫无关联，它们都存在于我们的意念之中。

不管我们的财富目标看来有多么遥远，它一直用种种恩惠环绕着人们，这些恩惠同时也是对于过往忠诚的报酬，对未来勤恳耕耘的激励。我们的愿望只需要我们意念灵动，加以精神运作就可以完成；一切供应都由需求创造出来，你越渴望它实现得就越快。

古代的人们总是羡慕鸟儿的翅膀，总是想象自己也能在蓝天上飞翔，而这在当时无异于痴人说梦。但是在几千年后的今天，这一理想实现了。千万不要把远大的理想贬低成异想天开，因为理念定会成为现实。为了实现你所寻求的东西，就要相信这些东西已经实现。只要你相信自己能够过上富裕的生活,那么你就真的能够致富。

诚信经商,靠经营而不是靠诡计得利,这是一条颠扑不破的财富法则。如果你卖给别人的东西没有给人家的生活带来好处与实惠,而你却从中得到了好处,那么你得赶紧停止这样的生意。你给予别人的使用价值要比自己从他人那里得到的现金价值多,你正在做的每一笔生意都将给世界带来积极的变化,那么毫无疑问,你是一个优秀的商人。

我们必须对他人有所帮助,我们施与的越多,我们所得的就越多。我们应当成为宇宙传递活力的渠道。宇宙处于不断寻求释放的永恒状态之中,处于帮助他人的永恒状态之中,所以它总是在寻求让自己能够最好地释放的渠道,这样才能做最多有益的事,能够给予人类最大的帮助。

为了更生动地说明这一点,我们举个例子:假如你把一艘价值不菲的豪华游艇以天价卖给了一位丛林部落的酋长,并且欺骗他说这是一种新型的住所。这位没见过海的酋长就真的将这艘游艇放在自己的营盘上当房子住了,你这样做完全愚弄了他,因这么昂贵的游艇对于他来说还不如一间茅草屋来得实用,他多花的钱并没给他的生活带来什么好处。但是如果你用一支猎枪和一匣子弹去换他的兽皮,你就是做了一笔合理的好生意。因为猎枪对他的作用要比豪华游艇大多了,会给他带来更多的兽皮和食物以及其他东西,从而改善他和他族人的生活状况。

如果你是工厂的老板,请善待为你赚钱的工人。因为你从他们身上得到的现金价值肯定比你付给他们的工资高很多。你想要让工人为你创造更多的价值,就要把你的生意管理得像一个梯子,尽力使雇员的生活水平每天都得到一点提高,让雇员感觉到你是一个值得信赖的老板。这样你的每个雇员都会努力爬高以使自己变得更加富裕。

所有的可能都只是人追求其自身价值的体现。上帝想要那些懂得欣赏美的人能够被美丽的事物所包围,想要那些可以辨别是非的人能够有机会去旅行和增长见识,想要懂得欣赏衣装的人能够锦衣裹身,还有那些懂得品尝的人能够尝遍所有佳肴。他还想要那些能够演奏的人拥有自己心爱的乐器,并且想尽办法培养他们的能力,直到他们达到最高境界。他想要所有这些事情发生,是因为他自己想要欣赏这一切;是上帝想要演奏、歌唱、欣赏美好的事物、传达真理以及享受美味佳肴。

华莱士财富箴言

在这个世界上,进取者绝不会缺少机会。这是广漠宇宙的一条根本法则:万物皆因进取者的存在而存在,为进取者的幸福而运转。富有是一种选择,积极的心态才是创造财富的关键。

第07讲

坚持效率原则

每天都努力，总有一天会成功的。要坚持到底，绝不能虎头蛇尾，但也不能急功近利。你不能过度地工作，也不能盲目地在你的事业上投入过多的精力和时间，你要考虑效率问题和回报问题。致富的关键在于你是否能够使每一件事情都有效率，都取得成功。为了使每一件事都有效率，你只需要把力量灌输在上面就可以了。这样的事是你完全可以做到的。因为所有的力量都在为你服务，你是无比强大的。从下一秒开始，你如果能够保证高效率地做每一件事情，你就会惊奇地发现：致富其实很简单，就像数学一样精确。

"事半功倍"与"事倍功半"，这对看似孪生兄弟的词语产生的结果却大相径庭，人们对它们的好恶也截然相反。所有的人都希望少出力多办事，而不想做只付出却得不到回报的傻瓜，这就涉及效率的原则。在最大程度上把注意力集中到任何一个主题上；不让自己精疲力竭，敏捷地消除一些游移不定的想法；不在无益的目标上浪费时间或金钱。这才是最明智的做法。

我们每做一件事之前都要默默在心里问自己一个问题："做这件事我要投入多少精力和时间？我能从这件事中获得多少回报？能否朝着自己的财富目标又前进了一点儿？"如果回答是肯定的，那么就放手去做吧。若回答是否定的，你就打消做这件事的念头吧，因为它会让你徒劳无功，不会给你带来任何效益，甚至会让你赔本的。做生意的商人都懂得成本控制，他们花的每一分钱都会给他们带来利益，亏本的生意他们是不会做的。其实每个人都一样，每个人心里都应该有一架天平，一边是付出，一边是回报，我们做事的原则应该是保持天平永远向回报这边倾斜。只有坚持这个原则，我们在人生的旅途中才能做个精明的商人，才能让财富向自己靠拢。

一滴水也能折射出太阳的光辉。从最小的事情做起，从那些你能够掌控、能够不断努力的事情做起。你无法预见即使是最琐碎的行为能否给你带来回报，能带来多大的回报；同样你也不会知道自己有多大的力量，有多少力量正在努力向你靠拢。千万别小看你的每一次简单的行为，或许它就能开启你财富的大门，或许你的疏忽或者在做某件小事时的失败就会延误你得到你想要的东西。每天都要尽可能全身心投入地做事，并且要用一种有效的手段来做。事无论大小，你都必须认真对待，小事中也藏着大玄机。但这并不意味着你必须时刻看清事情的每一个细节，而是指你在空闲的时间里用你的想象来注意它们，以便它们能够驻留在你的记忆之中。

"成功是累积起来的"，你应该把这句话写在随身携带的本子上，作为你的座右铭。因为想要更好地生活是所有事物与生俱来的本能，当一个人开始向更好的生活迈进时，更多的事物就靠近它，它本身意愿的影响也被复制了。

生活的每一天要么是成功的一天，要么是失败的一天；每件工作本身要么是成功的要么是失败的，要么是高效率的要么是低效率的。你得到你想要的东西的日子就是成功的。如果你每天都失败，那你就永远富不起来；如果你每天都是成功的，你变富的计划就不会落空；如果今天有些事情要做，而你没有做，那么迄今为止在相关的事情上你就失败了，其结果肯定比你想象的要惨痛得多。

每天晚上躺在床上要入睡之前，都要好好盘点一下今天所做的每一件事，哪一件是有效率的，给自己带来了多大的回报，在哪方面还有改进的空间以便做得更好；哪件是劳而无功的，自己有多大的损失，失误在哪里，如果下次遇到类似的情况应该如何处理。然后再总结一下一天总的付出与回报，如果付出大于回报，那么就是成功的一天，如果相反就是失败的一天，如果不赔不嫌，也是失败的一天，因为你失去了一天的时间，人又苍老了一点，却没有一点回报，就是无效率。

不论在什么时候，不管在什么地方，只

要你想起"我要成为怎样的人,就能成为怎样的人"就重复一遍,持续这样做下去,直到它成为一种习惯,成为你生命的一部分。

每天都努力,总有一天会成功的。要坚持到底,绝不能虎头蛇尾,但也不能急功近利。你不能过度地工作,也不能盲目地在你的事业上投入过多的精力和时间,你要考虑效率问题和回报问题。

当我们开始做某事却不把它完成,或是做了某项决定却并不坚守,我们就形成了失败的习惯;彻头彻尾的、可耻的失败。如果你不打算做一件事情,那就别开始;如果你开始了,即便天塌下来也要把它做成。如果你决定做某事,那就动手去做;不要受任何人、任何事的干扰。你身上的"自我"已做出决定,事情已经板上钉钉,骰子已经掷出去了,没有讨价还价的余地,只能完成它。

我们也不能在事情开始的时候过于心

急，不能在今天就把明天的工作做完，更不能把一周的活儿在一天的时间内完成。不要在乎你做了多少事，关键是你做的每件事的效率如何。每件低效率的工作都是失败的，如果你一生都在做低效率的事，那么你这辈子都是失败的。如果你做的所有事情都是低效率的，你做的事情越多，你就越难取得成功、获得财富。相反，每件有效率的事本身就是成功的，如果你生命中的每件事都是成功的话，你这辈子就是成功的。那些贫穷的失败者之所以失败是因为他们做了很多低效率的事情，而高效率的事情做得太少。

那些亿万富翁或许每个人都有各自不同的创业发家史，但是他们成功的原理只有一个，那就是很少做低效率的事，而做了很多高效率的事。从下一秒开始，你如果能够保证高效率地做每一件事情，你会惊奇地发现：致富其实很简单，就像数学一样精确。

由此可见，致富的关键在于你是否能够使每一件事情都有效率，都取得成功。为了使每一件事都有效率，你只需要把力量灌输在上面就可以了。这样的事是你完全可以做到的。因为所有的力量都在为你服务，你是无比强大的。

然而，有的人总认为自己很无力，总希望从"外在世界"中寻求力量和能力，从内心以外的各个角落寻找力量，这实在是太荒唐了。其实，最强大的力量就在人的内心之中，但令人十分惋惜的是，许多人丝毫没有察觉到自己拥有这样强大的力量、这样超自然的能力。有朝一日这种力量一旦从他们的生命中彰显出来时，他们准会被自己吓一跳，他们会发出这样的感慨："原来我是如此强大啊！"

在任何情况下都不能容许你的"自我"被推翻，你将发现你最终能够战胜自己。要知道，许许多多的男男女女都曾悲哀地发现，战胜自己，并不比战胜一个国家更容易。最强大的敌人往往是自己，当你学会战胜自己，你将发现你的"内在世界"征服了外在世界；你将攻无不克、战无不胜；人和事都会对你的每一个愿望做出响应。那时成功对于你来说，就如探囊取物一样简单。

永远不要受外部环境的影响，让我们仅仅是设想蓝图，让我们的内在世界美丽丰饶，外在世界自然会表达、彰显你在内心拥有的状态。一块白布上有一个小黑点，如果你把自己的目光一直聚集在这个黑点上，那么这个黑点就会被无限放大，最终挡住你的视线，使你看不到白布，虽然白布才是主体。这样的做法带来的结果是：你因为一个小黑点而失去了一整块洁白的布。那么，正确的原则是什么呢？答案是：关注你想要的东西，而不是你不想要的东西。去想富足的境况，去认识应用富裕法则的方法和计划。把富裕法则所能创造的景况可视化，这将使你实现富裕。

如果你想成为富有的人，你想拥有财富，那么就把你所有的精力和时间以及关注的重点都放在如何致富上，不要在其他事情上浪费哪怕一点力气，因为那是无效的，对你的目标没有一丝一毫的帮助。只要你时刻铭记只做有效率的事并付诸实践，不久之后你就会发现，你每做一件事你的生活状态就得到了一点改善，你每一分精力的付出都会给你带来一定量的财富，每一秒钟的过去对你来说都是向财富目标的靠近，你就会发现，致富对你来说根本不是一件困难的事，而是效率行事的自然而然的结果。

华莱士财富箴言

> 任何巨大的财富,在最初积累时,往往由一个很小的数量开始。只做有效的事,就会让你的财富山丘一点点积累起来。

第08讲

怀有一颗感恩之心

感激的思想总是与最好的东西紧密联系在一起的，因此，它也会朝着最好的方向发展。当美好的事物来临时，我们在头脑中越感激上苍，我们得到的就会越多。没有感恩心理的人不会有持久的信念，没有持久的信念就不会通过创造性的手段变得富裕。培养感激的习惯是必要的，并且要一直心怀感激。诚挚的愿望将带来自信的预期，而这些反过来又会由于坚定的渴求而进一步增强。愿望、自信和渴求必将带来成就的辉煌，因为内心的愿望是感觉，自信的预期是想法，而坚定的渴求是意志。

当你得到了梦寐以求的财富时不要忘了感恩，当美好的事物来临时，我们在头脑中越感激上苍，我们得到的就会越多。作用力和反作用力总是相等的，只是方向相反而已。道理很简单，你对上苍的感激其实就是一种力量的释放，它会达到你指定的地方。你的态度越坚定越持久，无形物质的反作用力就会越强烈越持久，你就越能获得你想要的东西。

人的一生要有许多发自内心的感谢。有些恩德可能是一辈子也报答不了，甚至是无法报答、无须报答的。但是我们需要从内心深处永远怀着这样一颗感恩的心。

父母的养育之恩也许是自然的，不需要任何回报和条件。但是，"百善孝为先，论心不论迹，论迹天下无孝子；万恶淫为首，论迹不论心,论心世上无完人"。后者不讲,单说孝心,其实也就是一种心情。意思是说只要心里永远装着父母,有这样一份孝心,你就是一个孝子。

这自然需要我们永远对父母怀着一颗感恩的心。在我们从幼儿园到大学的各个阶段,老师教我们文化知识,使我们从一个无知顽童成长为一个对社会有用的人,老师的这种无私和真诚,也同样需要我们用一颗感恩之心去对待。

如今你有了工作,可以在一个公司实现自己的理想和抱负了,可以施展自己的才华了,难道你不应该感谢那些为你提供工作岗位,帮助你在工作中积累工作经验和知识技能的人吗?

事实是,无论你的才干有多大,你同样需要同事、领导和老板的关怀,需要他们的帮助和教育。这些不仅使你的知识更加丰富，积累更多的工作经验，还使你做出了成绩和贡献，得到了社会的承认。任何一个人的成长和成熟都有周围人的影响。因此，只要你永远怀着一颗感恩的心，你就是一个谦虚的人、一个能够与别人和睦相处的人、一个品德高尚的人、一个人格健全的人。你在尊重别人的同时也肯定会赢得别人的尊重。态度上的感激拉近了心灵与祝福根源的距离。态度能把你的思想和宇宙创造性的能量联系得更紧密，已经拥有的美好事物是按照一定法则降临到你身边的。态度会把你的思想与事物来临的方式联系起来，并且会把你和创造性的思维紧密联系在一起，态度本身能够使你保持无限的期望，防止你陷入恶性竞争的歧途。没有感恩的态度你就不会拥有那些力量，因为是感恩的态度使你与力量保持紧密的联系。

所有人都希望得到金钱、权力、健康、

富足，却没明白因果相循的道理，有善因才有善果，天下没有免费的午餐。有许多人无比积极地去追逐健康、力量及其他外部条件，但似乎没有成功，这是因为他们在和"外部"打交道。相反，只有那些不把目光专注于外部世界的人，他们只想寻求真理，只要寻求智慧，而智慧就赐予他们，力量的源泉就会向他们敞开，让他们认识到自己创造理想的力量。而这些理想，最终将会投射在客观世界的结果中。他们会发现智慧在他们的想法和目标中展现出来，最终为他们创造出他们渴望的外在境遇。

在失败到来时，你可以采取这种方法，怀着感恩之心。如果你能坚守住自己的信念，抱定目标，心怀感激，用成功的方法去尽力做好每一件事，并且天天如此，那么不管你的目标在今天看起来是多么的遥不可及，总有一天它们都会实现的。

比如，一个学了如何致富的学生已经打定主意要去开创一番事业，而这个事业是他在相当长一段时期内十分渴望得到的，在这段时间里他也为了实现自己的目标而努力着。但是事情不像他预计的那样发展，当至关紧要的时刻来临时，他的计划落空了，事情莫名其妙地失败了，就好像有一股无形的巨大力量在和他作对，破坏他的计划一样。不过这个年轻人深刻体会到了本书的精髓，他没有因失望而从此一蹶不振。相反，他依然诚挚地感谢上苍，并以一种感恩的心态去平静地面对这一切，不放弃努力和自己的梦想。他坚信只要坚持，自己最终会成功的。果然没过几周，他一直联系和维持的几个客户给他带来了更好的机会，下了几个大订单，将他从困境中解救了出来。这使他明白了一个道理，保持一种平和的心态可以防止人们犯下因小失大的错误。

感激的思想总是与最好的东西紧密联系在一起，因此它也会朝着最好的方向发展。没有感恩心理的人不会有持久的信念，没有持久的信念就不会通过创造性的手段变得富裕。培养感激的习惯是必要的，并且要一直心怀感激，而不要总是浪费时间去思考或是谈论那些大富豪或大资本家的缺点和错误。一般人总认为，做了错事得到报应才算公平。但英国诗人济慈说："人们应该彼此容忍，每个人都有缺点，在他最薄弱的方面，每个人都能被切割捣碎。"每个人都有弱点与缺陷，都可能犯下这样那样的错误。作为肇事者要竭力避免伤害他人，但作为当事人要以博大胸怀宽容对方，避免怨恨消极情绪的产生，消除人为的紧张，愈合身心的创伤。事实上他们已经给你创造了机会，你所得到的一切都是因为他们而实现的。

在日常生活中，难免会发生这样的事：

亲密无间的朋友，无意或有意做了伤害你的事，你是宽容他，还是从此分手，或伺机报复？有句话叫"以牙还牙"，分手或报复似乎更符合人的本能心理。但这样做了，怨会越结越深，仇会越积越多，真是冤冤相报何时了。如果你在切肤之痛后，采取别人难以想象的态度，宽容对方，表现出别人难以达到的襟怀，你的形象瞬时就会高大起来，你的宽宏大量、光明磊落使你的精神达到了一个新的境界，你的人格折射出高尚的光彩。宽容，作为一种美德受到了人们的推崇，作为一种人际交往的心理因素也越来越受到人们的重视和青睐。

感恩不仅是一种美德，也是一个做人的基本条件。格言上说：一粥一饭，当思来之不易；半丝半缕，恒念物力维艰。目的就是要让我们从小就懂得感恩。

感恩是一种具有普适性的社会道德。平

时，我们向陌生人问路，向邻家女孩借一本书，都要感激不尽，为什么就无视朝夕相处的公司老板对自己的种种关照呢？难道你真的把与老板的关系理解为纯粹的雇佣关系、纯粹的商业交换关系吗？在那一纸聘任合同的背后，难道就没有一点感恩的成分吗？如果真的是那样，恐怕你不仅做不了优秀员工，你也做不了公司老板。因为世界上成功的老板时时刻刻也在怀着感恩的心，他时刻都会感激他的员工为公司所做的贡献，并以此激励他们继续努力。

"时刻感谢上苍"，把这一点铭记于心，就仿佛你的期望已经变为现实一样虔诚。真心感谢上帝的人虽然只是在想象中拥有了他所想要的东西，但这才是真正的虔诚。他会变得富裕起来，这会引发他去创造自己所期望得到的所有东西。你不需要为自己想要的东西一遍又一遍地祈祷，也不用天天都告诉上帝这些事情,你需要怀着一颗感恩的心,因为上帝对于感谢他的心声是最敏感的,他能感觉到你的诚意。

华莱士财富箴言

"感激将带来更多值得感激的",这是宇宙中的一条法则。失去感激之情,你会马上陷入一种糟糕的境地,对许多客观存在的现象日益挑剔和不满。如果你的头脑被那些令你不满的现象所占据,你就开始失去了致富的基础。

第09讲

致富的愿望本身就是财富

失落的财富经典

第一步是要在心中设定一个目标，目标可大可小，但是一定是你愿意并能够为之付出努力的。也就是说你先要在心中画一幅期待的图画，一定要用心描绘，绝对不能信手涂鸦，因为你要对自己负责任。你期望的图画，有着信念和目的，被无形物质所采纳，就像我们所知道的那样充斥着宇宙的每一个角落。正如这种印象会蔓延一样，所有的事物都朝着它的目的地方向努力着。而且每一个生物，每一个没有生命的物体，甚至那些还没有被创造出来的东西，都在争相成为你想要的东西。

财富不会不请自来,它需要我们付出努力才能得到。在思索致富的方法之前,你首先要有致富的信念和愿望。当你知道自己该想什么和该做什么的时候,就必须利用自己的意愿来迫使自己思考和做正确的事情。这是你得到所想要的东西的合理手段——利用自己的意愿来使自己的思想和行为都以特定的方式进行。而不要试图保护自己的意愿或思想,或者把思想表现在对事对人的"行为"上。把它们留在自己的脑海里,你会收获更多。

此外,你还必须利用自己的思想来形成一种想要的心理映像,来保持对信念和目的的洞察力,利用自己的意愿使思想以一种正确的方式工作。这样,你的信念和目的就会越稳定越持久,你致富的速度就会越快,因为你已经给物质留下了下面的印象,你没有用负面的因素去压制或抵制它们。

思想引发行动,行动产生方法。"赋予抽象的事物以形象,在脑子中为它画像,仿佛就在你眼前,能够看到它一样,这就是我们说的"可视化"。运用这一方法,你能够看到一个趋于完善的画面。当细节在你面前展开,细节就像一个一个的零件清晰可见,环环相扣。

正如同宇宙在成为实体之前必定已经在理念中成形一样,我们的财富愿望的成形也是如此。无论是通过个体运转的精神还是宇宙精神,在种类和性质上都是毫无差别的。沿着这条伟大的宇宙建筑师的道路前行,如果你足够细心和敏感,你将会发现,人类思想的成形与宇宙的物质成形是如此神似,如果一定要找差别的话,只不过是程度不同罢了。

人类的思想具有极强的可塑性，可以按照主观意愿将它塑形。如果你想建造一所大房子，那么首先你要在头脑中给这所房子画像。不管是高楼大厦还是田园庭院，无论富丽堂皇还是平淡朴素，都由你自己做主。你的思想就是一个可塑的模具，而你心目中的大房子最终就是从这个模具中诞生的。

诚挚的愿望将带来自信的预期，而这些反过来又会由于坚定的渴求而进一步增强。愿望、自信和渴求必将带来成就的辉煌，因为内心的愿望是感觉，自信的预期是想法，而坚定的渴求是意志。感觉为想法赋予活力，而意志使之坚定不移，直至"生长法则"使愿景成为现实，这些都是不争的事实。设想一幅精神图景，让它清晰、完美、明确；牢牢地把握它；方法和手段就会随之而来，指引你在正确的时间，用正确的方式，去做正确的事情。

思想是推进人类意识进化的动力，知识是人类思想的结晶和升华。如果人类的思想停止进步，理想不再提升，他的能力就开始瓦解；相由心生，他的面容也将随之改变，并记录下这些变化的情况。

坚定不移的信念，为成功准备着必要的条件。因此，你可以把精神与能量的华服编织到整个生活的锦缎上，与之融为一体。因此你能够过上充满快乐的生活，免除一切苦难；因此你自己可以产生积极向上的能力，将富足与和谐吸引到你的身边。如果你忠实于自己的理想，当环境适合于实现你的计划时，你就将听到心底发出的召唤，结果将与你对理想的忠实度严格成正比。信念是十分重要的，它会经常监督你的思想，通过这种观察和思考，你的思想会被塑造成一个非常伟大的外延。掌握自己的注意力也是很重要的，因为你的意愿决定了你该把注意力放在什么样的事物上。

思想是建设理想所用的材料，而想象力就是理想的精神工作室。心灵是它们用来把握周边环境和人物的永不停息的动力，它们就是用这样的心灵去铸造成功的阶梯，而想象力正是一切伟大事物诞生的母体。人们的思想能够帮助我们实现财富梦想，对此不应抱持怀疑或不信任的态度。

你会发现，只要我们持续思考同一件事情，到最后这种思考就会变成自发性的了，我们会情不自禁地思考这件事情，直至我们对所思所想的事物持积极的态度，再没有什么疑问为止。这是因为精神力量的获得同身体力量的获得一样，是通过锻炼而达到的。我们思考一件事情，可能在头一次非常困难，当我们第二次思考同样的问题时，就变得容易多了；当我们反反复复思考的时候，就成了一种精神习惯。

任何还不能有意识地迅速并完全放松下来的人，还不能算是自己的主人。他尚未获得自由，他仍然受到外在条件的奴役。但我现在假定你们都已经熟练掌握了上面的练习，可以进行下一步了，也就是精神放松。练习放松精神，才能做自己的主人。

针对某一给定主题做出一定数量的思考，就能使人的身体组织发生彻底的改变。因为想法定会招致生命机体某种组织的物质反应，如大脑、神经、肌肉等。这就会引发机体组织结构中客观的物质改变。

勇气、力量、灵感、和谐，一旦这些想法取代了原先的失败、绝望、匮乏、限制与嘈杂的声音，慢慢在心中生根，身体组织也就随之而发生改变，个体的生命将被新的亮光所照耀，旧事已经消亡，万物焕然一新，你因此获得了新生。这就是失败演变为成功的过程。这是一次精神的重生，生命因而有了新的意义,生命得以重塑,充满了欢乐、信心、希望与活力。通过这样简单发挥思想的作用,你不仅改变了自身,同时也改变了你的环境、际遇和外部条件。

虽然此前你是在黑暗中探索,但是现在你将看到成功的机遇,你将发现新的可能,而此前这些可能对你毫无意义。如今,你的身上充满了成功的想法,并辐射到你周围的人,他们反过来又会帮助你前进与攀升。你将吸引到新的、成功的合作伙伴,而这反过来又会改变你的外部环境。

第一步是要在心中设定一个目标,目标可大可小,但是一定是你愿意并能够为之付出努力的。也就是说,你先要在心中画一幅期待的图画,一定要用心描绘,绝对不能信手涂鸦,因为你要对自己负责任。

你期望的图画,有着信念和目的,被无形物质所采纳,就像我们所知道的那样充斥到宇宙的每一个角落。正如这种印象会蔓延一样，所有的事物都朝着它的目的地方向努力着。而且每一个生物，每一个没有生命的物体，甚至那些还没有被创造出来的东西，都在争相成为你想要的东西。所有的力量，所有的事物也都在向你移动。

期待的图画一定要绘制得具体、清晰透亮、轮廓鲜明，每一笔都要勾勒得很清晰美好。不要考虑成本，不要为画布够不够大、颜料是否充足的事忧心，不要让自己的思维被局限。你应该从无限中汲取能量，在想象中构建它。你应该学会放开思想的缰绳，让它自由地驰骋，设想一个不受限制的宏大图景。请记住，没有任何人能限制你，除了你自己。

绘制宏图是第一步，图画绘制得精美宏大就有一个好的开始。接下来就要将这幅图画深深地植入心中，然后按部就班，坚持不懈地为之努力。你付出一分艰辛，它就会向你靠近一步。尽管很少有人愿意付出这样的努力，然而工作是必不可少的——劳作，艰辛的精神劳作。这是一个非常著名的心理学事实，一分汗水，一分收获，这是永恒的真理。但是仅仅知道这样一个事实对你的心灵毫无帮助，你必须将它转化成行动，并付诸实际。

你要做事，你要成就一番大事业，但是在你行动之前，你一定要明确地知道你的目标在哪里，知道你应该朝哪个方向前进，正如同在播撒任何种子以前，你一定要知道将来要收获什么一样。你将会明白，未来为你准备了什么。千万不要在没考虑清楚的情况下盲目行动，这样会让你离正确的轨道越来越远。如果你不知道该往哪儿走，不知道朝哪个方向努力，那么就停下来仔细思考，不要怕浪费时间，因为明确的目标和周详的计划才是事半功倍的保证。这时候你一定要平心静气，日夜思考，一步步展开逐渐清晰明了的画卷。首先是一个非常模糊的总体规划，但是已经成形，轮廓已经出现，继而是细节。然后你的能力就会循序渐进地增长，直到你能够详尽地阐述你的宏伟蓝图，你的最终目的是让它在现实生活中得以实现。

华莱士财富箴言

放任自己的思想关注阴暗的事情,你自己也将变得阴暗。并且,阴暗的事情将越来越多地围绕在你身边。相反,把你的注意力全部集中在光明的事情上,光明的事情就将包围你。你也将变成积极向上的人。

第 10 讲

用创造刷新梦想

人们必须依靠创造来变得富有，而不是竞争。每一个依靠竞争富起来的人都放弃了曾经帮他攀高的梯子，而把其他人丢在下面不管；但是每一个依靠创造富起来的人会为千千万万的人开辟一条跟随他的路，并且激励后人也这样做。只要我们拥有一颗开放的心灵，应运而生、应时而动，我们就能做比以前更多更好的工作，新的渠道将不断出现，新的大门将为我们敞开。思想是能量之源，它产生的动力足以推动财富的车轮，我们在生活中遭遇的所有经历，都取决于此。

思想的力量，是获取知识的最强有力的手段。没有什么是超出人类理解力的，但要想利用思想的力量。

思想是天生的喜新厌旧者，它是富有创造性的，总是不断地创新。我们利用思想去创造条件、环境及其他生活经历的能力，取决于我们的思维习惯。我们做什么，取决于我们是什么；而我们是什么，则取决于我们习惯性地想什么。因此，我们必须控制并引导内在的思考力量，使它更高效地运转。人们必须在头脑中形成一个关于他们想要的东西、想做的事、想成为的人的清晰而明确的映像。他们必须在思想上保持这种映像，必须对满足了他们所有愿望的造物主表示深深的感谢。想要富裕的人还必须在空闲时间仔细思考他的幻想，并且要时刻心怀感恩。但千万不要对心理幻想施加过多的压力，对于不变的信念和虔诚的感恩也一样。这是把创造力付诸行动的过程。

在人类看上去柔弱无比的身躯内，蕴藏着很多不可思议的可能性。其中有一种可能性，就是通过机遇的创造与再创造来掌控自己的境遇。创造这种机遇的主要力量来自于思想，思想导致了对决定未来事件的力量的认知。正是这种内在的心智将成功变成现实，这种对内在力量的认知，组成了能够做出响应的和谐行动，这种力量在我们与我们所寻求的对象和目标之间搭建起桥梁，使我们通向理想的彼岸。这就是行动中的引力法则，这一法则，是所有人的共同财产，任何一个对其运转拥有足够知识的人都可以加以运用。

创造力会通过已经建立起来的自然发展的信道而起作用，并且会遵循工业和社会的法则。所有包括在他幻想里面的东西肯定都会带给能够遵循上述指导的人，他的信念是不会动摇的，他想要的东西会通过已经建立的商业信道带给他。当他所需要的东西降临的时候，为了能够把它们据为己有，他必须表现得积极主动，并且这种积极主动只会使他更适应现在的位置。此外，他还必须通过幻想来坚持致富的目标，而且要天天如此，小心地以一种成功的方式去做好每一件事，总有一天所有这些都会实现的。

环境、和谐或其他东西都是被行动创造出来的；而无论是有意识的行为还是无意识的行动，都是由思想产生的；而思想又不是凭空产生的，思想是心智的产物。因此有一点就变得很明显了，这就是：心智是一切行动赖以产生的创造性中心。

如果我们深刻理解了思想的创造力，就可以体会到它惊人的功效。如果没有适当的勤奋和专注，思想是不会独自产生这样的效果的。读者会发现,无形中有各种规律一直在控制着我们的道德世界和精神世界,如同物质世界中的万物都是严格依照明确的规律运转一样,毫厘不爽。要获得理想的结果,就必须了解并遵循这些规律。恪守规律,就会得到准确结果。

创造就意味着打破一切框架,意味着不受束缚。创造性能量是绝对无限的;它不受任何先例的约束,因而也就没有可以应用其建设性原理的先在范式。

人们必须依靠创造来变得富有,而不是竞争。每一个依靠竞争富起来的人都放弃了曾经帮他攀高的梯子,而把其他人丢在下面不管;但是每一个依靠创造富起来的人能为千千万万的人开辟一条跟随他的路,并且激励后人也这样做。

只要我们拥有一颗开放的心灵,应运而生、应时而动,我们就能做比以前更多更好的工作，新的渠道将不断出现；新的大门将为我们敞开。思想是能量之源，它产生的动力足以推动财富的车轮，我们在生活中遭遇的所有经历，都取决于此。思想的力量，是获取知识最强有力的手段。没有什么是超出人类理解力的，但要想利用思想的力量。

无论是黑人还是白人，无论是穷人还是富人，无论是基督教徒还是天主教徒，无论是最上层、最有教养的人群还是最底层的劳动阶级，正在进行的这场人类历史上空前的革命，正在改变所有人的观念。然而有的人对此明察秋毫，有的人却对此麻木不仁。

我们经常看到缺乏创新观念的人害怕改变，他们长期过着循规蹈矩的生活，他们的存在状态日复一日，没有一丝一毫的改进。十年前他们贫穷，十年后贫穷与他们依旧是如影随形，十年前他们没有欢乐，十年后他们依旧是愁容满面。对于富有创造性的人来说，这样的日子一天就够了，它简单得令人无法忍受。他们会想办法改变，他们会突破前人的生活方式，打破制约他们的奇思妙想的陈规陋习的束缚，插上想象的翅膀，让思想的骏马尽情驰骋，开创出一片别样的天地。

人类渐渐地摆脱了陈旧观念的束缚，已经进入了一个思想高速运转、各种新奇想法争先亮相的时代，长期被传统的桎梏羁绊的人们已经挣脱了所有的束缚，代表新文明的眼界、信念与服务正在不知不觉中取代了旧的习俗、教条、残暴等一切陈腐的、不适应时代发展的东西。机械唯物论的渣滓渐次炼净，思想获得了解放，真理以它的全貌出现在惊讶不已的人群面前。如今，科学发现浩如烟海，揭示出无尽的资源、无数种可能，展现出那么多不为人知的力量。科学家们越来越难于肯定某种理论，称之为定规定法、不容置疑；同样，也极难彻底否定某些理论，称之为荒诞不经、绝无可能。

不管你意识到与否，我们正处在崭新一天的破晓时分。即将到来的各种可能是如此美妙神奇，如此令人痴醉，如此广阔无边，这样的情景几乎令你目眩神迷。一个世纪以前，不要说有飞机了，一个人哪怕只有一挺格林机关枪，也足以歼灭整整一支用当时的武器装备起来的大军。现在，只要有人认识到了现代哲学体系中所包含的可能性，那么他就像拥有机关枪的威力一样获得难以想象的优势，从而卓而不群，傲视苍生，成为万人景仰的领袖。

心智是富有创造性的魔术师，而引力法则就是它神奇的魔力棒。每个个体都有充分的自主权，都有权自己做出选择，任何人都无权也不应该进行干涉。然而有人却执意破坏这一规则，用强力法则去与引力法则相抗衡，就其本性而言这是破坏性的，跟引力法则针锋相对。使用强力,比如地震和灾变,只不过是破坏和灾难,除了废墟之外,不会实现什么好的结果。要想成功,就必须始终把注意力放在创造的层面上,而不是破坏的层面上。

心智不仅仅是创造者,而且是唯一的创造者。毫无疑问,对于任何事物,我们只有充分地认识它们,了解它们的特性,才能有效地利用它们。就像"电"一样,这个东西亘古以来就一直存在着,只不过是不久之前才走入人们的视线。只有当有人发现了电的规律,并使之服务于人以后,我们才从中受益。如今,人们了解了电的规律,全世界都被电所照亮。"富裕规律"也是如此,只有那些认识它、遵循它的人,才能分享到它所带来的好处。

富裕的获得,正是依赖于对"富裕规律"的认知。它一定不能是竞争性的,不是靠掠夺他人来满足自己。你应该为自己创造所需要的东西，而不是从任何别人那里拿走任何东西。大自然为所有人提供了丰富的供应，大自然的财富仓库是无穷无尽的，如果有某个地方看上去似乎缺乏供应，那仅仅是因为信道尚有缺陷。

人们对富裕规律的认知激发和体现了人类的精神品质和道德品质，其中就包括勇气、忠诚、机敏、睿智、个性与建设性。这些全都是思想的倾向，而所有思想都是创造性的，它们存在于与精神环境相一致的客观环境中。每一个想法都是因，而每一种境遇都是果。这是符合因果规律的，因为个体的思维能力是产生"普遍适应的理念"这个结果的诱因。为了达到致富的目的，人们必须从竞争的心态走向创新的心态，只有勇于创新才能立于不败之地，才能找到蕴藏丰富的金矿。

华莱士财富箴言

　　收入犹如自己的鞋子,过分小,会折磨、擦伤你的脚;过分大,会使你失足、绊倒。你需要的不是宽阔的空间,你需要的只是一点创新性的思想火花。处处留心皆生意,每一个灵感都是你赚钱的来源。独辟蹊径,拾遗补阙或填补空白更容易赚钱。让脑子多走些路,创造力生财,杰出的创意就是金钱。不当有才华的穷人,将你的智慧兑换成财富。

第11讲

选择适合自己的职业

职业精神是对于职业锲而不舍的热爱。它可使每个人正直诚实、光明磊落地做好自己的本职工作,最大限度地发挥自己的聪明才智,它应该充分体现人生的价值。不同的才能是成功的工具。拥有好的工具是很有必要的,但是能正确地使用这些工具也是非常必要的。一个经验丰富的木匠有一把锋利的锯,一把直尺,一个好的创意,他可以造出一款精美的家具;如果给一个铁匠相同的工具,他或许会依葫芦画瓢复制这款家具,但绝不会有前者的细致精美,因为他不知道如何用最佳的方法来使用这些工具。做自己喜欢做的事，选择最能使自己开心的行业是你的权利。在自己所处的位置，做自己能做的事。在你最擅长的那个行业里做事，你才能做得最好。这个行业自然就是你最"适合的"行业。

三百六十行，行行出状元。条条道路通罗马。成功的大路千万条，就看你选择哪条了。

有这样一个故事，山脚下有三个石匠，有人走过去问他们在干什么。第一个石匠说："我在混口饭吃。"第二个石匠一边敲打石块一边说："我在做世界上最好的石匠活。"第三个石匠眼中带着想象的光辉仰望天空说："我在建造一座大教堂。"这个故事告诉我们，人生通常会面对这样三个问题：你选择什么样的方式谋生？你朝哪个方向发展，寻找一个事业的支点？你以什么样的态度完成工作？

曾经有一位做过裁缝的人向一位伟人的母亲恭贺她有一个出色的可以引以为傲的儿子，这位睿智的母亲回答："我还有一个同样值得骄傲的种土豆的儿子。"这位母亲的话引发我们要重新审视我们的职业。

职业是什么？很多人的回答：职业就是谋生的手段。这样回答的人都是第一个石匠，都是一个抱着"混口饭吃"思想的人。他们仅仅看到了职业是物质的一面，其实职业更重要的是尽职尽责的职业精神、尽善尽美的职业追求，职业的前提，就是把一件事做好，做得很出色，哪怕是种土豆也要有比别人种得好的决心和信心。如果职业成为单纯的"饭碗"，那么就会只剩下物欲的追求和争斗了，这样理解和对待职业的人，就很难有激情、理想、憧憬和良好的心态。他没有认识到职业中还有另外一种宝贵的财富,那就是职业精神,职业精神是对于职业锲而不舍的热爱。它可使每个人正直诚实、光明磊落地做好自己的本职工作,最大限度地发挥自己的聪明才智,它应该充分体现人生的价值。哪怕是在平凡的岗位上,也可以做到真诚、公正、正直和忠厚。工作岗位大多数是平凡的,但是只要尽心尽职,就能展现生命的最高信念。或许这算不上什么崇高,其实,人的平凡生活本身并不是崇高的,人的高尚情操中的恒久的责任感,必须体现在他的日常生活和日常事务之中。

职业和职业精神产生于社会分工,很多人认为职业是天职,所以职业是神圣的、美好洁净的、不容推脱必须完成的;职业是天职,那么就应该以虔敬、勤奋、忠诚、主动、追求卓越等高尚的人类精神来对待工作,而那些懒惰、疏忽、委靡不振、不履行道德操守的所有工作表现，都将会受到谴责和惩罚。在美国人的理解中，职业精神对于企业和个人的成功，起到了不可忽视的推动作用。这种真正地热爱工作，将自己的生命、热情和自我实现都融进工作的职业观是人类的共同精神财富。

在现实生活中，常常存在这样一个矛盾：那些在大机构有中上职位的人，收入固定，且通常有教育基础，较懂得钱滚钱的投资手法，通常这类人较有闲资，其能力足以创业。但这类人所有的钱还不足以开大公司，而对一些小本经营，通常又缺乏实干经验；另一类人，略有小本经营经验，例如小饭店、小卖铺之类。但是此类人通常缺乏资金，又不一定能够处理很多财务上的问题。其实对于很多有创业理想的人来说，通常不是缺乏资金，而是缺乏一门专业。所以说，这两类人通常可以合作。例如后一种人，想做本行的老板，便可通过亲友的关系，拉拢有闲资的人入股。

一般来说，有闲资而缺乏创业领域认识的人，比有一技之长，有创业意念，却苦无资金创业的人多，因为后者可选择由小做起，而前者可能苦无门径，永远无法开展个人事业。而一个人有一技之长，例如懂得木工活，并不代表他该开家具店，他可能开创一间服装店也不为奇，只要他真能赚钱、能发展便可。

所以，真正想创业，又希望比较有把握的话，一定要对某一行业越熟越好，不要光凭想象、冲劲、理念做事。若真立志投身一项事业，不妨辞去本职工作，在该行业做一年半载，摸清摸熟路径再创业也不迟。虽然这比较花时间，但总比创业后花钱好。

选择行业，最重要的一点在于如何正确预测所观察行业的未来业绩。在正确的时间选择正确的行业，你就可以创造财富。杰斐逊夫人曾经说过：职业精神是把整个道德大厦连接起来的黏合剂；如果没有这种黏合剂，人们的能力、善良之心、智慧、正直之心、自爱之心和追求幸福之心都难以持久；这样的话，人类的生存结构就会土崩瓦解；人们就只能无可奈何地站在一片废墟之中，独自哀叹。我们在追求现代化发展速度的同时，也要使精神内核更加坚实，使每个人从内心去热爱自己的职业、享受职业，完善人生。

一个要创业的人，常常问：我该从事哪一行业？

职业的取舍对自己的发展至关重要。创业者要尽可能选择适合自己的行业，避免个性与行业之间的错位。在适合自己的行业里创业，做起事来就会如鱼得水，有如神助；反之入错了行，就会虎落平阳，处处受制。

那些准备创业的人，一定要三思而后入。等到走进商海发现不对的时候再改行，代价可就太大了。

创业者的性格取向形形色色，三百六十行，也是行行不同。创业之初，你先要搞清楚自己属于哪一类型，有什么长处和短处，然后再弄清适合这一类型的行业，择业时就会心中有数了。

谈到这些，可能有人会问，是不是一定要找到适合自己的行业才能做？其实，同世上的其他事情一样，投资创业者不要把事情看得太死，有一个基本的原则，还要有一个弹性的操作。有时候，事业做起来才真的知道你适合不适合；有时候，选择了特别适合自己的行业也未必一定成功，因为还有其他因素在起作用。特别要指出的是：当投资达到一定规模，可以外聘职业经理人的情况下，投资者的创业性就被淡化了。自己不适合,雇用更适合的人去做就是了。此外,除了"人业互择"之外,还有个"财业互择"的问题,不同的行业对投资有不同的要求,你是小本经营,创业想象空间和操作余地就比较小,对于资金门槛要求较高的行业就只能望洋兴叹。

做一个成功的投资创业者,真的不是件轻而易举的事,既要看有多大本事,又要看有多少本钱。再进一步讲,好项目是做出来的,世界上没有什么绝对的好项目,好项目做砸了的也不在少数。那些具有良好市场前景的项目,只有做到人力资本与货币资本同时到位时,才算得上是真正的好项目。

没有很好的乐感,一个人不可能成为一个优秀的音乐家;没有发展完善的机械才能,就不会在机械交易中取胜;没有机智的手段和敏锐的商业头脑,也不会在商场中获得成功。但是具备从事该行业的完善能力结构并不意味着你就一定可以致富。有些具有很好天赋的音乐家还是处在贫困之中；有些有着高超手艺的铁匠、木匠也富不起来；还有些很有头脑的商人很会和别人做生意，却总是失败。

不同的才能是成功的工具。拥有好的工具是很有必要的，但是能正确地使用这些工具也是非常必要的。一个经验丰富的木匠有一把锋利的锯、一把直尺、一个好的创意，他可以造出一款精美的家具；如果给一个铁匠相同的工具，他或许会依葫芦画瓢复制这款家具，但绝不会有前者的细致精美，因为他不知道如何用最佳的方法来使用这些工具。

做自己喜欢做的事，选择最能使自己开心的行业是你的权利。在自己所处的位置，做自己能做的事。在你最擅长的那个行业里做事，你才能做得最好。这个行业自然就是你最"适合"的行业。

有的时候你会突然地失去工作，不幸的事情总是毫无预兆地到来。或许你第二天的生活费没有着落，或许你一直担心，下半辈子该怎么过，也许这使你陷入困境，甚至没有生活下去的勇气。但是，你知道吗，这恰是人生的一次机遇。失业不失志，只要你时刻牢记你心中的信念，只要你有越挫越勇的精神，任何困难、灾难都只是纸老虎，成功必将属于你。

随便在大街上走走，你会看到很多亮丽的风景线，卖面包的伙计、做工具的匠人、拉板车的小伙子，他们虽然累点，但他们心中是喜悦的，因为在这工作压力日益加重的年代，他们终于找到了自己的位置，他们有一席之地，关键是他们付出辛劳能赚回自己的那份财富，让自己过上好日子。

对每一个特定的行业来说，成功的因素只有一个，那就是必须具备从事该行业的完善的能力结构。我们经常发现有些人把工作当作一种负担,为一些蝇头小利不择手段;工作打不起精神,难以积极主动,敷衍了事,拖延任务,执行能力差,而且最令人痛心的是没有一个自己的人生目标及职业生涯规划,得过且过,毫无高尚的生命追求和人生动力,这些都说明外在物质的高楼大厦很容易建立,而人内在精神大厦的建立却非常困难。任何职业成功的背后都需要强大的精神支撑,需要将工作与生命信仰的实现完全融为一体,在工作中体验爱、美、和谐、意义与永恒。

华莱士财富箴言

生命的真正意义在于能做自己想做的事情。如果我们总是被迫去做自己不喜欢的事情,永远不能做自己想做的事情,我们就不可能拥有真正幸福的生活。可以肯定,每个人都可以并且有能力做自己想做的事,想做某种事情的愿望本身就说明你具备相应的才能或潜质。

第12讲

不断提升自己

失落的财富经典

不断提升自己的能力是致富的第一法则。如果人们都有了提高的思想，抱定会富起来的信念，并朝着富裕的目标前进，那就没有什么可以使他们贫穷的了。最大限度地发挥自己的潜能，不断地锻炼和提高自己，按照特定的方式工作和思考，那么他肯定会变得富裕。提高的愿望与获得财富的愿望一样是人类与生俱来的本性，也是宇宙中最基本的推动力。所有人类的活动都建立在提高愿望的基础上。在你提升自己的同时，在你做每件事的时候，你都要记得向他们传达可以提高他人的信息，以使所有人知道你是一个积极进取的人，一个可以帮助他们提高的人。你也会从帮助所有与你有交往的人的过程中提高自己，即使是那些仅有一面之缘的人，即使是那些有可能阻挡你致富和前进的人，你都要帮助他们提高。

每个人从呱呱坠地那一刻起就拥有了万物和父母赋予我们的世界上最宝贵的财富，那就是我们自己和几十年可以用来努力和创造的大好年华。这笔财富深藏于我们的体内，需要我们去勘探和挖掘，并且只要我们愿意去开采，潜能就会源源不断地喷薄而出，永远不会枯竭。有了这个采之不尽、用之不竭的宝藏，获取财富对于我们来说就如同探囊取物，根本没有必要经受贫穷与失败的磨炼。

能获得多少财富取决于你发挥了多大的

潜能。尽力挖掘自己的潜力，不断提升自己的能力是致富的第一法则。如果人们都有了提高的思想，抱定会富起来的信念，并朝着富裕的目标前进，那就没有什么可以使他们贫穷的了。

世界乃至整个宇宙都不会出现一个正在提高的人却缺乏机会这样的事情。浩瀚的宇宙有条亿万年也不改变的规律，那就是：所有的事物都会为了自己过得更好而努力。如果他能够最大限度地发挥自己的潜能，不断地锻炼和提高自己，按照特定的方式工作和思考，那么他肯定会变得富裕。

提高的愿望与获得财富的愿望一样是人类与生俱来的本性，也是宇宙中最基本的推动力。所有人类的活动都建立在提高愿望的基础之上。人们总是在寻求更好的食物、更多的衣服、更好的住宅、更多的奢侈、更美丽的事物、更多的知识、更多的快乐、更多的财富……生活的各个方面都需要提高。

世界从最开始没有生命到单细胞生物再到拥有如此高度发达的大脑的人类，经历了几亿甚至几十亿年的时间。如今地球上的生物还在不断地进化，为了生存下去，每一种生物都必须不断地提高。生活一旦停滞不前，生命就会马上结束，这个永远提高的法则是耶稣在他的天才预言中提出来的。只有那些不断提升、努力使自己在各方面得到进化的人才能够笑到最后、笑得最美，而那些停滞不前、不思进取的人只能被远远地抛在后面。

在你提升自己的同时，在你做每件事的时候，你都要记得向他人传达可以提高的信息，以使所有人知道你是一个积极进取的人，一个可以帮助他们提高的人。你也会从帮助所有与你有交往的人的过程中提高自己，即使是那些仅有一面之缘的人，即使是那些有可能阻挡你致富和前进的人，你都要帮助他们提高。你要用自己坚定的人格信念来做任何事，来提高其他人的生活。要感到自己正在富起来，同时也在使别人富起来，并把利益带给所有人。

如果你是一位立志于救死扶伤的医术高明的医生，如果你乐于帮助别人替他们解除病痛来提高他们的生活水平和质量，他们会因此而对你心存感激，他们自然而然地会被你所吸引，你就会变得越来越富有，无论是精神上还是物质上你都会有所收获。作为一位有着高尚医德的医生就要抱定自己是个伟大成功的医疗工作者这种信念，并且要不断地提升自己，使自己更加称职，这样你就会与生活贴近，从而使自己变得富裕起来，病人也会慕名而来向你求助，也会给你带来更多的财富。

没有人会比医疗工作者更有机会实践本

书教授的内容，不管他是哪个学校毕业的，对于他来说治病都是他的目的，而且他也能够达到这个目的。从事医疗事业的人，不管他用了什么治疗方法，有了持续提升的观念和精益求精的信仰，遵循本书阐述的道理和法则，他都会治好他所接待的每位病人。

人类社会的状况层出不穷，但规律和原则是通用的。同样的情况也适用于那些会激励孩子们拥有提高生活质量的信念和目的的老师。这样的人永远不会失业，并且任何有着这种信念和目的的老师都会把同样的信念和目的传授给学生。倘若不断提升自己的信念成为我们生活中不可或缺的一部分，我们就会情不自禁地把它们传授给别人。对于老师、传教士、医生来说是正确的，对于律师、牙医、房地产经销商、保险代理人以及所有人都是普遍适用的。

本书中阐述的思想和观点如果能与每个

人的实际行动完美结合起来，那么他就会在自我提升的过程中获得财富。每个坚定不移、脚踏实地按照这些指导做事的人都会变得富裕。致富是一门精确的学问，这一点已经毋庸置疑，提高生活质量的法则在实施中也像导航法则那样精确。

遵循前面提到的特定方式和法则，你就会得到不断提高，同时你也能够把这种方式传递给与你交往的所有人。坚信这一点，保证你愿意将它传达给你接触的男女老少。不管通过什么方式，哪怕只是一句交谈、一个动作，你都把它划入提高自己和他人生活的行列，确信给别人留下了这些思想的印象。

你要抱定不可动摇的信念来传达印象，来保持提高；通过信念来激励自己，来丰富自己的行为。你首先要从信念上提升自己，每天都要给自己一种心理暗示：我正在变富，我已经很富有了，我一定会拥有更多的财富。你要相信这很快就会成为现实,让自己的每一次行为、语气、表情都传达出一种自信。但是,你没有必要用言语来告诉别人这种感受。他们在你出现的时候就会感受到这种提高,他们会被你深深吸引,将你作为他们提升自己的榜样和楷模。

造物主期望万物都能够得到提高,并且他也了解万物,他会把那些对你一无所知的人带到你的面前。很快你就会声名鹊起,你的生意也会迅速地兴旺起来,并且你会惊奇地发现许多意想不到的利润都不请自来。这样,你将会一天一天地得到提高,这是一个完美的良性循环,而最大的受益者正是你自己。

如果你是世界上千千万万个工薪族中的一员,那么这个法则尤其适用于你。你每天要尽力去做自己能做的所有工作,而且做每一份工作的时候你都要有种必胜的信念,并要把你的实力、致富的目的都加入你所做的工作中去。不要因为付出了努力没有马上得到回报、薪水没有增加、生活质量没有明显提高就质疑这个法则,认为自己没有机会富裕。你所要做的只是在脑海中形成自己清晰的关于要得到的事物的印象,并且开始以坚定的信念和目标行动起来。你要从自身下手,努力提升自己,开发自己的潜能。而不要走歪门邪道,因此而去巴结你的上司,希望讨好他们而给你升职或加薪。在现实生活中这样的人很少能达到目的,且往往得不偿失。

为了提高,你还需要做很多别的事情。你必须对自己想要的东西有个清晰的概念,必须知道自己想要成为什么样的人,并且要坚信自己会成为这样的人。有了这种想法和做法,你的信念和目的就会使你更快地看到能够改善目前处境的机会。这样的机会很快就会来临，因为造物主无处不在，他会为所有人造福，会给你带来你想要的一切。如果你按照本书教授的方法做事，他就会情不自禁地来帮助你的。

不要把失败和失意归因于环境和行业等外界因素，你应该从自身找原因，自己是否极大地挖掘和利用了自己的潜能，是否在不断地提升自己的能力和眼界。如果你不能通过做生意或在工厂里做工来致富，你可以选择掌握一门手艺来实现自己的目标。如果你开始按照特定的方式前进了，那么你肯定会摆脱外因对你的影响和限制，实现提高自己的目的，过上自己想要的生活。

华莱士财富箴言

> 最快的理财方式是自我升值,在做每一件事时,都要传递给别人你在不断成长的印象,这样,所有与你交往的人都能感觉到你是一个不断进取的人,也是一个能够推动他们不断进步的人。要把"不断成长"的印象传递给每一个与你交往过的人,包括那些只是在社交场合结识、并没有生意往来的人,甚至有些你根本没有打算与他们做生意的人。

第 13 讲

远离贫穷的困扰

对立面的双方互相矛盾,互相抵制,一方是人们极其向往、心甘情愿为之拼搏奋斗的,另一方是人们深恶痛绝、想方设法极力避免的。不要总是把注意力放在与富裕相反的画面里,诚然,在所存在的条件中可能会有许多东西是相反的,但是它们注定要灭亡的。如果你总是注意贫穷和疾病等这一类令人不快的事物,你就不会在外延和想象中得到真实清晰的财富观念。你应该时刻保持头脑的清醒,并且把"世界上没有真正的贫穷,只有财富"的思想牢牢记在脑海中。有一部分人之所以富不起来是因为他们活在贫困制造的阴影下而变得悲观，从而忘记了抬头去寻找出路。其实，只要他们向前看，就会看到财富在前面向他们招手。

世界上的一切都有相对的两端：有黑就有白，有大就有小，有好就有坏，有真就有假，有善就有恶。对立面的双方互相矛盾，互相抵制，一方是人们极其向往、心甘情愿为之拼搏奋斗的，另一方是人们深恶痛绝、想方设法极力避免的。贫穷和富有就是这样矛盾的一对，并且两者的对立更加鲜明，更加激烈。

贫穷意味着饥饿、寒冷、病痛和苦难，意味着生活在社会的最底层，为了温饱而操劳、憔悴；富裕则代表着幸福、安康、健康与兴旺，富有的人走到哪里都能赢得赞赏和羡慕的目光，他们在精神和物质上都能够得到极大的满足。世界上所有人都在努力创造财富，都在竭力逃离贫穷。

相信你也不希望过朝不保夕的日子，相信你也希望自己能够衣食无忧，成为其他人羡慕的对象。那么就努力让贫穷远离你，去创造财富吧。首先，你要把贫穷以及和贫穷有关的所有事情都远远地抛在身后，不要阅读那些说世界就要灭亡的宗教书籍，也不要阅读那些搬弄是非、怨天尤人的哲人给你讲述的罪恶。人类不会走向罪恶，世界也不会灭亡。

不要总是把注意力放在与富裕相反的画面里，诚然，在所存在的条件中可能会有许多东西是相反的，但是它们注定要灭亡的。如果你总是注意贫穷和疾病等这一类令人不快的事物，你就不会在外延和想象中得到真实清晰的财富观念。不要说你以前在经济上有多么窘迫，假如你先前有这些问题，那么你根本就不要去想它们。也不要说你父母曾经贫穷或者他们早期生活的艰辛,这当然会影响你的行动。

把人生的重心放在即将灭亡的事情上,还来研究它们有什么用呢?难道你那些令人退避三舍的苦难还有什么值得留恋的吗?不论在什么地方,不论是什么时候,也不论贫穷留给你的噩梦是多么令你难忘,只要你考虑它们,就已经浪费了你的时间和机会。为什么要把宝贵的时间和精力花费在伴随着进化即将消失的东西上面呢?你对待贫穷的正确的态度是加速发展自身以加快它们灭亡的速度。所以,你要把自己所有的注意力都放在寻找致富的方法上,忘记贫穷吧!

你应该在世界赢得富裕的过程中得到快乐。想想世界正在增加财富,而不是更加贫穷,你没有理由在大家都享受富庶的时候独自忍受贫穷。始终在思想上保留这样一个信念：只有通过创造而不是竞争的手段才能使自己富裕起来，只有如此你才有力量去帮助那些还在贫困中挣扎的人，才能使世界更加和谐、更加美丽。

我们反对贫穷并不意味着反对穷人，相反我们应该爱他们，帮助他们。有位作家曾经说过："穷，不是罪过；富，而且欺负别人，这才是罪过。"不论你什么时候想到或者提到那些穷人，都不要存有偏见，要把他们看作是正在变富的人；把他们看作是应该祝福而不是需要怜悯的人。这样他们都会得到激励，并开始寻找出路。当然，我们要把所有的时间和心思都放在财富上，并不是说你就得用那些见不得光的卑鄙手段去得到财富。在精神和物质上都赢得真正富裕才是你人生的最高目标，因为这个目标已经把所有美好的事情都包括在其中了。

你应该时刻保持头脑的清醒，并且把

"世界上没有真正的贫穷，只有财富"的思想牢牢记在脑海中。有些人还处在贫困之中是因为他们受到贫穷的困扰而忽略了财富是永恒存在的这个事实。但致富的学问是可以通过展示和传授来影响他们的。有一部分人之所以富不起来是因为他们活在贫困制造的阴影下而变得悲观，从而忘记了抬头去寻找出路。其实，只要他们向前看，就会看到财富在前面向他们招手。

我们能够帮助那些与贫穷对抗的人的唯一方法就是向他们展示富裕带给人们的幸福与满足，而不是简单地对他们进行经济援助。以你个人所取得的成就和获得的财富向没有品尝过财富滋味的朋友现身说法，让他们知道财富不仅仅意味着锦衣玉食，还包括社会地位和心理满足。还可以用向别人展示致富的方法使他们对真正的生活有强烈的愿望、信念和目的。要知道事实胜于雄辩，一块现实的面包要比绘声绘色地描述一顿丰盛的圣诞大餐更实在，更能解除饥饿。对于整个世界你所能做到的最好的事情就是充分地利用自己。如果你想为人类服务，恐怕再没有比自己先富起来更有效的方法了。

你应该做自己的主人，有敏锐的观察力和判断力，不要接触有神论、招魂说或者类似的歪理邪说。有一些穷困潦倒的人，他们之所以深陷于贫穷的泥潭而不能自拔，是因为他们虽然掌握了一些科学知识，但是他们在不知不觉中走进了形而上学的迷宫中，他们徘徊其中而找不到出口。

一些玄学理论在大肆地宣扬和鼓吹死人还活着并且就在我们周围。你应该用自己的理智和头脑做出正确的判断，推翻这些荒谬的学说。如果灵魂真的存在的话，就让他们在那待着吧，管好自己的事儿就行了。不管那些亡灵在什么地方，他们都有自己的工作要做，有自己的问题要解决，我们没有权利干涉他们，正如他们无法干涉我们，并且我们也帮助不了他们，所以就让他们自由逍遥吧。我们应该把全部的精力都放在自己的事情上，管好自己的事就能使自己富起来。如果你已经开始关注那些玄妙的事情，那就赶快把它排除掉，因为这些与致富相悖的想法，会把你的希望带到沉船之中去，使你不知道接下来应该朝哪条路走下去。

健康的身体是致富的本钱和保证，如果你身体不好，就会发现这会影响你致富。而只有那些从经济担忧中释放出来的人以及有办法使生活衣食无忧的人，或者那些能够坚持进行体育锻炼的人，才能保持身体健康。在致富的长跑之路上跑得更快，并且能坚持到最后的人往往是那些身体强壮、精神状态良好的人。

天有不测风云，人有旦夕祸福，世上的

事从来都不会一帆风顺，我们的目标也不能很容易就实现，也正因为如此，我们才会更加珍视我们取得的财富和成功。我们要有乐观的心态和坚定的信念，我们天生就是来创造财富，享受财富的，视贫穷与我们无缘。不要总想着如何来应对可能会出现在你事业道路上的隐患和困难，不要对可能发生的空难、障碍、恐慌以及环境造成的不良影响过分担忧。除非你清楚地确定这些障碍真实存在且无法克服，否则千万不要不敢面对，不要改变你现在的事业。

其实，困难都是纸老虎，是用来恐吓怯懦的胆小鬼的，只要你足够勇敢和勤奋，困难自己就退缩了。当它们来临的时候你要直面它们，克服了它们你就会得到额外的奖赏。因此，不管未来会出现多大的困难，你都会发现，如果你按照特定的方式去做事，当你接近它们的时候，这些困难就会消失得无影无踪。

贫穷就像疾病一样，是个软弱又赖皮的讨厌鬼，如果你对它表示出一点点的宽容，它便会对你纠缠不清，一直黏着你，将你拖垮。相反，如果你有强硬的态度，并表现出远离它的坚定与决心，它便会知难而退了。环境的不利不能打败任何严格按照科学的致富方法前进的人，任何遵循财富法则的人都会富起来，就像一加一等于二一样简单和精确。

华莱士财富箴言

如果你总是沉湎于回忆贫困或者谈论贫穷，那么，在精神上你就已把自己列入了穷人的队伍，自己给自己烙上了穷人的印记。

第 14 讲

屏弃狭隘的竞争思想

人类之所以比其他动物都强大,且更能适应环境,是人们学会了合作而不是沉迷于狭隘的竞争思想中。只有把眼界放得更远,摆脱你死我活的竞争心态的困扰,培养积极创新的心态,才能够获得财富,才能够长久地拥有财富。在竞争的平台上,无情地抢夺财富是强加在别人身上的一种争夺。但是,当我们进入创新的境界,所有这一切就都改变了。而且利用伟大的精神展开的方法,通过服务和崇高的努力,所有这一切都将成为可能。道德和精神的伟大也只有那些脱离竞争而生存的人才能取得，只有那些通过创新平台富起来的人才能摆脱竞争所带来的影响。如果你的心被定位在自身的幸福上，那么请记住，爱只有在文雅和高贵的思想境界中才能得到升华。

英国生物学家达尔文的学说是"物竞天择，适者生存"，这一观点在动物界也确实得到了验证，动物只有使自己进化得更强大，生命力更旺盛，更能适应环境，才能够生存下去而不被其他动物灭绝，不被大自然淘汰。

有人认为这一弱肉强食的自然竞争法则同样也适用于人类社会，有人认为只有通过激烈的竞争才能实现自己的财富梦想。其实这种想法是错误的，人类之所以比其他动物都强大，都更能适应环境，是因为人们学会了合作而不是沉迷于狭隘的竞争思想中。只有把眼界放得更远，摆脱你死我活的竞争心态的困扰，培养积极创新的心态，才能够获得财富，才能够长久地拥有财富。

在本书开始部分已经提到，物质中的思想创造了被想象成形的事物。人类可以根据思想来组成事物，通过把自己的思想加在无形的事物上，就可以创造出他所想象的事物。人们是最先有了对财富的想象和渴望，然后才创造出财富的。为了达到致富的目的，人们必须从竞争的心态走向创新的心态，否则就不能和无形智慧形成和谐的关系，而这种智慧总是创造性的而不是竞争性的。

人们可以通过对赐予他们的祝福表示衷心的感谢来与无形的物质建立起和谐的关系。创新的思想会把人的心和物质的智慧紧密地联系在一起，以至于人的思想会被无形物质所接受。只有积极和持久的创新，人们才能把自己和无形智慧有机地统一在一起，形成一个密不可分的整体，形成不可战胜的力量，并以此来获得财富。

每个人的心里都同时住着天使和魔鬼，有一个生性善良的自我和一个有邪恶念头的自我。当天使力量足够强大时，我们就能够与其他人和睦相处，在团结和谐的氛围下共同奋进，使整个世界的财富增加，每个人都能够生活得更加富裕。宇宙是由无数个个体组成的，个体是宇宙的一部分，同一个整体的两个部分之间不能相互敌对，反之，每一个部分的幸福都建立在对整体利益的认知的基础之上，只有团结才能产生合力。

而当魔鬼战胜了天使，邪恶的念头占了上风的时候，我们就会陷入与人竞争的泥潭，把所有人都当作竞争的对象，当作自己的敌人。认为别人比自己愚蠢的人才是最蠢的人，做任何一宗事务，都必须让每一个与这宗事务相关联的人能够从中受益，任何一种试图利用他人的软弱、无知或需求而让自己受益的举动,只会得到赔了夫人又折兵的下场。一个人孤军奋战最终是不能够战胜团结在一起的人们的,等待他的只是伤口和孤独。

当今世界,在商业社会和工业社会里,人们竞争的主要动机是相同的。人们用金钱打造自己的军队,残害千万人的生命和心灵,同样是为了追求自己的权利。商业巨头也像古代攻城略地的君王一样,他们的私欲已经成了这个世界的祸根。君王为了满足自己的权力欲望,疯狂地发动开疆扩土的战斗,使人们的鲜血浸染了大地。如今,有的人为了实现自己狭隘的名望和利润,进行如同战争一样血腥的竞争,致使许多人们受难。而结果也未能如他们所愿,他们的财富并没有增加,反倒失去了人心。

有些带有小市民思想的富翁唯恐别人不

知道自己的身家,而对财富大肆夸耀,用超乎常规的消费现象来炫耀自己的财富。

在一些国家和地区,仇视、鄙夷富人的文化传统悠久、深刻,"为富不仁"和"均贫富"的观念根深蒂固。为富不仁的故事比比皆是,而"杀富济贫"却往往被视为英雄。"富人的钱,干净吗?"成了公众普遍的疑问。

应该看到,富人的存在或者贫富差距的拉大,并不必产生仇富情绪。重要的是,社会是否提供了一个公平竞争的环境,让那些穷人通过后天的合法努力也成为富人。如果大多数人不相信社会给他们提供了公平的机会,而认为是"关系"提供机会的话,仇富情绪才会有发芽生长的市场。因此,至少在目前,在制度环境规范和完善之前,我们没有理由对仇富心理简单地下个结论,不仅如此,我们还应当看到它的积极意义:促进社会公正,推动社会文明。只有将富豪们置于公平的规则和同一起跑线之下,才能消除杀富济贫思想,根除仇富心态,整个社会才会对先富之人有一个宽松的环境,这个社会的总体财富才会向前良性地发展,国家才会真正走上良性的轨道。

当耶稣觉察到这种占有权力的欲望的危险性时,他试图推翻这些邪恶世界的推动力。读一下《马太福音》的第23章,看一下他是如何描述伪君子的,他说他们只是为了身居高位、欺压别人、在别人头上作威作福。当你掉进争夺高位的世界时,你就开始被命运和环境征服了,你致富的愿望就会落空。

在竞争的平台上,无情地抢夺财富是强加在别人身上的一种争夺。但是当我们进入创新的境界,所有这一切就都改变了。而且利用伟大的精神展开的方法,通过服务和崇高的努力,所有这一切都将成为可能。

当我们抱有竞争思想的时候，便引发了破坏性的有害化学反应，使我们的感受力变得迟钝，使我们的神经作用得以减弱，导致心智和身体都变得消极，容易受很多疾病的侵袭。另一方面，如果我们屏弃竞争而抱有创新的思想，便引发了建设性的、健康的化学反应，导致心智和身体变得可以抵御不和谐思想所带来的很多疾病的侵袭。如果我们思考竞争，我们就会得到痛苦；如果我们思考创新，我们就会得到成功。当我们抱有破坏性思想的时候，我们就引发了阻止消化的化学作用，它反过来又刺激身体的其他器官，并作用于心智，导致疾病和不适。当我们为了与他人竞争而殚精竭虑的时候，我们就搅动了痛苦的化学作用的污水池，给心智和身体带来可怕的破坏。反之，如果我们抱有创新性的思想，我们就引发了健康的化学作用。

道德和精神的伟大也只有那些脱离竞争而生存的人才能取得，只有那些通过创新平台富起来的人才能摆脱竞争所带来的影响。如果你的心被定位在自身的幸福上，那么请记住，爱只有在文雅和高贵的思想境界中才能得到升华。

靠竞争得到财富的人越多，留给别人致富的机会就越少；与之相反，靠创造得到财富的人越多，对别人就越好。

你要保证你是通过创造性的方法富起来而不是依靠竞争的手段富起来的，否则你即使暂时得到了财富却不会长久。人们必须把竞争的思想过渡到创新上来，必须在脑海中形成一个他想要的东西的清晰内心画面，并把这幅画面与他所要达到的目的固定在他的思想中。然后，远离那些可能动摇他目标、影响他观点以及平息他信念的任何因素。

人们必须依靠创造来变得富有，而不是

竞争。每一个依靠竞争富起来的人都放弃了曾经帮他攀高的梯子,而把其他人丢在下面不管;但是每一个依靠创造富起来的人能为千千万万的人开辟一条跟随他的路,并且激励后人也这样做。

现在,我们已经知道你所在国家的政府以及资本或竞争系统等等一切外部因素都不能阻止你变得富有,而且当你有了创造的思想之后,你会脱离所有这些外在的和狭隘的东西和束缚,变成另外一个王国的人,一个真正懂得财富,拥有财富的人。

获得财富的前提是致富的思想必须是以创造的平台为基础的。你一刻也不能背叛这种思想,不能受到蛊惑而偏离正确轨迹并滑到竞争的歧路上。无论何时你发现自己头脑中有了竞争的萌芽,你都要毫不犹豫地马上将它彻底根除。因为当你有了同人竞争的念头,你就会失去所有人的信任。而别人的信任才是你致富和成功的保障和基石。

每天你都要以最佳的状态去做事,并且要尽可能快地去做,但是千万不要着急、担心或者害怕,以免欲速则不达。记住,在你开始加速的时候,你就不是一个创造者而变成一个竞争者了。这样你就会返回到原来的平台上去。无论何时你发现自己仓促了、心急了,你都要停下来,把注意力集中在你想的心灵映像上,开始对你得到的东西感恩。感激的行为永远都会增强你的信念,更新你的目标。

你要用自己坚定的人格信念来做任何事,来提高其他人的生活。要感到自己正在富起来,同时也在使别人富起来,并把利益带给了所有人。不要吹嘘自己的成就,或者说些没必要的话。真正的信念不是吹出来,而是靠实际行动来证明的。那些自我夸耀的人表面看起来似乎很自信,很有能力,但他们的内心深处其实是十分惶恐和困惑的。只要感受到信念，你在任何情况下都不能忘记这种信念。

小心那种竞争的思想！再没有比下面这句话能更好更生动地概括本书所要论述的观点了，琼斯·托莱多说："有一条黄金法则就是，我想要的正是大家想要的。"

华莱士财富箴言

不要相信那些表面上蔑视财富的人。他们蔑视财富是因为对财富绝望。我们的目的是为了致富，而不是为了和别人攀比，也不是为了与他人竞争。

第15讲

坚定的信念是获得财富的保证

你怎样对待生活,生活就怎样对待你。你怎样对待别人,别人就怎样对待你。开始做一项任务时的心态和信念决定了最后有多大的成功,这比任何其他的因素都重要。记住这一点,你就有了成为亿万富豪的条件。"人人都能成为亿万富豪"并非虚妄之言,因为只有在信念的指引之下,我们的素质才能得以超常发挥,才能够做出一些一般人做不到的事,追求财富的道路也将变得更宽广,我们将在不自不觉中攀上财富的巅峰。当你进入到一个新的环境中工作时,不要担心你会因为没有这方面的优势和天赋而失败,而要坚持做正确的事,要坚信当你来到这里时,这些能力已经被你磨炼好了。这种能力可以使没受过正规学校教育的林肯在政府中做最伟大的事情,其源头对你来说是开放的。你可以利用所有可以用来成就你事业的思想,满怀信心地做下去。

耶稣说:"无论你祈祷的时候想得到什么,相信你能得到它,你很快就会得到它。"这就是信念的力量,正确的信念使人成功,错误的信念使人平庸。错误的信念将夺去一个人的能量、欲望和未来。

千万不要小看信念的威力,它虽然寓于我们的头脑和意志中,但是它能够影响和控制我们的一切思想和行为;它虽然归于无形,却能够影响和支配世界上一切具体的事物。它是个无形的巨人,它有无穷的力量,如果能够好好利用，实现愿望对于我们来说是非常容易的事。

让我们看看一句影响了几代人的至理名言：生活就像一面镜子，你对它哭，它就将泪水还给你；你对它笑，它也对你笑脸相迎。我们怎样对待生活，生活就怎样对待我们；我们怎样对待别人，别人就怎样对待我们。我们在一项任务中刚开始的心态决定了最后有多大的成功，这比任何其他的因素都重要。记住这一点，你就有了成为亿万富豪的条件。"人人都能成为亿万富豪"并非虚妄之言，因为只有在我们的信念指引之下，我们的素质才能得到超常发挥，我们就可以做出一些一般人做不到的事，追求财富的道路也将变得更宽广，我们将在不知不觉中攀上财富的巅峰。

马戏团里表演的大象，都是从小就开始训练的。大象小的时候很有玩性，所以，人们用绳子把小象拴在木桩上。由于小象力量小，经过多次的尝试后，总不能将木桩拉出地面。长时间以后，一旦被系在木桩上，小象下意识里就认为自己是无法挣脱的。当小象慢慢长大变成大象后，也不会去挣脱了。其实此时的大象不费吹灰之力就可以将木桩连根拔起。但是由于小时候形成的心理印象太深刻了，它坚信自己是无法挣脱木桩的，因此，当它们足够强大的时候也没有勇气去试一试。可怜的大象只好一生都被心理上的木桩绊住了脚步，离不开木桩周围那小小的一个圈。这是因为大象从小就被绑在木桩上，并以为木桩的力量比自己大。这种"信念"深深地印在它的脑海里，使它无法挣脱木桩，而被绑住了。

由此可见，信念的力量是多么强大！在我们的创富过程中，往往会遇到诸多压抑、打击、挫折、失败等等。由于害怕再次遭遇相同的境况，而再不愿尝试成功，再不愿改变自己，直到彻底放弃获得财富的欲望。

现实生活中，每个人心中都有一头信念的大象，由它驾驭我们，就会被它压扁；由我们驾驭它，则无往不胜。信念是一个绝佳的仆人，却做不了一个明智的主人，当我们能够正确利用自己的信念时，我们就会觉得自己有使不完的劲，不知疲倦地向前进。但是如果我们不做主人而把自己摆在仆人的位置上，我们就会觉得很迷茫，找不到方向。做事的时候就会顾虑重重，就会觉得成功离自己很远，财富永远属于别人。

走在路上的人很少会被显而易见的大石头绊倒，而常常因为半藏地下的小石块摔跤。事实上，阻碍一个人走向成功的障碍，往往不是具体的东西，而是由过往的经验所形成的信念造成的。过去做不到的事情，并不意味着现在也做不到，人们往往因为自身固有的惯性信念而不敢想象自己能成为财富拥有者。

其实,富人和穷人在本质上没有任何差别,他们在成功以前也是一个普通人,但他们拥有敢想敢干的精神,坚信自己能成为富豪。信念就是人通向财富之路的指路明灯。世界上许多富豪都拥有敢想敢干,金·C.吉列,由发明刮胡刀开始,到把它推向市场,前后将近八年的时间,这八年岁月,对吉列而言,不啻于漫长的一个世纪,如果他不是具有坚定的致富信念,如果他不是把自身的优秀素质发挥出来,如果他不是拥有渴望财富的心态,他的安全刮胡刀也许早就半途而废了。

金·C.吉列自幼家境不好,读书不多,十几岁就开始学做生意,后来做了旅行推销商,终年奔波各地,推销各种商品。虽然他做推销员的成绩非常出色,但他真正的志向并不在此,他想成为一个真正的富豪,成为财富的主人。

有一次,跟一位同行闲谈,聊到各人的未来愿望时,那位推销员说:"我认为世界上再没有比做一个成功的推销员更痛快的事了。你看,就像我们这样,一年有将近2/3的时间在外面旅行,吃得舒服,住得舒服,玩得也自由,不像在太太身边一样,不管到什么地方去,都得先向她备个案。""也许你是因为怕太太的关系,所以才会有这种想法。"吉列笑着说:"我却觉得做推销员不是个长久之计。因为,不管你推销的技术如何高明,也不管你的业绩是何等优异,总是替人家干的。"吉列说:"这一行赚钱再多,终究有个限度。所以我认为要想赚大钱,必定要自己干。"吉利当时头脑中虽然还没有具体的方法,但坚信自己不会做一辈子的推销员。由这段谈话,我们可以看出吉列是个胸怀大志的、有着强烈致富信念的人，这正是一个创业者不可缺少的重大因素之一。

吉列有一个独特的习惯，每到晚间休息时，总是煮一壶咖啡，一个人坐在沙发上，一边喝，一边沉思。吉列的好运气，就是他在一次刮脸中获得发明安全刮胡刀的灵感。当他对着镜子一点一点地刮胡子时，疼得他几次想把刀子扔掉，再看看那带有伤痕的脸，心里越发觉得懊恼了：难道世上没有更好的刮胡子的方法了吗？他愤愤地想。这是反抗意识下的必然反应，而世上有很多大事业都是在这种反应中生出了胚芽。

当"有没有更好的刮胡子方法"这一意念进入吉列的脑海中时，他那因刀子不利而被搅乱的情绪突然静止了下来，另一个意念又跟着诞生了："是啊，难道找不出一个更好的方法来造福天下的男人吗？"就在这一念之间，吉列寻找了一二十年的发明灵感，终于闪亮了!

"我要研究一种既不会割破脸又不用磨的刮胡刀!"这是他那天早上想了很久以后得出的结论,也是他走向大企业之林的起点。

由此可见,想要致富首先应具有致富的信念,相信自己一定能成功。令人艳羡的富豪们也均是具有这样坚定的信念。

当你进入一个新的环境中工作时,不要担心你会因为没有这方面的优势和天赋而失败,而要坚持做正确的事,要坚信当你来到这里时,这些能力已经被你磨炼好了。这种能力可以使没受过正规学校教育的林肯在政府中做最伟大的事情,其源头对你来说是开放的。你可以利用所有可以用来成就你事业的思想,满怀信心地做下去。

好好研读本书吧,直到你已经掌握了书中所有的要点。当你建立了坚定信念的时候,就会发现放弃大量的休闲和娱乐是值得的。同时，远离那些与本书观点相对立的讲座或者传道的地方吧。不要看那些悲剧著作，也不要陷入悲观失望的情绪中难以自拔。本书的主要目的就是为了帮你建立致富的坚定信心，因此就不要再受其他不同观点和学说的影响，本书已经全面地讲述了致富学问中所必须具备的所有知识，这一点相信通过你的阅读和思考已经得到了验证。

不要总是以为自己和富人之间差着十万八千里，有着不可逾越的鸿沟。其实你比富人缺少的仅仅是坚信自己一定能够富裕起来的信念。记住：决定一个人是富有还是贫穷的绝不是环境，也不是遭遇，而是他持有什么样的信念。怀着坚定的信念，按照本书讲授的方法去努力，财富就在向你招手。

华莱士财富箴言

一个人获得财富的多少,将与他愿望的清晰程度、决心的坚定程度、信念的稳定程度和感激的深入程度,完全成正比。

世界上最神奇的心理课

The New Psychology

【美】查尔斯·哈奈尔 著
黄晓艳 译

哈尔滨出版社
HARBIN PUBLISHING HOUSE

图书在版编目（CIP）数据

世界上最神奇的心理课/（美）哈奈尔著；黄晓艳译.
—哈尔滨：哈尔滨出版社，2010.11（2025.5重印）
（心灵励志袖珍馆.第4辑）
ISBN 978-7-5484-0293-0

Ⅰ.①世… Ⅱ.①哈…②黄… Ⅲ.①成功心理学–通俗读物 Ⅳ.①B848.4-49

中国版本图书馆CIP数据核字（2010）第167747号

书　　名：世界上最神奇的心理课
SHIJIE SHANG ZUI SHENQI DE XINLI KE
作　　者：【美】查尔斯·哈奈尔 著　黄晓艳 译
责任编辑：李维娜
版式设计：张文艺
封面设计：田晗工作室

出版发行：哈尔滨出版社（Harbin Publishing House）
社　　址：哈尔滨市香坊区泰山路82-9号　邮编：150090
经　　销：全国新华书店
印　　刷：三河市龙大印装有限公司
网　　址：www.hrbcbs.com
E-mail：hrbcbs@yeah.net
编辑版权热线：（0451）87900271　87900272
销售热线：（0451）87900202　87900203
开　　本：710mm×1000mm　1/32　印张：42　字数：880千字
版　　次：2010年11月第1版
印　　次：2025年5月第2次印刷
书　　号：ISBN 978-7-5484-0293-0
定　　价：120.00元（全六册）

凡购本社图书发现印装错误，请与本社印制部联系调换。
服务热线：（0451）87900279

最伟大的力量

让我们来看看大自然中的这些强大力量是什么。在矿物世界里,每一样东西都是固态的、不易挥发的。在动物与植物的王国里,一切都处于变动不居、不断变化、始终被创造与再创造的状态。在大气中,我们发现了热、光与能量。当我们从有形转到无形、从粗糙转到精细、从低潜力转向高潜力的时候,各门各类都变得更加精细,更具有精神性。

当我们到达看不见的世界时,我们便找到了最纯粹的、处于最不稳定状态的能量。

正如大自然中最强大的力量是看不见的无形力量一样,人身上最强大的力量也是看不见的无形力量——精神力量,而彰显精神力量的唯一方式,就是通过思考的过程。

思考是精神所拥有的唯一活动,思想是思考的唯一产物。

推理,乃是精神的过程;观念,乃是精神的孕育;问题,乃是精神的探照灯和逻辑学;而论辩与哲学,乃是精神的组织机体。

但凡想法,定会导致生命机体某种组织的物质反应,这就会引发机体组织结构中客观的物质改变。所以,只需针对某一给定主题作出一定的思考,就能使人的身体组织发生彻底的改变。

这就是失败演变为成功的过程。勇气、力量、灵感、和谐，这些想法取代了原先的失败、绝望、匮乏、限制与嘈杂的声音，慢慢在心中生根，身体组织也随之发生改变。个体的生命将被新的亮光照耀，旧事已经消亡，万物焕然一新，你因此获得了新生。这是一次精神的重生，生命因此有了新的意义，生命得以重塑，充满了欢乐、信心、希望与活力。你将看到成功的机遇，而此前你是盲目的。

你的身上充满了成功的想法，并辐射到你周围的人，他们反过来又会帮助你前进与攀升。你将吸引到新的、成功的合作伙伴，而这反过来又会改变你的外部环境。

就是通过这样简单的发挥思想的作用，你不仅改变了自身，同时也改变了你的环境、际遇和外部条件。

我们正处在崭新一天的破晓时分。即将到来的各种可能，是如此美妙神奇、如此令人痴醉、如此广阔无边，以至于几乎令你目眩神迷。我们正在经历的事情是一个世纪前做梦也想不到的，而即将发生的还有更多。

不消说，任何一个认识到了《世界上最神奇的心理课》中所包含的内容的人，都将拥有难以想象的优势，足以傲视苍生——他会成为正展现在每个人面前的无穷可能性的一部分。

体验并超越
你的雄心和希望

阅读并体验《世界上最神奇的心理课》，将超越你在生活中的雄心和希望。

◎ 你会完全理解如何梦想成真。

◎ 你会看到"引力法则"究竟如何发挥作用以及它为什么会起作用，并开始看到它的效果几乎是立竿见影的。

◎ 你会学到一种新奇的方式以达到你理想的体重，这种方式并不包括减肥药丸、时尚食物，也不会让自己饿得要死。

◎ 你将学会如何"训练你的大脑"，从而消除你生活中的怀疑与恐惧。

◎ 你将发现拥有生活的意义的重要性，你将会得到训练以帮助你找到这种意义。

◎ 你将学会世界精英们用来建构财富和帝国的技艺。

◎ 通过学习如何集中注意力，你将会懂得：为什么很多聪明人从未达到过那些并不太聪明的人所达到的成功高度。

◎ 要想在任何商业冒险中取得真正的成功，仅仅学习渴望"挣钱"是远远不够的，那只会让你走向失败。

◎ 发现消极的自我诉说如何能很快地被积极的自我诉说所消除、所取代，将会帮助你实现你的目标和梦想。

◎ 把你的计划付诸行动会更容易，并且它会以空前的速度发生。

◎ 结果很快就会出现，速度超出你此前的想象。

◎ 设置目标将变成一件很简单的事。

◎ 实现目标几乎成了你的第二天性。

◎ 你会看到，无论过去有什么事情发生在你的身上，它对现在的影响都微不足道。你会昂首挺胸，以巨人般的意志瞻望未来。

◎ 有三项规律等待为你效劳。学会如何利用它们的力量，你就可以实现你的目标、梦想与渴望。

◎ 通过界定你自己和你的目标，你会让自己看上去能够吸引成功和机遇。

◎ 你会懂得，"巧干"就是在任何努力中取得成功的新秘诀。

◎ 当你体会梦想成真的过程时，你就能够把它应用于生活中的任何方面——个人的、财务的或商业的。

◎ 你会看到，学习并改进你的记忆，可以通过放松而得到很大的帮助。

◎ 阅读固然重要，同时你会发现，知道该读什么甚至更重要。

◎ 你已经耽搁了吗？你不会再耽搁的。一旦你清楚地界定了愿望和目标，你就会在内在自我中找到前所未知的能量和行动的意志。

◎ 每个人都有"百万美元的才能"，但他们并没有加以利用。通过训练你会发现你的这笔财富，你还会看到，如何能让它产生立竿见影的效果。

◎ 你将认识到白日做梦与目标设置之间的差异，以及一个人如何能挣到比别人多十倍的钱。

◎ 当你丢掉芝麻捡起西瓜的时候，你眼下所遇到的问题便会从你的生活中消失。

◎ 你在生活中遭遇的"磕磕碰碰"会更少。

◎ 你学会了如何把问题或目标化整为零，你就能够解决任何问题，实现任何目标。

◎ 你会发现，当你让自己在接近事物的时候静下来，你就会看得更清楚，并因此看到实现梦想的机会与可能。

◎ 你不仅会为自己的失误承担责任，而且还会为自己的成功真正地承担起责任，这是很多人羞于去做或害怕去做的事——但成功者并不这样。

◎ 好的东西出现，坏的东西就会消失。要将你的好的特点付诸应用，将坏的特点彻底消除，你就会成为一个精力充沛的人。

◎ 你会看到，你所遇到的问题很容易被解决，它们是你通向成功的"垫脚石"，而不是事情出错的迹象。

◎ 你的生活将比你所认为的更丰富、更富有、更成功。

◎ 你不仅会拥有开启真正成功之门的钥匙，而且还会知道：什么钥匙开什么门。

致读者

亲爱的朋友：

一位年轻人去找禅师，请教如何才能得到内心的平静。

禅师问他："如果你拥有了宇宙中最伟大的财富，你还能缺什么呢？"

"如何能拥有宇宙中最伟大的财富？"年轻人困惑不解地问。

"产生这个问题的地方，就是宇宙中最伟大的财富。"禅师答道。

对一位禅师来说，这个回答比他们通常借以扬名的那些东西更直截了当。他所指的当然是一个人的心智，亦即一个人的头脑。

一切财富，一切幸福，一切健康，一切关联，这些东西都是我们的心智，亦即我们的观念的产物。用已故的罗伯特·安东·威尔逊的话说，就是：

"头脑产生我们所经历的一切——我们所有的痛苦和烦恼，我们所有的极乐和狂喜，我们所有的发展程度更高的愿景和跨越时代的巅峰体验，以及诸如此类的东西。在最唯物的经济意义上，它也是'宇宙中最伟大的财富'。它创造了所有的观念，这些观念被社会所利用变成了财富：道路、科学规律、历法、工厂、电脑、救命的药物、医学、牛车、汽车、喷气式飞机，太空船……"

从书页上暂时抬起你的眼睛，看看周围吧。你所看到的每一样东西都是某个人的心智的产物。不妨对之思考片刻。

你坐的那把椅子，起初只是某个人的一个想法。他想到了要做一把椅子，于是他就作出设计，买来他所需要的配件，组装它们，然后使得它可以出售。拿那只照亮你的房间的电灯泡来说吧，你肯定会想到爱迪生，是他想出了这个主意，然后又劳心费力地让它变成了现实。你书架上的图书，你所住的房子，你所开的汽车……也都是这样来的。每样东西起初都是某个人的一个想法。

现在，这儿有一个大问题：

怎样才能利用你的心智——宇宙中最伟大的财富，来获得你想要的东西呢？

在我们回答这个问题之前，先让我问你几个问题吧：

◎ 你靠自己的想法和观念赚到钱了没有？你是否让它们实现了充分的价值？

◎ 你吃得好吗？睡得好吗？让自己放松了吗？

◎ 你是否专注于你的生意或工作并依然有足够的时间留给家人？

◎ 你是否像你所希望的那么健康？

◎ 你的日子是否组织得很好？

◎ 在白天你是否有足够的时间完成你应该完成的事情？

◎ 你是否睡得很沉并能很好地恢复精神而不做任何令你恐惧或烦恼的梦？

◎ 你是否总是精力充沛、焕然一新地醒来？

◎ 你的每一天是否都过得充实？

◎ 你是否期盼着每一天的来临？

◎ 你是否让你生活中的每一件事情都对你的精神和身体有益？

◎ 你所遇到的人是否都做了你想让他们做的事情？他们对你的感觉是否如你所愿？他们对你的看法是否如你所想？

◎ 你所遇到的事情是否做起来很容易而且无需付出巨大的努力？

◎ 你是否能把精力集中在一个问题上而把所有别的事情抛开？

◎ 你是否能把一个问题拆开、分化、瓦解，为的是能够理解它的方方面面，以便找出解决的办法——明确地、决定性地、最终地解决问题？

◎ 当你解决了一个问题的时候，你是否能不再考虑此事,并把注意力转移到别的事情上?

◎ 你是否心态平和,摆脱了忧愁、烦乱、焦虑和怀疑?

如果你希望挣到自己真正应得的薪水,带着新的精力和活力期盼着每一天的来临,能轻松地解决生活中的问题,变得无所畏惧,让人们对你作出积极的响应,摆脱你内心中的忧虑和怀疑,那么,可以肯定,你今天所读到的将是最重要的文字。

你将发现,你能做到上面所说的一切,而且会做到更多。通过学习如何利用你所拥有的最伟大的财富,你会做到这一切。

出版前言

很高兴能把查尔斯·哈奈尔这本奇书呈现在您的面前。这将是我们"世界上最神奇的24堂课"体系中的最后一本。它不仅涵盖了许多难以对付的主题,而且会很快把你迷住,因为你将痴迷于对事物的全新理解。

我们必须说明,这本《世界上最神奇的心理课》完全不同于哈奈尔的其他著作,尤其是《世界上最神奇的24堂课》(Ⅰ)。在《世界上最神奇的心理课》中,哈奈尔详细阐述了精神科学背后的观念与理论,提供了许多支持其主张的实例和证据。

尽管这部著作问世已逾百年,但它所论述的若干理论到今天依然有效。对于任何一个渴望理解精神科学的人来说,《世界上最神奇的心理课》都是必不可少的。它对任何一个想透彻理解哈奈尔及其信仰的人来说也是必不可少的。通过他的话,我们可以得到一幅关于他的更清晰的图画——作为一个思想者,一个探索者，甚至多半还是一个梦想家。

此外，在本书的编辑出版过程中，我们亦选取了哈奈尔生前未曾公布的"世界上最神奇的24堂课"体系秘篇，并将其融合于本书之中，相信其中的真知灼见必将能为您的生活——健康积极的生活，贡献一份力量。它们在哈奈尔先生去世60多年后首次公开面对读者，希望读者可以从中得到更多的惊喜和收益。

自然，我们也不能不提到，哈奈尔的时代距今已有半个多世纪，因此，书中的一些观点难免与当今的科技发展相悖触。为此，我们在编辑出版过程中作了必要的处理和调整。而某些因前后文关联不宜删节的地方，我们作了相应的保留。相信以当今读者的智慧，完全能够去粗取精，撷其精华。

为了更好地阅读和理解本书所阐释的奇妙思想，建议读者配合《世界上最神奇的24堂课》(Ⅰ和Ⅱ)一同阅读，从而能够前后融会贯通，深刻理解哈奈尔留给世人的伟大思想。

目 录
CONTENTS

最伟大的力量 1

体验并超越你的雄心和希望 3

致读者 6

出版前言 10

第1课　成功取决于你的心理状态 1

第2课　你也能拥有一切 17

第3课　大师的智慧 35

第4课　改变自我的力量 51

第5课　只有 2% 的人有创造天赋 63

第6课　做一个会创造的人 77

第7课　学会平衡 87

第8课　健康生活的真谛 99

第9课　消除内心的恐惧 109

- 第 10 课　坚持科学的思考方法 **121**
- 第 11 课　祈祷的力量 **135**
- 第 12 课　每个人都有同等伟大的思想 **143**
- 第 13 课　隐藏的甘露 **151**
- 第 14 课　上帝的礼物 **167**
- 第 15 课　生命之桥 **181**

神奇的心理图表 197

第1课
LESSON ONE

成功取决于你的心理状态

当一个目标或意图清晰地占据着思想的时候，它的沉淀（以有形的、可见的形态）仅仅是个时间问题。想象总是先于实现，并决定着实现。

——莉莲·怀汀

1　有金钱意识的人总是吸引金钱。有贫穷意识的人总是吸引贫穷。二者都心想事成，毫厘不爽，通过思想、言辞和行为，为他们所意识的东西铺平了道路。"他心怎样思量，他为人就是怎样。"[1]约伯说："我所害怕的事降临到了我的身上。"意识，或者思想与信念，就是一些精神导线，我们所意识的事物就是借助它们找到了通向我们的路径。

2　惦记夜贼的家庭是个吸引夜贼的家庭。从不担心夜贼或没有意识到夜贼正在进入他家的人，决不会受到骚扰。拦路劫匪从不袭击丝毫也不害怕的人——有某种东西会阻止他。有恐惧意识的人总是招致攻击。正如胆小的人一样，街上那只提心吊胆的狗自然会成为所有其他狗进攻的目标。

---

[1] 这一非常著名的引语出自詹姆斯·艾伦。译者注：此语出自《旧约·箴言》第23章7节。詹姆斯·艾伦写过一篇著名的文章，以这句话的前半句作为标题。

3 人是自己未来的建筑师。他可以造就自己,也可以毁掉自己。他可强可弱,可富可穷,一切取决于他控制自我意识、发展内在能力的方式。一个人所需要的是力量、决心,以及通过工作、活动和学习而带来的自我改进。你必须学会给自己的头脑披上力量与能力的美丽外衣。你必须乐于拿出与用在穿衣打扮上同样多的金钱、时间和耐心,用在美观而有效地拾掇这件精神外衣上。通过践行商业世界中的信任法则和恰当调整,没有什么事情是不可能的。

4 你有一笔有着无穷价值的遗产,尽管它已经被交到了你的手里,但只有通过践行自然、精神和灵魂的法则,从而为它铺就通向你的道路,你才会真正拥有它。生活中的伟大目标和意图,不可能通过瞎猫碰死耗子的方法来实现。你所需要的唯一才能,就是做一个伟大的、强有力的人的能力。不过,千万不要把这种才能包在餐巾纸里藏起来。一定要把它展示出来,让它发挥作用。一定要培养它。如果你想做一个伟大的人,那么就要发现自己的才能,然后对自己说:"这就是我要做的事情,忘掉所有其他事情,我要一往无前,攀登上新的高峰。"你有一项高贵的、与生俱来的权利,如果不善加利用,这项权利就不为人知。

5 很少有人能实现对丰裕的占有,因为这个原因,在那顶峰之上才有成功、名声和荣耀。那里留有你的一席之地。那里,有财富等着你,有荣耀等着你。因此,如果你想达到那样的高度,就要拒绝承认低级事物占据你的注意力的权利,用意志和愿望的内在力量,提升自己在世界中的位置。

6 请记住,意图控制着注意力。要拥有一个伟大而光荣的理想,并让这一理想永远超越你。当你前进的时候,不断创造新的理想或许是必要的,因为理想一旦实现,它就不再是理想了。研究你的理想,与你的理想倾心交流,与它聊天,伴它入梦,让你的心专注于它,让你的雄心与活力把你带向它。"你的财宝在那里,你的心也在那里。"[1]

7 你对自身价值的评估,其发言是如此大声、如此有力,以至于人们本能地觉得:这样的价值就在你所说出的每句话里。"人的礼物,为他开路,引他到高位的人面前。"[2] 相信自己,你就会发现你的礼物,而你的礼物会提升你,用成功给你加冕。保持这种对自己的信任吧。

---

[1]《新约·马太福音》第 6 章 21 节。
[2]《旧约·箴言》第 18 章 16 节。

8 你可曾为自己规划一个伟大的未来？那么就看看，你是否没有告诉任何人，即使你会实现它。

9 你是否有一项伟大的计划、方案或创意正在规划当中？把它保留给自己吧，别透露出来。如果不这样，你就会半途而废。

10 这些是你的私人财产。你对自己的信任，你未来的成功，完全是你的私人图景，不应该让任何人看到，除了你自己。

11 把这些东西保留在你大脑中孕育它们的地方。它们一旦出生，世界就会认识它们。

12 每一幢建筑，无论大小，最初都是一种精神理念。从理念状态，它逐渐发展为精神图景。从精神图景，它发展为一幅草图，或者被画在一张纸上。

13 从这张纸开始，通过竖立起一个钢铁或木质框架，接着是用木材、砖块、石头或水泥筑成的外墙，它最终发展成了物质的表达和形态。

14 这就是一幢建筑赖以进入可视表达的方法。每一幢建筑都是先有它的精神形态，然后才有它的物质形态。物质形态的背后是最初的理念。理念来自不可见领域。获得接受和批准的理念才变得可见。

15 所有大买卖,所有大成功,起初都存在于大想法之中,存在于大计划之中,并与宇宙的伟大心智相契合。

16 在可视化的过程中,或者在构建你的事务的精神图景的过程中,它总是保持在合理的生长与发展的范围之内。一次持久性的成功,通常是需要适度地生长与发展的。你所构建的成功的精神图景如果大于理性所能证明的限度,你肯定会一败涂地。时机不成熟的成功不可能保持下去。

17 把一件事情可视化,直到你完成这件事情。把一次更大的成功可视化,直到你取得这样的成功。然后,一次更大的成功,总是保持在理性的限度之内,总是为不可能的或无法预料的突发情况留有余地。

18 在那顶峰之上有大的机遇。因为很少有人能够充分发展自我,坚持下去,并相信自己能攀上顶峰。眼下每月挣 500 美元的人不会挣到 1000 美元,除非他所提供的服务值每月 1000 美元。

19 你，你自己，就是你的未来的建筑师。当你的真正价值足以大到让你的服务变得必不可少的程度时，商人们才会带着诱人的薪水来找你。然后你就可以报出自己的价格，而且你会得到它。

20 要乐于把金钱投入到精神工具上。要做任何有开发价值的事情。

21 在这样为自己创造成功的同时，你也必须为他人创造成功，因为在某种程度上，成功是互相依赖的。为了你的成功，其他人也必须成功。

22 那些一无所有的人，不可能购买你的服务或产品。因此，你必须激励他人成功。在这方面你越成功，你自己的成功就越完满。

23 你得到的，就是你给予的。给予的多，得到的会更多，因为他人的想法给予了你精神的动力，在这一动力中，你会被携带着跟随超常的力量一起前行，而这种力量是一切力量之源。

24 不可能的事情，总是因为有人胆敢相信它是可能的而成为可能。过去的伟大发明，都是被那些比别人更相信它能实现的人创造出来的。他们的信念，激励了行动、研究、思考和努力。当信念得到工作的有力支持时,它就会结出硕果。这就是"普遍规律"。

25 还有更多的事情等待那些有信念的人去完成。如果你是一个有信念的人,你就会深深地穿透知识之域,从看不见的领域中发掘出崭新的、令人惊叹的东西。

26 这是一项为那些足够勇敢的人而准备的工作,他要敢于站在狮子的洞穴中,当狮子以奚落或恐吓的怒吼威胁着他的生命时,他无所畏惧,毫不害怕。

27 要完成更多的事情,你就必须保存自己的力量,你必须把这些力量用于实现你的理想。矿工深深地挖入土地的内部,勤勉不懈地劳作,拒绝享乐与奢华,这样他才可以获得贵重的金属,为的是在更大、更好的程度上获得生活必需品。

28 既有物质的金矿,也有精神的金矿。精神的金矿是通过集中、勤勉而融会贯通的思考来穿透的。因此,一个人可以披上精神黄金的外衣,这样的外衣使他能够通过实际、巧妙而合理的方法,去吸引物质的财富。

29 冥思苦想就是精神采矿，而深刻的、富有穿透力的思考使得思考者能够把头脑里的黄金转变为手头上的黄金。

30 精神采矿就像采金矿一样需要专心致志。专心致志就是把注意力集中在一个共同的中心上，要集中并加强注意力，不屈不挠，百折不回。百分之百的注意力就是专心致志。

31 炸药被集中为能量，并使能量具体化。头脑在集中的时候就变得充满活力，这样一种头脑能够实现奇迹。充满活力的头脑能够使你在别人失败的时候取得成功。这是真的，因为它发展并创造了吸引成功的方法与手段，它有着实现计划的力量。

32 通向成功的道路是向上的，并存在于向上的攀登中，途中有许多东西要超越，有许多东西要克服，这些东西就像地心引力一样，总是把我们向下拉。

33 很多受过教育的人都失败了，因为他们的知识是肤浅的、智力的，而不是实际的、有生命的。因此，知识并没有把他们跟力量之源联系起来。很多目不识丁之辈，却因为这种内在的精神获得了成功和荣誉，这种精神是不可战胜的。

34 不可能的事总是被转变成可能。要获得"大智"的力量,你就必须放开手脚,无拘无束地去思考、去相信、去实践。

35 有意识地重复任何一个陈述(赞赏的或批评的),会在你的身上产生出这一陈述所表达的品质。给你的"自我"一个坏的名声,并加以诋毁和诽谤,它就会真正符合你所给予它的名声。

36 相反,如果你记住,实际上,你的真正的"自我"是完美的、理想的,因为它是精神的,而且那种精神决不是不完美的;如果你称许它、赞美它,即使它看上去辜负了你,你也会得到你所给予它的好名声,而且你最终会发现:你确实找到了"无价之宝"。

37 集中注意力的能力是天才区别于他人的标志。它包括这样的能力:保持你的心智向无限的知识之源敞开,并因此获得智慧、知识、力量和灵感的提升。避免误入歧途的和漫无目和的精神力量,它是造成生活中许多失败的主要原因。

38 太多的人漫无目的地以误打误撞的方式着手处理生活中的事务。生活中首先考虑的事情应该是熟悉

"普遍规律",这些规律控制着存在的精神层面和物质层面。

39 拿电打比方,精神可以被比作高压电,心智可以被比作变电站。当电车脱离电线的时候,人的状态就是死气沉沉的、不稳定的、胆小怯懦的,在重新建立起这一联系之前,如果他斗胆冒险的话,他的努力就会付诸东流。

40 在心理上懂得自己,就是懂得如何建立起必要的联系,并因此以最大的成功和最小的抵抗把动力应用于生活的难题。

41 对于控制着这一力量的规律,人们所拥有的知识各不相同,人的差异就在于此。未使用的力量,跟埋藏于地底的黄金并无不同。在被发现、被应用之前,它毫无价值。

42 精神的力量可以转换为任何资产。如果恰当地加以引导,它可以实现任何目标。

43 这一力量就是"无价之宝"。它是"一笔埋藏在地里的财宝,一个人在耕地的时候发现了它,便把自己所有的一切全部卖掉,来购买这块地"。(译者

注：参见《新约·马太福音》第 13 章 44 节）它是用餐巾纸包着藏起来的天赋才能，为了实现任何有价值的事情，人们必须发现它、揭示它。

44 这笔"无价之宝"可以通过践行持久、明智、导向准确的努力来获得。

45 人是大自然一切规律、力量和现象的缩影。电话、照相机、飞机、打字机，全都在人的复杂的特性和构造中各有其代表。"人类最伟大的研究是对人的研究"这句话依然是对的。

46 就其本性而言，人是双重的，亦即精神与身体。把精神拿掉，就只剩下一块毫无生气的世俗物质。人的精神有其明确的作用规律和彰显规律，对这些规律的研究，被称作"心理学（Psychology）"。

47 Psycho 的意思是灵魂，ology 的意思是信息、哲学或规律。因此，心理学是灵魂的科学。

48 对统领这门科学的规律的实际应用，将让你能够找到解决生活中任何问题的办法，并因此把自己从不幸的经历中拯救出来。

49 当我们说一个人把全部"精神"都投入到工作中时,我们的意思是:他让自己的"精神"引导他正在做的工作。所有工作,所有技艺——实际上就是生活中的所有事务,都必须有"灵魂"在其中,这样才能成功。灵魂和精神实际上是同义词,控制着它们的规律,就像数学定律一样明确,一样肯定,其结果一样毫厘不爽。

50 一个没有地理知识、没有罗盘的人要寻找一个陌生的国家或异邦的城市会非常困难。但拥有了地理知识、罗盘以及旅行的必需品,他就能轻而易举地找到这样的目的地。

51 拥有了心理学的知识,你就是一个认识了生活之路的人,你所跨出的每一步,都是朝着正确的方向。因此你就可以避免时间和金钱的损失,并在很大程度上控制你在生活中将要遭遇的境况和经历。

52 "普遍规律"总是一成不变的,拿传宗接代来说,每一代总是按照它自己的种类繁衍出来的。在身体层面是这样,在精神的层面也是这样。你的精神,是普遍精神通过人的形态的延伸和彰显。你是无穷心智的一个分支,就像一根嫩枝是一棵树或一根藤的分支一样,这二者,意义并无不同,性质也是一样。

53 人不仅仅是人。一切"神性自我"的可能性都在等待通过你展开,就像尚未绽放的玫瑰,在仲冬时节沉睡在植物的体内,在夏季,借助这种灌木的智能,通过生长和努力,在枝头含苞怒放。玫瑰树以及所有开花植物的智能,在寂静中梦想繁花盛开。开花是它的光荣。瞧呀,植物中的精神把梦想的实现展示在它的成熟表达中。

54 人也是这样渴望成功、渴望力量、渴望光荣,这些是他与"神性存在"合而为一的明证。这些渴望是一种"饥渴",一旦他开始理解那支配着他的"普遍规律",就要满足这样的饥渴。

55 那些失败的人正步行在黑暗或无常之中。他们接触不到光,也接触不到"普遍规律"的指引。他们正在践行个人自我的意志,而不是"神性自我"的意志。他们至今尚未获得让他们得以自由的知识。

56 旧的心理学必须成为过去。"看哪,我将一切都更新了。"[①]一种新的心理学正在出现。

---

① 《新约·启示录》第 21 章 5 节。

57 "不应该让一个人播种却让另一个人收获。狮子与羔羊不应该一起喂养。不要再有哭喊和流泪。不要再有死亡。弯弯曲曲的地方要改为正直,高的地方要改低,低的地方要增高,沙漠要像花园那样鲜花盛开。别再有黑夜,别再有任何让人害怕的东西。"[1]

---

[1] 这段话很可能出自《以赛亚书》。它不是精确引用,但有些部分是直接出自该书,比如"弯弯曲曲的地方要改为正直"。(《以赛亚书》第40章4节。译者注:《新约·路加福音》第3章5节也有同样的话)哈奈尔在其他著作中曾多次引用《以赛亚书》。

第 2 课
LESSON TWO

你也能拥有一切

心想事成

我坚信,心想事成,
想法被赋予了躯体、呼吸和翅膀。
我们放飞自己的想法,让它们
用结果去填充世界,或好或坏。
我们召唤内心隐秘的想法,
让它飞向地球上最遥远的地方,
一路留下它的祝福,或者哀伤,
就像它身后留下的足迹一行行。

我们构建自己的未来,一个想法接一个想法,
我们并不知道,结果是好还是坏。
然而,宇宙就是这样形成的。
想法,是命运的另一个名字。
选择吧,然后等待命运的安排,
因为恨会产生恨,爱会带来爱。

——亨利·范·代克

1 富裕,是宇宙的自然法则。这一法则的证据是决定性的,我们在每一只手上都能看到它。无论何处,大自然都是慷慨的、浪费的、奢侈的。在任何被造物中,没有哪个地方可以观察到节约。不计其数的绿树繁花、植物动物,以及创造与再创造的过程赖以永恒延续的庞大的繁殖系统,所有这一切都显示出了大自然为人类创造环境时的浪费。

2 大自然为每个人准备了丰富的供应,这一点很明显。但是,许多人看上去似乎无缘于这种供应,这一点也同样明显。他们至今没有认识到一切物质的普遍性,没有认识到心智是引发动因的有效要素,凭借这种运动,我们跟自己所渴望的东西建立起联系。

3 要控制环境,就需要了解心智发挥作用的某些科学法则。这样的知识是最有价值的资产。它可以被逐步获得,一旦被掌握就可以被付诸实践。控制环境的力量,就是它的果实之一。健康、和谐与繁荣,是它的资产负债表上的进账。它所需要付出的代价,仅仅是收获其庞大资源时所付出的劳动。

第 2 课　你也能拥有一切　21

4　一切财富都是力量的产物。只有当财富能够赋予力量的时候,拥有财富才是有价值的。只有当事件能作用于力量的时候,它们才是有意义的。一切事物都代表着某种形态、某种程度的力量。

5　发现并统治这种力量,使之能服务于一切人类努力的规律,这标志着一个人类进步的重要纪元。它是迷信与智慧的分界线。它排除了人的生命中反复无常的因素,而代之以绝对的、不可改变的普遍法则。

6　认识了控制着蒸气、电流、化学亲合力与地心引力的因果规律,使得人们能够大胆地计划、勇敢地执行。这些规律被称为"自然法则",因为它们控制着物理世界。但是,并非所有力量都是物理力量,还有精神力量、道德力量和灵魂力量。

7　思想是至关重要的力量,这在最近半个世纪里才得以揭示,并产生出了如此惊人的结果,它所创造的世界,对于 50 年前(甚或 25 年前)的人来说是绝对不可想象的。既然我们在 50 年的时间里通过组建这些精神发电厂获得了这样的结果,那么,在接下来的 50 年里,还有什么是我们不能期望的呢?

8 有些人会说,如果这些法则是真的,那我们为什么不论证它们呢?既然这些基本法则明显是正确的,那我们为什么没有得到正确的结果呢?我们正是这样做的,我们得到的结果完全符合我们理解规律、应用规律的能力。在有人总结出控制电流的规律并告诉我们如何应用之前,我们不会从这些规律中得到任何结果。

9 这使得我们跟环境建立起了一种全新的关系,揭示出了我们此前做梦也想不到的各种可能性,这些是通过一系列井然有序的规律而引发的,而这些规律,必然与我们新的精神姿态有着密切的关系。

10 因此很清楚,丰裕富足的思想只会对类似的思想作出反应。人的财富与他的内在相一致。内在的富足是外在富足的秘密,它吸引着外在财富来到你的身边。

11 生产能力是个体真正的财富之源。因此,一个人如果在他所着手进行的工作中投入全部的身心,那么他的成功是没有止境的。他会不断地付出、给予。他付出的越多,收获的也就越多。

12 思想是借助引力法则运行的一种能量,它的最终体现，便是人们生活中的丰裕富足。

13 一切力量，正如一切软弱一样，皆源于内在。一切成功，正如一切失败一样，其秘密也同样来自人的内心。一切成长都是内心的展开，万物皆然，显而易见。每一株植物，每一只动物，每一个人，都是这一伟大法则的活生生的见证。往昔的错误，就在于人们总是从外在世界中寻找力量或能量。

14 透彻理解遍及宇宙的这一伟大法则，会让我们获得能够开发并拓展的具有创造性思维的心智状态，而这种创造性思维，将给我们的生活带来神奇的改变。

15 绝好的机会将洒遍你的人生之路，正确利用这些机会的能力和悟性，将从你的内心涌出。朋友将不请自来，环境将调整自己以改变你的境遇。你会找到真正的"无价之宝"。

16 智慧、能量、勇气与和谐的环境，全都是力量的结果，而我们已经看到，一切力量皆来自内心。同样，每一种匮乏、局限或不利的环境，都是软弱的结果，而软弱只不过是无力而已。它来自乌有之乡，它本身什么都不是——那么，补救之道不过就是发展力量。

17 这就是许多人变失为得、变惧为勇、变绝望为喜悦、变希望为实现的奥秘。

18 这看上去似乎太好了,以至于不像是真的,但请你记住:就在几年之内,通过触动一个按钮或撬动一根杠杆,科学就已经把几乎取之不尽的资源置于人类的控制之下,难道就不会存在另外一些包含更大可能性的法则吗?

19 正如大自然中最强大的力量是看不见的无形力量一样,人身上最强大的力量也是看不见的无形力量——他的精神力量,而彰显精神力量的唯一方式,就是通过思考的过程。思考是精神所拥有的唯一活动,思想是思考的唯一产物。

20 是故,增减盈亏,都不过是精神事务而已。推理,乃是精神的过程;观念,乃是精神的孕育;问题,乃是精神的探照灯和逻辑学;而论辩与哲学,乃是精神的组织机体。

21 但凡想法,定会导致生命机体某种组织的物质反应,如大脑、神经、肌肉等,这就会引发机体组织结构中客观的物质改变。所以，只需针对某一给定主题作出一定的思考，就能使人的身体组织发生彻底的改变。

22 这就是失败演变为成功的过程。勇气、力量、灵感、和谐，这些想法取代了原先的失败、绝望、匮乏、限制与嘈杂的声音，慢慢在心中生根，身体组织也随之发生改变，个体的生命将被新的亮光所照耀，旧事已经消亡，万物焕然一新，你因此获得了新生。这是一次精神的重生，生命因此有了新的意义，生命得以重塑，充满了欢乐、信心、希望与活力。

23 你将看到成功的机遇，而此前你是盲目的。你将发现新的可能，而此前这些可能对你毫无意义。你的身上充满了成功的想法，并辐射到你周围的人，他们反过来又会帮助你前进与攀升。你将吸引到新的、成功的合作伙伴，而这反过来又会改变你的外部环境。所以，就是通过这样简单地发挥思想的作用，你不仅改变了自身，同时也改变了你的环境、际遇和外部条件。

24 你会看到，你必须看到，我们正处在崭新一天的破晓时分。即将到来的各种可能，是如此美妙神奇，如此令人痴醉，如此广阔无边，以至于几乎令你目眩神迷。一个世纪以前，一个人不要说有一台战斗机了，哪怕只有一挺格林机关枪，也足以歼灭整整一支用当时的武器装备起来的大军。眼下也正是如此，任何人，只要认识到了现代哲学体系中所包含的可能性，都将获得难以想象的优势，从而卓冠群伦，傲视苍生。

25 心智是具有创造性的，它通过引力法则得以运转。我们不要试图影响任何一个人去做我们认为他应该做的事。每个个体都有权自己做出选择，但除此之外，我们可以在强力法则下发挥作用，就其本性而言这是破坏性的，跟引力法则针锋相对。

26 一点点反思就会让你确信：所有伟大的自然规律，都是在默不做声地发挥作用，根本性的法则是引力法则。只有一些破坏性过程，比如地震和灾变，才会使用强力。用这种方式永远不会实现什么好的结果。

27 要想成功，就必须始终把注意力放在创造性的层面上，它一定不能是竞争性的。你别想从任何人那里拿走任何东西。你应该为自己创造某个东西，而你自己希望得到的东西，你应该完全乐意让人人都拥有它。

28 你知道，大可不必把某个东西从某个人那里拿走再给予另一个人，大自然为所有人提供了丰富的供应。大自然的财富仓库是无穷无尽的，如果有某个地方看上去似乎缺乏供应，那仅仅是因为分发的通道尚有缺陷。

29 富裕的获得，正是依赖于对"富裕规律"的认知。心智不仅仅是创造者，而且是唯一的创造者。毫无疑问，任何事物都是在我们已知它可以被创造出来，并付出相应的努力之后，才被创造出来的。当今的世界，与以前相比并没有多了"电"这种东西，只是当有人发现了电的规律，并使之服务于人之后，我们才从中受益。如今，人们了解了电的规律，全世界都被电所照亮。"富裕规律"也是如此，只有那些认识它、遵循它的人，才能分享它所带来的好处。

30 人们由对"富裕规律"的认知发展出了某些精神品质和道德品质，其中就包括勇气、忠诚、机敏、睿智、个性与建设性。这些全都是思想的倾向，而所有思想都是具有创造性的，它们彰显在与精神环境相一致的客观环境中。这必然是正确的，因为个体的思维能力，就是他作用于"普遍心智"并使之得以彰显的能力。每一个想法都是因，而每一种境遇都是果。

31 这一原则赋予个体看上去不可思议的可能性,其中有一种可能性,就是通过机遇的创造与再创造来掌控个人的境遇。这种机遇的创造,意味着必不可少的品质或才能的存在或创造,而这些品质或才能就是思想的力量,它们导致了对决定未来事件的力量的认知。正是这种在心智内部对胜利或成功所进行的构建,这种对内在力量的认知,组成了能够作出响应的和谐行动,据此,我们跟自己所寻求的对象和目标建立起了联系,这就是行动中的"引力法则"。这一法则,是所有人的共同财产,任何一个对其运转拥有足够知识的人,都可以加以运用。

32 **勇气**,就是在对精神冲突的热爱中所彰显出来的心智力量。它是一种庄严而高贵的情操。它既适合发号施令,也同样适合服从执行,二者都需要勇气。它常常有隐藏自己的倾向。也有一些男人和女人,表面上总是只做能让别人高兴的事,但是,当时机出现的时候,潜藏的东西就会显露出来,我们在柔软的手套下发现了铁腕,我们没有错看它。真正的勇气,是冷静、沉着和镇定,决不是有勇无谋、争强好胜、脾气暴躁或好辩喜讼。

33 **积累**，是把我们不断收到的供应部分地储备和保存下来的能力，这样我们就能够利用更好的机会，而一旦我们作好了准备，这样的机会就会出现。不是说"给他曾得到过的"（参阅《新约·马太福音》第 25 章 29 节）吗？所有成功的商人都有这样的品质，而且使它得到了很好的发展。已经去世的詹姆斯·J. 希尔[①]留下了超过 5200 万美元的财产，他说："如果你想知道自己在生活中是注定成功还是注定失败，你可以轻而易举地得到答案。测试方法简单易行，准确无误。你能存钱吗？如果不能，那就算了吧。你会失败的。你或许会想：这不可能。但你肯定会失败，就像你活着一样肯定。成功的种子不在你的身上。"就其本身而言，这个观点很不错，但读过詹姆斯·J. 希尔的传记的人都知道，他是通过遵循我们已经给出的那些方法才挣到他的 5000 万美元的。首先，他从一张白纸开始，不得不利用自己的想象力把他打算穿越西部大草原的庞大铁路计划予以理想化。然后，他必须认识富裕的规律，以便为他实现这一计划提供方法和手段。如果他不执行这一计划，他决不会有任何东西积存下来。

[①] 詹姆斯·J. 希尔（1823-1916）白手起家，缔造了一个铁路帝国。一位记者询问他成功的秘诀时，希尔先生答道："工作，艰苦的工作，充满智慧的工作，然后是更多的工作。"除了他的铁路之外，希尔还从事很多其他的生意：煤矿与铁矿、航运、银行与金融、农业及加工业。在他生命的晚期，希尔写过一本书《进步的大路》，详细阐述了他的经济哲学。

34 积累需要动力。你积累的越多,你的愿望就越多;你的愿望越多,你积累的就越多。就这样,只需要很短的时间,作用与反作用就获得了不可阻止的动力。然而,千万不要把积累跟自私、贪婪或吝啬混为一谈,这些全都是走邪路,会让真正的进步成为不可能。

35 **构建**,是心智的创造性本能。不难看出,每一个成功的商人都必定有能力计划、发展或构建。在商业界,它通常被称作"创新精神"。沿着前人的老路走是远远不够的。必须发展新的观念、新的做事方式。创新精神表现在构建、设计、规划、发明、发现和改进的过程中。创新精神是最有价值的品质,必须不断得到鼓励和发展。每一个个体在某种程度上都拥有创新精神,因为在那无限而永恒的能量中,它是一个意识中心,而万物皆源于这种能量。

36 水呈现在三个层面上:冰、水和蒸汽。它们都是同一种化合物,唯一不同的是温度。但谁也不会试图用冰去驱动引擎,而把它变成蒸汽,它就能很容易承担这个任务。你的能量也是如此,如果你想作用于创造性层面,你首先就要用想象的火焰把冰融化。你弄到的火越猛烈,融化的冰就越多,你的思想就变得越有力,而你实现自己的愿望也就越容易。

37 **睿智**，就是感知自然法则并与之协作的能力。真正的睿智在它败坏堕落的时候也会避开欺诈与瞒骗。它是深刻洞察力的产物，而这样的洞察力，让你能够深入事物的核心，懂得如何引发能够创造成功条件的运动。

38 **机敏**，是商业成功中的一个非常微妙，同时也非常重要的因素。机敏跟直觉颇为类似。要想拥有机敏，你必须有精细的感觉，必须凭直觉知道该说什么、做什么。要想机敏，你必须拥有同情心和理解力，理解力非常罕见，因为所有人都能看、听、感觉，但能够"理解"的人却少得可怜。机敏使你能够预知即将发生的事情，并计算行动的后果。机敏让我们能去感觉我们什么时候拥有了身体上、精神上和道德上的清洁，因为在今天，这些都是成功所必须付出的代价。

39 **忠诚**，是把有力量、有品格的人联结在一起的最强大的纽带。任何人扯断这样的纽带都不可能不受到惩罚。宁愿断臂也不肯卖友的人决不会缺少朋友。那些默默地坚守、如果有必要甚至会坚守到死的人，除了得到信任与友谊的神殿之外，还会发现自己跟一股宇宙力量联系在一起，而只有这种力量才能吸引值得渴望的境遇。

40 **个性**，是展开我们所拥有的潜在可能性的力量，要特立独行，要关注比赛的过程而不是比赛的结果。强者对那些自鸣得意地跑在自己身后的大批模仿者毫不在乎，他们不会满足于仅仅领着一大群人，或者得到乌合之众的欢呼喝彩，这些只能取悦于胸襟狭小之辈。有个性的人更自豪于内在力量的展开，而不是弱者的奴颜婢膝。

41 个性是真正的内在力量，这一力量的发展及其作为结果的表达，使一个人能够承担起指引自己的前进步伐的责任，而不是跟在某个我行我素的领头人之后亦步亦趋。

42 **灵感**，是海纳百川的吸收技艺，是自我认识的艺术，是调整个体心智以适应普遍心智的艺术，是给万力之源加上适当的机械装置的艺术，是区分无形与有形的艺术，是成为无穷智慧流动渠道的艺术，是使完美形象化的艺术，是认识全能力量之无所不在的艺术。

43 **真诚**，是一切幸福的必要条件。可以肯定，认识真诚,并自信地坚持真诚,是一种满足,其他任何东西都无法比拟。真诚是最根本的真实,是所有成功的商业关系或社会关系的先决条件。

44 每一个跟真诚相左的行为,不管是出于无知还是故意,都会削弱我们立足的根基,导致不和谐以及不可避免的失败与混乱。因为每一次正确的行动,连最卑微的心智也能准确地预知它的结果。而如果违反正确的原则,对于其所带来的结果,就连最伟大、最深刻、最敏锐的心智,也会晕头转向,毫无概念。

45 那些在内心中真正确立了成功的必备因素的人,也就确立了自信,奠定了胜利的基础。唯一剩下的事情,就是时常采取这样的步骤:让重新唤醒的思想力量指引自己,并由此保持一切力量的不可思议的秘密。

46 在我们的精神过程中,有意识的不到百分之十,另外百分之九十都是下意识的和无意识的。所以,仅仅依靠有意识的思想来产生结果的人,其行为的有效性也不到百分之十。那些正在实现任何有价值的事情的人,都是能够利用这一更大的精神财富仓库的人。重大的真实,正隐藏在下意识心智的辽阔领地里,也正是在这里,思想找到了它的创造性力量,它的与目标相联系的力量,使不可见的力量变为可见的力量。

47 那些熟悉电学规律的人都懂得这样的原理:电流必定总是从电压高处流向低处,并因此能够让这种力量为自己所用。那些不熟悉这一规律的人,便不会实现任何目标。统治精神世界的规律也是如此。有的人懂得:心智渗透万物,无所不在,反应迅速。他们能够利用这一规律,控制条件、境况与环境。不懂的人就没法利用它,因为他们对此一无所知。

48 这种知识所带来的结果,原本就是大自然的恩赐。正是这一"真理"让人解除了束缚,不仅免于匮乏和局限,而且还免于悲痛、烦恼和忧虑。而且,这一法则并不因人而异,不管你过去的思维习惯如何,你曾走过的路怎样,它都不会对你区别对待。认识到这些,难道还不令人惊叹吗?

第 3 课
LESSON THREE

大师的智慧

> 伟人或大师就像孤独的高塔一样矗立在永恒之城中。那些在外部自然之下的深处穿行的秘密通道,让他们的思想能够与更高的智能相互交流,正是这种智能,增强并控制着他们的思想。对此,那些在地面上终年劳作的人做梦也不曾想到。①
>
> ——亨利·沃兹沃斯·朗费罗

1 大师的智慧就在你的身体与灵魂之内,并让这二者互相贯通。它就是我们每个人身上的"伟人",也是"神人"。它在所有人类生命中都是一样的,是我们熟悉地称做"我是"的那种东西。

2 大师就是那个不受血、肉、魔鬼或诸如此类的东西控制或掌握的人。他不是臣民,而是统治者。他知道,而且知道自己知道。正是因为这个,他才是自由的,才不被任何东西所控制。

3 当你达到了这个境界的时候,你就会稳扎稳打地控制与战胜自己,用越来越多的知识武装你的头脑,

---

① 出自亨利·沃兹沃斯·朗费罗的长篇小说《卡文诺》(*Kavanaugh*)的起始段落。

你让自己的脸朝向光,向前、向上移动。

4 规律变成了你的仆人,不再是你的主人。你说出你的思想或言辞,与真理、意志及恰当的精神图景相伴随,你的言辞实现了它所诉诸的目标。

5 对尚未揭示的、隐藏不露的知识的渴求,应该达到"朝闻道,夕死可矣"的程度。陈规、旧习及名望的偶像,我们决不允许它们成为前进道路上的绊脚石或障碍。每一个攀上过制高点的人,都不得不到达这样一个位置:在这里,他胆敢挑战客观世界的思想、判断和理由。

6 有这样一个故事:一个学生拜一位智者为师。这位智者似乎对自己帮助弟子进步的工作不感兴趣,粗心大意。弟子对智者抱怨自己没学到什么东西。智者说:"很好,年轻人。跟我来。"他领着弟子翻过了山冈,越过了河谷与田野,来到湖边,进入深深的水里。然后,智者把弟子按在水里,紧紧抓住他,直到这个年轻人的全部渴望都集中为一个至关重要的渴望——对空气的渴望。黄金、财富、荣誉、地位及名声,对他来说全都不再重要了。最后,当他快要憋死的时候,智者才把他拉出了水面,说:"年轻人,当你在水里的时候,你最想要的东西是什么？"年轻人说："空气，空气，空气。"接着，他的老师说："当你渴望智慧就像你渴望空气一样迫切的时候，你就会得到它。"

7 因此，强烈的渴望是获得"大师智慧"的首要条件。那些曾在这个世界上留下痕迹的人，那些攀上过高峰的人，就是那些曾强烈地、连续不断地渴望过的人。那些愿望很微弱的人，除非他们在渴望上变得强烈、变得热切，否则决不可能到达制高点或高峰。

8 化学品之间的吸引与排斥完全是智能和极性的问题，或者，我们可以说，是爱与恨的问题。正是如此，心智既可以是吸引成功的磁极，也可以是吸引失败的磁极。你的心智，以一种与你操纵自己意识的方式相一致的方式，变成了金钱磁体。当它成为一块金钱磁体的时候，每一笔交易明显会带来利益。

9 一个人的商业价值，取决于他的内在价值以及他把自己的内在价值带入外部意识和行动的效率。换句话说，正是内部的黄金吸引了外部的黄金，正是内部的价值吸引了外部的价值。一个有财富意识和价值意识的人，加上同等的知识，总会找到自己的一席之地。

10 有人曾说:"心智对躯体的主宰是至高无上的,在一定时间内,它可以让肉体和神经变得坚不可摧,让肌肉像钢铁一样强大,弱者就这样成了强人。因为,控制得当的心智,会按照其本来面目去看待所有事物,按照其本来价值去评价所有事物,利用其自身的优势,坚定不移地坚持自己的观点,因为他知道这些观点的力量和分量。"[1]

11 存在这样的规律:如果违反它们,就会让心智变弱,或者阻碍它的发展,反之,则会导致强有力的心智。践行并遵守这些规律,就会防止心智的软弱,从而发展并表达出被公认为力量的心智品质。

12 别让任何人主宰你的心智!很多人害怕表达他们自己思想的富丽堂皇,因为朋友、邻居或亲属没准会不同意,或者不赞成。这就是遏制或压抑。任何东西在压制之下都不可能生长得强大或强壮。表达是生长的法则。

13 那些阻止你思考的胆小怯懦,总是沿着思想的警

---

[1] 这段话的前一句出自斯陀夫人的《汤姆叔叔的小屋》。译者注:后一句出自拉罗什富科的《道德箴言录》。

戒线，使心智变得愚蠢笨拙，阻挠它被赋予力量。长时期摇摆于两种意见之间，会阻止有力心智的发展。

14 要敢于做一个思想领域的探索者。要敢于深刻地、透彻地思考。这样的勇气，就像肌肉一样，使用得越多就变得越强壮。

15 伟大潜藏于无数男人和女人的胸间，因为缺乏主动，而没有诞生下来，没有表达出来。主动性的缺乏，要归因于畏惧。畏惧，要归因于他相信存在这样两种力量：善的力量和恶的力量。那些让伟大潜藏于自己灵魂的胸怀中而不让它出生的人，更相信恶的力量，而不是善的力量。因为这样的畏惧，他不敢冒险去听从灵魂的召唤并因此获得胜利者和征服者的桂冠。

16 在放弃行动的过程中，他已经因为不敢行动而被战胜了。在这个意义上，畏惧是最大的恶魔，是一切贫穷、不幸、疾病和犯罪的基础与根源。

17 要让任何人都觉得并且相信：他决不会缺乏任何好东西，他正走在通向兴旺的路上。

18 科学家们已经发现：所谓的物质决不可能被消灭。它的形态可以被改变，它可以被衰减为看不见的东西，但是，它依然存在。

19 如果所有可燃的物质都被焚烧殆尽，我们这颗星球的重量却跟以前完全一样，这证明了没有什么东西能够被消灭。[①]

20 形态被改变了，但物质依然以其他形态存在。

21 这本身就是证据，它证明了：物质是永恒的、不可毁灭的。如果大量看得见的物质能够飘浮在大气中，并通过火的分解力而变成看不见的东西，那么我们应该知道下面的说法也同样正确：看不见的东西也能变成看得见的东西。

22 那些能够更深远地思考，足以深入到关于电力及其他非物质力量的、尚未被发现的知识与规律领域的人，会成为发明家和发现者，他们的名字将被写入"名人堂"中。

23 这样的人必定免于畏惧，他们决不会因为奚落和嘲

---

① 这是一个物理定律，即物质守恒定律，它声称：物质既不能被创造，也不能被消灭。

弄而动摇或改变方向，他们保持自己的精神专注并集中于一个目标上。这样的人一往无前，不断进取，不在乎别人会怎么想、怎么说。

24 这就是主动，正是主动促成理想变成现实。相信一切皆有可能的人，对他来说一切都是可能的。一个有这种坚定信念的人，正走在大师之路上。灵感之光照亮他脚下的道路，引领着他的每一步，把他从陷阱与绊脚石的束缚与羁绊中解救出来，带领他从胜利走向胜利。

25 每一个成年人几乎都对下面这个事实所引发的不同现象有所体验：在他的身上存在这样一种心智，它知道并揭示出那些远远超出心智的道德方面和智力层面的可能性的事实与事件。这些现象的出现，其形式可能是"细微的声音"，或者是生动逼真的、有预言性质的梦幻。

26 很多次，它仅仅是作为一种印象或感觉出现的，在那些成功的商人身上尤其如此，这些人的行动，所依据的总是内在的声音或印象，而不是依据外部层面的表象或判断，不管这些判断对理性的头脑来说是多么令人满意。

27 这些经历就是内在的声音,它显示出更高的知识和智慧开始从某个神秘的来源进入显意识心智当中。正是同样的心智,通过古往今来的所有大师在说话。

28 这个声音和这些现象,来自意识的第三层面。它有时候被称做"第六感"。在新心理学中,它被称为"超意识"或"超心智"。这个"超心智"知道你的危险,并保护你。这种保护通常是无法解释的。

29 这一"超心智"还知道绿色的草地和静止的水,勾画出富足与和平的轮廓。它引领那个反应灵敏的学生,他默不做声地倾听着它的智慧,并因此获得了机遇。如果没有这位顾问和向导,他就会被危险和徒劳无功的努力与冒险所战胜。

30 以色列国王中最伟大的财政专家所罗门,让自己的超意识与外部意识联系了起来,并将其有效地彰显在自己私人的、君主的、财政的事务中,所以他就成了以色列王室中最富有、最显赫的国王。

31 有时候,所有其他活动或前进的途径都对我们关闭了,于是我们走进了这条唯一开放的通道并遭遇了成功,如果我们已经从寂静的声音中听懂了某种东西的话，成功的到来或许要早很多。

32 当你与超意识心智之间建立起了联系的时候，你也就与你的启示者之间建立起了联系，这位启示者以静默不语的方式，让你知道所有出现在你面前的人的内心和意图。"披着羊皮的狼"，扮成天使的恶魔，以及装成温驯小狗的狐狸，全都在你面前原形毕露，足以让你警惕起来，加强戒备。

33 这个无所不知的心智真正成了顾问、辩护者和向导。这一内在的声音，或称直觉，将会明智地引导你。它还会在每一次必要的时候警告你，并令你找到一条逃生之路。

34 为了应付这一可能发生的情况，重要的是，你应该有孤独、平静或沉默的时候。在此期间，不要让任何东西打扰你。

35 每一块肌肉都要放松，把心思从所有外部事件中收回，完全采取接纳的姿态。这样，超心智就会显现出来，并激活、点亮、澄清显意识心智的外部层面。

36 最好的做法是每天拿出一些时间用于这样的静默。

你可能还有其他的静默时刻,比如在书桌前、客厅里或者在乘坐公共汽车的那几分钟。

37 在这样的静默中如果没有什么令人惊奇的事情发生,请千万不要灰心丧气。这些令人惊奇的事情通常是发生在静默之后,而不是静默之中。

38 自己不要想任何东西,而是让那个无穷的心智去通过你思考,并为你而思考。

39 起初,当想法开始出现的时候,它们或许不是非常清晰或非常正确。你仅仅需要倾听。当思绪流动的时候,它们会澄清自己,不大一会儿,你就会接收到将对你的生活和工作大有帮助的智慧。

40 即使你似乎根本没有接收到任何显意识的思考,你也可以肯定它已被记录在潜意识当中,在你需要它的时候,它就会出现在显意识心智里。

41 在静默中,你会被照亮、被启发,在生活的道路上你不再是个实验者或投机者。

42 在静默中,你的经验会带有这样的品格,它关乎到你的发展与展开。有的人会捕捉到丰富的思想和计划，有的人会有一种感觉或冲动，使得他们去做（或不做）他们所琢磨的事情。

43 静默的理念和意图，就是要跟伟大的智慧仓库建立起联系——里面装有符合你的特殊需要的磁振动，就跟蓄电池蓄电一样。因此，当你在智慧、活力或机敏方面尚不高明的时候，那么，就进入静默状态给自己充电吧。

44 这是在给自己补充力量，这样你就可以带着供应充足的能量重新回到事务世界中。因此，它让你能够乘胜前进。

45 只有少数人找到了真正带领他们走向神圣境界的道路。它是一条不为人知的秘密小路。它的入口被遮掩了。那些粗心大意、不思进取、注意力不集中的人，从它的旁边漫不经心地走过，毫无觉察。那些践行静默的人会发现它的入口，他们会到达自己的目标。

46 一片剃刀刀片因为它极其锋利的边缘而有了穿透力。在从物质的分子之间穿过时，它只遇到了很小的阻力。注意力集中的头脑，也是尖锐、锋利、有穿透力的头脑，它能找到穿透难题的路，它因此分化、瓦解了表面上看来不可能的事情。

47 许多身陷困惑的生意人,通过每天拿出片刻的时间对自己在生意中的位置进行沉思默想,从而转败为胜。这实现了两个目的:让他跟"普遍规律"同步合拍,让"引力法则"得以运转。这起到了磁铁的作用,其方式跟花蜜吸引蜜蜂的方式并无不同。

48 静默,是学习大师智慧的大学。正是在这里,所有智者接收了他们的智慧。也正是在这里,最伟大的教师指导着他的信徒们。

49 真正的静默,让隐藏的光荣彰显出来,就像百合的光荣一样,藏在它的蓓蕾里,被花蕾的绽放带了出来。隐藏在人身上的智慧和力量也是这样,通过自信和对静默的运用,它们被带入了表达,或者说是开花。这是真正的教育。教育这个词,源自拉丁文 educare,它的意思就是"从内部拽出来"。

50 如果你把静默变成一种享受,就像跟一位非常要好的朋友聊天一样,那么你就会更快地得到结果。

51 态度应该是热切的渴望、关切和决心之一。要实现最大的结果,先要确定你最大的渴望。然后,把注意力集中在这个渴望上,断定它是可以实现的。

52 断定天与地将助你一臂之力。

53 要知道,你不是独自一人,还有内在的心智与你一起工作,监视着你,指导你的想法、决定与行动。

54 放松每一块肌肉,平静下来。想象那无穷无尽的资源任由你支配。

55 伟大的产业领袖只有很少的密友。他们知道,伟大的想法、伟大的行动,以及伟大的功绩,都是在静默中诞生的。

第 4 课
LESSON FOUR

改变自我的力量

如何控制思考方法以满足一个人的愿望，这个问题对那些不熟悉真正的精神训练的人来说，并不像看上去那么难。一个人可以改变自己，改进自己，重新创造自己，控制自己的外部环境，掌握自己的命运，这一点，是每一个完全意识到了正确思考在建设性行动中的力量的人所得出的结论。

——拉森

1 神经系统是物质，它的能量则是心智。因此它是"普遍心智"的手段。它是物质与精神之间的纽带，是我们的意识与"宇宙意识"之间的纽带。它是"无穷力量"的门户。

2 脑脊髓神经系统与交感神经系统，都由种类相同的神经能量控制，这两个系统互相交织，以至于对它们的刺激会互相传递给对方。身体的每一个活动，神经系统的每一个刺激，我们的每一个想法，都要消耗神经能量。

3 神经系统跟心智的关系，就像钢琴跟它的演奏者的关系一样。心智只有当它赖以发挥作用的工具正确的时候才能完成表达。

4 脑脊髓神经系统的器官是大脑,交感神经系统的器官是腹腔神经丛。前者是自觉的或有意识的,后者是不自觉的或下意识的。

5 正是通过脑脊髓神经系统和大脑,我们才意识到了自己所拥有的。因此,一切拥有皆源于意识。小孩子的未曾发育的意识,或者是智力残障者与生俱来的意识,都不能意识到拥有。

6 这种精神环境——意识,随着我们所获取知识的增加而不断改善。知识是通过观察、经验和反思而获得的。

7 我们开始意识到心智所拥有的这些,所以我们承认:拥有是建立在意识的基础之上的。我们把这种意识叫做"内在世界"。我们所获得的那些有形的拥有,则属于"外部世界"。

8 拥有内在世界的是心智。让我们能够在外部世界获得拥有的,也是心智。心智通过思想、精神图景和行动来彰显自己。因此,思想是具有创造性的。

9 我们利用思想去创造条件、环境及其他生活经历的能力，取决于我们的思维习惯。

10 我们做什么，取决于我们是什么；而我们是什么，则取决于我们习惯性地想什么。在我们"做"什么之前，我们首先必须"是"什么；而在我们"是"什么之前，我们必须控制并引导我们内在的思考力量。

11 思想就是力量。宇宙中只有两样东西：力量与形态。当我们认识到我们拥有这种"创造力"、能控制和引导它并通过它作用于客观世界的力量与形态的时候，我们也就完成了我们在精神化学中的第一项实验。

12 普遍心智是一切力量与形态的"实质"，是作为万物之基础的"本体"。与固定的规律相一致，"万物"源于自身，并被自身所创造和维持。这就是得到完美表达的创造性的思想力量。

13 普遍心智是无所不知、无所不能、无所不在的。在它出现的每一个地方，它本质上都是一样的，所有心智都是同一个心智。这解释了宇宙的秩序与和谐。深刻领悟这一陈述，就是拥有了理解并解决生活中所有问题的能力。

14 心智有双重的表达——显意识的（或客观的）与潜意识的（或主观的）。我们通过客观心智与外部世界建立联系，通过主观心智与内在世界建立联系。

15 尽管我们正在把显意识心智与潜意识心智区别开来，但这种区分事实上并不存在，这样处理只不过是为了方便而已。一切心智都是同一个心智。在精神生活的所有层面上，都存在不可分割的统一与完整。

16 潜意识把我们跟普遍心智联系起来，我们就这样跟所有力量建立起了直接的关系。潜意识中所储存的，是我们通过显意识所得到的对生活的观察和体验。它是一个记忆的仓库。

17 潜意识是一个巨大的温床，思想就落在这个温床上，或者是通过观察而得出的经验，或者是偶然事件所播下的种子，然后，它们带着自己成长的果实再一次进入我们的意识。

18 意识是内在的，而思想则是力量的外在表达。二者是不可分割的，想都不想一件东西而就能意识到它的存在,那是不可能的。

19 如果两根电线靠得很近,而且第一根电线携带的电负荷比第二根电线更大,那么,第二根电线就会通过感应而从第一根电线接受部分电流。这一现象可以用来形象地说明人类对普遍心智的姿态。他们并没有有意识地跟这一力量之源建立起联系。

20 如果让第二根电线接触第一根电线,它就会尽其所能地负载更多的电流。当我们意识到力量的时候,我们就成了一根"生命的电线",因为意识让我们跟力量之间建立起了联系。随着我们利用力量的能力的增长,我们就越发能够应对生活中的各种境遇。

21 普遍心智是一切力量、一切形态之源。我们是这一力量赖以彰显的通道。因此,在我们的内心里,有着无限的力量、无限的可能,它们全都受到我们自己的思想的控制。因为我们拥有这些力量,因为我们与普遍心智息息相通,所以我们可以调整或控制我们可能会遭遇的每一种经历。

22 对于普遍心智而言,不存在任何限制。因此,我们对自己跟普遍心智合而为一这一点认识得越充分,我们所意识到的限制或匮乏就越少，所意识到的力量就越多。

23 出现在任何地方的普遍心智都是一样的，不管是出现在无穷大中，还是出现在无穷小中，其相应彰显出来的力量的不同，完全在于表达的能力。

24 一块黏土和一块相同重量的炸药，包含了同样多的能量。但后者身上的能量很容易被释放，而前者身上的能量，我们至今尚没有学会如何释放它。

25 为了表达，我们必须在我们的意识里创造相应的条件。要么是悄无声息的，要么是通过重复，我们把这一条件烙印在潜意识里。

26 意识领会、思想彰显我们所渴望的条件。我们的生活条件和环境条件，只不过是我们的主导思想的反映。所以，正确思考的重要性怎么估价都不过分。"有目而不视，有耳而不听，都让我们不能去理解。"换句话说，没有意识，就没法去理解。

27 思想，如果得到建设性的利用，就会在潜意识中创造出一些倾向，这些倾向又把自己彰显为性格。性格这个词，其原意是刻痕，比如在封印上。它现在的意思是：由天性或习惯在一个人身上留下的特殊品质。它把一个拥有这种性格的人跟所有其他人区别开来。

28 性格分为外向表达和内向表达。内向表达是意图，外向表达是能力。

29 意图，把心智引向要实现的理想、要完成的目标，或者要实现的愿望。意图赋予思想以品质。

30 能力，就是与全能力量协作的能力——尽管这可能是不知不觉地完成的。

31 我们的意图和我们的能力，决定了我们的生活经历。重要的是，意图和能力是平衡的。当前者大于后者的时候，"梦想家"就诞生了；当后者大于前者的时候，结果就是急躁，会产生很多徒劳无益的行动。

32 根据引力法则，我们的经历取决于我们的精神姿态。精神姿态是性格的结果，而性格也同样是精神姿态的结果。二者彼此互为作用与反作用。

33 在每一次经历的背后，看上去似乎都有"机遇"、

"厄运"、"幸运"与"天命"在盲目地发挥着作用。事实并不是这样,而是每次经历都由永恒不变的规律所控制,并可以被控制到产生我们所渴望的条件的程度。

34 每一种成功的商业关系或较高的社会地位,奠定其基础的基本原则都是要认识到内在世界与外在世界的差别,客观世界与主观世界的差别。

35 外部世界围绕着你旋转,你是它的中心。物质,有组织的生命,人民,思想,声音,光及其他振动,以及包罗万象的宇宙本身,都向你发出振动——光、声音与触觉的振动,喧嚣与柔和的振动,爱与恨的振动,思想的振动,好与坏的振动,智与不智的振动,真与不真的振动。这些振动都指向你——你的自我——最小的与最大的,最远的与最近的。它们很少能抵达你的内在世界,大多都匆匆而过,蓦然回首,踪迹已杳。

36 其中有些振动对你的健康、你的力量、你的成功、你的幸福来说是不可或缺的。怎么让它们溜掉了呢?怎么没把它们接收进你的内在世界里呢?

37 把意识看做是一个通项,我们就可以说,意识是外部世界作用于内在世界的结果。它在连续不断地发生,不管我们是清醒还是酣睡。意识是感觉或知觉的结果。

38 我们很容易认识到意识的三个层面,它们之间存在着巨大的差异。

(1) **简单意识**:这是所有动物共同拥有的。它就是存在感。通过这种意识,我们认识到"我是谁",以及"我在什么地方";通过这种意识,我们感知形形色色的对象,以及五花八门的场景和状况。
(2) **自我意识**:这是所有人类(除了婴儿及智力残障者)共同拥有的。它赋予了我们自省的能力,亦即外部世界对我们内部世界所发挥的作用——"自省的自我"。作为其众多的结果之一,语言就这样产生了,每个单词都是代表一种思想或观念的符号。
(3) **宇宙意识**:意识的这一形态高于自我意识之上,就像自我意识高于简单意识之上一样。它不同于前两种意识,就像视觉不同于听觉或触觉一样。盲人不可能对色彩有什么真正的概念,然而,他的听觉却很敏锐,或者触觉很敏感。

39 一个人既不能凭借简单意识也不能凭借自我意识得到关于宇宙意识的任何概念。宇宙意识跟前两者都不一样，其差别甚至超过视觉与听觉的差别。一个聋人决不可能借助他的视觉或触觉来欣赏音乐。

40 宇宙意识是意识的一切形态。它傲然凌驾于时间和空间之上，因为它远离身体和物质世界，对它而言，这些都不存在。

41 不可改变的意识法则是：意识发展到了什么样的程度，主观力量也就发展到了什么样的程度，其结果彰显在客观对象中。

42 宇宙意识是创造必要条件的结果，所以，普遍心智可以按照人们的愿望发挥作用。一切与"自我"的幸福相和谐的振动都可以被捕获、被利用。

43 当真理直接被我们所理解，或者无需通常的推理或观察过程就成了意识的一部分时，它就是直觉。凭借直觉，心智可以立即感知到两种想法之间是一致还是不一致。"自我"总是这样认识真理。

44 通过直觉，心智把知识转变为智慧，把经验转变为成功，并把正在外部世界等待我们的事物带入我们的内在世界。那么，直觉就是那个把真理作为意识的事实呈现出来的普遍心智的另外一种状态。

第 5 课
LESSON FIVE

只有 2% 的人有创造天赋

我们把思考者分为两类：一类是那些自己思考的人，另一类是通过别人思考的人。后者是惯例，前者是例外。第一类人是双重意义上的原创思考者，以及自我主义者（就这个词的高尚意义而言）。这个世界正是（也仅仅是）从他们那里学习智慧。因为只有我们亲手点燃的光亮才能照亮他人。

——叔本华

1. 墨西哥所丢掉的所有矿藏，从印度群岛驶出的所有大商船，所有传说中的满载金银的西班牙财宝船队，跟现代商业理念每8小时创造出的财富比起来，还不如一个乞丐的施舍有价值。

2. 机遇紧跟着感觉，行动紧跟着灵感，成长紧跟着知识，环境紧跟着进步。总是先有精神，然后它才转化成品格与成就的无限可能性。

3. 美国的进步要归功于它2%的人口。换句话说，我们所有的铁路，所有的电话，所有的汽车，所有的图书馆，所有的报纸，以及数不清的其他便利、舒适和必需品，都要归功于其2%的人的创造天赋。

4 自然而然的结果是,我们国家的百万富翁同样也只有2%。如今,谁是那些百万富翁,那些创造性天才,那些有能力、有活力的人呢?我们从文明中所享受到的所有好处,又要归功于谁呢?

5 他们当中有30%的人是穷牧师的儿子,他们的父亲每年挣的钱绝不会超过1500美元。25%的人是教师、医生与乡村律师的儿子。只有5%的人是银行家的儿子。

6 因此,我们很想知道:为什么那2%的人成功地获得了生活中最好的一切,而剩下98%的人却依然朝不保夕?我们知道,这并不是机遇的问题,因为正如我们所知道的那样,宇宙是由规律控制的。规律控制着一切,那么,我们难道不该肯定:它也控制着这些慷慨施舍的分配吗?

7 金钱事务,恰如健康、成长、和谐及其他任何生活条件一样必然、一样肯定、一样明确地受到规律的控制,这个规律是任何人都能遵从的。

8 许多人已经在不知不觉中遵从了这个规律,而另一些人则总是有意识地与之和谐相处。

9 服从规律,意味着你正在加入那个2%的行列。事实上,新纪元,黄金时代,产业解放,都意味着那个2%将要扩张,直至优势状况逆转过来——2%很快变成98%。

10 在探寻真理的同时,我们也在探寻着终极原因。我们知道,所有的人类经历都是结果。因此,如果我们可以找出原因,而且,如果我们发现这个原因是我们可以有意识地加以控制的话,那么,结果(或经历)也就在我们的控制之内了。

11 于是,人类经历不再是命运的橄榄球赛,人不会是运气的孩子。劫数、命运和运气,是可以被不费力气地控制的,就像船长控制他的船、火车司机控制他的火车一样容易。

12 万物最终都可以分解为同样的元素,而且,当它们可以这样转化的时候,它们必定互相关联,而不是彼此对立。

13 物质世界里有着数不清的对立面,为了方便称呼起见,我们给这些对立面赋予了不同的名字。一切事物都有颜色、形状、大小、两端。有北极,也有南极;有内,也有外;有肉眼能够看到的,也有看不到的。所有这些，都不过是对这些对立面的一种表达方式而已。

14 一件事物的两个不同的方面有它们各自的名称。然而，这正反两面是相互关联的，它们不是独立的实体，而是事物整体的两个部分或两个方面。

15 在精神世界中，我们发现了同样的规律。我们说到"知识"和"无知"，但无知不过就是知识的匮乏，因而它仅仅是表达"缺少知识"的一个词而已，其本身并没有任何准则。

16 在道德世界中，我们总是谈论"善"与"恶"，但经过研究我们发现：善与恶只不过是两个相关的术语。想法领先于行动并预先决定着行动。如果这一行动给自己和他人带来好处，我们就称这个结果为善。如果这个结果对自己和他人不利，我们就称之为恶。因此我们发现，"善"与"恶"只不过是为了说明我们行动的结果而生造出来的两个词，而反过来，行动是我们想法的结果。

17 在产业的世界里，我们总是说到"劳动"与"资本"，就好像存在两个截然不同的类别似的。但是，资本是财富，财富是劳动的产物，而劳动必然包括各行各业的劳动——身体的、精神的、管理的、专业的。每一个其全部收入或部分收入依赖于他在商界中所做出的努力的人，都必定被归类为劳动者。因此我们发现，在产业的世界里也只有一个法则，这就是劳动的法则，或产业法则。

18 有许多严肃认真的人都在试图找到解决当前产业与社会混乱问题的方法，而且，我们也总是听到人们谈论产品、浪费与效率，有时候还有创造性思考。

19 人们认识到，和谐是一种隐约出现的新观念，新时代的黎明即将到来，人类历史上的新纪元将要开始。这样的思想正迅速地在人们的心里传播，正在改变着关于人以及其与产业之间的关系的成见。

20 我们知道，每一种境遇都是某个原因的结果，同样的原因总是产生同样的结果。那么，是什么给人类的思想带来了类似的变化呢？比如文艺复兴、宗教改革和产业革命，始终是新知识的发现与讨论。

21 产业被集中化为公司和企业托拉斯，从而带来了竞争的消除以及随之而来的经济后果，这使得人们开始思考。

22 人们看到，对于进步来说竞争并不是必不可少的。他们询问："商界里所发生的这一进展，其后果又会是什么呢？"思想开始逐步呈现出来，它正迅速发芽，将要在所有地方和所有人的心智中喷发，使人们站立不稳，把每一种自私的观念都排挤出去，这种思想认为：商界的解放即将到来。

23 正是这种思想，在唤起人类前所未有的狂热；正是这种思想，集中了力与能量，它将摧毁阻挡在它与它的目的之间的任何障碍。它不是对未来的想象，它不是对现在的想象，它就在门口——而门，已经打开。

24 个体身上的创造本能，就是他的精神天性。它是普遍创造原则的反映，因此是本能的、与生俱来的。它不能被根除，只会被滥用。

25 由于商界中所发生的变化，这种创造本能不再寻求表达。一个人再也不能建造自己的房子，再也不能修造自己的花园，他决不可能指挥自己的劳动，他因此被剥夺了个体所能获得的最大的快乐——创造的快乐、成就的快乐。所以这一伟大的力量被滥用了，被转变为破坏性的通道，变成了嫉妒，这使他总是企图毁灭那些更幸运的同伴的劳动成果。

26 思想导致行动。如果我们希望改变行动的特性，我们就必须改变思想，而改变思想的唯一方式，就是用健康的精神姿态取代现有的混乱的精神状况。

27 很明显，思想的力量是迄今为止现存的最大力量，它控制着所有的其他力量，而这一知识直到最近才被少数人所拥有，它将成为很多人的宝贵优势。那些富有想象力、富有远见的人将会看到把这一思想引向建设性的、创造性的通道的机会；他们会鼓励、培养冒险的精神；他们会唤醒、发展、引导创造性本能。在这样的情形下，我们将很快看到世界此前从未经历过的产业振兴。

28 想法是运转中的心智，正如心智是运转中的大气一样。心智是精神的活动，事实上，它是精神上的人所拥有的唯一活动，而精神是宇宙的创造性法则。

29 因此，当我们思考的时候，我们便启动了一系列的"因"。想法发布出来，并遇到了其他类似的想法，它们汇合在一起，形成了观念。如今，观念独立于思考者而存在，它们是看不见的种子，存在于每一个地方，发芽生长，开花结果，带来千百倍的收获。

30 这导致我们相信——许多人似乎依然这样认为——"财富"是某种非常具体、非常切实的东西,我们可以获得它、拥有它,使它为我们所专用、所独享。不知何故,我们忘记了:世界上所有的黄金,按人均计算,每人只有很少的几美元。

31 然而,黄金仅仅是一个量度标准,一个准则。正如有了一根尺子,我们就可以度量成千上万英尺,同样,有了一张 5 美元的钞票,数以亿计的人就可以使用它,方法只不过是从一个人的手里传到另一个人的手里。

32 因此,我们只要能让财富的符号(我们称之为"钱")保持流通,每个人就能拥有他所想要的一切,任何需要都会得到满足。只有当我们囤积的时候,当我们被担心和恐慌所攫住而又不能挣脱、不能松开的时候,匮乏的感觉才会出现。

33 因此很明显,我们要想从财富中得到什么好处,唯一的办法就是使用它,而要使用它,就必须散尽它,这样其他人就会从中受益。然后,我们为了互惠互利而互相合作,将富裕的法则付诸实践。

34 我们还看到,财富决不像许多人所认为的那样是物质的、切实的，而是正好相反，获得财富的唯一方式就是让它保持流通。而一旦有任何协同行动使得这一交易媒介的流通有被阻断的危险的话，那么就会出现停滞、发烧，以及产业的死亡。

35 正是财富的这种不可捉摸的特性，使得它特别容易受到思想力量的影响，使得许多人能够在一两年的时间里获得其他人努力一辈子也别指望能够获得的财富。这要归功于心智的创造性力量。

36 海伦·威尔曼斯[1]在《征服贫困》(*The Conquest of Poverty*)一书中对这一法则的实际运转给出了一段有趣的描述：

> 人们几乎普遍都在追求金钱。这种追求仅仅来自贪婪的天赋，它的运作被局限在商界的竞争领域。它是一种纯粹的外部行动，其行为方式并不源自于对内在生命的认知，而内在生命有其更美好、更正义、更精神化的渴望。它只是兽性在人的领域的延伸，任何力量都不可能把它提升到人类如今正在接近的神性层面。
>
> 因为，这一层面上的所有提升都是精神成长的

---

[1] 海伦·威尔曼斯（1787-1862）是佛罗里达州的一位信仰疗法师，他写过很多关于"精神科学"的书，包括《精神科学教程》(*Lessons in Mental Science*)和《再生：一篇关于精神疗法的实用论文》(*Second Birth: A Practical Treatise on Mental Healing*)。

结果。这种提升，其正在做的，恰好就是基督所说的我们为了富有而必须做的。它首先寻求的内心的天国，它只存在于这里。在这个天国被发现之后，所有这些东西（外在的财富）都会接踵而至。

一个人的内心中，什么可以称之为天国呢？当我回答这个问题时，10个读者当中没有一个会相信我——绝大多数人对他们自己的内在财富完全缺乏认知。但尽管如此，我还是要回答这个问题，真心实意地回答。

我们内心里的天国，就存在于人类大脑里的潜能当中，这种潜能的极大丰富是任何人做梦也想不到的。软弱无力的人，其机体之内也潜藏着上帝的力量，这些力量一直封闭着，直到他学会了相信它们的存在，然后试图展开它们。人们通常不喜欢反省，这就是他们为什么不富有的原因。在他们对自己以及自己的力量的看法中，他们被贫穷所困，对自己所接触到的每一事物，他们都要留下自己信仰的印记。

即使是一个打短工的人，如果有足够长的时间审视自己的内心，他就能够认识到：他所拥有的才智，完全可以被造就得跟他所效力的那个人一样强大，一样深远。如果他认识到了这一点，并赋予它应得的意义，仅仅这样，就足以解开他的镣铐，让他迎来更好的境遇。

通过认识自我，他应该知道：他跟自己的老板在智力上是平等的，或者可以变得平等，但需要的并不只是这样的认识。他还需要认识法则，并服从它的规定，换句话说，要想让自己攀上更高的位置，还需要更高的认识。他必须认识到这一点，并信任它，因为，正是忠实而信赖地恪守这一真理，他的生命才从身体上得以提升。雇员如果不是纯粹的机器，任何地方的老板都会为得到这样的雇员而欢天喜地——他们希望有头脑的人参与他们的经营，并乐意支付报酬。廉价的希望常常是最昂贵的，就本质意义而言也是利润最少的。随着雇员智力的不断增长或者思考能力的不断发展，对老板来说，他的价值也就不断增加。当雇员的能力发展到能够独立做事的时候，就会有尚没有发展到这样程度的人来取代他的位置。

一个人对自己内在潜力的逐步认识，就是内心的天国，它将被彰显在外部世界里，并建立在那些与之相关的环境中。

一幢精神陋室的设计方案，其本身就来自一幢看得见的陋室的精神，这种精神就表现在与其特征相关的、看得见的外部环境中。

一座精神宫殿以与之相关的结果发送出一座看得见的宫殿的精神。同样可以这样论说疾病与恶、健康与善。

第 6 课
LESSON SIX

做一个会创造的人

> 我们所抱有的跟外部世界某些表象有关的思想,其品质是最真实的东西。这是无可逃避的规律。自古以来,正是这一规律,引领人们相信特殊的天意。
>
> ——威廉斯

1. 如果化学家不生产任何有价值的产品,不生产任何能换成现金的产品,我们压根儿就不感兴趣。幸运的是,我们这里所说的这位化学家,他生产的商品是人类所有的已知商品中现金价值最高的。

2. 他生产一种全世界都想要的东西,一种在任何地方、任何时间都能实现的东西,它可不是一笔呆滞的资产,正相反,它的价值在每个市场都被认可。

3. 这个产品就是思想——统辖整个世界的思想,统辖现存的每个政府、每家银行、每项产业、每个人以及每样东西的思想。仅仅因为思想,一切都将不同。

4. 每个人都是因为他思考问题的方式而成为现在的样

子。人与人、民族与民族之所以彼此不同，仅仅是因为他们以不同的方式思考。

5 那么，思想又是什么呢？思想是每个思想个体所拥有的化学实验室的产品。它是盛开的繁花，是复合的智能，是所有"先在思考过程"的结果；它是饱满的硕果，包含着个体奉献的所有果实中最好的果实。

6 关于思想，不存在任何物质的东西，然而也没有人会为了世界上的所有黄金而放弃自己的思考能力。因此，思想比现存的任何东西都更有价值。既然它不是物质的，那它必定是精神的。

7 那么，这就解释了思想为什么有着令人惊奇的价值。思想是精神活动，事实上，它是精神所拥有的唯一活动。精神，是宇宙的创造性法则，因为部分与整体在种类与品质上必定是一样的，差别只能在程度上，所以思想必定也是创造性的。

8 古人觉得，每件雕刻品都是一种观念或情感的具体化，都是根据这样一个原则被创作出来的：精神状态与身体表达之间存在着完美的一致。

第 6 课 做一个会创造的人 81

9 现如今我们承认，精神状态与人的身体状况存在着直接的一致，而且知识一直是这样被阐述的，以至于我们如今知道：每一种境况都是结果，而这一结果，是一个源于某个理念的原因的产物。

10 现代科学如今把注意力集中在这样一个事实上：理念也是创造各种形式的财富以及财富分配的原因，经济学因此被看做是处理财富及其在物质层面的表达规律的科学。

11 在我们的生活中，我们最好要记住智力规则，记住：得到明智引导的建设性思考会自动地导致它的客体具体化在客观的层面上，因果率在一个被永恒规律所控制的世界里是至高无上的。正是心智（而且只有心智）能提供用以改善生活境遇的知识。正是心智，建造了每一幢房子，写出了每一本书，画出了每一幅图画。受苦与享乐的，也正是心智。因此，关于心智作用的知识对人类来说是极为重要的。

12 人们正在开始思考，这一点已经很明显。从前，每当人们不满或不快的时候就会聚集到附近的一家酒馆里喝点小酒，很快就忘掉了他们的不满和不快。在现在的条件下，情形已经大为不同，人们会把时间花在阅读、研究和思考上,他们思考得越多,他们所满意的东西就越少。

13 我们必须记住:生活这宗大买卖,不应该按照经济的方法来经营,除非我们成功把我们的资源转化成能够用来发展出在身体、精神和道德上都是最高级别的人。

14 或许,如今我们能够向一个人提出的最严肃的问题就是:"你会思考吗?"检验一个人对社会是否有功效、是否有益的标准,将集中在他使用心智的能力上。爱默生所发出的危险信号,最引人注目的莫过于他的呼喊:"当伟大的上帝把一个思想者释放到这个星球上来的时候,可千万要当心。"因此,每一位有自尊的个人,都必须抓住机会、掌握知识、激发心智。真理总是让人自由,真理也总是只对善于思考的人才有用。

15 思考是一个创造的过程,但善于结合才是关键。大自然把电子、原子、分子、细胞结合起来,最终的结果就是宇宙。在人类的努力中,所有进步、发展和成就都是遵循从大自然中所学到的经验的结果。人类从原始的野蛮状态一步一步上升到如今的主人位置,凭借的就是把思想、事物和力量结合并关联起来的能力。

16 在科学与发明的领域，在艺术、文学与商业的领域，在人类活动的方方面面，通过把常见的、普通的、已知的事物结合起来，人们揭示并发现了罕见的、非凡的、未知的事物。人类取得了迅速的进步，尽管人类在寻找新的结合时所采用的方法是无意识的、无系统的。为了排除偶然和机遇，我们必须有科学的方法，可以有意识地、系统地、彻底地、认真地、真诚地、连续不断地加以应用，从而取得更大的成功，更奇妙的发现，更多、更惊人的发明。

17 人类的大脑是最精细、最有活力的媒介，因此它有控制万物的力量。当我们沿着任何一条特殊的思路思考或集中注意力的时候，我们也就开启了一系列的原因。如果我们的思考足够集中，并被持续不断地保持在头脑里，那么会发生什么呢？

18 能发生的只有一件事：无论我们有什么样的幻想、什么样的想象，这幅图景都会被"普遍规律"所认可，通过我们肉身的细胞和外部环境表达出来，而这些细胞则把它们的呼声发送到巨大的无形能量中，要求创造符合这幅图景的物质存在。因此，与我们相关联的境况,取决于无形能量通过人类头脑的媒介所创造出来的东西。

19 思想会下意识地作用于身体或环境。《纽约时报》(*The New York Times*)曾在一篇文章中提道:

大脑的潜意识部分有很多值得注意的能力,其中有一些能力很早就为人所知,尽管说不出个所以然来。而另外一些,则随着心理学家们的研究的深入,正在陆续被发现,几乎每天都有。有不少我们所熟悉的活动,都是只有在我们不再通过有意识的努力去做之后才真正完成了。技巧娴熟的打字员根本不会去寻找按键,就好像那些按键是她的手指头一样,钢琴演奏者也是如此。一个摩托车驾驶者,如果要等到紧急情况出现的时候才去想该做什么,对坐他的车的人来说,这样的车手可是个危险角色。要想安全,他必须"自动地"做正确的事,人们总是这样说,但如今,他的效率被归功于他的潜意识所接受的训练。

由于潜意识从不睡觉,从不忘却,所以,它所接收的教导有着持续的影响。然而,这样的教导为什么不能像过去那样,是直接的、故意的,而应该是间接的、无意的(或者至少是没有被认识到的),这是没什么道理可讲的。

在专家的指导下,任何人都可以开列一份清

单，列出他能够完全放心地托付给他的潜意识力量的日常工作，其数量会让人大吃一惊。这份清单从心跳和呼吸开始，一直到我们遇到一位朋友时决定是不是该伸出手去跟他握手，以及决定到底该伸进哪个口袋才能掏出一把刀子或一支铅笔。

会游泳与不会游泳之间的差别，对显意识来说是个谜，因为没有哪个游泳者能够说出他学会游泳之后所做的跟学会游泳之前所做的有什么不同。但潜意识却知道这之间的区别，并让不久之前还是不可能的事情变成一件轻而易举的差事。

第 7 课
LESSON SEVEN

学会平衡

> 思考把人带向知识。你可以看和听，可以读和学，只要你高兴，而且高兴知道多少就知道多少。除非是利用自己的头脑进行思考，否则你决不会知道任何东西。那么，如果我说，人只有通过思考才能真正成为人，这话是不是太过分了呢？把思想从人的生命中拿走，他还能剩下什么？
>
> ——佩斯特拉齐

1. 大自然一直在试图制造平衡，根据这一规律，我们发现了连续不断的作用与反作用。

2. 物质的浓缩意味着运动的耗散；相反，运动的集中意味着物质的扩散。

3. 这解释了每一存在所经历的整个变化循环。而且，它既适用于每一存在的整个循环，也适用于其历史的每个细节。这两个过程都在每一个实例中不断发生着，不过总是有不同的结果，要么有利于此，要么有利于彼。每一次变化，即使只是局部换位，都不可避免地要助长某一因素。

4 引力法则最终导致平衡，耗散所包含的运动量与聚合所包含的运动量一样大，或者更准确地说，必定是同一运动，一会儿表现为摩尔的形式，一会儿表现为分子的形式。从这一结果，我们不但得出了遍及我们恒星系的局部演化与分解的观念，而且还得出了一般演化与分解不确定交互的观念。

5 1600年，乔尔丹诺·布鲁诺①因为表达了下面的思想而在罗马被活活烧死：

> 种子最开始变成了苗、穗，然后是面包、营养液、血液、动物、精子、胚胎、尸体，然后再是泥土、石头，或其他矿物等等。由此，我们认识到：一种东西就这样变成了所有这些东西，但本质上依然是同一种东西。

6 细微粒子的这种无始无终、连续不断的衰退和流动（其本身并无变化）被称做"食物链"。我们只要谈到这些变化与循环就足够了，宇宙中的物质都经历了这些变化与循环，人类也部分地参与了这些变化与循环，它们没有终点，没有界限。

---

① 乔尔丹诺·布鲁诺（1548-1600），意大利哲学家、天文学家，因为自己的观念与教会的信条相冲突而被作为异端处死。在审判期间，他对法庭说："法官大人，你们在宣判这一判决时，或许比我接受判决更为恐惧。"

7 分解与产生，毁灭与革新，在一个无休无止的循环中的任何地方都是环环相扣的。在我们所吃的面包中，在我们呼吸的空气里，我们汲取曾经构建过我们祖先躯体的物质。不仅如此，我们自己每天都要拿出构成我们身体部分的物质给外部世界，不久，我们又会取回这些物质，那是我们的邻居用类似的方式拿出来的。

8 说到战场上的征服者，我们可以确切地说，他们完全是通过把他们的敌人当做日常食品吃掉而从他们的胜利中得到好处的，因为战场上的尸骨常常被大车拉走，变成了肥料。

9 这个地球上的所有能量，有机的或无机的，都直接或间接地来自太阳。潺潺流水、习习微风、隆隆响雷、袅袅白云，以及熠熠闪光，从天而降的雨、雪、露、霜或冰雹，植物的生长，以及动物和人类躯体的温暖和运动，木柴、煤炭及其他任何东西的燃烧，这一切都是太阳能的结果。

10 通过燃烧的过程，贮存在木柴或煤炭中的已经化为乌有的阳光可以再一次被释放出来。推动机车向前的力量只不过是阳光转化成了力。

11 1857年，伦敦的默里先生出版了英国著名工程师乔治·斯蒂芬森的传记，书中有一段饶有趣味的关于光热循环的描写是这样的：

礼拜天，这帮人刚从教堂回来，当他们站在阳台上眺望着火车站的时候，一列火车疾驰而过，车后留下了一条长长的白色蒸汽。

"现在，"斯蒂芬森对著名地质学家巴克兰说，"您能否告诉我是什么力量驱动了那列火车？""干吗问这个？"对方回答道，"我想应该是您的一台大机车吧。""但又是什么驱动了机车呢？""噢，多半是您的一位身材结实的纽卡斯尔火车司机吧。"

"您对太阳光怎么看？""您的意思是……？""没有什么别的东西驱动机车，"这位伟大的工程师说，"它是千百年来积聚在地球上的太阳光——被植物所吸收的光，这些植物在它们生长期间可以把碳凝固下来，如今，在埋藏在地球煤层中千百年之后，它们被再一次释放出来，以服务于人类的伟大目的，在这里就是机车。"

12 同样是这种太阳能，以水蒸气的形式从海洋中吸收了水。要不是因为太阳的作用，水会永远保持它完美的平衡。太阳的射线落在海面上，把水转变成了水蒸气，这些水蒸气以雾的形式被吸收进了大气当中。风以云的形式把它们聚到一起，并带着它们穿越大陆。在那里,通过温度的改变,它们再一次被转变成了雨或雪。

13 你不妨研究研究雪花那神奇而美丽的形状吧,它们在寒冷的冬天降落在地面上,那么,你就会让自己确信:某一天的形状完全不同于前一天或后一天的形状,尽管环境只有极小程度的差异。

14 然而,这种细微的差异足以发展出那些大为不同的形状。这表明——正如卡鲁斯·斯特恩所说的:

> 这些转瞬即逝的形状,每一种都是湿气、运动、压力、温度、稀薄、电压以及空气中的化学成分之间的复杂关系的精确表达。带着多面的观念(任何一个为编织品设计图案的人都会羡慕),这些最简单、最平凡的化合物的与生俱来的才能向我们表明:它们就是这样跟外部世界的造型影响对着干。

15 太阳的照射重新把雪转变成水,地心引力使其从高山流向不同的江河,最终回到它所来的地方,成为海洋的一部分。

16 这些循环,全都受周期规律的控制。万物皆有其诞生、成长、结果和衰亡的周期。这些周期受"七律

（Septimal Law）"控制。

17 "七律"管理着每周的七日，管理着月相以及声音、光、热、磁场、原子结构等的和谐。它控制着个体生命和国家的兴亡，也主宰着商业世界的种种活动。

18 统计学家们知道，每一个经济繁荣时期后都会紧跟着一个经济萧条时期，因此，预言商业世界的一般状况对他们来说并不是什么难事。我们可以把同样的规律应用于我们自己的生活，由此可以理解许多看上去似乎令人费解的经历。

19 生命在于成长，成长在于改变，每一个七年的循环，对我们而言意味着一个新的阶段。人生的第一个七年是幼年期，接下来的第二个七年是儿童期，儿童期意味着个体责任感的开端。下一个七年是青春期，在第四个七年中生命将达到完全的成熟。第五个七年是建设期，在这个阶段中，人们开始获取财富、成就、住宅和家庭。从35岁到42岁的一个七年是反应和行动的阶段，这个阶段后是一个重组、调整和恢复的阶段。然后，从50岁起，就开始了人生下一个七七循环。

20 有很多人认为整个世界即将迈出第六个周期，进入第七个阶段——一个调整、重构与和谐的阶段，也就是通常所说的"千禧年"。

21 数字仅仅是个符号。它们标示出能量的质与量，它们的符号适用于天地万物。

22 要完成任何被造物（即便是理念）的物理呈现，都需要七个周期。

23 在布拉瓦茨基夫人①的《秘密的教义》(Secret Doctrine)及其他别的一些神秘学者的作品中，我们知道：在地球上人类的发展过程中，有7个大的周期，每个周期产生一个大种族，每个大种族又再分为7个亚种族。

24 在不同的民族中，这7个"宇宙的创造性力量"以7颗神圣行星的"统治者"而著称，这7颗行星是：太阳、月亮、水星、火星、金星、木星和土星。

25 月亮每隔7天都要改变它的外观。一个众所周知的事实是：月相不仅支配着潮汐和植被，而且也对人

---

① 即海伦娜·彼得罗夫娜·哈恩（1831-1891），她是通神学会的创立者之一。这是一个信仰团体，他们认为：一切宗教都是人试图发现"神"的努力，因此，每一种宗教都拥有部分真理。

的精神状态发挥着周期性的影响。

26 "7"这个数字,支持了对身体、精神和灵魂合而为一的认识。对于揭示生命的奥秘,它洞察的深度达到了最大限度。"7"是揭示大自然因果律的关键数字。

27 在许多方面,数字、文字和理念之间都存在着实际的、有形的、可论证的关系,全都与因此引起的振动有着作用与反作用的关系。这些振动,既是物理的,也是精神的。

28 大自然不会犯错。它的每一次彰显都呈现了神的观念,我们的行动在无意中被弄得与它的规律相一致。这排除了偶然的因素,我们是什么,我们做什么,一切都是明确的、不变的规律发挥作用的结果,它们反过来作用于我们的生活。一切都依照生命的唯一基本法则,这就是运动或振动,它永远在寻求平衡。

29 法国哲学家帕斯卡强有力地指出:"宇宙是一个圆,其圆心无处不在,其圆周无处可在。"

30 正如物质在时间上是无休无止的(或者说是永恒不

灭的）一样，它在空间上也没有起点和终点。在它的真实存在中，它超出了时间与空间的观念强加在我们有限心智上的限制。

31 不论我们是在最大限度上还是最小限度上去调查或研究物质的范围，我们在任何地方都找不到终点，或者最终形态，无论我们是借助思考还是求助于实验。

32 显微镜的发明，打开了此前不为人知的世界。它向研究者揭示了有机生命与有机构成元素的精密与细微，这是此前人们做梦也想不到的。人们于是抱有了这样一个大胆的希望：想追寻最终有机元素的踪迹，或许就是在存在的基础上。

33 这样的希望，其失望的程度跟我们对工具的改良程度成正比。在一滴水的百分之一中，我们也能找到一个有机生命的世界。这些生命，通过它们的运动，让我们丝毫也不怀疑：它们同样有动物生命的两个主要标志——感觉和意志。

34 对于其中最小的生命个体，我们在最高倍的显微镜下几乎也不能辨认出它们的轮廓，我们对它们的内部组织依然是一无所知。是不是还有更小的生命形态存在，对此我们也一无所知。

35 科塔问道："在一个由更小有机体所组成的侏儒世界里，凭借改良了的工具，我们是否该把单细胞生物看得像巨人一样呢？"

36 正如显微镜在微观世界里指导我们一样，望远镜也在宏观世界里引领着我们。在这个领域，天文学家们也大胆地梦想着洞彻宇宙的界限，但是，他们的工具越是完美，在他们目瞪口呆地凝视面前展开的世界越是无际无涯。

37 肉眼在天穹上看到的袅袅薄雾，被望远镜分解成了无数的星星，无数的世界，无数的太阳，无数的行星系。地球上的居民是如此天真而骄傲地以为这个小小的星球就是一切存在的王冠和中心，如今它却从凭空幻想的高度一落千丈，成为一粒在无际无涯的空间里移动的原子。

38 "我们所有的实验，并没有让我们捕捉到界限的蛛丝马迹。望远镜威力的每一次增长，都向我们凝视的眼睛打开了新的繁星与星云的世界，这些即使不是由星系所组成的，也必是自我照明的物质。"

第 8 课
LESSON EIGHT

健康生活的真谛

> 想法产生想法。你把一个想法写在纸上,另一个想法便会接踵而来,而且还有更多的想法联翩而至,直到你写满这张纸。你没法测量你心智的深度,它是一口无底之井。你从里面汲取得越多,它就会越清澈、越富饶。如果你忽视了自我思考,而使用他人的思想,只让他们发表意见,你就决不可能知道自己有什么能力。
>
> ——G.A. 莎拉

1. 思想赖以保存的普遍原理就是振动,像所有其他自然现象一样。每一个想法都会导致振动,而这种振动又会一个波环接一个波环地继续扩张并减弱,就像一颗石头扔进水池所激起的波浪一样。来自其他想法的振动波可能会阻遏它,或者它最终消失于自己的虚弱。

2. 幸福、繁荣和满足,是清晰思考和正确行动的结果,因为思考领先于行动,并决定着行动的性质。正如经济学和力学中的每一次作用都必然带来反作用一样,在人类关系中的每一次作用也会带来同等的反作用,因此,我们开始懂得:物的价值取决于对人的价值的认识。任何时候，只要"物比人更有价值"的信条变得流行起来，那么，把财富的利益置于人的利益之上的程序就会固定下来，其所产生的作用必然会带来反作用。

3 在托尔斯泰的一篇文章中，我们发现，那个一直看着我们的精神存在（我们通常把它的彰显称为"良心"）总是一端指向正确，另一端指向错误。当我们遵循它所显示的路线——从错误到正确的路线时，我们注意不到它。但是，你只要做某件与良心所指的方向背道而驰的事情，你就会意识到这一精神存在，然后它就会显示出动物行为是如何偏离了良心所指示的方向。就像一个航海者，当意识到他正行驶在错误的航线上时，不会继续操作他的桨橹、引擎或船帆，直到把他的航线调整到罗盘所指示的方向，或者消除他的这一背离常轨的意识。每个人，只要感觉到了自己的动物行为与自己的良心的两重性，就只有通过把这一行为调整到符合良心的要求，或者通过向自己隐瞒良心所指出的他的动物生命的错误，才能继续行动。

4 我们可以说，所有人类生命都只包含了这样两种行为：（1）使一个人的行为跟良心相协调；（2）对自我隐瞒良心的指示，为的是能够继续像以前那样生活。

5　有人做前者，有人做后者。要实现前者，只有一种手段：道德启蒙——增加你的自我中的道德之光，注意它所照亮的东西。就后者而言（对自我隐瞒良心的指示），有两种手段：一种是外部的，另一种是内在的。外部手段在于那些能占据你的注意力的事情，它们把你的注意力从良心所给出的指示上转移开来；内在手段在于让良心之光变得越来越暗。

6　正如一个人有两种方法可以避免看到眼前的目标一样（要么把视线转移到其他目标——更引人注意的目标上，要么干脆蒙上自己的眼睛），一个人也正是用这样两种方法向自己隐瞒良心的指示：要么通过外部方法把自己的注意力转移到不同的活动、顾虑、娱乐或游戏上；要么通过内在的方法，阻断注意力本身的器官。对于那些感觉迟钝、道德感有限的人来说，外部转移常常足以让他们认识不到良心对他们的生活错误所给出的指示。但对于道德上很敏感的人来说，这些手段常常是不够的。

7　一个人如果意识到了自己的生活与良心的要求之间存在着冲突，而外部手段并没有把他的注意力从这一意识上完全转移开来，这种意识妨碍了他的生活，为了像从前一样生活，人们只好求助于可靠的内在方法，这就是用麻醉品毒害大脑，从而让良心之光变得越来越暗。

8　一个人不按照良心的要求生活，是还缺乏依据这些要求重塑生活的力量。如果转移不足以让一个人的注意力离开对这一冲突的意识，或者转向的目标已经不再新鲜，这样一来（为了能够继续生活下去，不理会良心的指示）人们就会让那些良心赖以彰显的自己的器官停止活动，正如一个人蒙住自己的眼睛向自己隐瞒他所不愿意看到的东西一样。

9　全世界对酒精、烟草等麻醉品的消费，其原因既不在于个人趣味，也不在于它们所提供的愉悦、消遣和快乐，而仅仅在于人们对向自己隐瞒良心要求的需要。

10　人们不仅麻醉自己，以窒息他们自己的良心，而且，当他们希望其他人也跟良心对着干的时候，还会故意去麻醉他们，换句话说，就是为了剥夺人们的良心而着手去麻醉他们。

11　每个人都知道那些由于某件折磨良心的错事而沉溺于饮酒的人。每个人都能注意到：那些过着不道德的生活的人比其他人更容易被麻醉品所吸引。盗匪与小偷团伙没有麻醉人的东西就活不下去。

12 一句话,我们不可避免地得出这样的结论:麻醉品的使用,无论是大量还是少量,是偶然还是常规,是在高级社交圈子中还是在低级社会阶层中,都是因为一个相同的原因引起的——窒息良心声音的需要,为的是不让他意识到存在于他的生活方式与良心要求之间的冲突。

13 人们普遍承认,烦恼或连续的负面情绪刺激会使消化功能紊乱。当消化功能正常时,饥饿感会停止,它会在我们吃饱了的时候得到抑制,在我们实际需要进食之前不会感到饥饿。在这样的情况下,我们的抑制中心就会恰当地发挥作用。但是,如果我们得了胃病,这个抑制中心就不再发挥作用了,我们总是感到饥饿,结果往往会导致已经受损的消化器官劳累过度。人类不断地在经历诸如此类的小麻烦,这样的麻烦完全是局部的,只会吸引大中心很少的注意。但是,如果这种不适是源自一个根深蒂固的、不能轻易消除的原因的话,更严重的疾病就会接踵而至。在这种情况下,由于它的严重和长期持续,麻烦就会遍及生物体的所有部分,很可能会危及生命。当它达到这种程度的时候,如果大中心的管理有力、坚决而明智，紊乱就不能长期持续。但是，如果大中心软弱无力的话，整个联盟就可能轰然崩溃。

14 林达①医生说："'自然治疗哲学'介绍了一种恶的理性观念，它的原因和目的，亦即它是由违背自然规律而引起的，就其目的而言它是矫正的，只能通过遵从自然规律来克服。如果不是自然规律被某个人在某些地方违反的话，任何地方都不会有任何种类的痛苦、疾病和恶。"

15 这些对自然规律的违反可能被归咎为无知、漠视、任性或恶意。"果"和"因"总是相称的。

16 关于自然生活和自然康复的科学清楚地表明，我们所谓的疾病，主要是大自然在努力消除身体的病态物质，恢复身体的常态功能。疾病的过程，在方式上跟大自然中任何别的事物一样井然有序。我们一定不要阻止或抑制疾病，而是要跟它们合作。因此，我们缓慢而费力地记住了这样一个至关重要的教训："服从规律"是防止疾病的唯一手段，也是治疗疾病的唯一手段。

---

① 亨利·林达（1862-1924），自然医学的先驱。他相信，许多疾病的治疗就是要回归自然，其中最重要的是自然食品。

17 正如"自然治疗哲学"所揭示的那样,治疗的基本规律,作用与反作用的规律,以及病情急转的规律,都让我们铭记了这样一个真理:在健康、疾病和治疗的过程中,没有什么事情是意外的或反复无常的。身体状态的每一次变化,要么是与我们生命的规律相和谐,要么是相冲突。只有完全听任并服从规律,我们才可以掌握规律,达到和维持完美的身体健康。

18 在研究疾病的原因和特性的时候,我们必须努力从头开始,也就是从"生命"本身开始。因为健康、疾病和治疗的过程,就是我们所谓的生命和活力的表现。

19 另一方面,生命或生命力的生机观,则把生命力视为一切力量中的主要力量,来自于所有力量的中心源。

20 这一力量,弥漫于整个被创造的世界之中,并使之温暖,使之充满生机,是伟大的创造性智能的表达。

21 归根到底,大自然中的一切事物,从稍纵即逝的想法或情绪到坚硬无比的钻石或白金,都是运动或振动的形式。

22 我们所谓的"没有生命的自然"是美丽的、有序的,因为它的演奏跟"生命交响曲"的乐谱同调合拍。只有人的演奏才能跑调。这是他的特权,或者说是他的祸根,因为他有选择和行动的自由。

23 现在,我们可以更好地理解健康和疾病的定义了,在"自然疗法"的手册中,它们是被这样定义的:

健康是在生命的身体、心理、道德和精神层面上组成人的实体的元素和力量的正常而和谐的振动,与大自然应用于个体生命的建设性原则相一致。

疾病是在生命的身体、心理、道德和精神层面上组成人的实体的元素和力量的反常而不和谐的振动,与大自然应用于个体生命的破坏性原则相一致。

24 这里自然提出了一个问题:"用什么条件来产生正常或反常的振动呢?"答案是:生物体的振动环境,必须与大自然在人的身体、心理、道德、精神和灵魂等生命和行动领域中建立起来的和谐关系相协调。

第 9 课
LESSON NINE

消除内心的恐惧

> 人心忧惧则前途之光明、世间之幸福顷刻间为黑幕所蔽。而勇敢可以征服一切,它甚至能给血肉之躯增添力量。
>
> ——哈奈尔

1. 你的情感总是试图在行动中表达它们自己。因此,爱的情感总是在展示爱的服务中寻求表达。恨的情感会在报复行动或敌对行动中寻求表达。羞耻的情感会在符合产生这一情感的原因的行动中寻求表达。悲痛的情感会让泪腺产生强烈的行动。

2. 由此你会看到,情感总是把能量集中在寻找发泄渠道的理念或愿望上。

3. 当情感找到恰当的发泄渠道的时候,那么一切都会顺利,但如果它们被禁止,或者被压抑,那么希求或愿望就会继续积聚能量,如果它因为任何原因而最终被压制的话,它就会进入潜意识当中,并一直呆在那里。

4. 这样一种被压制的情感便成了"情结"。这样的情结是一种活的东西——它有生命力，这种生命力非常强烈，除非把它释放出来，否则整个一生都不会减弱。事实上，每一种类似的想法、渴求、愿望或记忆都会让它变本加厉。

5 爱的情感导致腹腔神经丛变得活跃，反过来又会影响到分泌腺的机能，而这些分泌腺对某些身体器官产生振动作用，然后这些身体器官便创造出激情。恨的情感导致某些身体活动加速，从而改变血液的化学机能，结果是导致半瘫痪状态，或者，如果长期持续的话，就会导致完全瘫痪。

6 情感可以通过精神的、言辞的或身体的行动表达出来，它们通常以这三种方式之一得到表达，并因此获得释放，这种能量在几个小时之内便烟消云散了。但是，当我们敬畏、骄傲、愤怒、憎恨或痛苦的时候，这些情绪就会被埋在显意识之下，成了潜意识领域中的精神脓肿，导致更大的痛苦。

7 这样的情结可以找到相反的表达。比方说，一个男人，如果禁止他表达对一个女人的爱，他就会发展成一个憎恨女人的人，一看到女性的东西他就会生气、苦恼。他看上去或许大胆、独立而霸道，但这只不过是一种伪装，他就是凭借这种伪装来掩盖对爱与怜悯的渴望的，这些都是不允许他得到的。此人最终如果要选择配偶，他会无意识地选择一个跟那个导致他悲痛的人完全相反类型的人。爱慕已经被颠倒过来了，他不想要提醒者。

8 痛苦是一种情绪，它打开了潜意识心智的大门。"这就是我因为做错事而得到的惩罚"，这个想法导致了一个结论："好吧，我决不会再犯这样的错了。"这就是个人的痛苦忏悔所带来的自我暗示使之沉入潜意识心智中的洗心革面的暗示。洗心革面就这样发生了，因为它改变了灵魂的渴望，同时也产生了这样一种新的渴望：避免向那种痛苦的结果忏悔。

9 渴望源自于潜意识心智。它显然是一种情绪。情绪源自于灵魂或潜意识心智。愉快的情绪是愉悦，是对潜意识心智为身体所提供服务的奖赏。

10 你已经看到，当某个想法、观念或意图通过情绪而进入了潜意识的时候，交感神经系统接纳了这些想法、观念或意图，并把它们带向身体的各个部分，就这样把想法、观念或意图转变为你生活中的实际经历。

11 显意识心智和潜意识心智之间必不可少的交互作用

需要神经通信系统之间类似的交互作用协助。脑脊髓神经系统就是我们借以从肉体感官接收显意识感知并对身体运动行使控制力的通道。这一神经系统有它的中枢，其中枢在大脑里。

12 任何对生命现象的解释，都必须建立在"统一"理论的基础之上。在所有活物质的内部所找到的精神成分——宇宙智能，都必定在活物质形成之前就存在，它到今天依然存在于我们周围，流淌于我们体内，穿过我们的躯体。这种"宇宙意识"以活物质的形式彰显自己，它与显意识智能携手合作，制造它的食物供应，在越来越高的生命层面上发展组织。

13 这一"宇宙心智"就是宇宙的创造性法则——天地万物的神圣本质。因此，它是一种潜意识活动，而所有的潜意识活动都受交感神经系统的控制，交感神经系统就是潜意识心智的器官。

14 人类的智能从未实现过宇宙智能所产生的那些结果：在植物生命的基础之上发展出一所化学实验室，在我们自己的身体之内产生出精密的机械装置与和谐的社会组织。

15 在矿物世界里,每一样东西都是固态的、不易挥发的。在动物与植物的王国里,一切都处于变动不居、不断变化、始终被创造与再创造的状态。在大气中,我们发现了热、光与能量。当我们从有形转到无形、从粗糙转到精细、从低潜力转向高潜力的时候,各门各类都变得更加精细,更具有精神性。当我们到达看不见的世界时,我们便找到了最纯粹的、处于最不稳定状态的能量。

16 正如大自然中最强大的力量是看不见的无形力量一样,人身上最强大的力量也是看不见的无形力量——他的精神力量,而彰显精神力量的唯一方式,就是通过思考的过程。

17 是故,增减盈亏,都不过是精神事务而已。推理,乃是精神的过程;观念,乃是精神的孕育;问题,乃是精神的探照灯和逻辑学;而论辩与哲学,乃是精神的组织机体。

18 但凡想法,定会导致生命机体某种组织的物质反应,如大脑、神经、肌肉等。这就会引发机体组织结构中客观的物质改变。所以,只需针对某一给定主题作出一定的思考,就能使人的身体组织发生彻底的改变。

19 勇气、力量与灵感的想法最终会扎下根来,当它发生的时候,个体的生命将被新的亮光所照耀。生命对你来说有了全新的意义。你会被重新塑造,充满了欢乐、信心、希望与活力。你将看到此前你从未看见过的机遇。你将发现新的可能,而此前这些可能对你毫无意义。你的身上充满了成功的想法,并辐射到你周围的人,他们反过来又会帮助你前进与攀升。你将吸引到新的、成功的合作伙伴,而这反过来又会改变你的外部环境。所以,就是通过这样简单地发挥思想的作用,你不仅改变了自身,同时也改变了你的环境、际遇和外部条件。

20 这些变化是生命中的精神因素所带来的。这种精神因素不是机械的,因为它具有选择、组织和指引的力量,这样一种力量不可能是机械的。

21 宇宙智能拥有记忆的功能,为的是记录所有它所遭遇过的经历,在更高的生命层面上彰显自己、组织自己。我们在活的生物体内部所发现的遗传的引导力量,正是这种记忆的功能。

22 这种遗传的引导力量常常表现为恐惧。恐惧是一种情绪,因此它不服从理性。你因此像恐惧敌人一样恐惧朋友,像恐惧未来一样恐惧现在和过去。如果恐惧向你发起进攻，你就必须摧毁它。

23 你会对如何实现这个目标感兴趣。理性根本帮不了你，因为恐惧是一种潜意识想法，是情绪的产物。那么必定有其他的办法。

24 这个办法就是唤醒腹腔神经丛，让它行动起来。如果你习惯于深呼吸，那么你就能把腹部扩张到极限。这是你要做的第一件事情。屏住呼吸一到两秒钟，然后（依然把先前吸入的这口气屏住）吸入更多的空气，再把它运到胸腔的上部，并收紧腹部。

25 这样做会让你面红耳赤。继续屏住呼吸一到两秒钟，然后（依然屏住呼吸）收缩胸腔，再次扩张腹腔。不要呼出这口气，而是依然屏住它，迅速地交替扩张腹腔和胸腔 4～5 次，然后呼气。恐惧便消失了。

26 如果恐惧并没有立刻离你而去，那么就重复这个过程，直到恐惧消失。用不了多久，你就会感觉到完全正常了。

27 如果你疲惫不堪，如果你想战胜疲劳，那么请就地站住，让双脚承载你的全部重量。然后深深地吸气，踮起脚尖，抬高身体，双手伸向头的上方，十指朝上。把你的双手在头的上方并到一起，缓慢地吸气，猛烈地呼气。重复这套动作三次。只要花一两分钟的时间，你就会觉得比打个小盹儿更能恢复精力。最后，你就能够战胜疲劳。

28 这种练习的重点在于意念。意念支配着注意力。这反过来作用于想象。想象是一种思想的形态，而思想则是运转中的心智。

29 所有的思想形态都彼此相互作用，直到它们达到成熟的状态，在这种状态下，它们不断繁殖同类的思想，这就是创造的规律。这些都显示在个体的特性中。如果块头很大，骨头很重，指甲很厚，头发很粗，那么我们就知道身体的特征占优势。如果个头很小，骨头不大，指甲薄而柔软，那么我们就知道精神的特征占优势。粗糙的头发表示物质主义倾向，纤细的头发表示敏感而锐利的精神品质。直发表示性格率直，卷发表示思想上的易变和不稳定。

30 蓝眼睛表示轻松、快乐、愉悦、活泼的性情气质。灰眼睛表示冷静、精明、坚定的性格倾向。黑眼睛表示风风火火、神经兮兮、喜欢冒险的性格特征。褐色的眼睛表示真诚、活力和友爱。

31 因此,你是自己最内在的思想的完全彰显。你眼睛的颜色,皮肤的质地,头发的品质,以及你身体的每一根线条,都显示出了你习惯性地抱持的思想特征。

32 不仅如此,你所写的字不仅传达了文字本身所包含的信息,而且还携带了一种与你的思想特性相一致的能量,因此常常带来跟你打算传达的意思完全不同的信息。

33 最后,即使是你所穿的衣服,最终也会呈现出环绕着你的精神气氛。所以,训练有素的心理分析师可以毫不费力地从一个人所穿的衣服上看出他的性格,哪怕他只穿了一会儿。

第 10 课
LESSON TEN

坚持科学的思考方法

科学的发展涤清了宗教和神学本身的尘埃,并发掘出其伟大思想的光芒。而生活中最大的理性,正是对科学思想的无限忠诚地坚持与执著。我们所秉持的,乃是对普遍规律和伟大智能的自然皈依。

1. 科学不是理想主义的,是自然的,它试图知悉任何地方的事实及其逻辑结论,不会预先对这个或那个方向上的体系表示尊崇。格罗夫[①]说:"科学,既不应该有欲望,也不应该有偏见,真理应该是它唯一的目标。"

2. 赫胥黎[②]说:"现代科学已经进入了我们最优秀诗人的作品中,就连文人们也不知不觉地被灌输了科学的精神,并在他们最好的作品中使用了科学的方法。我相信,迄今为止人类最伟大的智力革命,如今正通过科学的作用在缓慢发生。科学在告诉世界:最终的上诉途径是观察和实验,而不是权威;它在告诉世界:要评估证据的价值;它在创造一个

---

① 威廉·罗伯特·格罗夫爵士(1811-1896),英国物理学家,他于1839年研制出了第一个燃料电池。

② 托马斯·亨利·赫胥黎(1825-1895),英国生物学家,达尔文的坚定捍卫者。

坚定的、活生生的信念：永恒不变的道德规律和自然规律是存在的，服从这些规律是一个智能生命的最高目标。"

3 雷迪[①]懒得费心去深思熟虑，而是用实验的方法直接攻击所谓"自然发生说"的特例。

4 "这儿有一些死动物，或几块肉，"他说，"我在大热天里把它们暴露在空气中，要不了几天，它们的身上就会布满密密麻麻的蛆。我把类似的尸体在相当新鲜的时候放进广口瓶里，再在瓶口上蒙一块细密的纱布，这样就不会有一条蛆出现，然而，这些死的物质却以先前一样的方式腐烂了。因此很明显，蛆并不是由腐肉产生的，它们的形成，其原因必定是某种被纱布阻挡在外面的东西。但纱布并不能挡住气体或流体，因此，这个东西必定是以固体微粒的形式存在的，而且大到了无法通过纱布的程度。这些固体微粒究竟是什么，用不了多久你就会揭开这个疑团。因为，那些被腐肉的气味所吸引的苍蝇蜂拥而至，聚集在瓶子的周围，在强有力的但却受到误导的本能的驱使下，把它们的卵（蛆就是从这些卵里出来的）产在了纱布上，并很快就孵化

[①] 弗兰西斯科·雷迪（1626-1697），意大利医生，他的实验推翻了"自然发生说"。

了。因此，结论是不可避免的：蛆并不是由腐肉产生的，而是苍蝇产下的卵使它们得以产生。"

5 这些实验看上去简单得近乎孩子气，你或许感到奇怪，之前怎么没人想到呢？然而，它们尽管简单，却值得悉心研究，因为关于这个课题所做的每项实验都符合这位意大利哲学家所提出的模式。他所做的那些实验，结果都是一样的，不管他使用的材料多么五花八门。雷迪的脑子里必定产生了这样一个推测：在所有诸如此类的实例中（表面上看起来生命是从死物质中产生的），真正的解释是，活性微生物是从外部进入到那个死物质中的。于是，下面这个假说得以明确成形：活性物质总是先在活性物质的媒介中产生的。并且，从此以后，在每一个特例中，在活性物质以任何能够被细心的论证者所承认的其他方式产生出来之前，这个假说有权利得到尊重，也有义务接受驳难。

6 它所承受的，并不是生命形态这样那样的联合，而是一个过程，宇宙是这一过程的产物，这些生命形态是这一过程的瞬间表达。在活性物质的世界里，这一宇宙过程最典型的一个特征便是生存竞争。每一活性物质与所有其他活性物质竞争，其结果就是选择，也就是说，那些幸存下来的生命形态，总体上最适合它们在任何时期所获得的环境。因此,就这方面而言,它们是最适合的。在丘陵植被中,这一宇宙过程所达到的顶点,可以在长满杂草和荆豆的草皮中看到。在那样的环境下,它们从竞争中胜出,并通过它们的生存证明了它们是最适合生存的。

7 在有心智的生命中,最终必定有某些完全一致的特征,不管其组织构成存在多大的差异。在整个宇宙中,思考的规律无疑都是一样的。

8 正如思考器官的发展有可能显示从最低级动物发展到最高级人类的连续过程一样,类似的每一次向上发展的身体特性和精神特性的过程,也可以在他的身上找到。无论是生物形态学还是化学,无论是宏观研究还是微观研究,都不能发现人类大脑与动物大脑之间有什么本质的不同。尽管差异可能很大,但毕竟是程度的差异。这解释了为什么有些科学家会一败涂地,他们试图发现任何这样典型的或本质的不同,并据此把人置于自然史上一个特殊的位置和等级。

9 哈佛大学著名的心理学教授威廉·麦克杜格尔[①]在多伦多举行的一次英国科学促进会的会议上,发表了以下非常重要的言论:

若干年前,当我开始做科学研究的时候,坚持人的目的性需要相当大的道德勇气。那是斯宾塞和赫胥黎的时代,是克利福德和丁代尔的时代,是兰格和魏斯曼的时代,是弗沃姆和贝恩的时代。世界及其中所有的活物,被人们以如此高的威望、如此大的信心呈现为一个机械决定论的体系,以至于人似乎被置于两个尖锐对立的选择面前。

一方面是科学和普遍机械论,另一方面是人道主义、宗教、神秘主义和迷信。

但是,由永恒的坚硬原子和普遍的弹性以太以及纯力学领域所组成的物理宇宙,已经变成了一堆乱七八糟的实体和活动,在发展和消失中不断改变,就像万花筒一样。原子已经离去,物质已经把自己分解为能量;能量是什么,没人说得清楚,就更不用说其变化及进一步演化的可能性了。

在心理学中,当活性生物体的复杂性被人们更充分地认识的时候,当它的代偿、自调节、繁殖及修复的能力得到更充分探索的时候,19世纪人们对机械论的信心也就逐渐衰退了。

---

① 威廉·麦克杜格尔(1871-1938)是一位心理学家,他的工作主要影响了本能理论与社会心理学。

在普通生物学中，机械论的新达尔文主义在进化的难题面前彻底破产了，这些问题有：变异与突变的起源，在进化过程后阶段中心智的优势，有目的性竞争（哪怕是最低水平上的）的迹象，类型的非凡持久性与遍及生命领域的不定可塑性的结合。

10 我不知道什么样的哲学才是真知灼见，我只知道无拘无束的哲学思考才是唯一能把我们领向真知灼见的东西。我是在为真理的重要性和影响力辩护，在我们这个时代，真理可以为所有人而被勇敢地提升。

11 然而，如果我相信我对约翰·杜威①教授所做的极其缺乏自信的解释的话，这个世界上已经产生的科学与批评性思考，带来了两个很大的哲学趋势，我认为，它们对治国艺术都有着重大意义。

12 首先，哲学已经改变了它的知识论——这正是心智认知过程的特性。生物学做出了这一贡献。老的观念认为：知识是从独立的知觉中构建起来的，也就是说，理性是通向知识的坦途。从这个老观念出发，生物学形成了一种新的观念：知识是有机体针

---

① 约翰·杜威（1859-1952），美国哲学家和教育改革家，他极力主张教育应该有实际的应用，而不仅仅是一个抽象的工具。

对其外部环境的行为、反作用与"反击"。知识因此成了一个生物体实现其内在结构丰富可能性的积极、有效的经验。用不着研究技术术语,为理性主义和经验主义奠定基础的古老心理学就被彻底推翻了,以至于我们几乎认不出它变成了什么。

13 其次,关于知识特性的这一变化,给我们认识关于真理特性以及关于什么是真理、什么是真实带来了巨大的变化。我们发现,真理与我们获取知识的方式被绑在了一起。不可改变的真理,属于一个高高在上、不食人间烟火的领域,这一古老的观念如今开始被转变成了这样一种概念:真理是一种正在运转的、活生生的东西。因此,现实与理想、客观与主观、经验与理性、实体与现象之间的古老战斗,已经变得陈腐不堪,因为人们看不出这样的战斗会有什么实际的结果。

14 因为社会正在承受的痛苦并非来自不平衡的预算和被破坏的协定,而是来自错误的精神过程。这些过程当中,有许多已经成了制度;而制度,正如马丁所说,只不过是被陈规化了的习惯而已。因此,人们思考的方式,就是造成或对或错、或智或愚的制度的那种东西。一些有重大错误的精神过程——其中有一些就是由来已久的制度——阻碍了内在生命为满足新的需要而进行扩张,阻止了它们去呼吸一个新的精神早晨的开阔空气,科学正是凭借这个去点亮世界。这些精神习惯并没有被称为恶,因为它们远远地藏在明显的恶之后,以致并没有被认出来。它们并没有登上善的报纸的头版头条,陪审团与调查委员会也不会把它们列入社会崩溃的"诉讼事由"清单上,因为陪审团与委员会自己也被同样的习惯之网给逮住了。但是,除非它们被人们注意并且被改正,否则社会决不可能变得明智。除非社会变得明智,否则它决不可能幸福,也不可能自由。

15 在活的生物体身上,除了纯粹的身体力量和无生命自然的化学之外,必定还有某种别的东西——某种生命一旦停止它也就不复存在的东西。存在这样一个至关重要的条件:在这一条件下,分子有力量导致结籽结构,它们跟无机自然的那些结构有着广泛的不同,完全是站在一个更高的水平上。存在一种进化的力量,一种建筑上的力量,它不仅会提升化学结果,而且还会发展局部与结构的多样性以及祖先品质的遗产,物质成熟的规律对此无法给出解释。

16 奥古斯特·孔德①说:"实证的精神在于要让自己远离两个危险——神秘主义和经验主义。"通过神秘主义,他懂得了对不可证解释的依赖,对先验假说的依赖。人们的想象在这些东西中找到了快乐,但我们必须把所有"真正"的知识带回到一个普遍的或特殊的事实。因此,实证科学拒绝探索物质、目的和原因。它仅仅瞄准现象及其关系。

17 当他借助观察或演绎认识了关于现象及其关系的规律的时候,他就心满意足了。因为这些规律使他能够在某些情况下干预现象,用人工秩序取代自然秩序,更好地满足他的需求。因此,机械的、天文的、物理的、化学的甚至生物学的现象,就是今天的关系与实证科学所研究的对象。

18 但是,一旦问题是源自人类良心的事实,或者是跟社会生活、跟历史相联系的事实,那么相反的倾向便立刻变得突出了。我们的心智不单单要探索现象的规律,而且还要解释它们。我们想要找出其本质和原因。

---

① 奥古斯特·孔德(1798-1857),法国哲学家,社会学之父。他是实证主义的创始人,这一思想体系主张知识的目标仅仅是要描述现象,而不是争论现象的存在。

19 那些乱哄哄的捣乱运动让世界充满了麻烦和骚动,除非最终建立起理性的和谐,否则就会有灭顶之灾。这些动乱并不仅仅归于政治的原因,它们还源自于道德的混乱。而这种道德混乱又源自于智力的混乱,也就是说,源自于缺乏共同诉诸心智的原则,缺乏对观念与信仰的普遍认同。因为对让人类社会延续下去来说,社会成员中的情感以及共同利益的某种和谐并不够。最重要的是,在一个有共同信仰的团体中得以表达的智力和谐是必不可少的。

20 有足够的空闲、受过足够的教育因而能够检验这些结论并拿出他们的证据的人,总是少得可怜。其他人的态度必定是服从或尊重。新的真理是"被证明的"。它不包含任何不是通过科学方法建立并控制的东西,不包含任何超出关系领域的东西,不包含在任何时候都不能被证明是心智能够找到实证的东西。

21 这种形式的"真理"已经存在于大量科学事实的实例中。因此,如今所有人都相信太阳系的理论,我们把这一成就归功于哥白尼,归功于伽利略,归功于牛顿。然而,又有多少人理解这一理论所依据的实证呢?但他们知道,这对他们来说是个信仰的问题,而对另一些人来说则是个科学的问题,要是他们自己也经过必要的研究的话,结果也会同样如此。

22 由知识产生的信仰,在永恒的秩序中找到了它的目标,展示出无休无止的变化,通过无尽的时间,存在于无穷的空间。宇宙能量的彰显,在可能性阶段与解释阶段轮流交替。

23 "神"和"宇宙"只不过是同一个实体,既是精神也是物质,既是思想也是外延,这是神的唯一已知的属性。

24 正如我们没有理由怀疑在遥远的世界里有组织化程度更高的生命存在一样,这些生命存在(作为理性存在而处于更高的发展阶段)也同样毫无疑问在智力上类似于地球人,因为在整个宇宙中,只有一种在各处都是一样的智能才是可以想象的——这种智能让所有的物理规律呈现为智能规律。

25 整个经验事务存在一种即将到来的崩溃,只有科学的崛起并应用其精确的科学方法才能避免出现这种崩溃。不管古人是不是对的,可以肯定的是,现代生活如果没有科学的帮助将是不可能的。这种帮助并不纯粹是实用的。现代科学给了我们一片新的天地。它拓展了我们的观念，革新了我们的方法，并直接扩展了我们的现实观念的范畴。下面的说法一点也不过分：现代人所生活的这个世界，假如古人曾经梦到过的话，恐怕会认为它实在是太奢侈了，甚至都不敢相信那是梦。

第 11 课
LESSON ELEVEN

祈祷的力量

理想和动机影响了人类世界的发展进程，为了我们不能放弃的理想，每个人都在生命中苦苦追寻，苦苦思索。我们等待内心的觉醒，并在为希望祈祷，以使自己的心灵感知人类千百年来最伟大的思想。

1 无论是国家的命运还是个人的命运，都取决于真正基本的因素和力量，比如人与人之间彼此的姿态。对历史的形成，理想和动机比事件更有影响力。对生命的持久关注，人们的所思所想比同时代的任何骚动和剧变都更有意义。

2 现代的令人不满的状况，是根深蒂固的破坏性疾病的症状。以立法和压制的方法对这些疾病施治，可以缓解症状，但不能治愈疾病，它会表现为其他的更糟糕的症状。对陈旧朽烂的衣服缝缝补补，对衣服决不会有什么改善。建设性的措施，必须用于我们文明的基础，亦即我们的思想。

3 生活的哲学，如果它的基础是盲目的乐观主义，是一种并不全天候起作用的宗教，或者是一个不切实际的主张，那么它对知识分子就根本没有吸引力。我们所要面临的严峻考验是：它会起作用吗？

4 表面上不可能的事，正是那些有助于我们去认识可能性的事。如果我们期望进入"启示的福地"的话，我们就必须走上前人从未踏足过的思想小道，穿越无知的沙漠，涉过迷信的沼泽，攀登习俗和礼仪的群山。智能统驭着我们。得到明智指引的思想就是创造力，它自动地促成其目标的实现：在物质层面上彰显。让有耳朵的人去倾听吧。

5 一次普遍的觉醒，其特有的标志之一，就是在怀疑和动荡中闪耀光亮的乐观主义。这种乐观主义表现为照明的形式，当光明普照的时候，恐惧、愤怒、怀疑、自私和贪婪都会消失得无影无踪。我们预见到，对于这一让人变得自由的真理，人们的认识正越来越普遍。在这个新的时代里，几乎不可能有某一个男人或女人首先认识到这一真理，但一个明显的趋势是，对于启蒙之光，人们有越来越普遍的觉醒。

6 在我们的显意识中占据了一定时间的每样事物，最终都在我们的潜意识中留下了痕迹，并成为一种范式，而创造性能量则会把这种范式编入我们的生活和环境中。这就是祈祷力量的秘密。

7 从古至今，对这一规律的运转知之者甚少，但最不可能出现的情况是：由那些深奥的哲学流派的某个学者擅自揭示这一信息。这是因为，那些大权在握的人担心毫无准备的公众不能恰当地运用由于这些原则而释放出的非凡力量。

8 我们知道，宇宙被规律所控制，有果必有因，在同样的条件下，同样的因总是产生同样的果。因此，如果祈祷得到过回应，只要合适的条件得到满足，它就一直会得到回应。这必定是正确的，否则宇宙就是混乱无序的，而不是有序的整体。

9 宇宙的创造性法则没有例外，它不会反复无常，也不会从愤怒、嫉妒或仇恨中发挥作用；不能通过同情或恳求来诱骗、讨好或感动它。但是，如果我们理解我们跟这一宇宙法则是统一的，那么我们就能够受到它的青睐，因为我们将找到智慧和力量之源。

10 每一个思考者都必须承认，对祈祷的回应，宇宙提供了无所不能的普遍智能的证据，在所有事物、所有人的身上，这种普遍智能都是迫在眉睫的。我们此前已经把这种永在的智能人格化了,并称之为上帝。但人格的观念跟形态相关联,而形态是物质的产物,永在的智能或心智必定是一切形态的创造者,是一切能量的管理者,是一切智慧的源泉。

11 祈祷的价值取决于精神活动的规律。思考是一种精神活动,由个体对普遍心智的反作用组成。思考是精神所拥有的唯一活动。精神是创造性的,因此思考是一个创造过程。但是,因为我们绝大部分思考过程都是主观的,而非客观的,所以我们大部分创造性工作都是在主观上进行的。但因为这项工作是精神性的工作,所以它依然是真实的。我们都知道,大自然所有伟大的永恒力量,都是无形的而非有形的,是精神的而非物质的,是主观的而非客观的。

12 但是,正因为思考是一个创造过程,而我们大多数人都是在创造破坏性的条件,我们思考死而不是生,我们思考匮乏而不是富足,我们思考疾病而不是健康,我们思考冲突而不是和谐。所以,我们的经历以及我们所爱的人的经历最后都反映出我们习惯性地抱有的心态,如果我们知道我们是否能为我们所爱的人祈祷,我们也就能通过抱有关于他们的破坏性想法从而损害他们。我们是自由的道德媒介，可以自由地选择我们的所思所想，但我们思考的结果却受到永恒法则的控制。

13 祈祷是以恳求的形式表现出来的想法，而断言是对真理的陈述，它会使信仰增强，而信仰则是另一种强有力的思想形式，它变得不可征服。这一实质就是精神实质，其本身包含了创造者和被创造者。

14 但祈祷和断言并不是创造性思想的唯一表现形式。当建筑师计划修建一幢奇妙的新建筑的时候，他总是在自己的工作室里冥思苦想，调动想象力来构思它新奇的外形，同时包含额外的舒适或效用，结果通常不会让人失望。

15 想象、形象化、全神贯注，都是精神技能，都是创造性的，因为精神就是一种创造性的宇宙法则，发现了思想的创造力的秘密的人，也就发现了时代的秘密。用科学术语来陈述，这一规律就是：思想会跟它的作用对象相关联。但不幸的是，绝大多数人听任他们的思考停留于匮乏、局限、贫困以及其他种种形式的破坏性想法上。因为这一规律对谁都一视同仁，所以他们的所思所想就具体化在他们的环境中。

16 最后,还有爱,爱也是一种思想形态。爱完全不是物质的,谁也不会否认它是某种非常真实的东西。爱也是宇宙的创造性法则。

17 爱是情感的产物,情感受腹腔神经丛和交感神经系统的控制。因此它是潜意识活动,完全处在无意识的神经系统的控制之下。由于这个原因,驱使它的动机常常既非理性也非智力。每一个政治煽动家和宗教复兴运动的鼓吹者都利用了这一法则,他们知道,如果他们能鼓动人们的情绪,他们所希望的结果就会得到保证,因此煽动家总是诉诸听众的激情和偏见,而从不诉诸理性。宗教复兴运动的鼓吹者们总是通过爱的天性来诉诸情感,而从不诉诸智力。他们都知道,当情绪被鼓动起来的时候,理性和智力就会陷入沉寂。

第 12 课
LESSON TWELVE

每个人都有同等伟大的思想

历史已经证明了一个简单的事实，那就是每个人都具有同等伟大的思想。这种思想受赠于祖先，并融入我们的血液乃至心灵之中。在每个人内心深处，都有一种不变的信仰，一种对未来刻骨铭心的憧憬。

1 原始种族从未发展到足以把他们的观念具体表现在文学作品中的程度。他们是所谓的野蛮部落，既有古代的也有现代的，在某种程度上，可以通过他们幸存下来的观念和习俗，通过他们已经变得文明的子孙后代，通过后人们的著述，为人们所了解。

2 在人类社会的早期，人的心理给我们留下了深刻的印象。当然，这些早期种族在细枝末节上有所不同，但差异的程度比你所想象的要小得多，因为存在着这样一个惊人的事实：在世界的所有地区，人的心智在触及到存在的基本事实时，其工作方式几乎是相同的。人的心智过程在心理上的相似，是现代最为惊人的发现之一。

3 古代宗教的本质部分，属于信仰的部分并不如属于实践的部分那么多——人尚未发展到能够足以推理、权衡并比较自己的思想的程度。他们需要纪律，以训练他们的身体和情感。他们为生存而战，这种竞争导致他们仰望超自然的"存在"，以便获得帮助，他把这种存在命名为"神"。为了转移神的愤怒，他们必须献祭——神应该被人畏惧。

4 死后的生命是另一种普遍的信仰。有些灵魂要进入冥府，有些则要进入天国。还有一种信仰就是所谓的"泛灵论"，或者说是信仰万物皆有灵（或魂），不仅仅是动物，还包括树、雷、水、土、火等等。灵魂可能因为人的行为让它们不快而对人实施报复，所以灵魂也应该被人畏惧。

5 这一畏惧体系得到了认可，因为正是借助它人才学会了服从命令。许多部落都有这样的观念：一个动物的没有生命的部位（比如骨头、爪子、尾巴、脚等等）也保留了活物力量中的某种东西，这被称为"拜物教"。

6 跟拜物教密切相关的是"偶像崇拜"。因此我们看到，直到今天，社会组织依然受到古人所抱持的上帝观念的影响。在大地还是女神——无限丰饶的母亲——的那个时代，人就想到了雷霆——勇士的霹雳。

7 我们乐于承认，这些观念为我们的文学作品增添了色彩，也是许多迷信的起源。

8 "图腾制度"是人们给部落细分制度所取的名字，这些分支部落以"图腾"为标志。图腾通常是自然物，比如动物，但也有植物，作为一个氏族或部落的象征。

9 "图腾"是一个美洲印第安语单词，表示"祖先"或者"家族史"，然而这一宗教实践却在世界上许多地方存在。世界上的许多地区都一直在供奉献祭。

10 在这些原始宗教中，一切所谓的文明宗教都可以找到它们的根。一棵树的某些物质是通过它的根得来的，更多的则是通过树叶，来自空气。所以，文明的宗教在很大程度上也要归功于它从遥远的、不文明的过去所继承的东西。它们的信仰常常是非理性的，它们的仪式常常是令人厌恶的，但正是通过它们，向外、向上的道路才得以打开。

11 既然人性从未达到过完美，因此永远也没有完美的宗教，宗教总是极力把自己的形态具体化。但所有宗教本质上是一样的，它们只不过是人性与生俱来的渴望，通过不断增加信仰知识，走完它从肉体到深信的漫长旅程。

12 人就其本性而言永远是有宗教信仰的，他们的内心里永远有一种不灭的渴望，推动他们在其三重展开中不断向前，这就是生命的法则。因此，我们可以把宗教称为"展开生命的技术"。

13 正如"人是时代的继承者"一样，我们发现，在每一个原始时期，都存在这样的教义：它们被传递给后一时期，并融合到他们的信仰中。因此，我们有很多的传说和民间故事，从遥远的年代一直传到我们的手里。

14 当我们阅读、比较这些年代久远的传说与神话时，我们饶有兴味地注意到，有很多故事是通过它们而来的：大毒蛇的故事、亚当与夏娃性别分离的故事、伊甸园的故事、蛋的故事，直到今天它们依然是生活的象征。还有很多其他类似的故事，是作为真理的象征而出现在现代宗教中的。

15 在每一种宗教中，总是有洪水的故事，这一点很重要，因为它与科学相符。科学告诉我们：大地曾多次被淹没。

16 巴比伦、亚述和埃及都留下了思想的遗产，以及对人类的心灵和心智产生过影响的哲学。

17 谁不曾读到过埃及那块神奇土地呢？如果读过，他难道没有从古老的埃及那里感觉到救赎吗？他难道没有想要去那儿的神秘渴望？在那里，他对这一救赎的感受可能会更深。

18 这块已经失去了浪漫的神奇土地，实际上是由三倍浪漫的尼罗河从一片沙漠中创造出来的。这里多半是地球上最古老的文明之一。历史已经消失在朦胧而遥远的过去，但是，远在公元前 5000 年之前，那里就存在这样的部落：众多的神祇生活在那里，每个部落都有自己的图腾。

19 正如周围的国家都有它们的"生殖神"一样，这里更受欢迎的神是冥神奥西里斯和他的妻子、繁殖女神伊希斯。奥西里斯代表尼罗河，伊希斯代表埃及的土地，在某些季节，尼罗河泛滥并灌溉别的沙漠土地，给这些沙地带来丰收，奥西里斯与伊希斯之子霍鲁斯代表收获。

20 埃及的神祇有很多，然而随着时间的推移，埃及的观念与理想也有所改变，它众多的神祇被分组归类，就像在家族中一样，最终共有九个神，后来被希腊人称为"尤尼德"。这种分组是根据我们的十进制数字系统。

21 这一宗教的影响，可以在敏感的社会意识的发展中感觉到。它开启了一个反思和哲学研究的时代。

22 然而，埃及却正在成为无神论者。在它的早期，只有国王才能升天。他们问道："如今，凡夫俗子为什么不能也一样升天呢？"在这里，我们看到了民主政治的种子正在萌芽。

23 据说，那里出现了一位国王，有着强烈的宗教情怀，他试图把人的心智带向一神的观念，这一观念蕴涵在"太阳神"中。但埃及人尚没有为这样的革新做好准备，依然坚持信奉他们古老的神祇。

24 在拉美西斯二世和塞提一世的统治下，埃及开始受到亚洲的影响，但巴力、亚拿—阿什塔等神并没有在埃及人的信仰中留下很深的印记。

第 13 课
LESSON THIRTEEN

隐藏的甘露

获得成功的人生活得很不错，笑口常开，充满爱心。他打动了纯真女性的芳心，赢得了小孩子们的喜爱；他得到了适合他的职位，完成了他的任务；他离开时的世界，比他来到这个世界的时候更好；他从不缺乏对地球之美的欣赏，也不乏表达这种欣赏的能力；他总是寻找他人身上最好的东西，也把自己最好的东西奉献给他人；他们的生活是一种启示，对他们的记忆是一种祝福。

——斯坦利

1 我们生活在一片深不可测的、由可塑的精神物质所组成的海洋里。这种精神物质永远活力充盈、生机勃发。它敏感到了无以复加的程度。它根据不同的精神需求而成形。它通过思想浇铸的模型或构造的母体而得以表达。

2 宇宙是活跃的。为了表达生命，必须要有精神；如果没有精神，一切都无法存在。每一存在的事物，都是这一基本物质的某种彰显，万物由它创造，并持续不断地被再创造。正是人的思考能力，使他成为一个创造者，而不是被造物。

3 万物都是思考过程的结果。人完成了看上去不可能的事情,正是因为他不承认这件事是不可能的。

4 通过专心致志,人们在有穷与无穷、有限与无限、有形与无形、有我与无我之间建立起了联系。

5 物质从电子开始逐步形成,这是把智力能量具体化的一个过程。

6 人们学会了如何乘坐浮动的宫殿穿越海洋,如何在空中飞翔,如何通过被激活的电线把思想传遍四面八方。这一切,对于以前的人来说是多么不同寻常,多么令人惊叹,多么不可理解。

7 人们还会转向对生命本身的研究,用这样得来的知识让日子过得平和而快乐,让寿命变得更长。

8 搜寻长生不老药一直是一项引人入胜的研究,让许多有乌托邦倾向的人倾注了全部的心力。古往今来,哲学家们一直梦想着有一天人会成为物质的主人,那些发黄的手稿中就有许许多多的证据,记录着他们付出的痛苦代价——受挫的幻灭感所带来的极度悲痛。成千上万的研究者都为人类福祉的祭坛奉献了他们的祭品。

9 但是,人们长期寻求的身体安康并不是通过检疫、消毒或健康的膳食实现的;长生不老药和哲学家的石头(即点金石)也不是通过节食、禁食或暗示找到的。

10 "圣贤的水银"和"隐藏的甘露"并不是健康食品的成分。

11 只有当人的心智变得完美,身体才能完美地表达自己。

12 肉身之躯,通过一个连续不断的毁灭与重建的过程得以维持。

13 健康,只不过是一种平衡,这样的平衡,是大自然通过创造新的组织、排除旧的(或废弃的)组织的过程来维持的。

14 憎恨、羡慕、批评、嫉妒、竞争、自私、战争、自杀和谋杀,都是引起血液中酸性状态、导致脑细胞发炎的变化的原因,是灵魂演奏"神圣和谐"还是"奇技淫巧"的关键,这取决于大自然的神奇实验室中化学元素的排列。

15 出生与死亡不断在身体中发生。新的细胞通过把食物、水和空气转变为活性组织而被创造出来。

16 大脑的每一次活动,肌肉的每一次运动,都意味着某些细胞的损毁,以及继之而来的死亡;这些死的、不再使用的细胞的积聚,就是导致疼痛、苦楚和疾病的原因。

17 我们让像恐惧、愤怒、烦恼、憎恨和嫉妒这样一些破坏性的思想占领我们的头脑,这些思想就会影响身体如大脑、神经、心脏、肝和肾的各种功能活动。反过来它们就会拒绝执行它们的功能——建设性的过程停止了,破坏性的过程开始了。

18 对维持生命来说,食物、水和空气是三种必不可少的元素,但还有更加必不可少的东西。我们的每一次呼吸,不仅使我们的肺充满空气,而且让我们自己充满"气能量",这种生命的呼吸满足了心智和灵魂的每一种需求。

19 这种赋予生命的灵魂,比空气、食物和水更加必不可少。一个人可以没有食物而生活 40 天,没有水而生活 3 天,没有空气而生活几分钟,但如果没有以太,则一秒钟也活不了。它是生命的主要本质,包括所有的生命本质，这样一来，呼吸的过程不仅为身体的构建提供了食物，而且也为心智和灵魂提供了食物。

20 在印度，瑜伽学说认为有一个众所周知的事实，但在我们国家却不那么为人所知，这就是：在正常的、有节奏的呼吸中，每次都是通过一个鼻孔呼气和吸气——大约一个小时通过右鼻孔，接下来一个小时通过左鼻孔。

21 通过右鼻孔进入的气息制造正的电磁流，传到脊椎骨的右侧；通过左鼻孔进入的气息发送负的电磁流，传到脊椎骨的左侧。这些电磁流通过交感神经系统的神经节和神经纤维传送到身体的各个部位。

22 在正常的、有节奏的呼吸中，呼气所花的时间大约是吸气的两倍。例如，如果吸气需要 4 秒钟，呼气（包括重新吸气前的自然暂停）就需要 8 秒钟。

23 系统中电磁能量的平衡在很大程度上取决于这种有节奏的呼吸，因此，深度的、畅通无阻的、有节奏的呼气与吸气非常重要。

24 印度的智者都知道，随着呼吸，他们所吸入的不仅是空气的物质元素,而且还有生命本身。他们告诉人们,所有力量的最初力量(一切能量皆源于此),在整个被创造的宇宙中以有节奏的振动、流动与衰退。每一个活物,都是依靠参与这种宇宙的呼吸而活着。

25 需求越积极,供应就越大。因此,当深度的、有节奏的呼吸与宇宙呼吸相和谐的时候,我们就把来自所有生命之源的生命力量与我们生命中最内在的部分联系起来了。如果没有个体生命与生命的大水库之间这种紧密的联系,正如我们所知道的那样,生命的存在将是不可能的事情。

26 自由,并不在于对统领一切的原则视而不见,而是要与它相一致。自然的法则无限正确,违背正确的法则并不是自由;自然的法则无限慈善,脱离慈善法则的作用并不是自由。只有遵从自然的法则,渴望才能得到满足,和谐才能实现,幸福才能获得。

27 奔腾的江河,只有当它被限制在堤岸之内的时候才是自由的。堤岸使它能够执行它特定的功能,并对它慈善的目的作出最出色的回应。正是在抑制自由的情况下,它才发出和谐与繁荣的信息;如果它的河床升高了,或者它的流量极大地增加了,它就会离开河道，蔓延到整个地区，携带着毁灭与荒芜的信息。它不再是自由的，它也不再是一条河。

28 必要就是需求，需求创造行动，结果带来发展。这个过程每隔十年就会创造出更大的发展。所以，我们完全可以说，最近25年世界所取得的进步，比此前任何一个世纪都要大，最近一个世纪世界所取得的进步，比过去所有的时代都要大。

29 尽管不同的人有不同的性格、脾气和特点，但依然有某个明确的规律支配和控制这所有的存在。

30 思想是运动中的心智，精神的重力对于心智的规律来说，就像原子的吸引力对物理科学一样。心智有它的化学力和构成力，这些力同任何物理力一样明确。

31 创造就是心智的力量，借助这一力量，思想被转向内在，孕育和构思新的思想。因此，只有开化了的心智才能独立思考。

32 心智必须获得某种思想的特性，这会让它能够自己孕育思想，而无需借助任何来自外界的种子。

33 当心智获得这一特性的时候,就能够自然而然地产生思想,而无需外部的刺激。

34 这是通过在心智中孕育思想而做到的,是宇宙使之受孕、使之丰饶的结果。

35 一定不要让它们跑到外部空间去,恰恰相反,必须让它们留在内心中,在那里,它们会创造出与它们的特性相一致的精神状态。

36 这种对自生思想及其相应精神状态的观念的吸收,便是"因的法则"。

37 这可能要归因于下面这个事实:精神的宇宙作为心智的统一体而不断受到辐射,而这一心智又与人的心智相联系,作为人的心智发挥作用。

38 它就是本质,它与宇宙的本质为一体,与万物的本质为一体。

39 结果是,在达到思想的无穷大之后,个体就是心智中的全知者,意志中的全知者以及灵魂中的全知者。他的心智的品质是全知,他的灵魂的品质是全知。

40 一个这样的人,在他所做的所有事情中都拥有了真正的力量。他的确是自己命运的主人和创造者,是自己天命的仲裁者。

41 有许多五颜六色的鲜花,每一朵花都开放在伸向伟大太阳的枝干上——太阳是植物生命的上帝——没有抱怨,没有怀疑,带着植物所有的渴望、信念和期待。

42 它们要求并吸引这丰富的色彩和芳香。人也是这样,他也会在未来释放出心智和灵魂的伟大的渴望力量,把这些力量转向天空,公正地要求宇宙中最高级的礼物——生命。

43 生命意味着活。年龄是一种偏见,它在你的头脑里变得如此牢固,以至于随便提到哪个岁数都能在你的脑海里唤起准确的形象。

44 20岁,你看到少男少女浑身洋溢着青春的朝气。

45 30岁,年轻男女的生命力与平衡感都得到了充分的发展,依然处于上升阶段,向着那令人晕眩的成熟高度发展。

46 40岁,顶峰已经达到,对即将俯瞰辽阔地平线的期盼维持着曾经作出的努力。你骄傲地看着曾经走过的路,同时却不由得黯然神伤,你已经转向那道深渊,它那令人晕眩的弯道陡然向越来越深的黑暗蜿蜒延伸。

47 50岁,走在下坡的半道上,你依然被来自顶峰的光所照亮,尽管那深渊的寒意已经触动你的心弦。生命越来越衰弱,你被迫作出更多的退让和取舍。

48 60岁把你带向了寒冷的忧郁河谷的入口。你站在晚年的起始处,听任命运无情的摆布。你开始为那段在劫难逃的漫长旅程作准备。

49 70岁的你满脸皱纹,老态龙钟,体弱多病,你坐在候车室等待那最后的旅程,想到自己依然活着,觉得真是不可思议。

50 如果有幸挨过了80岁的话,人们提到这个事实时总认为是一个令人惊异的奇迹,你之所以受到敬重是因为你是个老古董。

51 这种类比是正确的吗?年龄和年龄价值之间有什么联系呢?让我们断然宣称:出生证的暴政可以被废

除了。

52 一年代表地球绕太阳公转一周,这个事实跟人类生命的演化毫无干系。

53 活了多大岁数,意味着季节的循环被你观察了这么多次,仅此而已。它并没有暗示智力状况或身体状况的因素。看过那永不停息的天文现象40次的人,可能比一个只看过30次的人年轻很多——我们这里是就"年轻"这个词的真正意义而言。

54 让我们想想黄道带的划分吧,它被分为四个类似的大区:春、夏、秋、冬。春季区对应幼年、童年和青年,这段时期从生命之初到21岁,是接受教育的时期,这个时候个人接受他人的照料,并为下一个重要阶段而学习。在这一时期,忠诚、孝敬、服从和勤奋被灌输进正在成长发育的大脑中。

55 生命的夏季区从21岁到42岁,是生命的实践时期,它与一家之主的生活有关,在这样的生活里,财富成了一个目标,生活的责任越来越重,充满了商业活动。

56 在这一时期,个人身上社会的一面得以表达,他学会了无私奉献这一课。夏季区里充满了生命的丰富，繁荣也随之而来。这一时期发展出的美德有细心、节俭、宽厚、慷慨、勤奋和审慎。

57 生命的这一时期受狮子宫的控制，生命力燃烧得最炽热，在家庭生活和社会生活中对伙伴和子女的爱达到了最大的高度。

58 生命的秋季区，是这样的一个时期：男儿的荣誉和母性的丰富被更广泛的关切，个人的利益为家庭小圈子之外的那些人做出牺牲。

59 出于一些在性质上更开放、更利他的动机而开始专注于政府的职责和国家的福祉，渴望去帮助统治和指导那些属于这个国家的人。应该获得的美德有平衡、正义、力量、勇气、活力和慷慨。

60 这一时期的集中力量由天蝎宫代表，它是自制的情绪、固定的情感和永久的行为方式的象征，带有水属性的各黄道宫的流动性和变化无常的情绪感受变得稳定、可靠和坚固。

61 在生命的下一个阶段，经验不断获得，生活的教训被储存起来，准备做"自我"的养分。在这一阶段里，回顾生平，产生智慧，产生对所有人的同情感。最后三个黄道宫彰显为耐性、奉献、服务、纯洁、智慧、温和与怜悯。

62 在宝瓶宫，心智的集中达到了巅峰，此时，人是完满的，成年的人性化完美达到了顶点，人的心智完全集中于更高的意识状态。这就是人性的道德进化的设计。

第 14 课
LESSON FOURTEEN

上帝的礼物

那些对自己的力量一无所知的人，很少得到奖赏——他们很快就会发现，自己是奴隶而非主人，是追随者而非领路人，是劳动者而非思考者。

1   在一根普通铁棒中，分子是杂乱无章地排列的。磁路内部自足，不存在外磁。

2   当这根铁棒被磁化的时候，分子依据引力法则排列，它们绕自己的轴旋转，所排列的位置更接近于直线，其北端指向同一方向。

3   你看不到铁分子在磁力作用下改变它们的相对位置，但结果却表明，改变确实已经发生。当所有分子绕轴旋转直至全部对称排列的时候，铁棒就被完全磁化了。它不能进一步受到磁的影响，不管磁力多么强。

4   这根铁棒如今成了一个磁体，会向各个方向释放磁力。距离越远，磁力越弱。

5   把另一根铁棒置于一个磁体的磁场中，它就会呈现磁体的属性。这种现象被称为"磁感应"。这就是始终先于磁体间相互吸引而存在的作用与反作用。而人就是一个独立的磁场。

6. 电是看不见的媒介,我们只有通过它各种各样的表现来感知它的存在。人是一座完美的发电厂,食物、水和空气提供了燃料,腹腔神经丛是蓄电池,交感神经系统是身体赖以充磁的媒介,睡眠是蓄电池重新充电的过程,生命过程得以补充和更新。

7. 男性是正负荷,或电荷;女性是负负荷,或磁荷。男性代表电流、力与能量,女性代表电容、阻抗与功率。

8. 当一个异性进入你的磁场的时候会发生什么呢?首先,引力法则开始发挥作用。其次,通过感应过程,你被磁化,带有了你所接触的那个人的属性。

9. 当另一个人进入你的磁场的时候,一个人传递给另一个人的会是什么呢?是什么导致整个交感神经系统颤栗、兴奋呢?那是细胞在重新排列自己,以便运送一个人传递给另一个人的能量、生命和活力,这些都是你通过感应过程接收到的。你正在被磁化,在这个过程中,你带有了你所接触的那个人的品质和特性。

10 在人传给人的磁性当中，传递的是遗传与环境储藏在你所爱的人的生命中的所有的快乐，所有的悲痛，所有的爱、恨、音乐、恐惧、痛苦、成功、失败、雄心、胜利、敬畏、勇气、智慧、品德和美。因为它不亚于爱，引力法则就是爱的法则，爱就是生命，正是这一经验激励了生命，使之投入行动，正是借助这一经验，性格的遗传和命运被决定了。

11 当你的生命充满这些爱、成功、雄心、胜利、失败、悲痛、憎恨或痛苦的想法的时候，你是否立刻意识到了它们呢？绝对没有。为什么没有？答案非常简单，大脑是显意识心智的器官，它接触显意识世界的方法只有五种，这些方法就是五种感官——视觉、听觉、嗅觉、味觉和触觉。但爱这种东西，我们看不到，听不到，尝不到，嗅不到，也摸不到。因此它显然是一种潜意识活动或情绪。然而，潜意识有它自己的神经系统，它借助这一系统跟身体的各个部位相联系，接受外部世界的刺激。这个机理是完整的，它控制着所有的生命过程如心脏、肺、肾、肝和生殖器官的活动。大自然显然让这些不受显意识心智的控制，并把它们置于更可靠的潜意识的控制之下，在那里不会有干扰。

12 在那里，身体接触得以完成，完全不同的情境得以创造。在这一情形下，我们也会通过触觉器官让脑脊髓神经系统运转起来。你应该还记得，显意识心智有五种方法接触外部世界，触觉就是其中之一，实际的身体接触不仅刺激交感神经系统，而且也刺激脑脊髓神经系统。

13 大脑是脑脊髓神经系统的器官，你可以立即意识到任何相关的行动。所以，当情绪或感觉被精神接触或身体接触唤醒的时候，我们就让身体中的每一根神经活动起来。

14 由这些交往所产生的交流，应该是有益的，是令人鼓舞、让人充满活力的，如果交往是理想的、建设性的，情形就是这样。这是一种在意识和生命中产生影响的交往，植物和动物的杂交中所蕴涵的力量和用处就是其典型代表。这个结果意味着额外的力量、效用、美、财富或价值。

15 引力法则在无穷的时间里运转，以生长的形式彰显自身。引力所带来的一个基本的、不可避免的结果，就是把互相之间有亲合力的事物汇集到一起，持续不断地促进生命的生长。

16 想必你已经了解,当异性进入你的磁场里的时候会发生什么。现在,让我们想一下,当其他同性接近你的时候会发生什么呢?

17 所有的人类交往都是一个适应的问题,在决定彼此的关系应该怎样时,你将是因素之一,它取决于你决定自己是否应该在新的关系中成为支配性因素。

18 如果你给予,那么你就是正极因素,或者说是支配性因素;如果你接受,那么你就是负极因素,或者说是接纳性因素。

19 每个人都是一个磁体,都有正极和负极,都带有这样的倾向:它们自发地对接近或被接近的物体产生共鸣或反感。

20 通常情况下,正极领路,两个来自相对方向的正极互相接近的话,就预示着冲突。

21 生命的根本原则是和谐。在你的生命之路上潜藏着不和谐与阻碍,它们使深藏于每一次经历中的本真晦暗不明。但随着你的阅历的增长,你就能够从表面的恶中辨识出善,你的吸引力就会成比例地增加。

22 当你被磁化到饱和的程度时,你就可以决定你与其他人的关系,以及他们与你的关系。

23 任何磁体都有这样的力量,它引发与力量较小的磁体形成和谐的整体。这是通过一个磁体的极性逆转实现的,这样,不同的磁极就会平静、和谐地走到一起。

24 正极较强的磁体会迫使正极较弱的磁体成为自己力量的接受者。

25 较弱的磁体可以被迫接受压倒性的影响。它认识到,这种逼迫性的力量要求它反转自己的极性。它把自己的正极打发走,让它的负极朝向更强磁体的正极,两个磁体便在和谐的关系中相遇了。

26 然而,负极磁体有更高明的认识,它并不想占支配地位。它拥有更大的智慧,对强力的使用不屑一顾。

27 它更愿意调和,或者是希望接受,而不是给予。它并不用强力迫使较弱的磁体去适应强加给它的环境,较强的磁体可能会自愿地反转自己的磁极。

28 如果你是一个灵魂博大的人,你也许会凭借直觉知道到底是该行使强制力还是非抵抗力。使用强制力的地方,作为结果的和谐是一种无意识的、暂时的屈服;使用非抵抗力则会因为它所给予的自由感而产生更牢固的结合。

29 如果你在精神上得到了高度的发展,并同样被赋予了智能的力量,你就可以最大限度地使用后者。在这种情形下,你既不会抛弃理性,也不会丢弃逻辑,因为在你对生命数学的理解中,会根据自己所要解答的问题的要求,灵活运用精神几何、心理代数和身体算术。

30 你会发现,存在就包括不断再现的适应、妥协和反转极性的过程。你可以通过默认的屈服逃过强制,可以通过引发愉快的默许从而避免使用强制力。你可以命令并强求不情愿的服从,你也可以引发和接受自愿的合作。你可以促成和谐、创造友谊,你也可以培植会起反作用的憎恨,作为最终必须履行的义务。

31 理解人这种磁体的属性,将使你能够解决生活中的许多问题。

32 冲突和反对有它们自己的位置,但一般说来,它们构成了必须避免的障碍和陷阱。

33 你会发现,你总是可以通过反转你自己的极性或者迫使你潜在对手反转他的极性来避免无用的反对和无益的冲突。

34 事实上,你正在受那些不可改变的、仅仅为了你的利益而被设计出来的亲切关照。

35 你可以让自己与它们处于和谐的关系中,并因此表达一种相对平和与幸福的生活;你也可以把自己放在跟不可避免之事相对立的位置上,那么必然带来令人不快的结果。

36 你有意识地决定着你跟所有这一切的关系。你允许一些交往进入你的生活,你通过这些交往获得幸福或者不幸,你表达着这些幸福或不幸的准确程度。

37 你可以迅速而轻易地从经历中积聚智慧,你也可以缓慢而艰难地这样做。

38 当你开始感知到你所吸引的东西的意义时,你就能够有意识地控制自己的境遇,能够从你的进一步成长所需要的每一次经历中汲取有用的东西。

39 当你拥有的这种才能达到很高程度的时候，你就可以迅速地成长，达到新的思想层面，更大的机会在那里等着你。它在每一连续的层面上为你保留着，使你能够学会如何表达更大的和谐，你更多的成长把这些和谐置于你能够到达的地方。

40 如今，你进入了基础、根本、积极的生活原则的边缘。几年前你还很少认识到环绕在你周围的无数振动，比如电、磁、热和光的振动，如今，对这些振动的控制和利用让你没法闲下来。这些振动会展现一种非凡的心智，而这种非凡的心智高瞻远瞩，能从开始看到结局。

41 心智是万物之源，在这个意义上，心智的活动是万物形成最初的因。这是因为，万物最初的源泉是宇宙心智中一个相应的想法。正是事物的本质构成了它的存在，而心智的活动就是这种本质赖以成形的因。

42 一个观念就是心智中孕育的一个想法，这一理性的思想形态是形态之根，在这个意义上，这一思想形态是最初的形态表达，它作用于物质，并导致物质的形成。

43 除了观念(或称理想形态),任何东西都不可能在心智中形成。观念作用于普遍心智,并产生相应的形态。

44 数百年来,高等生命的一个目的,像低级动物和植物的目的一样简单,就是自我保护和生产后代。人类生命满足于最简单的有机体的功能、营养和繁殖。饥饿与爱,只不过是他们的行为动机。长期以来,他们必定是紧盯这个单一目标——自我保护。

45 在血统延续的道路上,特定的世系得以传递,特定的特征得以确立。我们既没有失去前者,也没有丢掉后者,因为无论是世系还是特征,都是一代接一代地传递的。世系从未断裂过,尽管我们看不见它,它也从未突然改变为其他类型的表达。特征也从未失去过,古往今来,它们连续不断地一代接一代地向下传递。

46 我们可以提取、分解、混合所有在构建能量的过程中被用作传送者或媒介物的那些元素,但如果我们不把能量集中于特征世系(它们是必须首先建立的创造性土壤),那我们就找不到能够产生坚果、李子，甚或芥菜籽的元素。

47 特征世系是看不见的轨迹，大自然通过它把建设性的能量注入到每一元素和事物中，从真菌的层面到拥有智能和灵魂的人的层面。

48 以最高的表达形式，引力法则在爱中得以表达。它是一种宇宙法则，一视同仁地支配着那些表面看来是无意识的矿物与植物间的亲合力，动物的激情，以及人与人之间的爱。

49 爱的法则是一种纯科学。最古老、最简单的爱的形式，是不同细胞之间的选择亲合力。爱的法则高于其他所有法则，因为爱就是生命。

50 进步是大自然的目标，而利他是进步的目标，人们发现，"生命之书"所讲述的，就是一个爱的故事。

第 15 课
LESSON FIFTEEN

生命之桥

降生在这个世界后的每一天,都像一首突然爆发的乐曲一样,整天都在鸣响。你应该伴着它跳一支舞蹈,唱一首歌曲,或者随心所欲地迈开生活的步伐。

——卡莱尔

1 生命并没有被创造,它仅仅只是存在。万物都因我们称之为"生命"的这种力量而充满生机。在这一物理层面上的生命现象,是能量退化为物质而产生的。

2 活组织是有组织的物质,或者说是有机的物质。死组织是无组织的物质,或者说是无机的物质。当生命从有机体中消失的时候,分解也就开始了。

3 组织需要高频率的振动和高强度的运动。组成组织的分子处于连续的活跃状态。结果是,这些组织表现出了我们所说的"生命"。

4 衰老是死亡过程的一部分,它是由"土盐",或者说是所谓的"矿物质"的积聚而导致的。这种矿物质通常由沉淀在动脉壁上的石灰和白垩组成。这些动脉接下来便会变硬、钙化、失去弹性。

5 宇宙是由振动构建起来的。也就是说,每一事物所具有的特殊形态(无论是大还是小)都绝对归因于表达它的特殊的振动频率。那么,无论是在总体上,还是特别地,宇宙都是一个振动体系的结果。换言之,天体音乐以我们命名为"宇宙"的那种形态表达自己。

6 这一振动表达着智能。这不是我们所理解的那种智能,而是一种负责指甲、头发、骨头、牙齿和皮肤的生长的宇宙知识。所有这些过程都一直在进行,不管我们是睡是醒。

7 每一事物中都充满了意识或智能,其特有的东西仅仅在特性上与其他事物不同,因为只有一种普遍意识,或普遍智能,而它的表达却多种多样。岩石、鱼、人,都是普遍智能的容器。它们仅仅是以不同的形态彰显了宇宙物质,以不同的运动速度或振动频率结合起来。

8 心智是一个振动系统,大脑是一个振荡器,思想是每一特殊振动在通过必不可少的细胞结合表达出来时有组织的结果。限制心智思考范围的东西，并不是细胞的数量，而是其振动的适应性。

9 正是通过普遍心智，思想的种子才得以进入人的大脑，所以普遍心智孕育着思想，而思想变成了一股能量流，它在人的心智中是向心的，在普遍心智中是离心的。这些思想的种子有一种萌芽、发育、生长的趋势。它们就这样形成了我们所谓的"观念"。

10 当一幅精神图景在脑海中形成时，符合这幅图景的振动频率立即在以太中被唤醒。然而，这种振动是向外还是向内，取决于发挥作用的是意志还是愿望。

11 如果是意志发挥作用，振动就向外，力的原则得以运转；如果是愿望发挥作用，振动就向内，引力法则得以运转。无论在哪一种情况下，因的法则都是通过具体化原则或创造性原则来表达自己。

12 总有一天，人类将能够让身体免受疾病的伤害，阻止年老体衰的平常过程，甚至在身体过了百年之后依然保持青春，这个日子为期不远。

13 不朽，或者说永恒的生命，是最受欢迎的希望，是合理的目标,是每个人类生命与生俱来的权利。但宗教中的大多数人以及某些根本没有宗教信仰的人似乎都认为,不朽应该是在未来的某个时期、在另外某个存在层面上获得的。

14 每一个在身体和精神上都很健康的人类生命,都有一个与生俱来的愿望,就是尽可能活得更长。就算世界上有人不想活下去,那也是因为他处在某种身体或精神的反常情境中,或者他预料会遭遇这样的情境。

15 事实上,个体的文明和发展程度越高,对生命的愿望与渴求就越强烈,任何与生俱来的渴望都不可能是个无法实现的目标。"人一旦学会了在身体中建立正确的原生质反应就会永远活下去。"托马斯·爱迪生说,"我有很多理由相信,人类长生不老的那一天终会到来。"

16 人的血肉之躯中有七分之五是水,而组成身体的物质包括蛋白、纤维、干酪素和胶质。它包含了组成有机物质的四种基本元素——氧、氮、氢和碳。

17 水是两种气体的化合产物。空气是由几种气体混合而成。因此,我们的身体是由这些转化了的气体所组成的。我们的肉身在三四个月之前没有一样东西是存在的，脸、嘴、手臂、头发，甚至指甲。

18 整个生物体仅仅是一股分子流，一团不断更新的火焰，一条这样的溪流——我们一辈子都在看着它，却决不会再次看到同样的水。这些分子互不沾边，并借助同化而不断更新，这种同化受到吸收它的非物质力量的指挥、控制和组织。

19 我们给这种力量取名为"灵魂"，伟大的法国天文学家、物理学家、生物学家和玄学家卡米尔·弗拉马里翁是这样写的。

20 "生命之桥"，这个肉体再生的象征符号，一直被用在歌曲、戏剧和小说中。帕拉塞尔苏斯、毕达哥拉斯、莱克格斯、瓦伦丁、瓦格纳，以及古往今来一大批络绎不绝的先知先觉者，都曾与这个"斯芬克司之谜"异口同声地吟唱他们的史诗，在斯芬克司的卷轴上写着："要么给我答案，要么去死。"

21 这个答案，或许就潜藏在对那些腺的特性的理解中，正是这些腺，控制着身体和精神的生长，以及所有至关重要的新陈代谢。这些腺支配着所有生命机能和身体中的那些关系密切的合作，这种关系或许比得上连锁董事会。

22 它们提供了内分泌,或称激素,这些内分泌决定了我们是高还是矮,是仪表堂堂还是相貌平平,是聪明还是愚钝,是温顺还是乖戾。

23 世界上最伟大的思想家之一威廉·奥斯勒爵士说:"人的身体就是一个由工作细胞所组成的嗡嗡叫的蜂房(译者注:英文中的细胞还有'蜂房的巢室'的意思),所有细胞都受大脑和心脏的控制,都依赖于一种被称做'激素'的物质(由一些很小的、看上去很不起眼的组织分泌出来),它们润滑着生命的车轮。例如,摘除刚好位于喉结之下的甲状腺,就剥夺了使人的思想引擎得以运转的润滑剂。这就像切断了发动机油路一样,逐渐地,人的大脑中所储藏的知识不再可用,不出一年,人就会陷入痴呆,皮肤的正常活动终止,头发脱落,面部肿胀,完美的人变成了不成样子的讽刺画。"

24 有七种主要的腺:脑垂体、甲状腺、胰腺、肾上腺、松果腺、胸腺和性腺。这些腺控制着身体的新陈代谢,支配着所有的生命机能。

25 脑垂体是一个很小的腺,在头的中央附近,位于第三脑室之下，焉头耷脑地靠在头骨的底盘上。它的分泌液在调动碳水化合物、维持血压、刺激其他腺以及维持交感神经系统的强健上扮演着重要的角色。

26 甲状腺位于颈的前底部，在两侧向上扩展，略呈半圆形。甲状腺分泌液在调动蛋白质和碳水化合物上都很重要，它刺激其他腺，帮助抵抗感染，影响头发的生长，并影响消化和排泄。无论是在身体的全面发展上，还是在精神的机能上，它都是一个强有力的决定因素。稳定而均衡的甲状腺会确保积极、有效、协调、平稳心智和身体。

27 肾上腺刚好位于后腰的上方。这些器官有时被人称做"美腺"，因为它们的功能之一就是以合适的溶液和配给保持身体的色素。但更重要的是肾上腺分泌液在其他方面的作用。这些分泌液包含了一种最重要的血压媒介，是交感神经系统的滋补剂，因此也是不随意肌、心脏、动脉和肠的滋补剂。这些腺能对某些情绪刺激作出反应，立即增大分泌量，因此也增加整个系统的能量，让它为有效地响应作好准备。

28 松果腺是一个很小的圆锥形结构，位于第三脑室的后面。古人早就认识到了松果腺的重要,并称之为"精神的中心",它是灵魂的栖息地,很可能也是永恒青春和不朽生命的所在地。它位于脑袋的后面靠近头顶的地方。

29 胸腺位于(或靠近)咽喉的底部,刚好在甲状腺的下方。它被认为只有对孩子才是必不可少的。但是,胸腺的退化有没有可能是早衰的原因之一呢?

30 胰腺刚好位于腹膜的后面,紧挨着胃部。胰腺帮助消化,当它没有恰当地发挥作用的时候,人体就可能累积过量的糖,导致糖尿病及其他严重的疾病。

31 性腺位于腹的下部。正是通过性腺的作用,生命得以创造,繁殖的过程得以继续。当这些性腺的分泌液没有被用于生殖目的的时候,它们就会注入到细胞的生命中,使能量、力气和活力得以更新。如果它们没能正常发挥作用,就会出现抑郁和虚弱。

32 那么很清楚,如果我们能找到某种办法,让这些性腺继续发挥作用,我们也就能无限期地恢复我们的健康、力量和青春。之所以这样,是因为甲状腺发展生命能量,脑垂体控制血压并发展精神能量,胰腺控制消化和身体活力,肾上腺提供精力和雄心,而性腺则控制那些彰显为青春、力气和力量的分泌液。

33 现在我们假设，来自太阳的光线被七颗不同的行星分为七种不同的色调、颜色或品质，而它们又通过沿着脊柱七个神经丛进入人体系统的话，那我们就能更好地理解腺的机理了。如今我们发现，生命被带向了身体中的七个主要腺，它控制并支配着生命的每一项功能。然而很不幸，普通的窗户玻璃实际上不能透过紫外线，而对于维持健康和活力，紫外线是必不可少的。很少有疗养院和医院装配石英玻璃窗户，这种玻璃允许紫外线进入。

34 当这些分泌腺得到我们迄今为止一直颇为缺乏的紫外线的补充的时候，结果将得到非凡程度的活力，包括精神的活力和身体的活力。事实上，我们已经知道，胆固醇可以通过紫外线的作用而被转化为维生素，很可能其他惰性物质也可以用同样的方式激活。我们还发现，红外线也是一种非常珍贵的治疗媒介。某些编织物被用来过滤这些红外线。

35 从几个世界顶尖科学家所做的实验中可以推导出这样的结果：人的肉身可以变得更加纯净而敏感，以至于可以继续世世代代活下去，没有死亡。身体的收入和支出可以被调整得更加完美,以至于生物体不会变老,而是会日复一日地重建。

36 通过非常简单的注意卫生,我们就能延长生命。因此,我们有理由相信,完全认识到了振动的力量以及它对身体结构所产生的影响,将会帮助生物体使生命得以永久延续。

37 死亡并不是生命必然的、不可避免的结果或属性。死亡在生物学上是一个相对较新的东西,它只有当生物在进化的道路上前进了一段漫长的路程之后才会出现。

38 在临界实验的观察下,单细胞生物体已经被证明了是不死的。它们通过简单的身体分裂来实现繁殖,一个个体变成了两个。倘若细胞的环境一直保持有利的话,这个过程可以无限地继续下去,细胞分裂的速度没有丝毫松懈,也无需起死回生的过程介入。一切有性别区分的生物体,在类似的意义上,其生殖细胞也是不死的。一言以蔽之,我们可以说,受精卵产生一个躯体以及更多的生殖细胞。躯体最终会死去,某些生殖细胞则在此之前就产生了躯体和生殖细胞,如此循环往复,连续不断,自多细胞生物体出现在地球上以来,迄今为止尚未终结。

39 只要繁殖以这种方式在多细胞生物形态中继续下去，就没有死亡的存身之地。在无限的时间长度里成功地培养出更高级的脊椎动物的组织证明了死亡并不是细胞生命必然的伴随物。

40 我们完全可以说，身体中所有基本细胞元素潜在的不朽，要么已经被充分证明，要么足以让可能性变得非常之大。综合归纳最近20年细胞培养工作的结果，我们很有可能得出这样的结论：多细胞动物身体中所有基本组织的细胞都是潜在不死的，正如当我们把它个别地置于这样一种条件下所显示出来的那样，它们只需要被适量提供合适的食物，及时除去新陈代谢的有害产物。

41 那么，更高级的多细胞动物为什么不能永远活下去呢？一个基本的原因应该是，身体作为一个整体，由于其细胞和组织在功能上的分化和专门化，任何个别的部分都没有找到使之继续生存下去所必不可少的条件。身体中的任何部分，其生存都依赖于其他的部分，或者依赖于作为整体的身体的组织。正是组成多细胞动物身体的细胞和组织的互相依赖的集合体在功能上的分化和专门化，导致了死亡，就单个细胞本身而言,其中并没有任何与生俱来的、不可避免的死亡过程。

42 当细胞显示出典型的衰老变化时,那大概是它们在作为整体的身体中互相依赖的结果。在任何特殊的细胞中,这种变化都没有发生,因为事实上细胞本来就是老的。只有当细胞被排除出作为整体的有组织身体的互相依赖关系的时候,这种变化才会在细胞中发生。简言之,死亡看来并不是个体细胞生理学机理的基本属性,更多的是作为整体的身体的基本属性。

43 最近的研究决定性地表明,人体中的组织和细胞未必一定要腐烂。从前人们认为,没有办法避免衰老,细胞注定要因为年华老去而死亡,这只不过意味着损耗。然而,从现代科学的观点看,这种观点不再被人们所赞同。对分泌腺所进行的科学研究让很多唯物论者确信,人的细胞能够连续不断地返老还童,或者被取代,像衰老这样的事情能够推迟几百年。

44 众所周知,获得宝贵的经验要花上一辈子的时间。那些大工业的领头人常常已经60岁开外,人们总是想方设法得到他们的忠告,因为在这些年里他们获得了最宝贵的经验。因此,延长生命的跨度看来非常重要,而且事实上,眼下有种种迹象表明,这是可以做到,也必将会做到的。

45 一些最优秀的权威人士也看不出一个人有什么理由不该活到几百岁。这不是什么非凡的本领,而是被看做是一个合理的平均水平。如今有人活到了125岁,当然这些只是例外。医学家断言,未来总有一天人的寿命可以达到200岁。我们只要停下来想一下,以前人的平均寿命通常是40岁,现如今,我们认为50岁的人正当年富力强的时候,而50年后,一个人的盛年是100岁或150岁亦未可知。

46 神经是一些纤细的线,有着不同的颜色,每一根神经对某些有机物质(比如油或蛋白)都有其特殊的化学亲和力,借助并通过这种亲和力,生物体得以具体化,生命过程得以持续。

47 不难想象,这些精微纤细的纤维就是"人类竖琴"的琴弦,分子矿物质是"无穷能量"的手指,拨响某支"圣歌"的美妙音符。

神奇的心理图表

一个心理学上的事实是，人们90%的精神力量从未（或很少）被使用过。因此，大部分人都有力量去实现更多的东西，10倍于他们已经实现的。

下面的图表会准确地告诉你：你现在所在的位置，你正在实现什么，如果做出必要的努力你将能够实现什么。填一下这张表吧：

精神产品	( ) %
健康	( ) %
时间效率	( ) %
创造力	( ) %
精力集中	( ) %
合计	( ) %
除以5（平均）	( ) %

精神产品

第一项测试是你的精神产品。它价值几何？你把它兑换成现金了没有？你是否充分地实现了它的价值?你利用自己的精神产品能得到什么,完全取决于你是否有能力让它物有所值。巧的是,很多人能力并不比你强,他们的产品也不见得比你的更好,而他们却靠这样的产品赚到了比你多10倍、20倍,甚或50倍的财富。如果是这样的话,那一定有理由,这张表会解释这个理由。

评估一下你要卖掉的东西的价值,你的知识、经验、忠诚、活力。如果你把它卖到了全价,就填上100%,如果只卖到半价就填上50%。但是要公正,不要低估了你所提供的东西的价值。请记住,损失导致更多的损失,而大多数损失来自于自我贬值。因和果并不是在某个地方、某个时候起作用,而是在任何地方、任何时候起作用,这是不变的规律。所以,无论我们收到什么(好的或坏的),都是一个明确的因的结果,它所带给我们的要么是惩罚,要么是奖赏。

还要记住,你以每年25000美元的价格卖掉你的精神产品的能力,既不取决于才干,也不取决于知识。你可以以每年2000美元的价格卖掉自己的产品,而它却可能比许多人以每年25000美元的价格卖掉的产品更值钱。理由很清楚,知识并不能应用自己。你在让它保持静态,但你必须通过应用创造力、集中注意力而把它转变为动态。缺乏集中的、智慧的、有计划的努力,可能会让你付出每年20000美元的代价。

健康

接下来测试的是健康。如果你吃得好、睡得好，同时参与适量的娱乐，能够专心于你的生意、职业或家庭职责而无需考量或惦记自己的健康状况，就填上100%吧。但是，如果你的身体需要被持续不断的关注，或者，如果你不断担心吃什么或不吃什么，如果你睡不好，或者，如果你有任何种类的疼痛或痛苦，那么就从100%中扣除。如果你认为自己的健康值是90%，或者只有50%，那么就记下来，要绝对公正。

请记住，你的肉身是通过一个不断毁灭、不断重建的过程来维持的。生命只不过是以新换旧而已，健康只不过是大自然在创造新的组织、排除旧的（或废弃的）组织这个过程中所维持的平衡而已。

生与死在我们的体内持续不断地发生。通过把食物、水和空气转变为活组织，新的细胞得以不断形成。大脑的每一次活动，肌肉的每一次运动，都意味着这些部位的某些细胞的损毁，以及随之而来的死亡。这些死亡的、不使用的、废弃的细胞的积聚，就是导致疼痛、苦楚和疾病的东西。症状取决于身体器官在努力排除这些废弃物时所承受的东西。

理解这些规律，以及随之而来的对于如何在正在被创造的新细胞和正在被排除的旧细胞之间保持平衡的认识，就是完美健康的秘密。

时间效率

就重要性而言,接下来轮到了时间效率,因为时间是我们所拥有的一切,我们能实现什么,完全取决于我们如何利用自己的时间。如果你工作8小时,睡眠8小时,再用8小时从事娱乐、学习和自我改进,所有时间都被充分利用,那么就给自己填上100%吧。

但是,在本该换取利益的8小时当中,如果有任何一部分被耗在了无所事事、闲谈聊天或任何形式的精神浪费上,如果有任何时间被浪费掉,或者比浪费更糟——让你的思想停留在任何批评的、冲突的、不和谐的主题上,那么,就请减去相应的百分比。如果你的脑袋刚一碰到枕头,片刻之间便呼呼大睡,那么很好;但如果你要花上15分钟到一个小时的时间来试图让自己入睡的话,那么再一次减掉你的百分比。如果你的睡眠被任何种类的梦魇、恐惧或烦恼所打扰,那么请再一次减掉你的百分比。

如果你早早起床并觉得精神焕发、精力充沛,麻利地洗漱完毕,不无谓地浪费时间,那么很好;但如果你无所事事、白日做梦、磨磨蹭蹭,那么就请再次减去百分比。如果你把自己的空余时间花在让你身心受益的健康娱乐上,那么很好,你在获得有现金价值的资本;但是,如果你任由时光流逝,而自己两手空空,如果你身体上、精神上、道德上没有变得更好,如果时间的流逝没有给你留下任何能换成现金的东西，毫无价值，那就是一种损失，很可能比损失更糟糕的是给你留下有害的东西——事实会证明，这种东西是你成功道路上的障碍。这里，你必须再一次公正地对待自己，准确地给自己填上应得的百分比。

创造力

接下来测试你的创造力。如果你遇到的大多数人都做了你想要他们做的事情，如果他们对你的感觉正是你所希望的，如果他们所想的东西正是你希望他们去想的，那么给自己填上100%吧，因为我们得到的每一样东西都必定来自他人。不存在其他的通道让我们走向成功。这种创造性力量必须是在不知不觉中行使的，它必须是你的个性。然而，如果当你希望实现某件事情的时候却要付出巨大的努力，如果你不得不竭尽意志力，如果你必须为一次重要会见的结果而焦虑、烦恼、郁闷，那么就把你的百分比减少到50%、40%甚或更少，因为你并不理解相关的原则。

当你理解的时候，就没有忧心忡忡的理由。因为首先，你决不会希望或期待任何一个人做任何事情，除非是对他们最有利的事情。你会懂得，每一笔交易都必须让双方受益。当你理解了这些规律的时候，当这些原则变成了你生命中的一部分的时候，当它们关乎你的心态的时候，你就会找到万能钥匙，所有的门就会被你打开，因为你会懂得，每一事件，每一境遇，每一事物，首先都是一个想法，正是在这个意义上，你变得越来越平静，把你的注意力集中在那个想法上，让心智的所有活动静止下来，把所有其他的想法从你的显意识中排除，专注于这一观念发展的不同阶段和可能性。创造力在做它的工作时所依据的正是你描绘这一观念的准确性，以及这一观念占据你的程度。创造力最终会控制并指挥心智和身体的每一活动，会开始形成与这一观念相关联的每一种状况，这样一来，这一观念或迟或早会以明确、切实的形态出现。如果你透彻地理解了这一点，并一次又一次地证明了这一点，你就可以塑造、形成并决定你的境遇，那么，就给自己填上100%吧。

精力集中

接下来是精力集中。你能集中精力吗？你知不知道集中精力意味着什么？你能否做到把思想集中在任何可能出现的问题上5分钟、10分钟或15分钟，绝对排除任何其他事情？你能否把问题拆散、分解、分开认识它的每个阶段，认识它产生的原因，认识它的解决办法，明确地、最终地、决定性地认识它，并知道你的解决办法是不是正确的？然后，你能否丢下这个问题并把你的注意力转移到别的事情上、不再回到原先的问题上？如果你能做到这些，那么就给自己填上100%吧。然而，如果你时常被恐惧、烦恼、焦虑所困扰,如果,当你没有问题要解决的时候,你便通过想象为自己创造一个问题,如果你总是担心这个人说什么、那个人想什么、另一个人做什么,那么就减去你的百分比,因为如果你懂得如何集中你的注意力,你就不会担心任何人、任何事,你会拥有一种力量,让其他已知的每一种力量都显得毫无意义。要谨慎、准确地给自己填上你觉得你应得的百分比。

好了,现在我们来计算平均值。看看你能得多少。如果比平均数略高一点,你的这张表格大约有点像这个样子:

精神产品	(50)%
健康	(80)%
时间效率	(80)%
创造力	(50)%
精力集中	(10)%
合计	(270)%
除以5(平均)	(54)%

假设你现在每年挣5000美元,而你觉得你的精神产品应该值每年10000美元,这是你计算的基数,那么,任何能够帮助你把自己的挣钱能力从每年5000美元提高到每年10000美元的方法,对你来说都值每年5000美元。

此外,任何能给你带来健康、给你的时间带来效率、给你的创造带来效率、或者提高你集中精力的能力的方法,也至少值每年5000美元。

很多人发现,"世界上最神奇的24堂课"体系做到了这一切,甚至做得更多。